W0410922

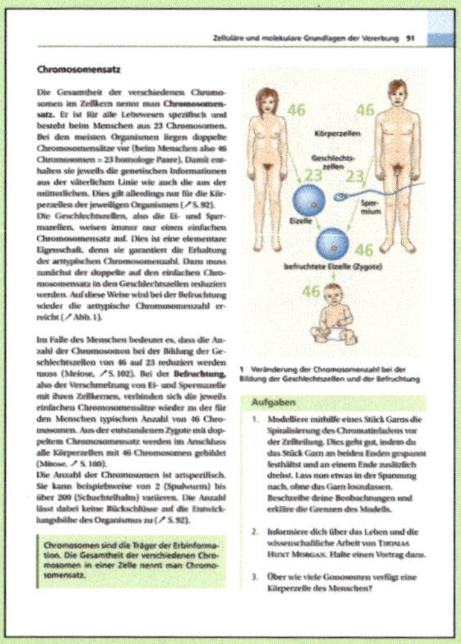

Inhaltsseiten
vermitteln dir – unterstützt durch **Merksätze,** Tabellen, Fotos und Grafiken – biologisches Grundlagenwissen über wichtige Begriffe, Gesetzmäßigkeiten, Erscheinungen, Zusammenhänge und Anwendungen.

Aufgaben
Durch die Beantwortung der Aufgaben wird dein Grundwissen gefestigt.

Das Mosaik
enthält zusätzliche Informationen über interessante Sachverhalte.

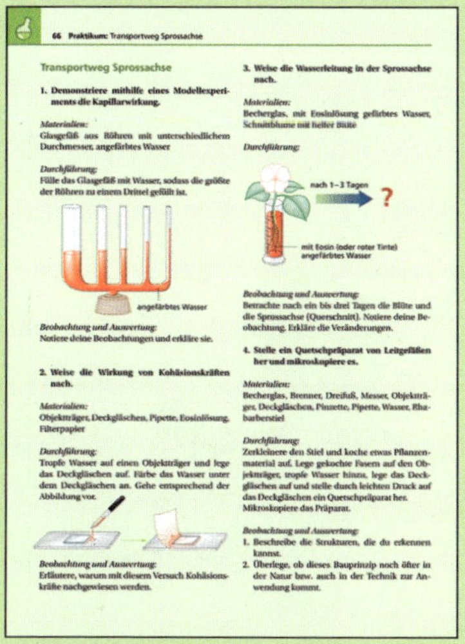

Praktikum
enthält Aufgaben praktischer Art, z. B. Beobachtungen und Experimente, die du auch in der Gruppe durchführen kannst.
Sie ermöglichen dir ein tieferes Eindringen in die biologischen Grundlagen.

Konzeptseiten
Konzeptseiten veranschaulichen für dich wichtige Zusammenhänge, Prinzipien oder biologische Phänomene an einem konkreten Beispiel.

Ziel erreicht
Mit den Aufgaben in diesem Kapitel kannst du dein Wissen zu den Inhalten des Buchs selbst überprüfen.

Inhaltsverzeichnis

1 Lebewesen bestehen aus Zellen 7

1.1 Die Zelle – kleinste Funktionseinheit des Lebens ... 8
Formenvielfalt und Größe von Zellen ... 9
Der Bau der eukaryotischen Zellen ... 10
Die pflanzliche Zelle ... 10
Praktikum: Untersuchungen an pflanzlichen Zellen ... 15
Die tierische Zelle ... 16
Praktikum: Untersuchung zu tierischen Zellen ... 16
Lebensvorgänge in pflanzlichen und tierischen Zellen ... 20
Zellen ernähren sich ... 20
Zellen teilen und vermehren sich ... 20
Zellen wachsen ... 21
Bau der prokaryotischen Zellen ... 22
Gewusst · Gekonnt ... 24
Das Wichtigste im Überblick ... 26

1.2 Energie- und Stoffwechselprozesse in der Zelle ... 28
Enzyme als Biokatalysatoren ... 29
Mosaik: Biotechnologischer Einsatz von Enzymen in der Industrie ... 30
Praktikum: Wirkung von Enzymen ... 31
Stoff- und Energieumwandlungen in der Zelle ... 32
Praktikum: Beobachtungen an Pflanzen ... 33
Fotosynthese – ein lebenswichtiger Prozess ... 34
Historische Beobachtungen an Pflanzen ... 34
Chloroplasten als Orte der Fotosynthese ... 36
Die Fotosynthese -ein wichtiger Assimilationsprozess ... 37
Praktikum: Nachweis von Glucose ... 38
Mosaik: Bildung weiterer organischer Stoffe 41
Praktikum: Nachweis von Nährstoffen in der Pflanze ... 42
Bedeutung der Fotosynthese ... 43
Die Atmung – ein wichtiger Dissimilationsprozess ... 44
Atmen Pflanzen auch? ... 44
Mosaik: J. INGENHOUSZ, J. R. MAYER ... 44
Praktikum: Pflanzen atmen ... 45
Mitochondrien als Orte der Zellatmung ... 46
Der Prozess der Zellatmung ... 46
Biologie im Alltag: Beeinflussung der Fotosynthese durch den Menschen ... 48
Biologie im Alltag: Nutzung der Kenntnisse über die Zellatmung ... 49
Die Milchsäuregärung – ein weiterer Dissimilationsprozess ... 51
Gewusst · Gekonnt ... 52
Das Wichtigste im Überblick ... 54

2 Pflanzen und ihre Bedeutung im Stoffkreislauf 55

Pflanzenorgane und ihre Funktion ... 56
Organe der Samenpflanzen – ein Überblick ... 57
Aufnahme und Leitung von Wasser und Mineralstoffen durch die Wurzeln ... 58
Der Bau der Wurzel ... 58
Wasseraufnahme und -leitung durch die Wurzel ... 60
Praktikum: Wie kommt das Wasser in die Wurzel? ... 61
Mosaik: Mineralstoffe und ihre Aufnahme . 62
Die Sprossachse ... 63
Bau und Funktion der Sprossachse ... 63
Transport von Stoffen in der Sprossachse ... 64
Praktikum: Transportweg Sprossachse ... 66
Mosaik: Dickenwachstum von Sprossachsen ... 67
Abgabe von Stoffen durch das Laubblatt ... 68
Bau des Laubblatts ... 68
Funktionen des Laubblatts ... 70
Angepasstheit der Pflanzen an unterschiedliche Lebensräume ... 72
Mosaik: Umwandlungen von Organen – Überlebensstrategien bei Pflanzen ... 74
Zentrale Stellung der Pflanzen ... 76
Der Kohlenstoffkreislauf ... 77
Mosaik: Wohin mit dem Kohlenstoffdioxid? ... 80
Projekt: Diskussionen um Klimawandel, Treibhausgase, Biodiesel – aktueller denn je 81
Gewusst · Gekonnt ... 82
Das Wichtigste im Überblick ... 84

3 Grundlagen der Vererbung 85

3.1 Zelluläre und molekulare Grundlagen der Vererbung ... 86
Zelluläre und molekulare Grundlagen von Fortpflanzung und Vererbung ... 87
Am Anfang steht die Zelle ... 87
Mosaik: Die Bedeutung des Zellkerns für die Vererbung ... 87
Der Zellkern ... 88
Chromosomen und Gene ... 89
Mosaik: Genlokalisation auf Chromosomen ... 90
Praktikum: Mikroskopische Untersuchung von Riesenchromosomen ... 90
Chromosomensatz ... 91
Chromosomenkarte ... 92
Mosaik: Anfertigung eines Karyogramms des Menschen ... 92
Mosaik: Strukturaufklärung der DNA ... 93
DNA – Träger der Erbinformation ... 94
Mosaik: Proteinbiosynthese ... 96
Mosaik: Identische Verdopplung (Replikation) der DNA ... 99
Bildung von Körperzellen (Mitose) ... 100
Bildung von Keimzellen (Meiose) ... 102
Praktikum: Arbeiten mit Chromosomenmodellen ... 104
Mosaik: Fehler bei der Verteilung der Chromosomen ... 105
Gewusst · Gekonnt ... 106
Das Wichtigste im Überblick ... 108

3.2 Vererbung hat bestimmte Regeln ... 109
Vererbung von Merkmalen – völliger Zufall? ... 110
Mosaik: JOHANN GREGOR MENDEL – ein Mönch entdeckt die Vererbungsregeln ... 111
MENDELS Kreuzungsexperimente ... 112
Die mendelschen Regeln ... 114
Uniformitäts- und Spaltungsregel ... 114
Praktikum: Erarbeitung der mendelschen Regeln ... 117
Die 3. mendelsche Regel ... 118
Biologie im Alltag: Neukombination der Erbanlagen (Gene) und ihre Nutzung ... 120
Gewusst · Gekonnt ... 122
Das Wichtigste im Überblick ... 123

3.3 Wissenschaftliche und medizinische Anwendungen der Genetik ... 124
Reproduktionsbiologie und Stammzellenforschung ... 125
Künstliche Befruchtung ... 125
Unfruchtbarkeit beim Menschen ... 126
Mosaik: Chlamydien-Infektion – darum muss man sich kümmern ... 126
Von der Zelle zum Klon ... 127
Projekt: Angewandte Genetik ... 129
Stammzellenforschung ... 130
Klone und embryonale Stammzellen ... 131
Gentechnik – Grundlagen und Anwendung ... 132
Bakterien und Plasmide ... 133
Gentechnik in der Pflanzenzüchtung ... 134
Projekt: „Gen-Mais" – Ein Thema für eine Pro- und Kontra-Debatte ... 135
Transgene Tiere ... 137
Transgene Lebensmittel ... 137
Gentechnik in der Medizin ... 138
Projekt: Gentechnik – wozu? ... 139
Gewusst · Gekonnt ... 141
Das Wichtigste im Überblick ... 142

4 Vererbung – konstant und doch variabel 143

4.1 Konstanz und Variabilität der Arten ... 144
Konstanz und Variabilität der Arten ... 145
Umweltbedingte Veränderungen – Modifikationen ... 148
Genetisch bedingte Veränderungen – Mutationen ... 150
Mutationsursachen ... 151
Mutationsformen ... 151
Mosaik: Bringen Mutationen immer Nachteile mit sich? ... 153
Gewusst · Gekonnt ... 154
Das Wichtigste im Überblick ... 155

4.2 Vererbung beim Menschen – wie die Eltern so die Kinder? ... 156
Vererbung beim Menschen ... 157
Vererbung des Geschlechts ... 158
Vererbung der Blutgruppen ... 159
Mosaik: Rh-System und Vererbung des Rh-Faktors (dominanter Erbgang) ... 160
Familienstammbäume ... 161
Vererbung der Rot-Grün-Blindheit ... 162

Mosaik: Vererbung von Anlagen für psychische Merkmale und Intelligenz ... 163
Genetisch bedingte Krankheiten beim Menschen ... 164
Trisomie 21 – eine Genommutation ... 164
Humangenetische Beratung und ethische Probleme ... 166
Gewusst · Gekonnt ... 168
Das Wichtigste im Überblick ... 170

W **Wahlbereiche**
Vererbung – und weiter? ... 171
W: Krebs – wirklich unheilbar? ... 172
Behandlungsmöglichkeiten ... 174
Projekt: Nicht jeder Tumor ist ein Krebs ... 175
Projekt: Rauchen – ein Auslöser von Lungenkrebs ... 175
W: Entwicklung des Menschen – von der Befruchtung bis zum Tod ... 176
Befruchtung – Individualität des Lebens ... 176
Mosaik: Schwangerschaftstest ... 176
Phasen der vorgeburtlichen Entwicklung ... 178
Mosaik: Schwangerschaftsabbruch ... 182
Geburt – ein besonderes Ereignis ... 184
Nachgeburtliche Entwicklung ... 185

5 Evolution 187

5.1 **Evolutionstheorien und ihre Indizien** ... 188
Evolutionstheorien und ihre Grundlagen ... 189
Das Zeitalter der Entdeckungsreisen ... 189
Mosaik: DARWINS Reise mit der Beagle ... 190
Evolutionstheorien vor DARWIN ... 191
Begründung der Abstammungslehre durch DARWIN und WALLACE ... 192
Entstehung und Bedeutung der Fossilien ... 194
Praktikum: „Fossilien“ – selbst gemacht ... 196
Rückbildung und rudimentäre Organe – Zeugnisse der Abstammung ... 197
Ursachen der Evolution (Evolutionsfaktoren) ... 199
Mutationen und Neukombinationen ... 200
Natürliche Auslese ... 200
Isolation ... 201
Mosaik: Vielfalt und Angepasstheit am Beispiel der Wirkung von Evolutionsfaktoren 203
Gewusst · Gekonnt ... 204
Das Wichtigste im Überblick ... 205

5.2 **Evolution des Menschen – auf der Suche nach unseren Vorfahren** ... 206
Woher kommt der Mensch? ... 207
Wieso waren die Menschen so erfolgreich? ... 207
Mit wem sind wir am engsten verwandt? ... 208
Ursprung des Menschen ... 211
Mosaik: Der lange Weg zum modernen Menschen – Stammbusch statt Stammbaum ... 212
Mosaik: Klimatische Auslese ... 214
Mosaik: Sexuelle Auslese ... 215
Kulturelle Evolution ... 216
Wohin führt die Entwicklung? ... 220
Gewusst · Gekonnt ... 221
Das Wichtigste im Überblick ... 222

W **Wahlbereiche**
Evolution ... 223
W: Entstehung der Erde und des Lebens – wie alles begann ... 224
Vom Urknall zu den Sternen ... 224
Das Sonnensystem, die Erde und das Leben ... 225
Mosaik: Experimentieranordnung nach MILLER ... 225
Die Entwicklung der Lebewesen auf der Erde ... 226
W: Stammesentwicklung – Arten verändern sich ... 228
Darstellung von Verwandtschaftsbeziehungen mittels Stammbäumen ... 228
Die Entwicklung der Organismen ... 231
Mosaik: Ausgestorbener Quastenflosser (Eusthenopteron; Länge ca. 60 cm) ... 232

Z **Ziel erreicht** ... 237

Anhang ... 245
Die Hominiden – eine erstaunlich große Vielfalt ... 246

Register ... 252
Gefahrstoffsymbole ... 255
Bildquellenverzeichnis ... 256

Methoden und Basiskonzepte

Methoden

Wie mikroskopiere ich? 12
Wie fertige ich ein Frischpräparat an? 13
Wie fertige ich eine mikroskopische Zeichnung an? 14
Wie führe ich ein Experiment durch? 39
Wie führe ich eine Pro- und Kontra-Debatte durch? 78
Erstellen eines Kreuzungsschemas 116
Informationen beschaffen 136
Präsentieren von Informationen 140
Interpretationshilfe zur Analyse von Stammbäumen 161
Leittext-Methode 198
Facharbeit und Portfolio – wie mache ich das? 236
Vorbereitung auf Prüfungen 238

Basiskonzepte

Systemkonzept

Organisationsebenen 18
Stoff- und Energieumwandlung 50
Organisationsebenen 98

Entwicklungskonzept

Fortpflanzung 177
Entwicklung 210

Struktur- und Funktionskonzept

Angepasstheit 73
Vielfalt und Angepasstheit 202

1 Lebewesen bestehen aus Zellen

1.1 Die Zelle – kleinste Funktionseinheit des Lebens

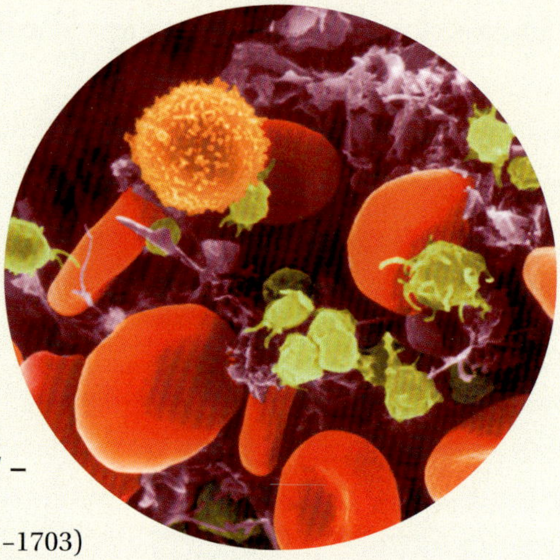

Winzig klein und doch nicht einfach

Zellen können sehr vielfältig sein. So besteht der Mensch aus ca. 250 unterschiedlichen Zelltypen.
Warum ist diese Vielfalt erforderlich?

Kleine „Kammern" – große Bedeutung

ROBERT HOOKE (1635–1703) war fasziniert, als er mithilfe eines Mikroskops einen dünnen Schnitt von Flaschenkork betrachtete, denn er sah kleine „Kammern".
Welche Bedeutung hatte seine Entdeckung?

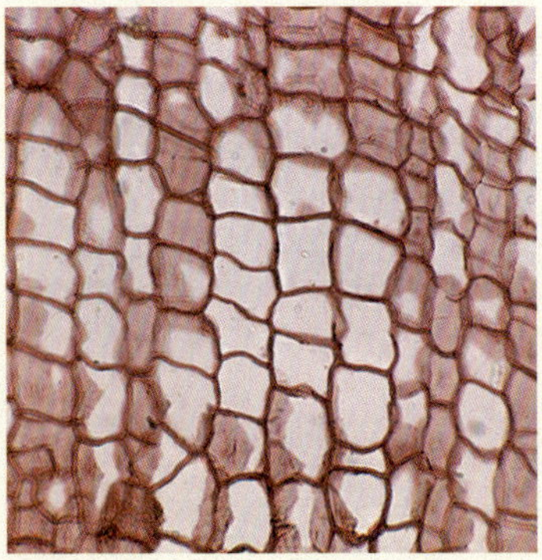

Grundbausteine für alle Lebewesen?

Alle Lebewesen bestehen aus Zellen.
Allerdings sind die Lebewesen unterschiedlich groß.
Sind die Zellen, aus denen beispielsweise ein Elefant besteht, größer als die Zellen einer Maus?

Formenvielfalt und Größe von Zellen

Betrachtet man Zellen verschiedener Lebewesen (Tiere, Mensch, Pflanzen) unter dem Mikroskop, fällt auf, dass sie sich in Form und Größe unterscheiden.
Nach der äußeren Form sind z. B. quaderförmige, kugelige oder zylindrische Zellen zu unterscheiden. Die verschiedenen Zellen erfüllen z. T. unterschiedliche Aufgaben. Zwischen der **Struktur der Zelle** und ihrer Funktion im Organismus besteht ein Zusammenhang.
Im mikroskopischen Bild erscheinen die Zellen flächig. Es handelt sich aber um kleine Körper, die aus vielen Bestandteilen bestehen.
Erhebliche Unterschiede gibt es auch in der **Größe der Zellen** (↗ Tab., Abb. 1). Da viele Zellen sehr, sehr klein sind, wird zum Messen der Zellgröße die Maßeinheit Mikrometer (µm) verwendet. Ein Mikrometer ist der tausendste Teil (1/1 000) eines Millimeters. Im Allgemeinen beträgt der Zelldurchmesser der Zellen der Tiere, Menschen und Pflanzen 10 bis 250 µm.
Sehr kleine Zellen findet man u. a. bei Pilzen. Sie sind nur den Bruchteil eines Millimeters lang. Faserzellen der Leinpflanze können dagegen bis zu 15 cm lang werden. Faserzellen von Lianen können sogar eine Länge von 0,5 m erreichen.
Nervenzellen können bis zu einem Meter lang werden. Sehr groß sind auch die Eizellen einiger Tiere, z. B. wird die Eizelle unseres Haushuhns (das Eidotter) 20 mm (20 000 µm) groß.

Zellarten	Zellgrößen
menschliche Samenzelle	58 – 67 µm (Länge)
menschliche Eizelle	Ø 100 µm
Hühnerei (Dotter)	Ø 20 000 µm
Straußenei (Dotter)	Ø 75 000 µm
Mundschleimhautzelle	20 µm
Nervenzelle	1 000 000 µm (Länge)
glatte Muskelzelle	300 µm (Länge)
Moosblättchenzelle	25 µm
Zwiebelhautzelle	400 µm (Länge)
Holundermarkzelle	200 µm
Korkzelle	30 µm
Faserzelle vom Lein	70 000 – 150 000 µm

Zellen sind in Größe und Form vielfältig. Diese sind abhängig von ihrer Funktion im Organismus.

Aufgabe

Erarbeitet das Thema: „Die Zelle – Grundbaustein aller Lebewesen“ in Arbeitsgruppen. Überlegt euch, welche Teilthemen als Aufgabenstellungen für die einzelnen Gruppen geeignet wären.

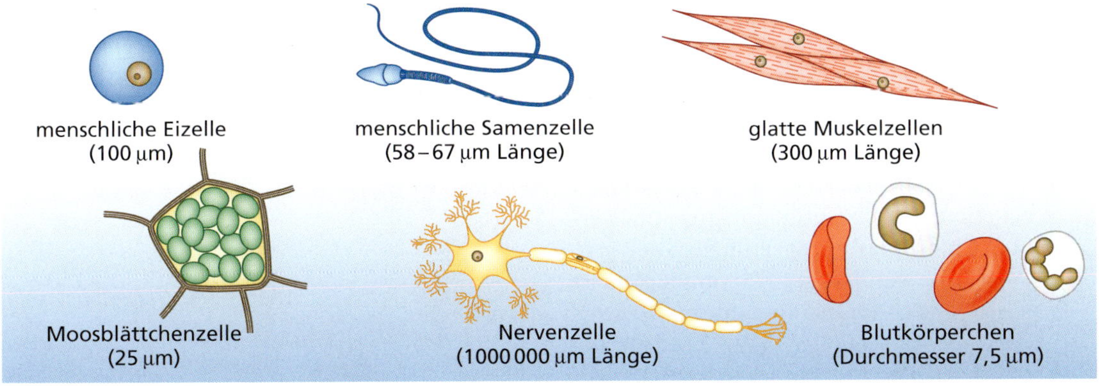

1 Beispiele für die Vielfalt von Zellen

Der Bau der eukaryotischen Zellen

So verschieden auch die Zellen der Pflanzen, Tiere, Menschen, Pilze u. a. sind, es lassen sich trotzdem Gemeinsamkeiten finden. Alle besitzen einen Zellkern. Man bezeichnet sie als eukaryotische Zellen. Diese Zellen sind in verschiedene Funktionsräume untergliedert, man sagt, sie sind **kompartimentiert.**
Alle Zellbestandteile (Zellorganellen) haben bestimmte Funktionen innerhalb der Zelle. Diese Funktionen können sie wiederum erfüllen, weil auch die Zellbestandteile entsprechend aufgebaut sind. Nach den Zellbestandteilen unterscheidet man pflanzliche und tierische Zellen.

Die pflanzliche Zelle

In ausgewachsenen pflanzlichen Zellen fallen die großen **Vakuolen (Zellsafträume)** auf. Im Zellsaft können Salze, Nährstoffe oder Farbstoffe gelöst sein. Der Zellinnenraum wird vom **Zellplasma** ausgefüllt. Im Zellplasma sind zahlreiche verschiedene Stoffe gelöst. Das Plasma ist in ständiger Bewegung. Die Plasmaströmung dient dem Stofftransport innerhalb der Zelle. Außerdem befinden sich darin die **Zellorganellen.** Diese Kompartimente sind die Funktionsräume der Zelle.
Im Zellplasma liegt der kugelige **Zellkern.** Er enthält Chromosomen, die die Erbsubstanz tragen. In dieser Substanz, der DNA, sind die Erbanlagen einer Pflanze gespeichert, die u. a. für die Steuerung aller Lebensvorgänge von entscheidender Bedeutung sind.

Weiterhin befinden sich im Zellplasma viele **Mitochondrien.** Diese dienen der Zellatmung. Organische Stoffe werden unter Sauerstoffverbrauch abgebaut, um Energie freizusetzen.
Vor allem in Zellen grüner Pflanzenteile erkennt man **Chloroplasten.** Sie enthalten den grünen Farbstoff Chlorophyll. Er ist für die Aufnahme von Lichtenergie verantwortlich, die für die Fotosynthese genutzt wird.

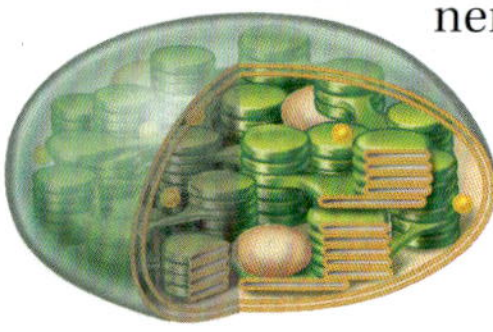

Das Zellplasma wird von einer **Zellmembran** begrenzt. Sie grenzt das Plasma zur Außenwelt ab. Gleichzeitig können aber Nährstoffe in die Zelle hinein und Abbauprodukte nach außen gelangen. Die Membran dient dem Stoffaustausch. Ohne Membranen ist Leben nicht denkbar. Membranen bzw. Doppelmembranen grenzen auch die Vakuolen und die Zellorganellen gegen das Zellplasma ab.
Den Abschluss nach außen bildet die **Zellwand.** Sie verleiht der Zelle Gestalt und Festigkeit. Ein- und Auflagerungen ermöglichen die Schutz- und Stützfunktion. Besonders Cellulose und der Holzstoff in der Zellwand festigen diese. Wachsartige Stoffe verhindern die Verdunstung von Wasser.
In jeder Zelle existieren neben den genannten Teilen weitere Funktionsräume, die z. B. zum Aufbau von Eiweißen dienen.

Spezialisierte pflanzliche Zellen weisen einen abgewandelten Bau auf. So enthalten Wurzelzellen keine Chloroplasten. Sie dienen der Wasseraufnahme bzw. dem Stofftransport.

Aufgabe

Finde Beispiele für spezialisierte pflanzliche Zellen, benenne ihre Funktion und erläutere die besonderen Eigenschaften.

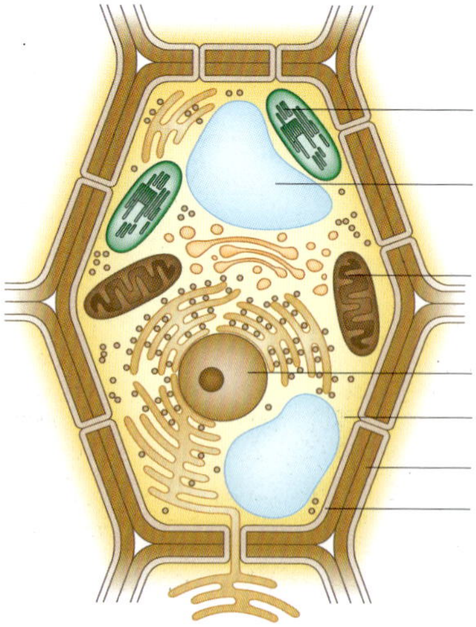

1 Bau einer Pflanzenzelle (schematisch)

1 Spezialisierte Zellen einer Pflanze

Wie mikroskopiere ich?

Durch das Lichtmikroskop wird ein vergrößertes Bild des Objektes auf der Netzhaut abgebildet. Es kommt ein Bild zustande, das das Objekt, z. B. ein Haar, bis über das 1 000-Fache vergrößert zeigen kann. Um ein Objekt so vergrößert mit dem Mikroskop betrachten zu können, muss man das Mikroskop sachgerecht handhaben und eine bestimmte Schrittfolge einhalten.

Aufgabe
Betrachte ein Haar mithilfe des Mikroskops.

1. Schritt

Einstellen der Beleuchtung und Auflegen des Präparates
Schalte die Mikroskopbeleuchtung ein, senke den Objekttisch durch Drehen am Triebrad, lege das Objekt (einige ca. 1 cm lange Stücke eines Haars) auf einen Objektträger und diesen so auf den Objekttisch, dass das Objekt zentral über der Öffnung des Objekttisches liegt.

2. Schritt

Scharfstellen des Bildes
Drehe das Objektiv mit der kleinsten Vergrößerung mit dem Objektrevolver über das Objekt und befördere den Objekttisch durch vorsichtiges Drehen des Triebrades nach oben, bis das Objekt nur noch wenige Millimeter vom Objektiv entfernt ist. Beobachte dabei von der Seite (s. Abb.), um zu verhindern, dass das Objektiv das Objekt berührt. Schaue nun durch das Okular und drehe den Objekttisch langsam so lange nach unten, bis ein scharfes Bild erscheint, reguliere mit dem Feintrieb nach.

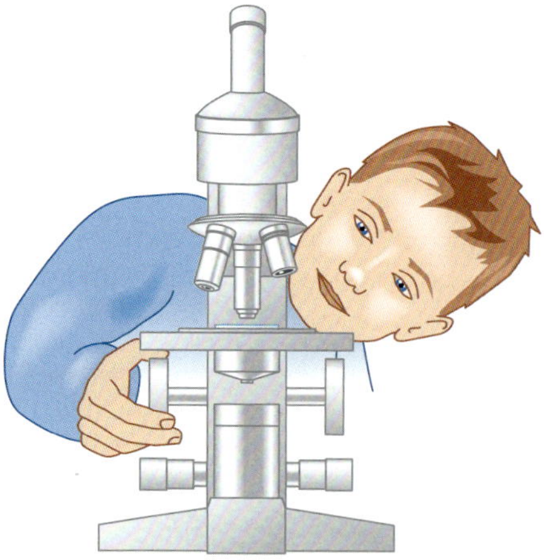

3. Schritt

Einstellen der nächsten Vergrößerung
Mikroskope sind so gebaut, dass das Objektiv mit der nächsthöheren Vergrößerung problemlos über das Objekt gedreht werden kann, wenn das Objekt vorher scharf eingestellt war.
Du musst nur mit dem Feintrieb etwas nachjustieren. Drehe den Objekttisch auf keinen Fall mit dem Grobtrieb nach oben, solange du durch das Okular schaust.
Auf diese Weise könntest du das Präparat und die Objektivlinse beschädigen.

4. Schritt

Einstellung der richtigen Beleuchtung
Ist das Bild zu hell oder zu dunkel, kannst du zum einen die Helligkeit der Lichtquelle verändern (nicht bei allen Mikroskopen möglich).
Zum anderen kannst du die Kondensorblende enger oder weiter stellen. Dadurch wird auch die Tiefenschärfe des Bildes vergrößert oder verringert.

5. Schritt

Fehlersuche
Wenn du nichts sehen kannst, prüfe, ob dein Präparat genau über der Lichtöffnung im Objekttisch liegt. Wiederhole dann die Schritte 1 bis 3.

Wie fertige ich ein Frischpräparat an?

Besonders Pflanzenteile lassen sich gut präparieren, sodass man sie schnell betrachten kann. Im Gegensatz zur Herstellung von Frischpräparaten ist es sehr aufwendig, Dauerpräparate zu fertigen. In der Schule werden die Objekte im Allgemeinen in Wasser eingebettet.

Aufgabe
Stelle ein Frischpräparat von einem Zwiebelhäutchen her.

1. Schritt

Vorbereiten der Arbeitsgeräte
Stelle die benötigten Arbeitsgeräte bereit (Objektträger, Deckgläschen, Pinzette, Pipette, Rasierklinge, Präpariernadeln, Filterpapier).
Reinige Objektträger und Deckgläschen.

2. Schritt

Vorbereiten des Objekts
Zerschneide die innere durchsichtige Haut einer Zwiebelschuppe mithilfe einer Rasierklinge in kleine Quadrate.

3. Schritt

Erstellen des Präparats
Tropfe mithilfe der Pipette etwas Wasser auf die Mitte des Objektträgers.
Hebe ein Stückchen der durchsichtigen Zwiebelhaut mit der Pinzette ab und lege es in den Wassertropfen. Wenn sich das Häutchen einrollt, ziehe es mit zwei Präpariernadeln auseinander.
Decke das Objekt vorsichtig mit dem Deckglas ab. Bringe es dazu schräg an den Wassertropfen heran und lass es langsam auf das Objekt im Wasser sinken. Seitlich hervorquellendes Wasser wird mit Filterpapier abgesaugt. Bei Wassermangel tropfe Wasser am Deckglasrand hinzu.

4. Schritt

Anfärben des Präparats
Um das Objekt anzufärben, tropfe Farbstofflösung an den Rand des Deckgläschens und sauge sie mit Filterpapier unter dem Deckglas hindurch.

5. Schritt

Mikroskopieren
Betrachte das Objekt mithilfe des Mikroskops.

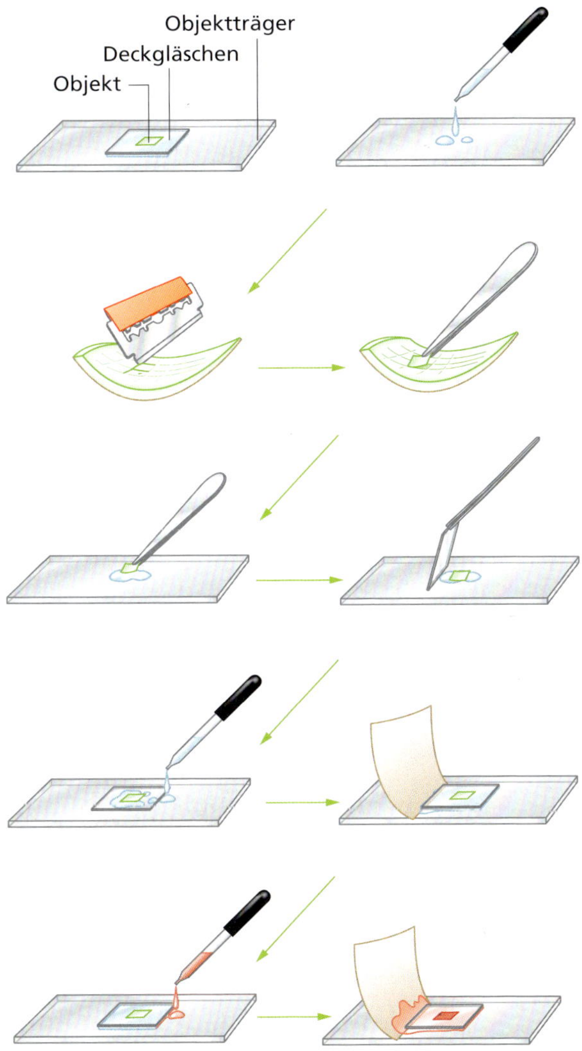

1 Herstellen eines Frischepräparats von einem Zwiebelhäutchen

Wie fertige ich eine mikroskopische Zeichnung an?

Eine mikroskopische Zeichnung fertigt man nur auf weißem Papier mit einem gut gespitzten, mittelharten Bleistift an. Damit die mikroskopische Zeichnung auch gelingt, sollte man folgende Schritte beachten.

Aufgabe
Zeichne die Zellen einer Zwiebelhaut.

1. Schritt

Auswählen eines geeigneten Ausschnitts
Entscheide, ob du eine Zelle oder mehrere von deinem Objekt zeichnen möchtest.
Suche eine geeignete Stelle aus.

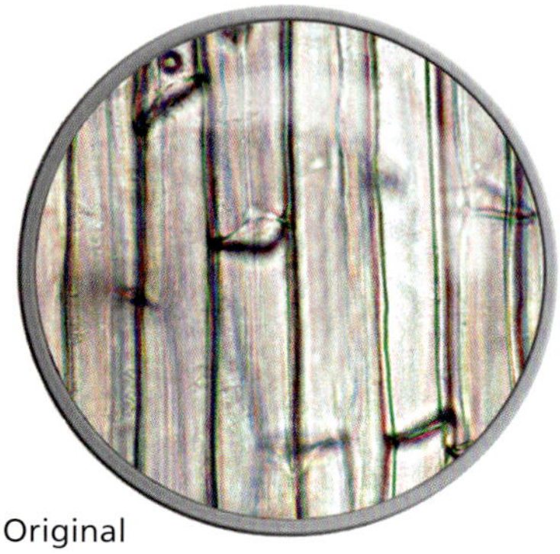

1 Original

2. Schritt

Betrachten des Objekts
Betrachte das Objekt mithilfe des Mikroskops. Lass beim Betrachten beide Augen geöffnet (mit einem Auge das Objekt betrachten, mit dem anderen das Zeichenpapier).
Lass dich nicht entmutigen, wenn es dir nicht gleich gelingt. Für diese Technik braucht man Übung.

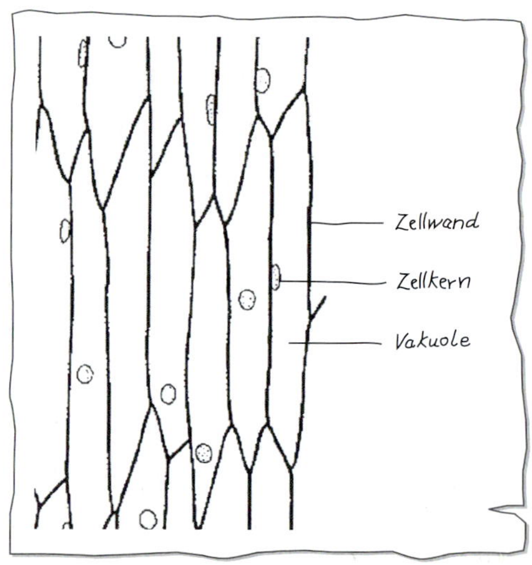

2 Zeichnung: Eine mikroskopische Zeichnung stellt im Allgemeinen einen „optischen Schnitt" dar, das heißt, man zeichnet nur eine Ebene, auch wenn man im mikroskopischen Bild wegen der räumlichen Ausdehnung des Objekts mehrere Ebenen gleichzeitig sehen kann.

3. Schritt

Zeichnen des gewählten Ausschnitts
Zeichne die Zellen viel größer, als du sie siehst.
Zeichne möglichst mit einer glatten Linie. Die Linien sollen nicht gestrichelt werden.

4. Schritt

Beschriften der Zeichnung
Beschrifte deine Zeichnung mit dem Bleistift.
In die Legende gehören:

- Name des Objekts,
- Bezeichnung des Organs/Gewebes,
- mikroskopische Vergrößerung,
- Hinweis auf Färbung,
- das Datum,
- Name des Zeichners.

Objekt:	Zwiebel
Objektteil:	Haut der Zwiebelschuppe
mikroskopische Vergrößerung:	60-fach
Datum:	11.11.2008
Name:	Max Fröhlich

3 Legende der Zeichnung

Untersuchungen an pflanzlichen Zellen

1. Untersuche ein Blättchen von der Wasserpest *(Elodea canadensis).*

Materialien:
Wasserpest, Mikroskop, Objektträger, Deckgläschen, Pipette, Wasser, Pinzette, Becherglas

Durchführung:
1. Stelle einen Trieb der Wasserpest in ein Becherglas und für etwa 30 Minuten an einen sehr hellen Ort (Fensterbank oder Overheadprojektor).
2. Trenne ein Blättchen von der Wasserpestpflanze ab.
3. Fertige ein Frischpräparat vom Blättchen der Wasserpest an (↗ S. 13).
4. Betrachte das Objekt mithilfe eines Mikroskops (↗ S. 12).

Beobachtung:
1. Beobachte die Lage der Chloroplasten in den Zellen der Wasserpest.
2. Fertige eine Zeichnung von einem Ausschnitt des mikroskopischen Bildes an.

Auswertung:
1. Beschreibe das mikroskopische Bild.
2. Erkläre, was du an den Chloroplasten beobachten konntest.

2. Untersuche das Fruchtfleisch der Ligusterbeere *(Ligustrum vulgare).*

Materialien:
Ligusterbeeren (Vorsicht! Beeren sind giftig!), Mikroskop, Objektträger, Deckgläschen, Lanzettnadel, Pipette, Wasser

Durchführung:
1. Entnimm einer reifen Ligusterbeere mit der Lanzettnadel etwas Fruchtfleisch.
2. Übertrage das Fruchtfleisch auf einen Objektträger, gib wenig Wasser (einen kleinen Tropfen) dazu und lege ein Deckgläschen auf.
3. Drücke mit der Lanzettnadel das Deckgläschen vorsichtig an, damit das Fruchtfleisch etwas gequetscht wird.

Beobachtung:
1. Betrachte das Objekt mit dem Mikroskop.
2. Zeichne einige Zellen und beschrifte die erkannten Teile.

Auswertung:
1. Beschreibe den Bau der Zellen.
2. Erläutere die Funktion der erkannten Zellbestandteile.
3. Worin besteht das Besondere dieser Zellen?

1 Wasserpest

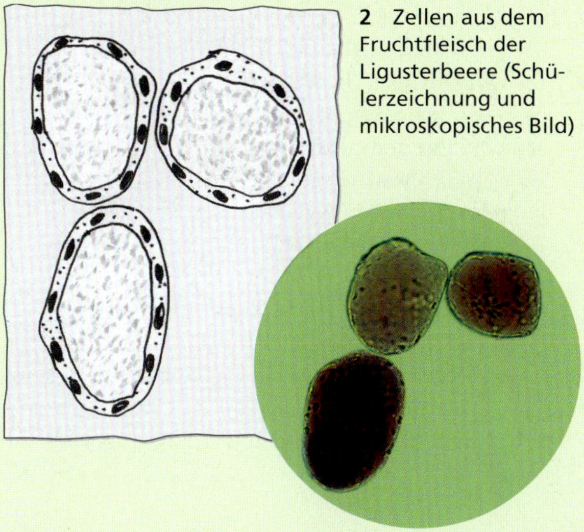

2 Zellen aus dem Fruchtfleisch der Ligusterbeere (Schülerzeichnung und mikroskopisches Bild)

Die tierische Zelle

Eine Tierzelle ist von einer **Zellmembran** umgeben. Wie bei pflanzlichen Zellen dient sie der Abgrenzung und dem Stoffaustausch. Die Zellmembran ist nur etwa 8 nm (Nanometer) dick, sodass sie mithilfe eines Lichtmikroskops nicht erkennbar ist. Eine Zellwand ist bei tierischen Zellen nicht vorhanden. Die gesamte Zelle ist mit **Zellplasma** und seinen Bestandteilen gefüllt. So ist ein **Zellkern** zu erkennen. Er enthält die Erbsubstanz (die DNA) und steuert zelluläre Prozesse.
Im Zellplasma sind **Mitochondrien** eingelagert. In ihnen wird durch den Abbau von Nährstoffen Energie für das Leben der Zelle gewonnen. Dabei wird Sauerstoff verbraucht.
Im Zellplasma befinden sich auch noch weitere Bestandteile, wie z. B. winzige, von einer Membran umschlossene Bläschen. Sie können beispielsweise Enzyme beinhalten.
Große Zellsaftvakuolen gibt es bei Tierzellen nicht. Chloroplasten fehlen ebenfalls. Wie bei den pflanzlichen Zellen existieren jedoch auch in tierischen Zellen neben den genannten weitere Funktionsräume.

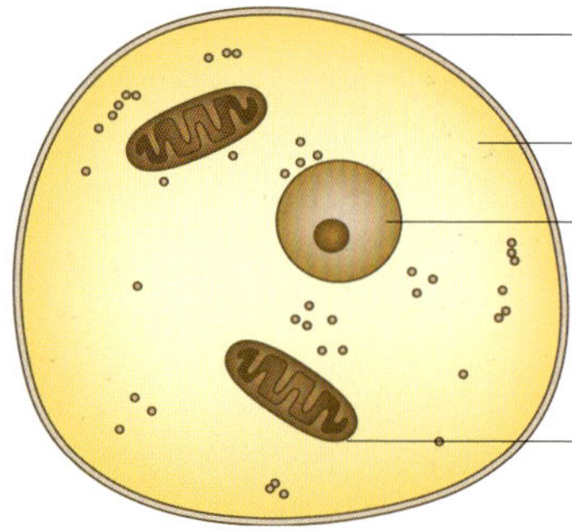

1 Bau einer Tierzelle (schematisch)

Pflanzliche und tierische Zellen sind eukaryotische Zellen. Sie zeichnen sich jeweils durch einen charakteristischen Grundbau aus.

Aufgaben

1. Interpretiere die Abbildung 1.
2. Finde drei Beispiele für spezialisierte tierische Zellen und benenne ihre Funktion.
3. Vergleiche den Bau der pflanzlichen und tierischen Zelle.

Praktikum: Untersuchung zu tierischen Zellen

Untersuche einige Zellen der Mundschleimhaut.

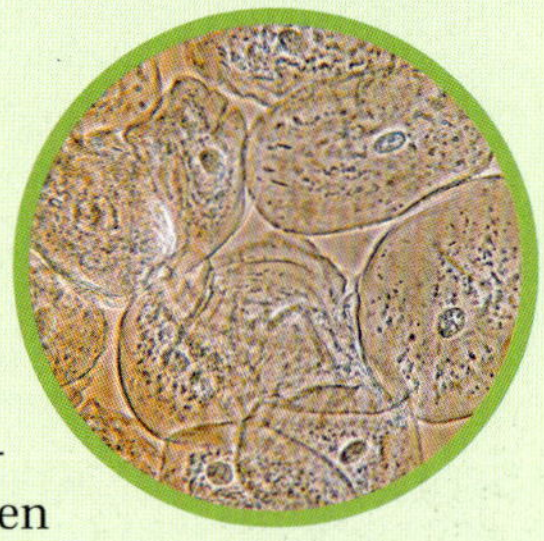

Materialien:
Mikroskop, Wasser, Objektträger, Deckgläschen, Streichholz, zwei Pipetten, Filterpapier, Methylenblau- oder Eosinlösung, Zellen der Mundschleimhaut

Durchführung und Beobachtung:
1. Schabe mit dem hinteren Ende eines Streichholzes ein wenig Mundschleimhaut von der Innenseite deiner Wange ab und übertrage sie auf einen Objektträger. (Beachte den Arbeitsschutz und die Hygiene!)
2. Gib zu dem Mundschleim einige Tropfen Wasser und lege ein Deckgläschen auf.
3. Sauge mithilfe des Filterpapiers einen Tropfen der Farbstofflösung unter dem Deckgläschen hindurch.
4. Betrachte die Zellen mithilfe des Mikroskops. Zeichne eine Zelle und beschrifte die erkannten Teile.

Auswertung:
1. Beschreibe den Bau der Zellen.
2. Erläutere die Funktion der erkannten Zellbestandteile.

1 Spezialisierte Tierzellen

Organisationsebenen

Eine große Anzahl von Lebewesen besteht aus vielen Zellen. Eukaryotische Zellen sind zudem in unterschiedliche Funktionsräume unterteilt. Lebewesen sind lebensfähig, weil ihre einzelnen Bauteile ihre jeweilige Aufgabe gut erfüllen und sie perfekt zusammenwirken. Diese bilden verschiedene Organisationsebenen: Zellbestandteil – Zelle – Gewebe – Organ – Organsystem – Organismus.

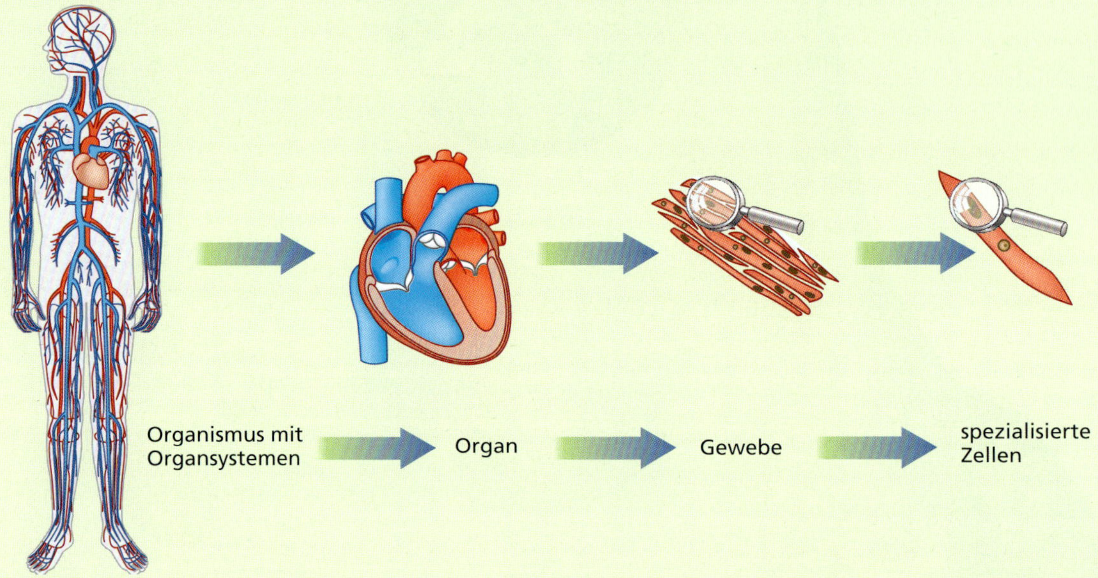

Organisationsebene	Beispiel Mensch
Organismus (Lebewesen)	Durch das Zusammenwirken von Organsystemen und Organen (z. B. Atmungs-, Ernährungs-, Bewegungs- und Herz-Kreislauf-System) ist der Organismus lebensfähig.
Organsystem mit Organen	Verschiedene Organe (z. B. Herz, Blutgefäße) arbeiten in einem Organsystem (z. B. Herz-Kreislauf-System) zusammen. Ein Organ (z. B. Herz) ist aus verschiedenen Geweben (z. B. Muskel- und Bindegewebe, Nervengewebe) aufgebaut.
Gewebe	Gleichartig gebaute Zellen mit gleicher Funktion (z. B. Muskelzellen) bilden einen Zellverband, der Gewebe (z. B. Muskelgewebe) genannt wird.
Zelle	Eine eukaryotische Zelle weist eine starke Kompartimentierung auf, d. h. sie besteht aus verschiedenen Zellbestandteilen, die spezielle Aufgaben erfüllen. So läuft in den Mitochondrien die Atmung ab, durch die u. a. die Energie für die Muskelbewegung geliefert wird.
Zellbestandteil	Alle Zellbestandteile, wie Mitochondrien, haben einen besonderen Bau. Dieser ermöglicht die speziellen Funktionen.

Organisationsebenen gibt es auch im Alltag. Stelle ein vergleichbares Strukturschema für folgende Organisationseinheiten auf: Auto, Schule, Bundesrepublik Deutschland, eine Firma.

Ähnlich wie im menschlichen oder tierischen Organismus lassen sich auch bei Pflanzen, die aus vielen Zellen bestehen, Organisationsebenen nachweisen: Die Grundorgane einer Pflanze sind Wurzel, Sprossachse und Laubblätter.

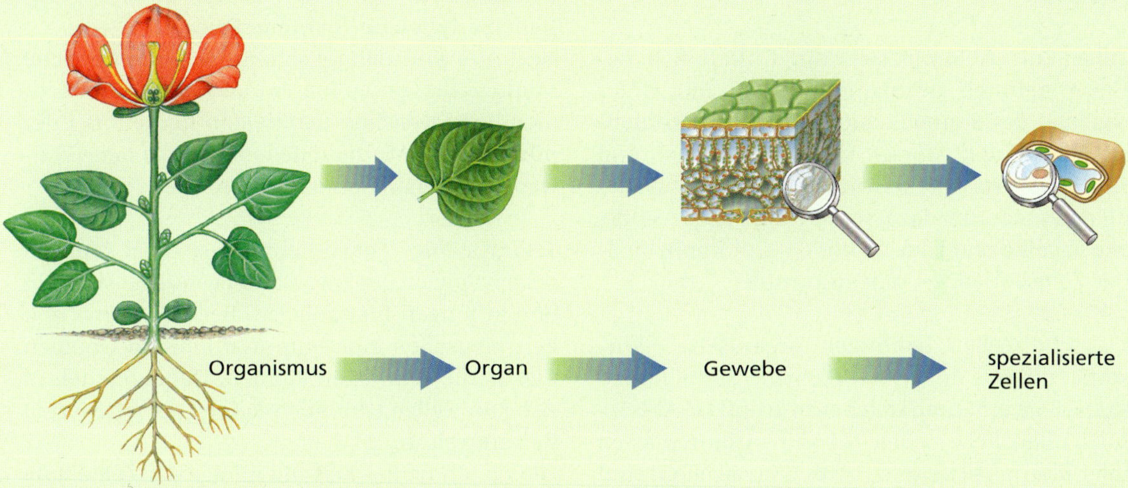

Organisationsebene	Beispiel Pflanze
Organismus (Lebewesen)	Durch das Zusammenwirken ihrer Organe ist die Pflanze lebensfähig.
Organe	Ein Organ (z. B. Blatt) ist aus verschiedenen Geweben (z. B. Epidermis mit Spaltöffnungen, Palisadengewebe und Schwammgewebe) aufgebaut.
Gewebe	Gleichartig gebaute Zellen mit gleicher Funktion (z. B. Zellen des Schwammgewebes) bilden einen Zellverband, der Gewebe genannt wird.
Zelle	Eine eukaryotische Zelle weist eine starke Kompartimentierung auf, d. h. sie besteht aus verschiedenen Zellbestandteilen, die spezielle Aufgaben erfüllen. So läuft in den Chloroplasten die Fotosynthese ab. Der Zellkern steuert die Prozesse in der Zelle.
Zellbestandteil	Alle Zellbestandteile, wie z. B. die Chloroplasten, haben einen bestimmten Bau. Chloroplasten enthalten Chlorophyll. Ihr Bau ermöglicht ihre Funktion – die Fotosynthese.

Erläutere den Zusammenhang der verschiedenen Organisationsebenen an einem weiteren Beispiel: Wurzel als ein Grundorgan von Pflanzen.

Lebensvorgänge in pflanzlichen und tierischen Zellen

Zellen ernähren sich

In allen lebenden Zellen laufen Stoffwechselprozesse ab. Sie müssen Stoffe aufnehmen, um körpereigene Stoffe zu bilden (↗ Abb. 1, 2), sich also ernähren.

Zellen, die Chloroplasten mit Chlorophyll besitzen, **nehmen anorganische Stoffe auf.** Unter Nutzung des Sonnenlichts wandeln sie Kohlenstoffdioxid und Wasser in Traubenzucker und Sauerstoff um. Traubenzucker und Mineralstoffe dienen wiederum dazu, weitere organische Stoffe, wie Eiweiße und Fette zu bilden. Chlorophyllhaltige Zellen ernähren sich **autotroph** (↗ Abb. 1).

Tierische Zellen **benötigen organische Nährstoffe,** um aus ihnen körpereigene Stoffe herzustellen. Sie ernähren sich **heterotroph** (↗ Abb. 2). Auch pflanzliche Zellen, die keine Chloroplasten mit Chlorophyll besitzen (z. B. Wurzelzellen) sind heterotroph. Sie müssen mit den in den chlorophyllhaltigen Zellen gebildeten organischen Stoffen versorgt werden.

> Alle lebenden Zellen müssen Stoffe aufnehmen, um daraus körpereigene Stoffe zu bilden.

Zellen teilen und vermehren sich

Bei vielen Pflanzen und Tieren gehen die Zellen, aus denen der erwachsene Organismus besteht, aus einer befruchteten Eizelle durch **Zellteilung** hervor.
Die **Zellteilung** beginnt mit der Teilung des Zellkerns. Dazu verdoppelt sich das Erbmaterial. Durch geordnete Chromosomenverteilung entstehen **erbgleiche Tochterzellen.**
Nach der Kernteilung schnürt sich die **tierische Mutterzelle** von außen ein und bildet eine Zellmembran zwischen den beiden Kernen. Bei der **pflanzlichen Mutterzelle** entsteht die neue Zellwand von innen heraus (↗ Abb. 1, S. 21).

Teilungsfähige Zellen befinden sich bei Pflanzen an den Spitzen der Sprossachsen und der Wurzeln und in jungen Blattanlagen. Bei den Tieren und den Menschen gibt es in den meisten Organen Zellen, die sich teilen können. Dabei handelt es sich um Zellen, die noch keinen spezialisierten Bau aufweisen.
Die Zunahme der Zellzahl infolge der Zellteilung bezeichnet man als **Zellteilungswachstum.** Dadurch erfolgt die Vermehrung und eine ständige Erneuerung der Zellen.

> Zellteilung ist die Entstehung von Tochterzellen aus Mutterzellen. Sie ist die Voraussetzung für die Zunahme der Zellzahl.

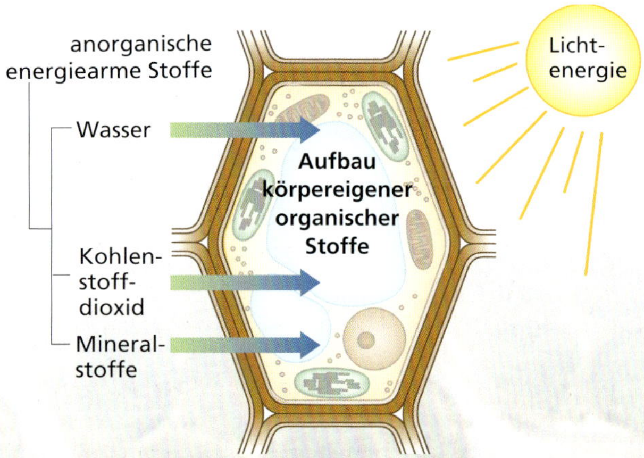

1 Autotrophe Ernährung einer Pflanzenzelle

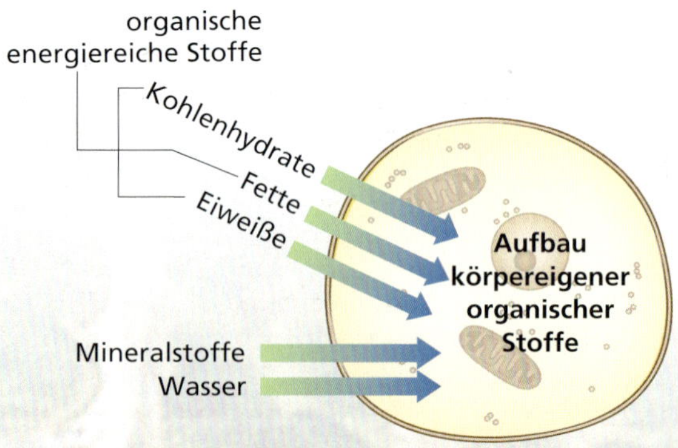

2 Heterotrophe Ernährung einer Tierzelle

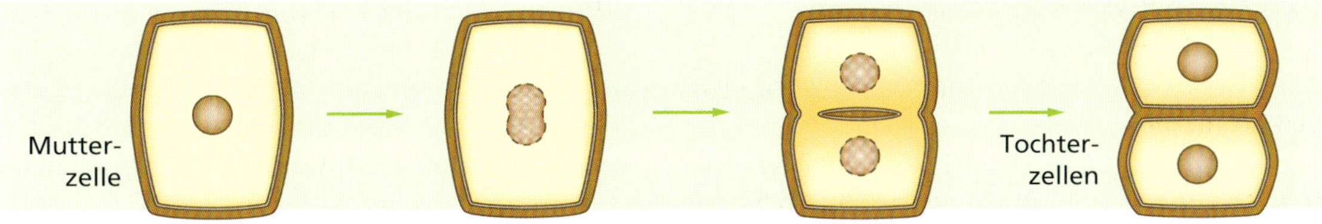

1 Eine Pflanzenzelle teilt sich – Zellteilungswachstum (schematisch).

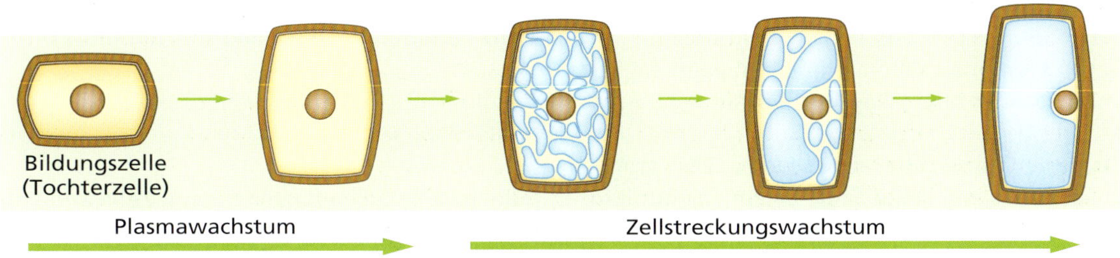

2 Eine Pflanzenzelle wächst – Zellstreckungswachstum (schematisch).

Zellen wachsen

Wenn bei der Zellteilung zwei kleine Tochterzellen entstanden sind, so müssen diese erst zum Normalmaß der Mutterzelle heranwachsen. Es werden in der Zelle neues Zellplasma und neue Zellbestandteile gebildet sowie die Zellmembran vergrößert (↗ Abb. 2).
Diese Vorgänge führen zu einer bleibenden Volumenzunahme der Zelle, die als **Plasmawachstum** bezeichnet wird.
Nach Beendigung des Plasmawachstums sind die neuen Mutterzellen wieder teilungsfähig.
Zellteilungs- und Plasmawachstum kommen bei allen Organismen vor. Später erfolgt eine **Differenzierung der Zellen.**

> Das Plasmawachstum erfolgt durch Zunahme von Zellplasma und Zellbestandteilen. Die Tochterzellen bauen dazu Stoffe aus dem Stoffwechsel ein.

Bei Pflanzen gibt es das **Zellstreckungswachstum** (↗ Abb. 2). Durch schnelle Wassereinlagerung bilden sich Vakuolen, die oft zu einer großen Zentralvakuole verschmelzen.
Dadurch werden Zellplasma und Zellkern an den Rand gedrängt. Zellwand und Zellmembran dehnen sich.

Mit diesem Zellstreckungswachstum sind **Differenzierungsvorgänge** verbunden. Dabei erhalten die Zellen entsprechend ihrer späteren Funktion die endgültige Form sowie ihren speziellen Bau, und sie ordnen sich in spezifischer Weise an. Im Laufe dieser Wachstumsprozesse erfolgen Ein- und Auflagerungen von Cellulose in die Zellwand, wodurch die stabile Zellwand einer ausgewachsenen Pflanzenzelle entsteht.

> Das Streckungswachstum ist gekennzeichnet durch die Vergrößerung des Zellvolumens vor allem durch Wasseraufnahme (Vakuolenbildung).

Aufgaben

1. Ordne folgende Zelltypen nach ihrer Ernährungsweise: Zelle des Zwiebelhäutchens, Zelle der Mundschleimhaut, Zelle eines Blättchens der Wasserpest, Muskelzelle. Begründe die Zuordnung.

2. Beschreibe die Teilung und das Wachstum von Zellen.
Vergleiche dabei pflanzliche und tierische Zellen.

Bau der prokaryotischen Zellen

Bakterien haben sich vermutlich schon vor etwa vier Milliarden Jahren entwickelt. Es sind die ältesten Organismen auf der Erde. Bakterien kommen fast überall vor: im Wasser, im Boden, in der Luft sowie im Körper von Pflanzen, Tieren und Menschen. In unserem Mund z. B. gibt es mehr Bakterien, als es Menschen auf der Erde gibt. Nur sehen kann man sie mit bloßem Auge nicht. Erst mithilfe eines Mikroskops werden sie sichtbar.

Bakterien sind also sehr klein. Die großen Bakterien kann man mit einem Lichtmikroskop bei 1 000-facher Vergrößerung erkennen. Für die kleinsten Bakterien (0,2 µm) ist ein Elektronenmikroskop erforderlich.
Die Bakterien sind relativ einfach gebaut. Es hat sich aber eine Vielzahl von Formen entwickelt, die zu den unterschiedlichsten physiologischen und biochemischen Leistungen in der Lage sind (↗ Abb. 1). Beobachtet man ein einzelnes Bakterium, stellt man fest, dass es nur aus einer **einzigen Zelle** besteht. Diese bezeichnet man als **Procyt** (prokaryotische Zelle).
Sie weisen bauliche Besonderheiten im Vergleich zu den Zellen der Pflanzen, der Tiere und des Menschen – sogenannte **eukaryotische Zellen** – auf. Letztere besitzen einen abgegrenzten Zellkern, der das Erbmaterial enthält. Weitere Gemeinsamkeiten sind die Zellmembran und das Zellplasma mit Mitochondrien. Pflanzenzellen werden durch eine Zellwand begrenzt und haben Vakuolen und Chloroplasten (↗ S. 36).
Im Vergleich dazu besitzen Bakterien keinen abgegrenzten Zellkern. Die **fadenförmige Erbsubstanz** befindet sich im Zellplasma (↗ Abb. 2)

> Prokaryotische Zellen besitzen keinen abgegrenzten Zellkern.

Jedoch ist bei allen Bakterien eine **Zellwand** vorhanden. Sie gibt ihnen ihre Gestalt und verleiht ihnen Schutz. Zusätzlichen Schutz bietet bei vielen Bakterien noch eine **Schleimschicht,** die der Zellwand außen aufgelagert ist. Unterhalb der Zellwand befindet sich die **Zellmembran.** Zusammen mit der Zellwand umschließt sie das in der Zelle befindliche **Zellplasma.**
Die Zellmembran ermöglicht den Stoffaustausch mit der Umwelt. Sie liegt der Zellwand dicht an.
Einige Bakterien besitzen Chlorophyll (grüner Farbstoff, Cyanobakterien), das auf eingestülpten Zellmembranen angeordnet ist. Chloroplasten gibt es nicht. Manche Bakterien haben Geißeln und sind so aktiv beweglich.

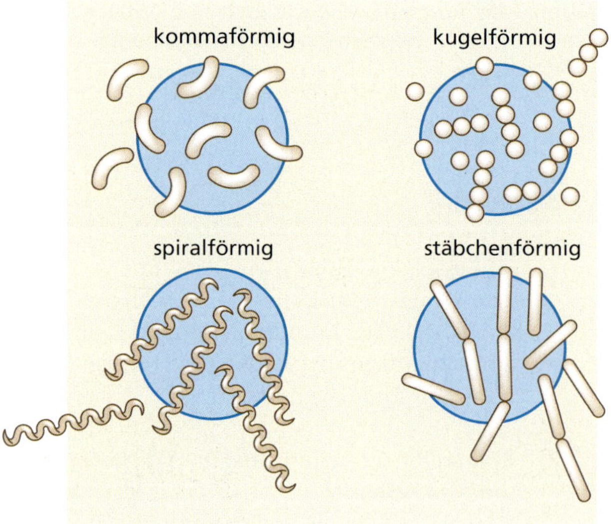

1 Bakterienformen

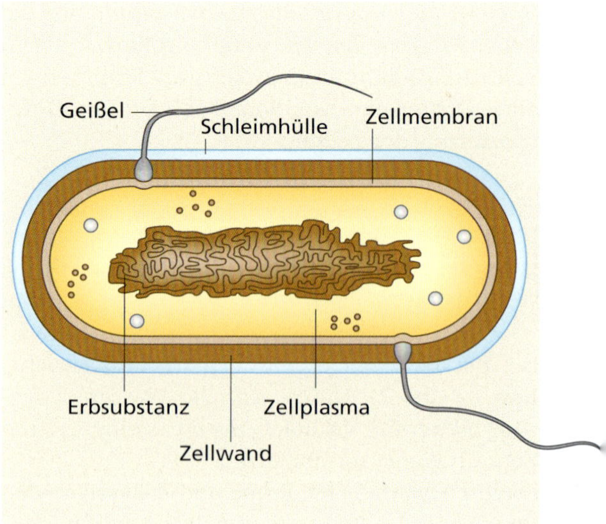

2 Bau eines Procyten

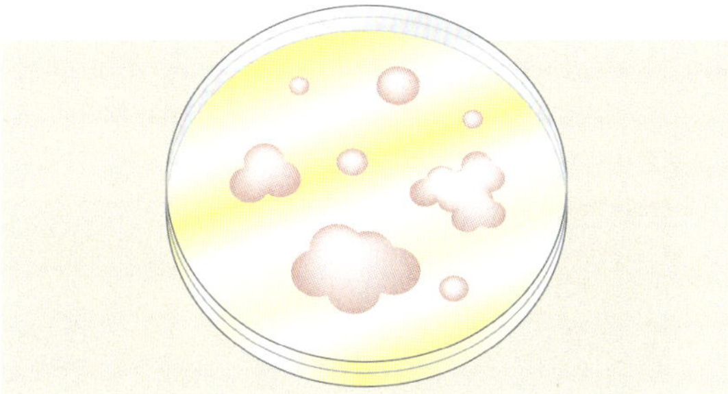

1 Bakterienkolonien

Viele Bakterien leben dort, wo sie ausreichend Nahrung, genügend Feuchtigkeit und eine günstige Temperatur vorfinden. Es gibt aber auch Bakterien, die an Stellen leben, wo keine anderen Lebewesen mehr existieren können (↗ Abb. 3). 1970 wurden z. B. Bakterien in heißen Quellen von + 60 °C bis + 120 °C entdeckt. Andere kommen in hoch konzentrierten Salzlösungen von 120 g bis 300 g Salz pro Liter vor (Das Meerwasser enthält etwa 30 bis 40 g Salz/l.). Sie leben in Salzseen, aber auch auf gesalzenem Fleisch. Auch in ausgesprochenen Kälteregionen, z. B. in der Antarktis und auf den höchsten Berggipfeln, leben Bakterien. Inzwischen sind 12 000 Bakterienarten bekannt.

Beimpft man einen Nährboden mit Bakterien oder stellt solchen Nährboden eine Zeit lang offen hin und setzt ihn danach einer gleichmäßigen Temperatur von ca. 30 °C aus, bilden sich nach kurzer Zeit Flecken. Es handelt sich um Bakterienkolonien, die bei 2 mm Durchmesser etwa drei bis vier Milliarden Bakterien enthalten (↗ Abb. 1).

Bakterien sind wichtige Glieder im Kreislauf der Natur, Fäulniserreger, Erreger von Krankheiten (u. a. Cholera, Tuberkulose), aber auch Helfer bei der Herstellung von Nahrungs- und Futtermitteln.

Noch im 19. Jahrhundert ging man davon aus, dass Bakterien aus unbelebten Stoffen entstehen (Urzeugung). Heute wissen wir, dass für die Entstehung einer Bakterienkolonie mindestens eine lebende Bakterienzelle vorhanden sein muss.

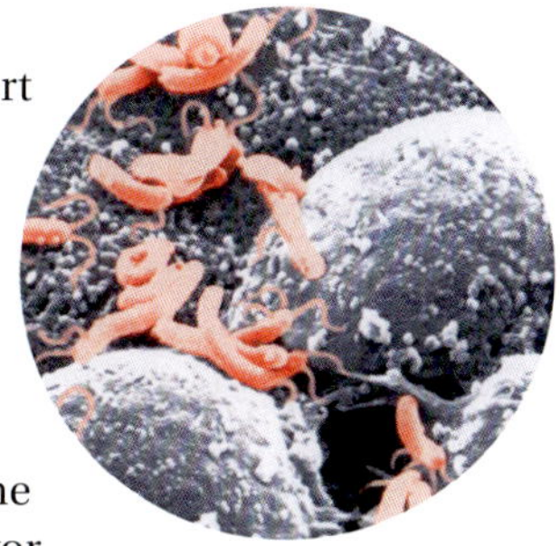

3 *Helicobacter pylori* ruft Magenschleimhautentzündung hervor. Ihm schadet die Magensäure nicht.

Die Fortpflanzung und **Vermehrung** bei Bakterien erfolgt ausschließlich **ungeschlechtlich,** überwiegend durch **Zweiteilung** (Spaltung, ↗ Abb. 2).
Bei günstigen Umweltbedingungen (ausreichend Nährstoffe, optimale Temperatur und Feuchtigkeit) erfolgt die Teilung in sehr kurzen Abständen, manchmal alle 20 Minuten. Dadurch unterscheiden sie sich von vielen anderen Organismen.
Einige Bakterien können bei ungünstigen Bedingungen Sporen bilden und in dieser Form Jahre überdauern.

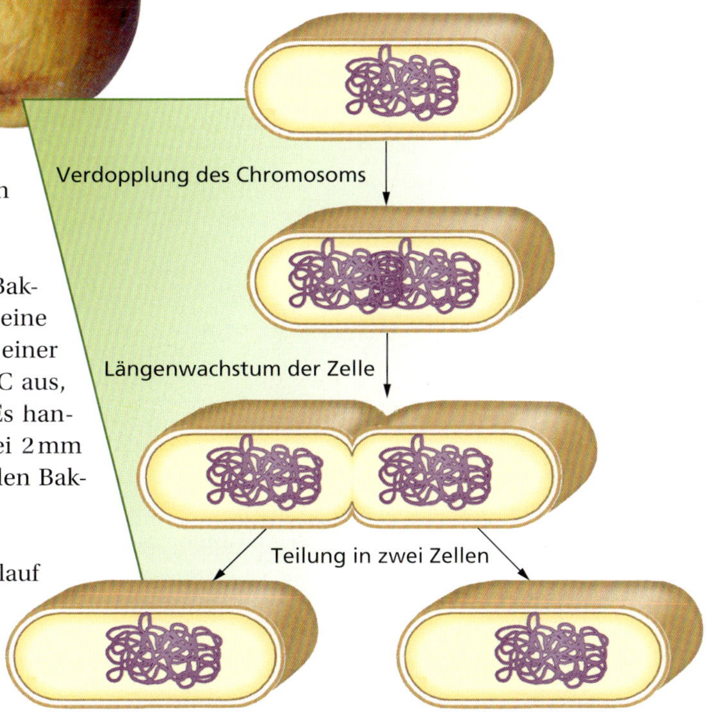

2 Vermehrung von Bakterien durch Zweiteilung

Gewusst · Gekonnt

1. Ordne folgende Begriffe in dein Glossar ein: pflanzliche Zelle, tierische Zelle, Gewebe, Organ, Organsystem, Organismus, Chloroplast, Mitochondrium, Zellplasma, Vakuole, Zellmembran, Zellwand, Zellkern, Zellteilung.

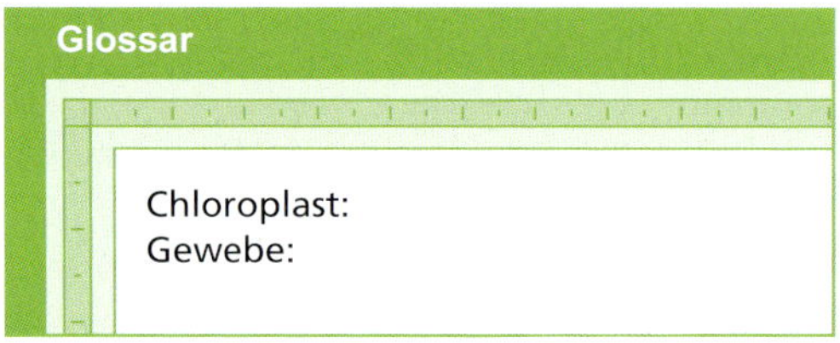

2. Die folgende Abbildung zeigt eine schematische Darstellung der Zellen von der Wasserpest.
Benenne die abgebildeten Bestandteile und deren Funktionen.

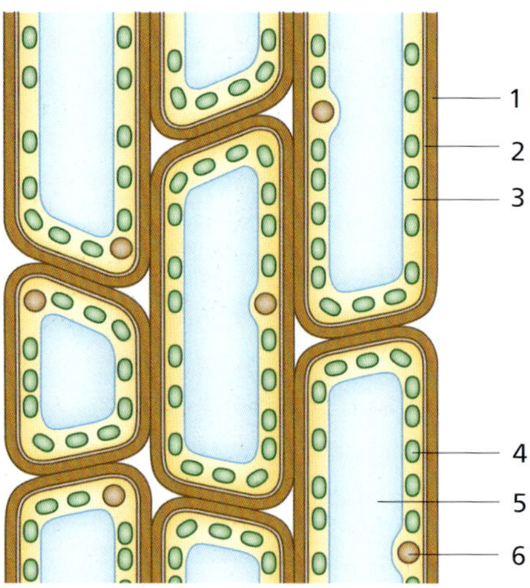

3. Leite aus den Strukturmerkmalen von den Zellen eines Laubblattes ihre Funktionen ab: Palisadenzellen mit sehr vielen Chloroplasten; Epidermiszellen ohne Chloroplasten, jedoch mit dicken Außenwänden, auf deren äußerer Oberfläche sich eine Wachsschicht befindet; unregelmäßig geformte Schwammzellen, zwischen denen große Zwischenräume ausgebildet sind.

4. Die Zelle wird manchmal mit einer Chemiefabrik verglichen. Erläutere, wie das gemeint sein könnte.

5. Die Zellen der Bronchienschleimhaut tragen viele bewegliche Flimmerhärchen. In Muskelzellen befinden sich Eiweißmoleküle, die sich unter Energieumsatz zusammenziehen können. Die feste Knochensubstanz wird von Knochenzellen in die Zellzwischenräume abgegeben.
Leite aus den genannten Strukturmerkmalen der Zellen ihre Funktion ab.

6. Vergleiche Pflanzenzellen mit Zellen von Tieren. Fertige dazu eine Tabelle an.

7. Fertige aus den abgebildeten und weiteren Materialien (Plastikdosen, linsenförmige Körper beispielsweise aus grüner und brauner Knete, Körper aus blauer Knete, Tischtennisball, Aluminiumfolie, Watte) Modelle von einer pflanzlichen und einer tierischen Zelle an und erläutere deine Modelle.

8. Untersuche den Querschnitt von Holundermark. Fertige dazu dünne Schnitte vom Holundermark aus abgestorbenen Zweigen im Inneren von Holunderbüschen an und übertrage den dünnsten Schnitt auf einen Objektträger.
Beschreibe den Bau der Zellen. Welche Aufgabe erfüllt das Holundermark im Stängel?

9. Untersuche einige Zellen der Kartoffelknolle.
a) Halbiere dazu eine Kartoffel. Versuche dann, möglichst dünne Scheiben abzuschneiden. Lege die Rasierklinge dazu ganz flach an die Schnittfläche an.
b) Fertige ein Frischpräparat an und färbe das Objekt mit Iod-Kaliumiodidlösung ☒ an. Zeichne einige Zellen.
c) Erläutere die Aufgabe der Zellen der Kartoffelknolle.

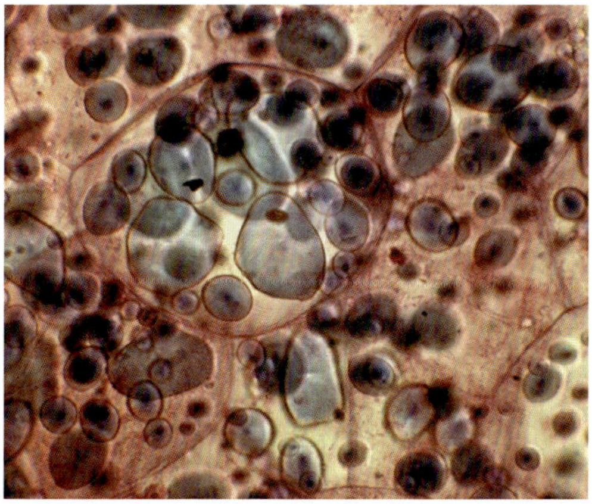

10. *Escherichia coli* ist der am besten untersuchte Organismus der Welt.
Fasse nach Art eines Steckbriefs Informationen zu seiner Biologie zusammen.

11. Setzt man Kartoffeln längere Zeit dem Licht aus, werden sie grün. Leite eine Vermutung über die Zellbestandteile der Zellen in der Kartoffelschale ab.

12. Vergleiche den Bau der Bakterienzelle mit dem Bau einer pflanzlichen Zelle und mit dem Bau einer tierischen Zelle. Fertige eine Übersicht dazu an.

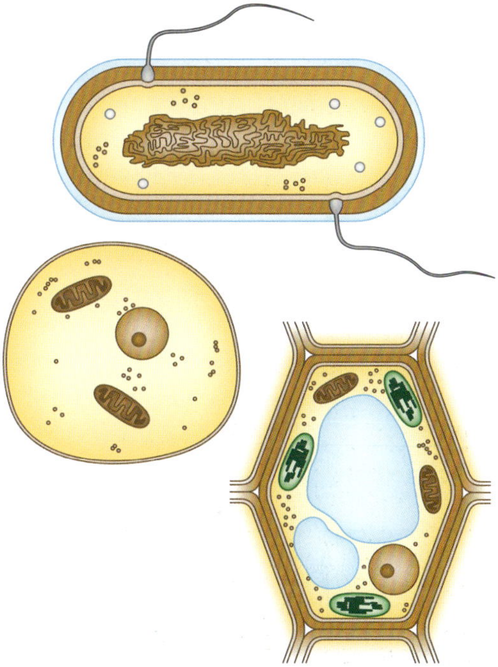

13. Stelle aus keimfreier Milch Joghurt her:
a) Versetze einen halben Liter Milch mit einem oder zwei Teelöffeln Joghurt. (Achte darauf, dass auf der Joghurtpackung der Vermerk steht: „Mit lebenden Joghurtkulturen hergestellt".)
Stelle die Milch abgedeckt an einen warmen Ort (ca. +30 °C bis +35 °C).
b) Prüfe nach 15 Stunden, welche Veränderungen erfolgt sind. Erkläre sie.

14. Lebensmittel werden haltbar gemacht. Trage Konservierungsmethoden zusammen. Stelle jeweils dar, warum sich derartig behandelte Lebensmittel länger halten als Frischware.

Vergleich der Grundbaupläne von Zellen der Tiere und Pflanzen

<table>
<tr><th></th><th>pflanzliche Zellen</th><th>tierische Zellen</th></tr>
<tr><td>Bau</td><td>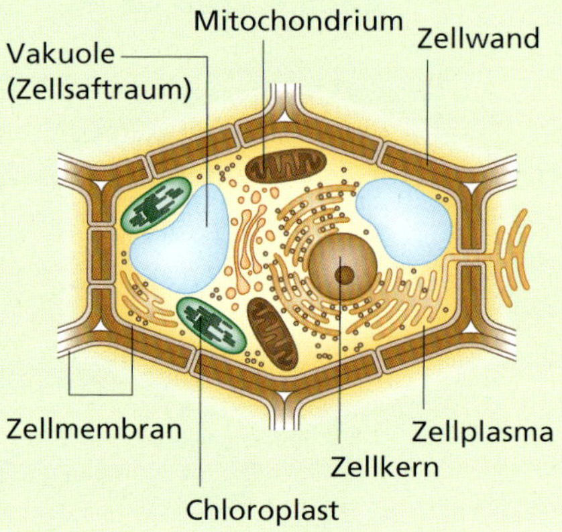
</td><td>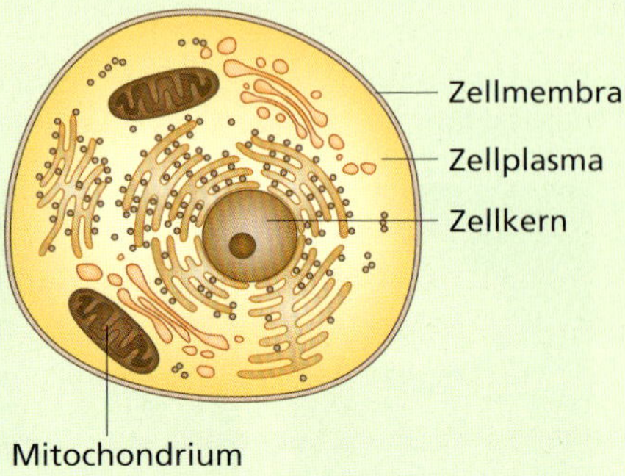
</td></tr>
<tr><td>Energiequelle</td><td>Energie des Sonnenlichts</td><td>Energie der organischen Stoffe</td></tr>
<tr><td>Stoffquelle</td><td>anorganische Stoffe</td><td>organische Stoffe</td></tr>
<tr><td>Ernährungsweise</td><td>autotroph: Bildung von organischen körpereigenen Stoffen aus anorganischen körperfremden Stoffen mithilfe von Sonnenlicht und Chlorophyll</td><td>heterotroph: Bildung von organischen körpereigenen Stoffen aus organischen körperfremden Stoffen</td></tr>
<tr><td>Lebensräume</td><td>überall, wo Licht vorhanden ist und die anderen Umweltbedingungen Leben ermöglichen</td><td>überall, wo organische Stoffe vorhanden sind und Leben möglich ist</td></tr>
<tr><td>Vielfalt</td><td>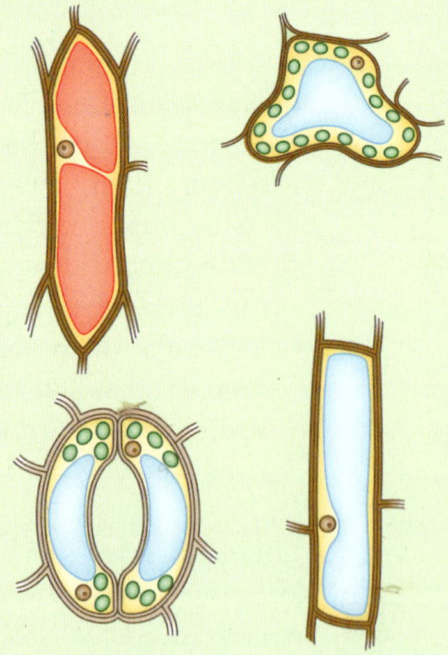</td><td>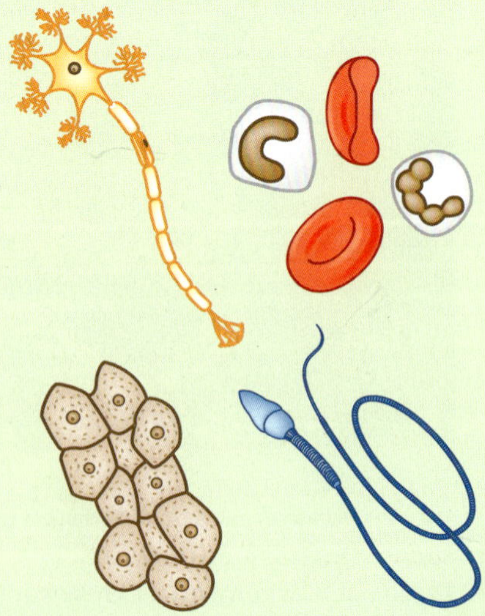</td></tr>
</table>

Vergleich der Grundbaupläne von Zellen

	Bakterien
Bau	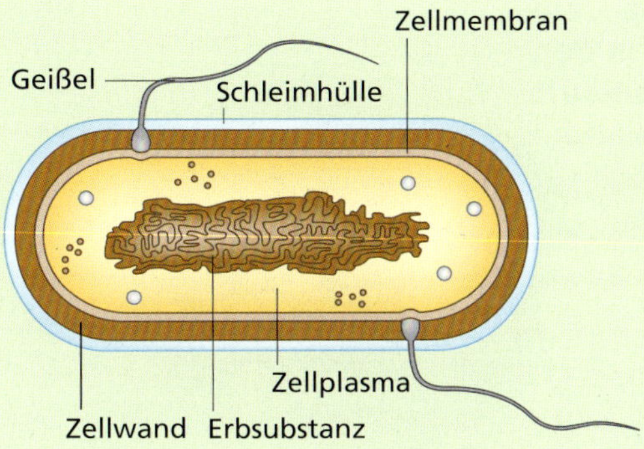
Energiequelle	Energie organischer und anorganischer Stoffe; bei Bakterien mit Chlorophyll: Energie des Sonnenlichts
Stoffquelle	organische Stoffe; bei autotrophen Bakterien: anorganische Stoffe
Ernährungsweise	oft heterotroph: Bildung von organischen körpereigenen Stoffen aus organischen körperfremden Stoffen einige Bakterien (z. B. Cyanobakterien) autotroph: Bildung von organischen körpereigenen Stoffen aus anorganischen körperfremden Stoffen mithilfe von Sonnenlicht und Chlorophyll
Lebensräume	überall, wo Nahrung und weitere für Bakterien günstige Umweltbedingungen vorhanden sind (z. B. im Boden, im Darm)
Vielfalt der Organismen	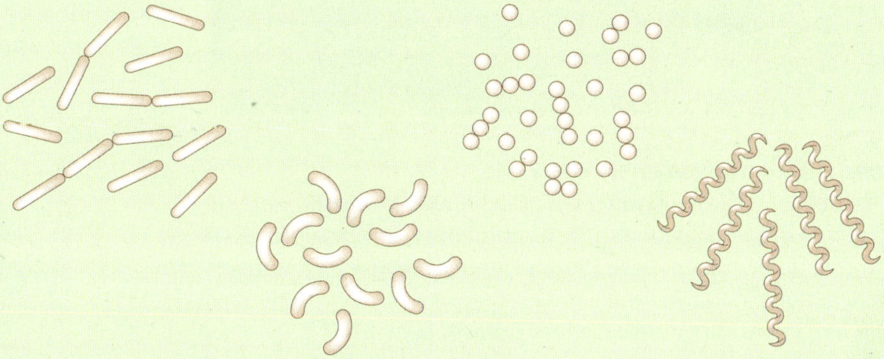

1.2 Energie- und Stoffwechselprozesse in der Zelle

Fotosynthese – ein Prozess, der in den Chloroplasten abläuft

Pflanzen, Algen und einige Bakterien mit Chlorophyll sind in der Lage, Lichtenergie für ihre Lebensprozesse zu nutzen. Die Fotosynthese ist ein komplizierter Prozess, der schrittweise in den Chloroplasten abläuft.
Wie kann die Energie des Lichts in chemische Energie umgewandelt werden?

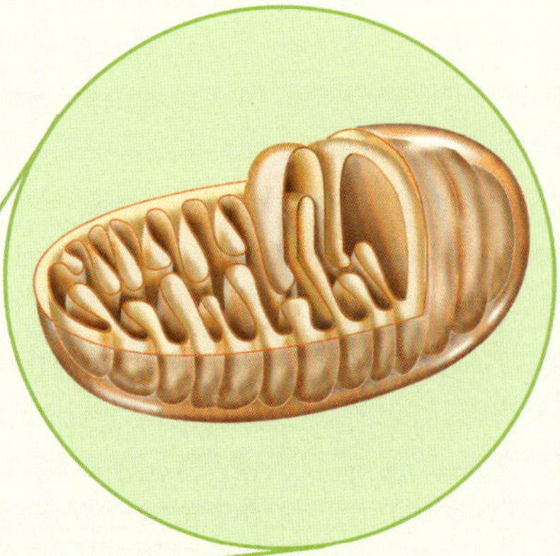

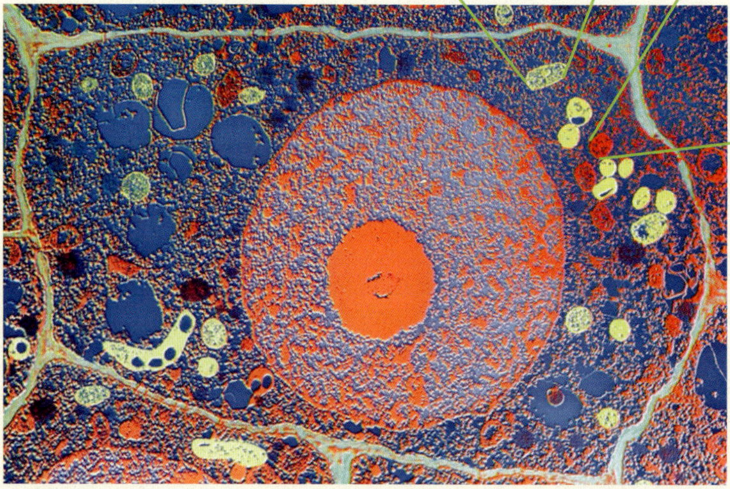

Mitochondrien – Kraftwerke in den Zellen

Organische Stoffe, wie Kohlenhydrate, aber auch Fette und Eiweiße, werden in den Mitochondrien mithilfe von Sauerstoff in anorganische Stoffe umgewandelt. Dabei wird Energie freigesetzt.
Was läuft in den Mitochondrien ab?
Was passiert mit der Energie?

Enzyme – Biokatalysatoren der Zelle

Zellen bestehen aus vielen unterschiedlichen Reaktionsräumen. In ihnen laufen die verschiedenen Stoff- und Energiewechselprozesse ab. Enzyme unterstützen diese Prozesse, indem sie die biochemischen Reaktionen katalysieren.
Wie wirken Enzyme? Wie viele Enzyme braucht eine Zelle?

Enzyme als Biokatalysatoren

FRIEDRICH WILHELM KÜHNE (1837 – 1900)

EMIL FISCHER (1852 – 1919)

Stoffe, die chemische Reaktionen katalysieren, wurden bis in die 2. Hälfte des 19. Jahrhunderts als „Fermente“ bezeichnet. Der Begriff „Enzym“ wurde von FRIEDRICH WILHELM KÜHNE (1837 - 1900) eingeführt.

Enzyme sind **Biokatalysatoren.** Sie beschleunigen (katalysieren) biochemische Reaktionen, sodass sie bei Körpertemperatur in ausreichend hoher Geschwindigkeit ablaufen können. Durch Enzymwirkung ist eine Erhöhung der Reaktionsgeschwindigkeit bis um das 100 000-Fache möglich. Das Enzym selbst wird bei diesen Prozessen nicht verbraucht. Enzyme spielen eine entscheidende Rolle im Stoffwechsel aller lebenden Organismen.

Enzyme sind Proteine. Sie kommen als reine Protein-Enzyme vor oder können mit einem Cofaktor zusammenwirken. Organische Cofaktoren werden als Coenzyme bezeichnet (z. B. Adenosintriphosphat = ATP).

Enzyme besitzen eine Erkennungsregion mit ganz bestimmter Form (aktives Zentrum), an der der jeweilige Ausgangsstoff (Substrat) vorübergehend angelagert wird. Es entsteht ein **Enzym-Substrat-Komplex.** Nach Ablauf einer biochemischen Reaktion am aktiven Zentrum ist aus dem Ausgangsstoff ein neues Produkt entstanden. Das Enzym geht aus dieser Reaktion jedoch unverändert hervor (↗ Abb. 1) und steht wieder für Reaktionen im Bau- und Energiestoffwechsel zur Verfügung.

Enzym und Substrat müssen wie ein Schlüssel zum Schloss genau zueinander passen **(Substratspezifität).** Dieses Schlüssel-Schloss-Prinzip wurde von EMIL FISCHER (1852 - 1919) entdeckt. Für sein Lebenswerk wurde er 1902 mit dem Nobelpreis für Chemie geehrt.

Das **Schlüssel-Schloss-Prinzip** ist ein Prinzip, das auch bei der Wirkung von Hormonen und Neurotransmittern, sowie bei der Antigen-Antikörperreaktion zum Tragen kommt.

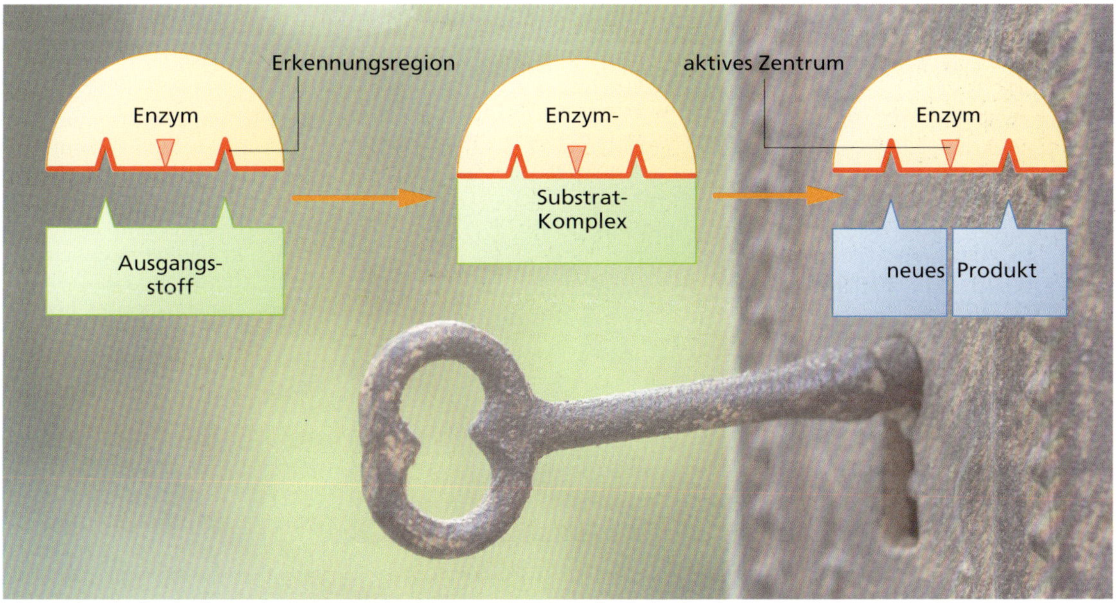

1 Bau und Funktion bedingen sich gegenseitig: Das Schlüssel-Schloss-Prinzip bei der Enzymwirkung.

Neben der Substratspezifität weisen Enzyme auch eine hohe **Reaktionsspezifität** auf, d. h. jedes Enzym katalysiert nur einen bestimmten Reaktionstyp. Nach der Art dieser Reaktion werden Enzyme in Gruppen eingeteilt. Eine sehr große Gruppe bilden die Hydrolasen, zu denen alle Verdauungsenzyme gehören. Hydrolasen katalysieren eine Substratspaltung unter Einlagerung von Wasser.

Enzyme benötigen für ihre Aktivität optimale Umgebungsbedingungen Die wichtigsten Faktoren sind die Temperatur und der pH-Wert. Beispielsweise wirken Verdauungsenzyme im Magen optimal bei einem pH-Wert von 2. Das entspricht dem pH-Wert des Magensaftes.

Jede Enzymaktivität besitzt ein Temperaturoptimum. Eine Erhöhung der Temperatur über das jeweilige Optimum kann die Enzymaktivität stark beeinträchtigen. Wie alle Proteine denaturieren viele Enzyme bei Temperaturen, die über 40 °C ansteigen. Denaturierung ist eine strukturelle Veränderung der Moleküle. Das ist auch eine Ursache dafür, dass hohes Fieber mit Körpertemperaturen über 40 °C eine große gesundheitliche Gefahr darstellt.

Enzyme beschleunigen biochemische Reaktionen. Sie sind Proteine, die nach Ablauf der biochemischen Reaktion wieder unverändert im Bau- und Energiestoffwechsel zur Verfügung stehen. Sie weisen eine hohe Substrat- und Reaktionsspezifität auf.

Aufgaben

1. In einer Zelle laufen Tausende verschiedener Reaktionen ab. Erkläre, warum die Reaktionspartner nicht durcheinander kommen.

2. Recherchiere, bei welchen biotechnologischen Prozessen in der Lebensmittelindustrie außer der Herstellung von Käse Enzyme eine wichtige Rolle spielen.

Mosaik

Biotechnologischer Einsatz von Enzymen in der Industrie

Aus Organismen isolierte oder gentechnisch hergestellte Enzyme werden in verschiedenen Industriezweigen, wie z. B. in der Lebensmittel-, Pharma-, Textil- und Waschmittelindustrie eingesetzt.

Das bekannteste Beispiel für den Einsatz von Enzymen in der Lebensmittelindustrie ist die Käseherstellung (↗Abb. 1). Käse wird durch Gerinnung aus dem Eiweißanteil der Milch hergestellt. Zur Milchgerinnung wurde früher ausschließlich das aus Kälbermägen gewonnene Labferment *Chymosin* eingesetzt. Das reicht heute für die weltweite Produktion von über 14 Millionen Tonnen Käse nicht mehr aus. Daher wird heute das Enzym gentechnisch durch Mikroorganismen (z. B. Hefepilze) erzeugt.

1 Käseherstellung funktioniert nicht ohne Enzyme.

In der Pharmaindustrie werden viele Medikamente hergestellt, die bestimmte Enzyme hemmen oder ihre Wirkung verstärken. Damit können Krankheiten geheilt oder Schmerzen gelindert werden. Ein bekanntes Beispiel ist Acetylsalicylsäure (ASS) in Schmerzmitteln wie Aspirin®.

In der Waschmittelindustrie werden Enzyme als Schmutzlöser eingesetzt. Diese Enzyme werden Waschmitteln zugesetzt, die dann Fett, Eiweiß und Stärke in Flecken lösen können.

Wirkung von Enzymen

1. Weise das Enzym Katalase in der Kartoffel nach.

Materialien:
rohe Kartoffel, Becherglas (50 ml), Küchenmesser, Pipette, Schutzbrille, Wasserstoffperoxid (H_2O_2, 6 %ig, ☒)

Durchführung:
1. Schäle einen Teil der Kartoffel vorsichtig ab und lege die Schale in das Becherglas.
2. Setze die Schutzbrille auf und gib mit der Pipette Wasserstoffperoxid auf die Kartoffelschale.

Beobachtung und Auswertung:
1. Beschreibe, was du beobachten kannst.
2. Versuche ein Erklärung dafür zu finden.

2. Überprüfe den Einfluss der Temperatur (Hitze) auf die Wirkung von Enzymen.

Material:
rohe Kartoffel, Bunsenbrenner, Münze, Tigelzange, Pipette, Küchenmesser, Petrischale, Schutzbrille, Wasserstoffperoxid (H_2O_2, 3 %ig, ☒),

Durchführung:
1. Die Kartoffel wird in der Mitte durchgeschnitten und eine Hälfte mit der Schnittfläche nach oben in die Petrischale gelegt. Setze die Schutzbrille auf und gib nun mit der Pipette Wasserstoffperoxid auf die Schnittfläche der Kartoffel. Beobachte.
2. Danach wird die andere Hälfte der Kartoffel mit der Schnittfläche nach oben in die Petrischale gelegt. Erhitze nun die Münze über dem Bunsenbrenner. Halte dabei die Münze mit der Tigelzange fest.

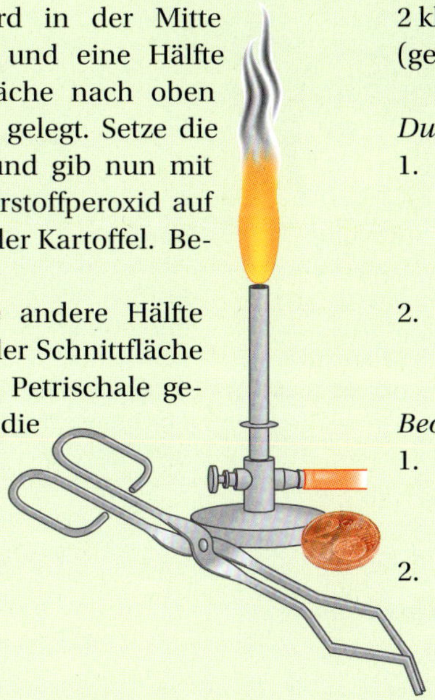

Lege die heiße Münze mit der Tigelzange kurz auf die Schnittfläche der Kartoffel. Nimm sie wieder ab und tropfe Wasserstoffperoxid auf diese Stelle. Beobachte.

Beobachtung und Auswertung:
1. Notiere deine Beobachtung nach dem ersten Versuchsschritt.
2. Beschreibe, was du im zweiten Versuchsschritt beobachten konntest.
3. Vergleiche beide Beobachtungen und begründe den Unterschied.
4. Interpretiere in diesem Zusammenhang die Temperaturkurve von Enzymen.

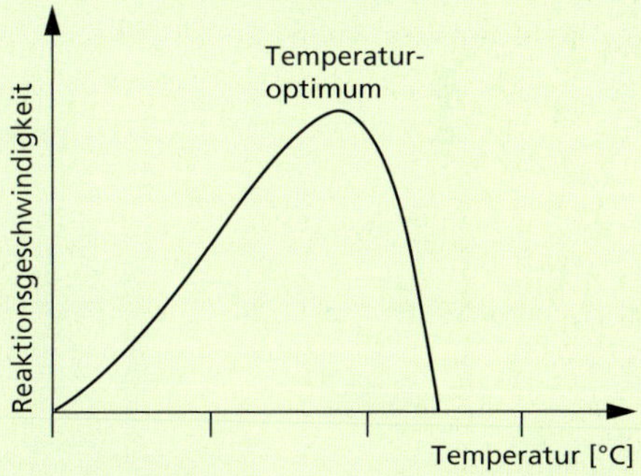

3. Simuliere die Anwendung von Enzymen in der Nahrungsmittelindustrie.

Material:
2 kleine Scheiben Rindfleisch, Fleischzartmacher (gekauft), 2 Teller, Frischhaltefolie

Durchführung:
1. Eine Scheibe Rindfleisch wird beidseitig mit dem Zartmacher bestreut und bei Zimmertemperatur ca. 30 min abgedeckt stehen gelassen.
2. Die zweite Scheibe Rindfleisch wird unbehandelt abgedeckt daneben gestellt.

Beobachtung und Auswertung:
1. Vergleiche nach 30 min beide Scheiben Fleisch. Beschreibe deine Beobachtung und begründe sie.
2. Überlege, wo ein solches Verfahren Anwendung finden könnte.

Stoff- und Energieumwandlungen in der Zelle

Voraussetzung für Stoffwechsel ist ein Stoffaustausch mit der Umgebung. Jeder Organismus nimmt ständig Stoffe aus der Umgebung auf, wandelt sie um und gibt andere Stoffe an die Umgebung ab. Dabei wird auch Energie umgewandelt.

Alle biochemischen Reaktionen in Lebewesen bezeichnet man als Stoffwechsel. Sie dienen dazu, körpereigene Strukturen aufzubauen **(Assimilation)** und energiereiche Stoffe abzubauen **(Dissimilation).** Die chemisch nicht mehr gebundene Energie wird frei und dient dem Aufbau von Körpersubstanz und der Aufrechterhaltung aller Lebensprozesse. Die Art seiner Stoffwechselprozesse bestimmt die Stellung des Organismus im Stoffkreislauf der Natur.

Nur chlorophyllhaltige Organismen, wie Pflanzen, Algen und einige Bakterien, sind in der Lage, die Energie des Sonnenlichts zu nutzen und anorganische Stoffe in organische umzuwandeln. Sie sind **autotroph.** Alle anderen Lebewesen nehmen organische Stoffe auf und wandeln diese in körpereigene organische Stoffe um. Sie sind **heterotroph** und nutzen die chemische Energie der organischen Stoffe. Heterotrophe Organismen sind angewiesen auf die Umwandlung anorganischer Stoffe in organische Stoffe durch autotrophe Lebewesen.

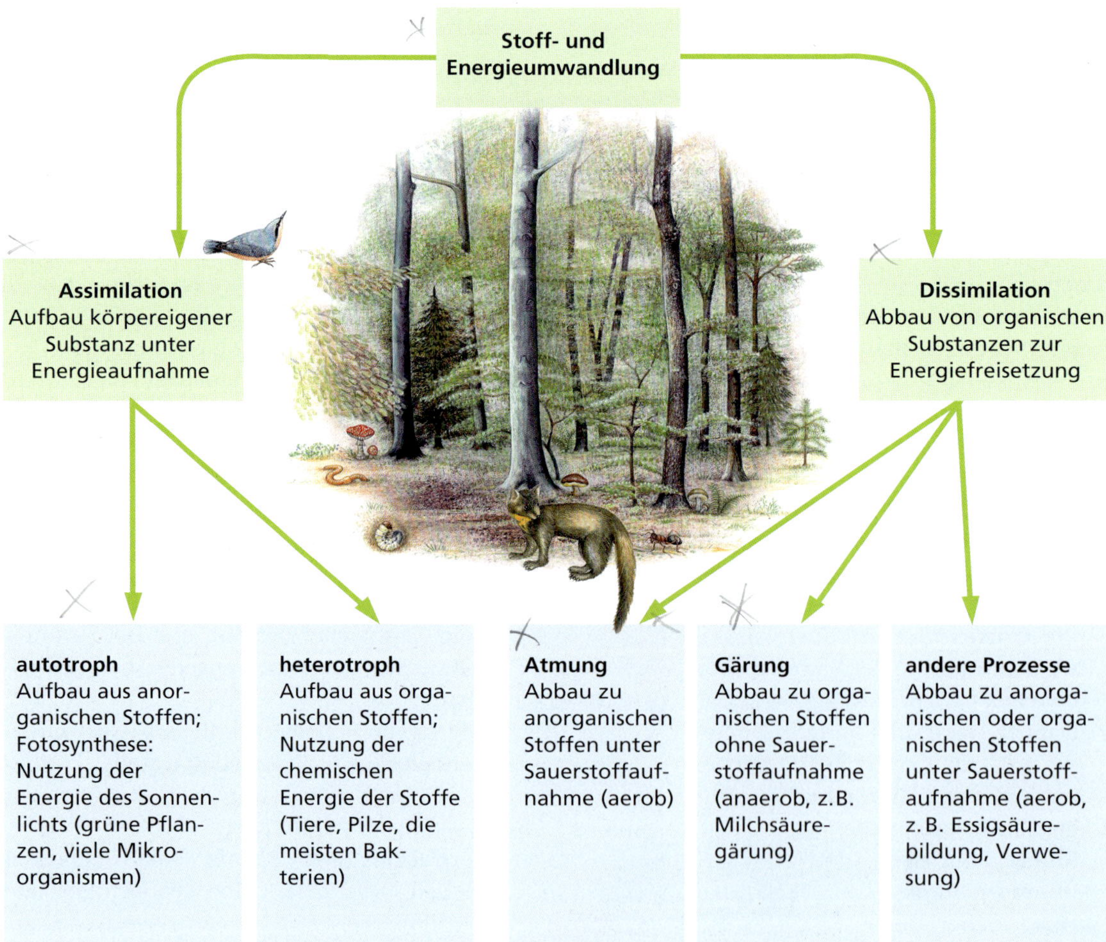

1 Diese Stoff- und Energieumwandlungen laufen in Zellen ab.

Beobachtungen an Pflanzen

1. Pflanzen benötigen Kohlenstoffdioxid. Überprüfe diese Aussage.

Materialien:
2 Glasglocken, Blumentöpfe mit jungen Kressepflanzen, 2 Korken, 2 Schalen Wasser, 1 größere Schale mit Calciumhydroxidlösung

Durchführung und Beobachtung:
1. Ordne das Experiment nach den Abbildungen an:

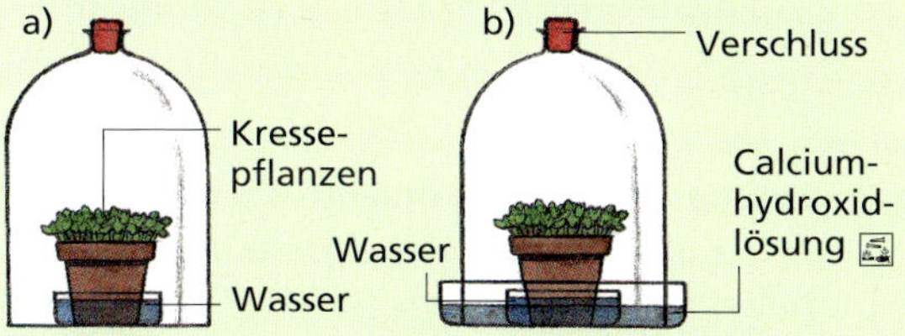

   Beachte: Das Calciumhydroxid bindet das im Gefäß vorhandene Kohlenstoffdioxid.
2. Stelle die Gefäße bei Zimmertemperatur an einem belichteten Ort auf und beobachte das Wachstum der Kressepflanzen in beiden Gefäßen einige Tage.
3. Notiere deine Beobachtungsergebnisse.

Auswertung:
Erkläre deine Beobachtungen.

2. Überprüfe die Sauerstoffabgabe bei Lichteinwirkung.

Materialien:
2 Bechergläser, 2 Trichter, 2 Reagenzgläser, Wasser, Karton zum Abdunkeln, Sprosse, z. B. der Wasserpest

Durchführung und Beobachtung:
1. Baue die Experimentieranordnung entsprechend den Abbildungen auf:

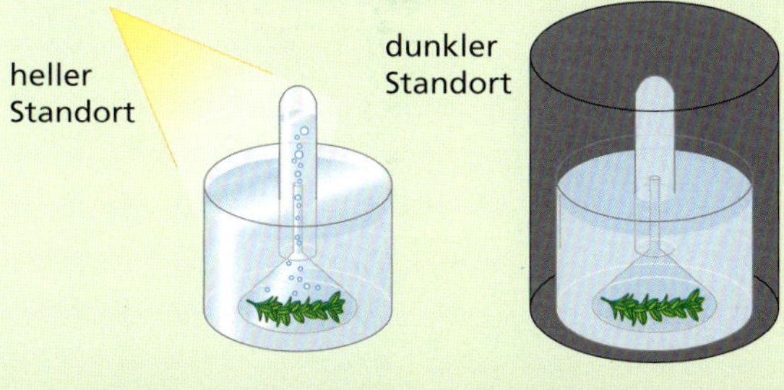

2. Setze eine Versuchsanordnung dem Licht aus und dunkle die andere mithilfe des Kartons ab. Beobachte einige Tage und notiere die Ergebnisse.

Auswertung:
1. Beschreibe deine Beobachtungen und formuliere eine Vermutung über die Ursachen.
2. Überlege, welche Möglichkeit es gibt, die Vermutung experimentell zu überprüfen.
3. Falls du eine Möglichkeit gefunden hast, führe sie mit Unterstützung deines Lehrers aus.

3. Weise die Bildung von Stärke in belichteten Laubblättern (Iodprobe nach JULIUS SACHS) nach.

Materialien:
Pflanze mit gesunden Laubblättern, Aluminiumfolie, Wasser, Alkohol, Iod-Kaliumiodidlösung, Kochtopf, Kocher

Durchführung und Beobachtung:
1. Lege um ein an einer Pflanze befindliches Laubblatt einen Streifen Alufolie und drücke ihn fest an. Nimm nach fünf bis sechs Stunden Lichteinwirkung das Blatt ab und entferne die Alufolie.
2. Tauche das Blatt kurz in kochendes Wasser und lege es anschließend mit einer Pinzette in heißen Alkohol (70 %iges Ethanol oder Brennspiritus), um das Chlorophyll herauszulösen. Nimm das Blatt nach kurzer Zeit mit der Pinzette aus dem Alkohol und tauche es etwa 30 Sekunden in Iod-Kaliumiodidlösung.
3. Lege es nun in klares Wasser. Notiere deine Beobachtungsergebnisse.

Auswertung:
1. Betrachte das Blatt nach dem Einlegen in Alkohol genau. Welche Farbe hat es?
2. Beschreibe, was zu beobachten ist, nachdem das Blatt in Iod-Kaliumiodidlösung gelegt wurde.
3. Wie sind die Beobachtungen zu erklären? Beachte dabei die Darstellung der Fotosynthese auf der Seite 35.

Fotosynthese – ein lebenswichtiger Prozess

Historische Beobachtungen an Pflanzen

Wie sich Pflanzen und andere Lebewesen, die Chlorophyll besitzen, ernähren, war lange ein Geheimnis. Fast 2000 Jahre lang glaubte man, dass Pflanzen aus Humus entstehen. Erst um 1600 führte JOHANN BAPTIST VAN HELMONT (1577–1644) erste Versuche durch. Er pflanzte eine Weide von 2,25 kg in ein Gefäß mit 91 kg Erde und begoss sie täglich. Nach fünf Jahren stellte er fest, dass die Weide 77 kg wog, während die Erde nur 57 g verloren hatte. Da er weder die Rolle des Kohlenstoffdioxids der Luft noch die der Mineralstoffe kannte, zog er den Schluss, dass die Pflanzenmasse auf Kosten des Wassers entstanden sei, das er täglich der Weide zuführte.

JOHANN BAPTIST VAN HELMONT (1577–1644)

JOSEPH PRIESTLEY (1733–1804)

Eine weitere wichtige Beobachtung gelang JOSEPH PRIESTLEY (1733–1804) bei einem Versuch mit lebenden Mäusen und Pfefferminzpflanzen.
Dazu nutzte er einen luftdicht abgeschlossenen Glasbehälter (↗ Abb. 1).

a) Er stellte fest, dass eine lebende Maus, die er in den luftdicht abgeschlossenen Glasbehälter setzte, nach kurzer Zeit starb (↗ Abb. 1 a).
b) Eine Pfefferminzpflanze, die er in einen zweiten luftdicht abgeschlossenen Glasbehälter gestellt hatte, entwickelte sich dagegen gut (↗ Abb. 1 b).
c) Diese Beobachtung brachte ihn auf die Idee, Maus und Pflanze gemeinsam in einem Behälter unterzubringen.
Nun zeigte sich, dass die Maus auch nach längerer Zeit noch am Leben war und die Pflanze sich gut entwickelte (↗ Abb. 1 c).

Aus dem Ergebnis schlussfolgerte er, dass die Pflanze „verbrauchte Luft“ wieder in „gute Luft“ verwandelt. Damit war ihm eine wesentliche Erkenntnis gelungen.

Aber den wirklichen Zusammenhang konnte er damals nicht erklären. Erst später wurde klar, dass dieses Ergebnis auf dem Zusammenhang von Fotosynthese und Atmung beruht.

1 Historische Versuche von J. PRIESTLEY

JULIUS SACHS (1832–1897)

JAN INGENHOUSZ (1730–1799)

Auf den Versuchen von VAN HELMONT und PRIESTLEY aufbauend, erfolgten weitere Untersuchungen, die Licht in das Dunkel brachten.
Ein niederländischer Forscher, **JAN INGENHOUSZ** (1730–1799), entdeckte schließlich, dass Pflanzen Kohlenstoffdioxid aus der Luft aufnehmen. Er war es auch, der beobachtete, dass Pflanzen bei Lichteinwirkung gleichzeitig Sauerstoff abgeben (↗ Experimente, S. 33). Damit war geklärt, dass Pflanzen anorganische Stoffe (Wasser und Kohlenstoffdioxid) als Nahrung aufnehmen und Sauerstoff abgeben. Damit gab es auch erste Erklärungen für die Beobachtungen von J. PRIESTLEY (↗ Abb. 1, S. 34).
Ungeklärt blieb aber lange Zeit, was mit diesen Stoffen in den Zellen geschieht.
Bei der Klärung dieser Frage war eine Beobachtung wichtig, die **JULIUS SACHS** (1832–1897) an Pflanzen machte. Er erkannte, dass unter Lichteinwirkung in Laubblättern, die Chloroplasten mit Chlorophyll besitzen, Stärke gebildet wird (↗ Abb. 1).
Damit war klar, dass außer Chlorophyll die **Lichtenergie** (Strahlungsenergie) bei der Umwandlung der aufgenommenen energiearmen anorganischen Stoffe (Wasser und Kohlenstoffdioxid) in energiereiche organische Stoffe eine entscheidende Rolle spielt.

Da der Prozess der Umwandlung anorganischer Stoffe nur bei Lichteinwirkung (Zufuhr von Lichtenergie) erfolgt, wird er **Fotosynthese** genannt (↗ Abb. 1).

Damit waren wichtige Fortschritte bei der Aufklärung der Fotosynthese erreicht worden. Was aber im Inneren der Zellen vor sich geht, konnte erst im 20. Jahrhundert nach detaillierten Untersuchungen schrittweise geklärt werden.

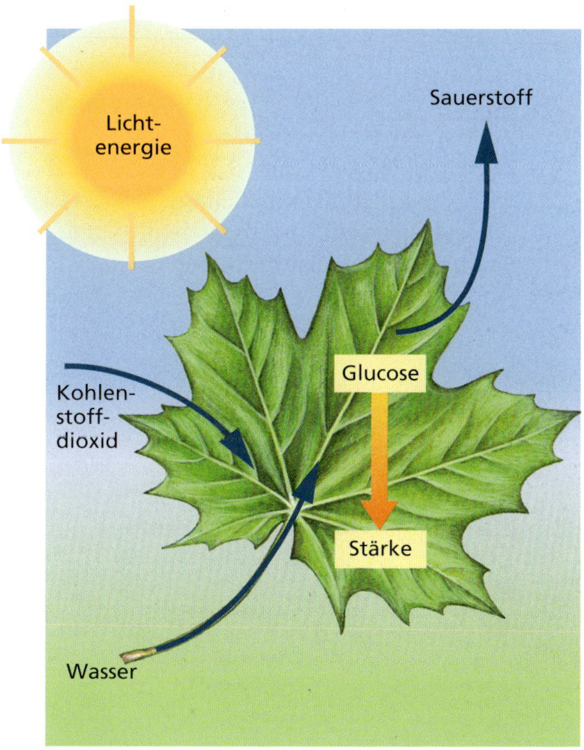

1 Ausgangsstoffe und Produkte der Fotosynthese

Die Umwandlung der von den Pflanzen aufgenommenen energiearmen anorganischen Stoffe in energiereiche organische Stoffe erfolgt nur unter Lichteinwirkung mithilfe des Chlorophylls. Dabei wird Sauerstoff gebildet und an die Umwelt abgegeben.

Aufgabe

Führe die Experimente nach der Anleitung auf Seite 33 durch, notiere die Ergebnisse und interpretiere sie.

Chloroplasten als Orte der Fotosynthese

Schon im 19. Jahrhundert erkannte man, dass die **Chloroplasten** die Zellorganellen sind, in denen die Prozesse der Fotosynthese ablaufen. In ihnen werden energiearme anorganische Stoffe (Wasser, Kohlenstoffdioxid) in energiereiche organische Stoffe umgewandelt. Dies erfolgt unter Nutzung der Energie des Lichts mithilfe des **Chlorophylls.** Wie sich herausstellte, entsteht dabei als erster organischer Stoff Glucose (Traubenzucker), ein Einfachzucker, und Sauerstoff wird frei (Fotosynthese).

Die Chloroplasten bei Moos-, Farn- und Samenpflanzen sind meist linsenförmige Zellorganellen (↗ Abb. 1), die sich bei Samenpflanzen gehäuft in den Zellen des Palisaden- und Schwammgewebes, aber z. B. auch in der Außenschicht der Stängel von Kräutern befinden.
Bei Algen haben die Chloroplasten sehr unterschiedliche Formen. So sind beispielsweise die Chloroplasten von Chlorella und der Hüllengeißelalge becherförmig und im Durchmesser 10 μm groß.
Bei den meisten Pflanzen beträgt der Durchmesser der Chloroplasten 4 bis 6 μm. Mithilfe des Mikroskops sind sie gut zu sehen.
Eine Zelle kann 15 bis 20 Chloroplasten enthalten. Um den Feinbau zu erkennen, ist ein Elektronenmikroskop notwendig. Man sieht dann, dass die Chloroplasten von einer Hülle umgeben sind, die aus zwei Membranen besteht. Im Inneren befindet sich eine farblose Grundsubstanz. Das Chlorophyll ist in die innere Membran, die zu Stapeln angeordnet ist, eingelagert (↗ Abb. 1).

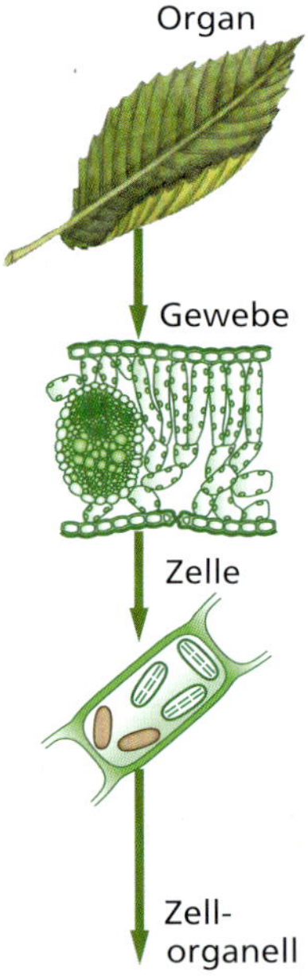

Chlorophyll besitzt eine sehr komplizierte chemische Struktur. Es ist der **grüne Blattfarbstoff der Pflanzen** und kommt außerdem in Algen sowie in einigen Bakterien vor.

Chloroplasten sind Zellbestandteile, die von einer Hülle abgegrenzt sind und Chlorophyll enthalten. In ihnen erfolgt die Fotosynthese. Chlorophyll ist ein grüner, kompliziert aufgebauter organischer Stoff.

Aufgabe

Betrachte mithilfe des Mikroskops und nach der Anleitung von Seite 12 Aufgabe 2 Chloroplasten von Moosblättchen. Beschreibe deine Beobachtung.

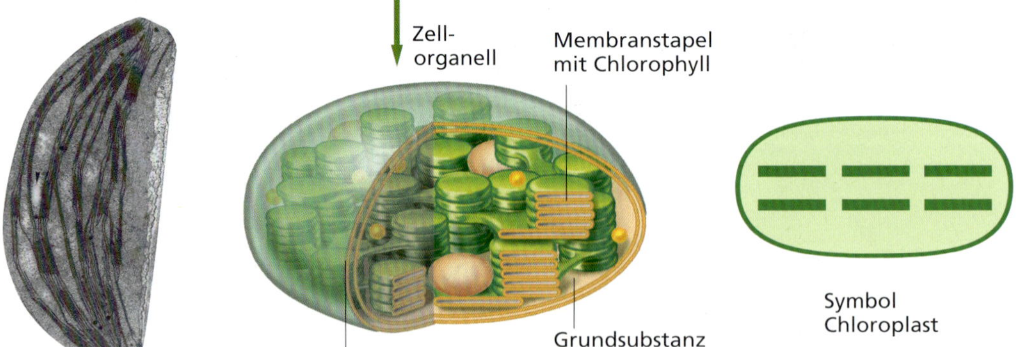

1 Chloroplast (elektronenmikroskopische Aufnahme und schematische Darstellung)

Die Fotosynthese – ein wichtiger Assimilationsprozess

Die **Fotosynthese** ist ein komplizierter biochemischer Prozess, der in schrittweisen Reaktionen abläuft. Die einzelnen Schritte werden durch Enzyme vermittelt. Um das Wesentliche zu verstehen, ist es angebracht, die Ausgangsstoffe und Endprodukte zu vergleichen.

Wasser und Kohlenstoffdioxid als Ausgangsstoffe sind energiearme anorganische Stoffe, flüssig bzw. gasförmig. Das erste Endprodukt Glucose ist ein energiereicher organischer Stoff mit ganz anderen Eigenschaften. Das bedeutet, dass eine Stoffumwandlung erfolgt ist.

Da das Endprodukt energiereicher ist, muss offensichtlich eine **endotherme Reaktion** abgelaufen sein. Endotherme Reaktionen verlaufen unter Energiezufuhr. Die nötige Energie wird hier durch die Lichtenergie geliefert.

Nur die Algen und Pflanzen sowie einige Bakterien mit **Chlorophyll** sind in der Lage, **Lichtenergie** für ihre Lebensprozesse zu nutzen. Die meisten Lebewesen ohne Chlorophyll können nur chemische Energie verwerten, die in energiereichen organischen Stoffen enthalten ist.

Im Verlauf der Fotosynthese wandeln die Pflanzen, Algen und chlorophyllhaltigen Bakterien Strahlungsenergie, z. B. der Sonne, in **chemische Energie** um. Dazu ist Chlorophyll erforderlich. Die chemische Energie wird letztlich in der Glucose gespeichert (↗ Abb. 1).

Glucose ist ein lösliches Kohlenhydrat. Um es vorübergehend in den Zellen z. B. der Laubblätter zu speichern, wird es in die unlösliche **Stärke** umgewandelt.

Vor allem nachts wird Stärke wieder in Glucose oder andere lösliche Zucker umgewandelt, die dann in den Siebröhren überall dorthin transportiert werden, wo sie gebraucht werden. Nicht sofort benötigte Glucose wird wieder in Stärke umgewandelt und in dieser Form in Speicherorganen gespeichert (z. B. in Knollen, Samen, Wurzelstöcken, ↗ S. 74).

Die Fotosynthese findet in den Chloroplasten statt. Bedingungen für den Ablauf sind Lichtenergie und Chlorophyll. Aus den Ausgangsstoffen Wasser und Kohlenstoffdioxid entstehen die Reaktionsprodukte Glucose und Sauerstoff.

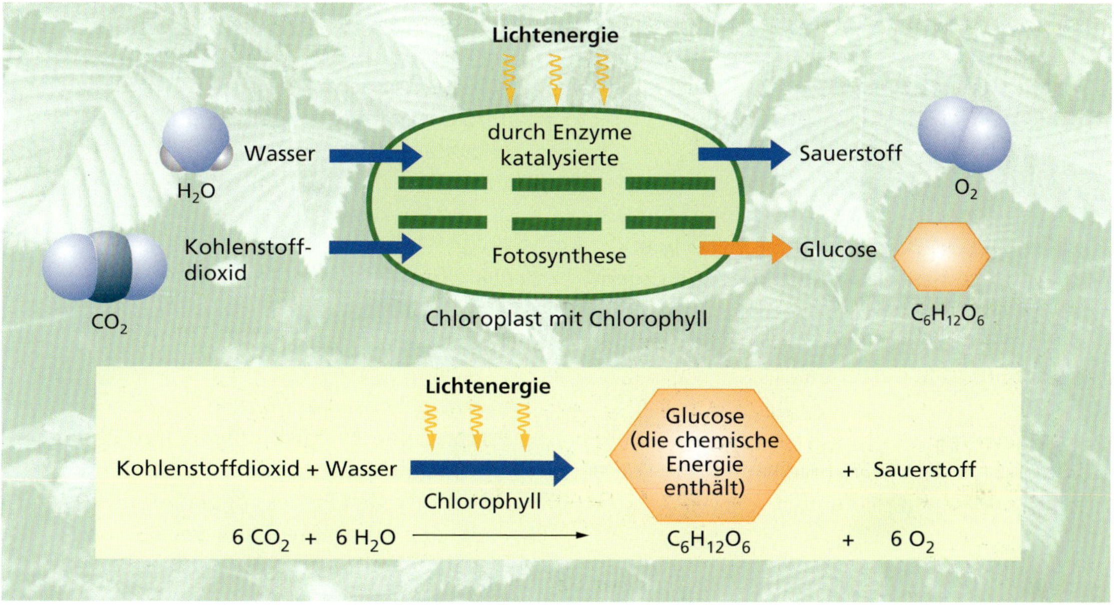

1 Stoff- und Energieumwandlungen während der Fotosynthese

Dieser komplizierte Prozess der Fotosynthese kann in vielfältiger Weise von der **Umwelt beeinflusst** werden (↗ Abb. 1).
Steht z. B. zu wenig Wasser zur Verfügung, ist die Fotosyntheseleistung gering. Eine Erhöhung des Kohlenstoffdioxidgehalts der Luft, z. B. in Gewächshäusern, bis auf etwa 0,08 % fördert die Fotosynthese (↗ S. 48). Großen Einfluss haben auch Schadstoffe, die in die Luft bzw. in den Boden oder in Gewässer gelangen. Sie können für die Fotosynthese wichtige Strukturen (z. B. Laubblätter, Wurzeln, Chloroplasten) zerstören. Manche Schadstoffe wirken sich direkt hemmend auf den Fotosyntheseprozess aus.
Der Schutz der Umwelt ist daher eine lebenswichtige Aufgabe für uns alle (↗ S. 80).

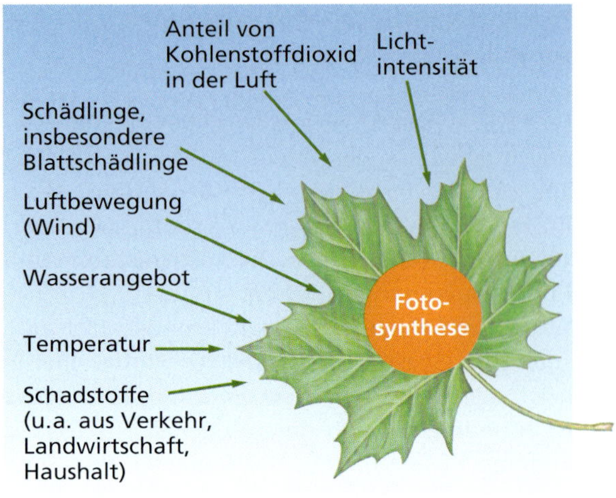

1 Beeinflussung der Fotosynthese durch die Umwelt

Praktikum: Nachweis von Glucose

Weise die bei der Fotosynthese in grünen Blättern gebildete Glucose nach.

Materialien:
belichtete Laubblätter von Pflanzen, z. B. von Küchenzwiebel, Schnittlauch, Schwertlilie, fehlingsche Lösungen I (☒) und II (☐), destilliertes Wasser, Reagenzgläser, Reagenzglasständer, Reagenzglashalter, Brenner, Schere, Spatel, Reibschale mit Pistill, Pipette, Glucose-Teststreifen, Schutzbrille

Durchführung Variante 1:
1. Zerschneide einige Laubblätter, zerreibe sie fein mit Wasser in einer Reibschale.
2. Versetze den Flüssigkeitsbrei im Reagenzglas mit fehlingscher Lösung I und II (1 : 1) und erwärme ihn vorsichtig im Wasserbad. (Achtung: Schutzbrille!)

Beobachtung:
Was kannst du nach kurzer Zeit im Reagenzglas beobachten? Notiere.

Durchführung Variante 2:
1. Wie Schritt 1 in Variante 1.
2. Versetze den Flüssigkeitsbrei im Reagenzglas mit destilliertem Wasser, schüttle das Gemisch und lass den Brei sich absetzen.
3. Tauche in die Flüssigkeit im Reagenzglas einen Glucose-Teststreifen und beobachte.
Vergleiche das Ergebnis mit der Farbskala auf der Packung.

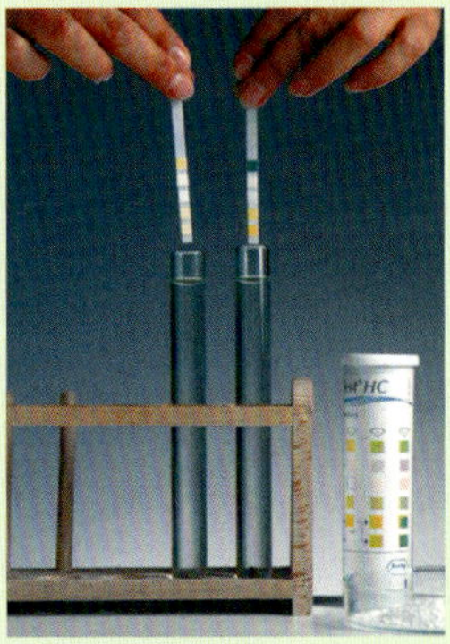

Beobachtung Varianten 1 und 2:
Welche Farbänderung kannst du jeweils feststellen? Notiere.

Auswertung Varianten 1 und 2:
1. Werte deine Beobachtungen hinsichtlich der Aufgabenstellung aus.
2. Beschreibe den Prozess der Fotosynthese.
3. Stelle den Zusammenhang zwischen Stoff- und Energieumwandlung bei diesem Stoffwechselprozess dar.

Wie führe ich ein Experiment durch?

Das **Experimentieren** ist eine sehr komplexe Tätigkeit, die dem Lösen von Problemen dient. Das Ziel eines Experiments besteht darin, eine Frage an die Natur zu beantworten. Die Bedingungen und damit das gesamte Experiment müssen wiederholbar sein.
Beim Experimentieren geht man in der Regel in bestimmten Schritten vor. Dabei wird eine Erscheinung der Natur unter ausgewählten, kontrollierten, wiederholbaren und veränderbaren Bedingungen beobachtet, die Ergebnisse werden registriert und bewertet. Im Unterschied zur Beobachtung verändert man beim Experiment bewusst Bedingungen.

1. Schritt

Erkennen und Formulieren des Problems
Zunächst ist zu überlegen, welches Problem bzw. welche Frage mithilfe des Experiments beantwortet werden soll.

2. Schritt

Aufstellen einer Vermutung
Dabei ist es sinnvoll, bisherige Kenntnisse, z. B. Gesetzmäßigkeiten, zum Formulieren einer Vermutung bzw. einer vorläufigen Antwort auf die formulierte Frage, heranzuziehen.

3. Schritt

Ableiten einer experimentell überprüfbaren Folgerung
Es muss ein wirklich prüfbarer Gedanke entwickelt werden, eine experimentell überprüfbare Folgerung.

4. Schritt

Planen und Durchführen des Experiments

1. Nun kann ein Experimentierplan zur Überprüfung der Vermutung entwickelt werden. Dabei ist genau zu überlegen, welche
   - Bedingungen variiert werden müssen,
   - Veränderungen zu erwarten sind (z. B. Größe, Anzahl),
   - Objekte, Geräte oder Chemikalien eingesetzt werden müssen,
   - Arbeitsschritte zur Durchführung des Planes notwendig sind.
2. Das Experiment wird genau nach den geplanten Vorgaben durchgeführt. (Je besser vorüberlegt und geplant wurde, desto genauer sind die zu erwartenden Ergebnisse.)
3. Alle zu beobachtenden Erscheinungen sind genau zu notieren.

5. Schritt

Auswerten und Lösen des Problems bzw. der Frage

1. Die protokollierten Messwerte und Beobachtungen werden ausgewertet. Dazu können Diagramme angefertigt, Berechnungen durchgeführt oder Aufnahmen gemacht werden.
2. Die vermutete Lösung wird mit den festgestellten Ergebnissen verglichen.
3. Beschreiben der Lösung des Problems/der Frage; Erklären der festgestellten Ergebnisse.

Aufgabe
Weise die Ausscheidung von Sauerstoff bei der Fotosynthese in Abhängigkeit von der Beleuchtungsstärke nach.

Formulieren des Problems
Wie wirkt sich eine höhere Lichtintensität auf die Fotosyntheseleistung aus?

Vermutung
Pflanzen benötigen zur Fotosynthese Licht. Wird die Lichtintensität erhöht, wird auch die Fotosyntheseleistung gesteigert.

Experimentell überprüfbare Folgerung
Die Menge des gebildeten Sauerstoffs müsste steigen, wenn die Lichtintensität erhöht wird. Diese Tabelle deutet auf eine höhere Fotosyntheseleistung hin.

Planung und Durchführung des Experiments
Bedingungen, die variiert werden:
Lichtintensität

Materialien:
Sprosse der Wasserpest, zur Beschwerung des Wasserpest-Sprosses z. B. kleines Glasrohrstück, Wasser, Reagenzgläser, Reagenzglasständer, Zusatzleuchte (200 bzw. 500 Watt)

Arbeitsschritte:
1. Fülle drei Reagenzgläser mit Wasser, beschicke sie jeweils mit einem gleich langen Sprossende der Wasserpest und beschwere diese, indem du die Sprosse in ein Glasrohrstückchen steckst.
2. Setze ein Reagenzglas mit Wasserpest in Fensternähe dem direkten Sonnenlicht aus, zähle die Anzahl der aufsteigenden Bläschen pro Minute.
3. Setze ein Reagenzglas mit Wasserpest einer Zusatzbeleuchtung aus. Zähle die Anzahl der aufsteigenden Bläschen pro Minute.
4. Stelle ein Reagenzglas mit Wasserpest im Klassenraum so auf, dass es nur wenig Licht ausgesetzt ist. Zähle die Anzahl der aufsteigenden Bläschen pro Minute.
5. Trage die Beobachtungsergebnisse in eine Tabelle ein.
6. Wiederhole mehrere Male das Experiment und errechne den Mittelwert.

Beobachtung

Beobachtungsergebnisse

Lichteinwirkungen	Anzahl der Sauerstoffbläschen in 1 min				Mittelwert
direktes Sonnenlicht	56	74	64	56	62,5
Zusatzbeleuchtung (200- bis 500-W-Leuchte)	32	40	34	30	34
wenig Licht (Klassenraum)	10	8	10	9	9,25

Auswertung des Experiments
1. Vergleiche die Anzahl der aufsteigenden Bläschen in den drei Reagenzgläsern.
2. Welcher Zusammenhang besteht zwischen der Anzahl der Sauerstoffbläschen und der unterschiedlichen Belichtung? Erkläre.

Die aufgestellte Vermutung hat sich bestätigt. Es besteht ein Zusammenhang zwischen Lichtintensität, Fotosyntheseleistung und Sauerstoffmenge. Die Fotosynthese ist abhängig vom Licht. Eine steigende Lichtintensität hat eine Erhöhung der Menge des gebildeten Sauerstoffs zur Folge. Das deutet auf eine größere Fotosyntheseleistung hin.

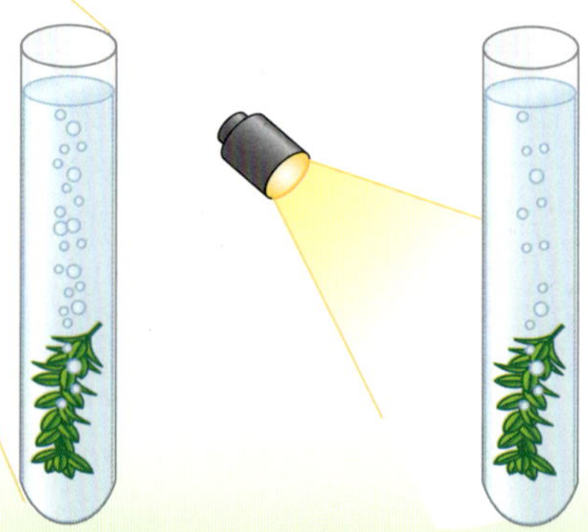

Mosaik

Bildung weiterer organischer Stoffe

In den Pflanzen werden bekanntlich zahlreiche weitere organische Stoffe gebildet – z. B. Fette, Eiweiße, Vitamine. Grundlage dafür ist – direkt oder indirekt – Glucose, die als erster energiereicher organischer Stoff während der Fotosynthese entsteht.

Stärke und **Cellulose** sind praktisch eine Aneinanderreihung von Glucosemolekülen. Cellulose ist Voraussetzung für den Aufbau der Zellwände der Pflanze. Stärke hat als Speicherstoff große Bedeutung und kann in manchen Pflanzen bzw. Pflanzenteilen (z. B. Knollen, Wurzelstöcken) gehäuft vorkommen. Als Nahrungs- bzw. Futtermittel hat sie große wirtschaftliche Bedeutung.

Für die Bildung anderer organischer Stoffe (z. B. **Eiweiß**) reicht Glucose allein nicht aus. Glucose besteht nur aus Kohlenstoff, Wasser- und Sauerstoff. Eiweiße z. B. enthalten dagegen auch noch Stickstoff und Schwefel. Diese Elemente werden in Form von Mineralstoffen aufgenommen. Eiweiß ist der wichtigste Bestandteil des Zellplasmas. Wird gebildetes Eiweiß in das Zellplasma eingelagert, nimmt dessen Menge zu, die Zelle wächst.

Auf der Grundlage von Glucose werden weiterhin **Fette** gebildet, die häufig in Samen in größerer Menge gespeichert sind, z. B. in Hasel- und Walnüssen, und die wie die Eiweiße unentbehrliche Nährstoffe für alle heterotroph lebenden Organismen sind.

Vitamine sind wichtige Ergänzungsstoffe. Andere Stoffe finden als **Arzneimittel, Gewürze** oder **Genussmittel** Anwendung. Manche Pflanzen bilden gefährliche **Giftstoffe** (z. B. Stechapfel, Tollkirsche, Schierling).

Arzneipflanzen und deren Nutzung

Pflanzen	Stoff	Wirkung
Fingerhut	Digitoxin	Anwendung bei Herzerkrankungen
Tollkirsche	Atropin	krampflösend
Schlafmohn	Alkaloide (u. a. Morphin)	schmerzlindernd (wird u. a. bei Krebserkrankungen eingesetzt)
Linde	Schleimstoffe	schleimlösend

1 Arzneipflanzen a) Blüten der Linde, b) Tollkirsche, c) Schlafmohn, d) Fingerhut

Nachweis von Nährstoffen in der Pflanze

1. Untersuche, welche Nahrungsmittel Stärke enthalten.

Materialien:
je eine Petrischale mit einer Spatelspitze Stärke, Banane, Kartoffel, Reis, Pipette, Iod-Kaliumiodidlösung als Nachweismittel

Durchführung:
Führe den Stärkenachweis anhand der Abbildungen (Auswahl) durch.

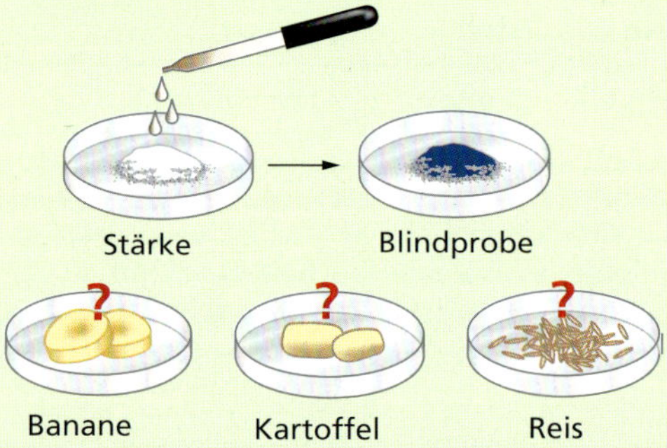

Beobachtung und Auswertung:
1. Bei welchen Untersuchungsobjekten findet eine Farbveränderung statt? Notiere deine Beobachtungen in einer Tabelle.
2. Welche Nahrungsmittel enthalten Stärke?
3. Erläutere die Bedeutung dieses Nährstoffs für den Menschen.

2. Weise Eiweiß in Nahrungsmitteln nach (Biuretreaktion).

Materialien:
Reagenzglas, Tropfpipette, Kupfer(II)-sulfatlösung, Natronlauge (10 %), Bohnen, Erbsen

Durchführung:
1. Mahle die Bohnen oder Erbsen zu Mehl.
2. Versetze diese dann mit 3 ml Natronlauge und 4 Tropfen Kupfer(II)-sulfatlösung. Anschließend ist das Reagenzglas kräftig zu schütteln. Bei Vorhandensein von Eiweiß färbt sich die Lösung rot bis violett.

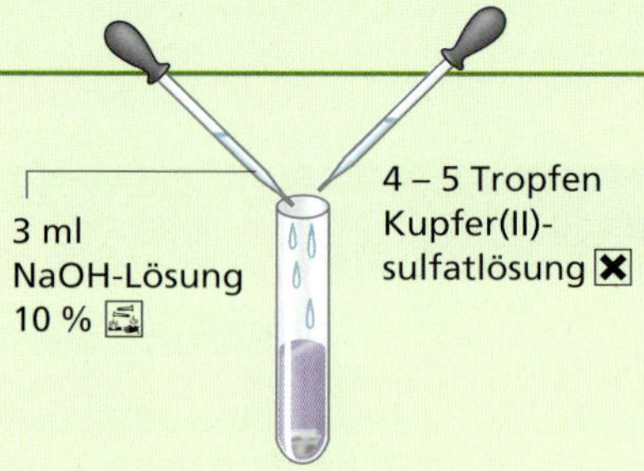

Beobachtung und Auswertung:
1. Bei welchen Untersuchungsobjekten findet eine Farbveränderung im Reagenzglas statt? Notiere das in einer Tabelle.
2. Welche Nahrungsmittel enthalten Eiweiß?
3. Welche Bedeutung hat Eiweiß für den Menschen?

3. Untersuche mithilfe der Fettfleckprobe, welche Nahrungsmittel Fett enthalten.

Materialien:
Filterpapier, Bleistift, Lineal, Wasser, Speiseöl, Leinsamen, Nüsse, Sonnenblumenkerne

Durchführung:
1. Zeichne mit dem Bleistift auf jedes Filterpapier ein Kreuz auf, sodass vier Felder entstehen.
2. Tropfe die Flüssigkeiten und drücke die festen Objekte auf die Teile des Filterpapiers (↗ Abb.). Tropfe zum Vergleich auf Feld 1 Wasser.
3. Halte das Filterpapier gegen das Licht und prüfe, ob ein Fleck zu erkennen ist. Überprüfe nach etwa zehn Minuten nochmals.

Beobachtung und Auswertung:
1. Bei welchen Objekten ist ein Fettfleck erkennbar?
2. In welchen Nahrungsmitteln ist Fett enthalten?
3. Welche Bedeutung hat dieser Nährstoff für den Menschen?

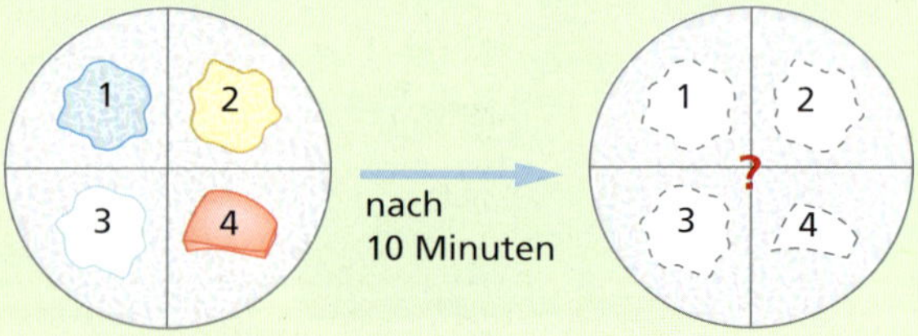

1 Wassertropfen 3 Nüsse
2 Pflanzenöl 4 Leinsamen

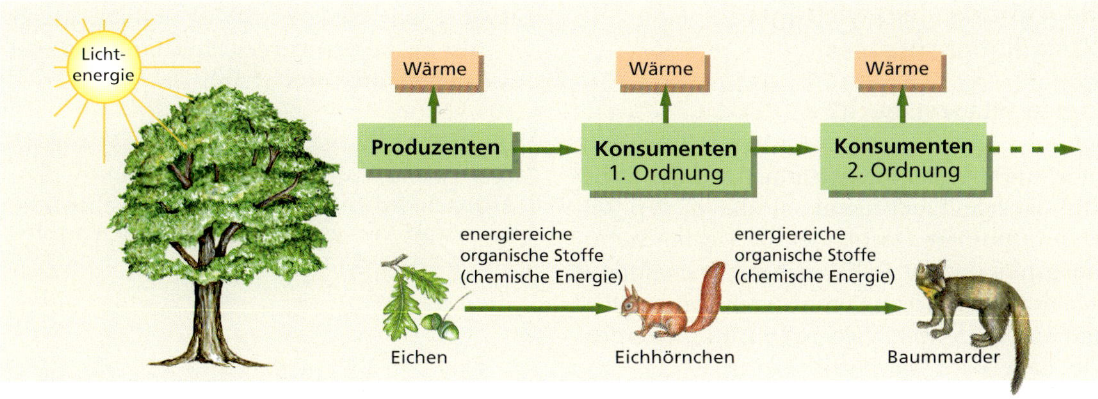

1 Beispiel für eine Nahrungskette

Bedeutung der Fotosynthese

Pflanzen, Algen und fotosynthetisch aktive Bakterien nehmen unter den Lebewesen und damit im Ökosystem eine zentrale Stellung ein:

Erstens sind alle Konsumenten (heterotrophe Lebensweise) außer auf Wasser und einige andere anorganische Stoffe auf energiereiche organische Stoffe als **Nahrung** angewiesen. Die organischen Stoffe werden primär durch Cyanobakterien, Algen und Pflanzen während der Fotosynthese gebildet. Ohne deren ständige Neubildung wäre der Vorrat an organischen Stoffen auf der Erde bald aufgebraucht und die Existenz heterotroph lebender Organismen (einschließlich des Menschen) nicht mehr möglich.
Ausgehend von den fotosynthetisch aktiven Lebewesen kommen Nahrungsketten bzw. Nahrungsnetze zustande. Sie durchlaufen von Pflanzen- zu Fleischfressern verschiedene Stufen (↗ Abb. 1). Dabei werden die jeweils aufgenommenen organischen Stoffe zwar immer wieder umgewandelt, sie bleiben aber organische Stoffe. Abgesehen von der Atmung und den Ausscheidungen erfolgt erst mit dem Tod der Organismen bzw. von Teilen von ihnen wieder deren Abbau zu anorganischen Stoffen (↗ S. 76).
Zweitens konnte sich erst durch den **Sauerstoff,** der beim Prozess der Fotosynthese freigesetzt wird, eine Erdatmosphäre mit einem Sauerstoffanteil von etwa 21 % herausbilden. Damit konnten sich Organismen entwickeln, die atmen und damit ständig Sauerstoff verbrauchen. Dieser Verbrauch wird heute durch die Fotosynthese ständig ausgeglichen. Damit wird die Voraussetzung für die Atmung erhalten.
Drittens ist für die Aufrechterhaltung von Lebensprozessen **Energie** erforderlich. Lebewesen können Energie nicht „selbst schaffen“, sondern nur vorhandene chemische Energie nutzen.
Sonnenenergie ist zwar reichlich vorhanden, es handelt sich aber um Strahlungsenergie, die in dieser Form von Lebewesen nicht genutzt werden kann. Sie muss erst in chemische Energie umgewandelt werden. Dazu sind **nur chlorophyllhaltige Lebewesen** wie Algen, Pflanzen sowie einige Bakterien in der Lage.
Von besonderer wirtschaftlicher Bedeutung sind die Lagerstätten aus fossilen Energieträgern (Erdöl, Steinkohle, Braunkohle), bei denen es sich um die energiereichen Ablagerungen von Organismen früherer Erdepochen handelt. In ihnen wurde die damals durch Fotosynthese gebundene Sonnenenergie „konserviert“.

Aufgaben

1. Erläutere die Rolle der Fotosynthese für das Leben auf der Erde.

2. ✪ In einem Ökosystem gibt es keinen Energiekreislauf, sondern nur einen Energiefluss. Erkläre diesen Sachverhalt.

Die Atmung – ein wichtiger Dissimilationsprozess

Atmen Pflanzen auch?

Tiere und auch der Mensch atmen ständig. Dabei wird Sauerstoff aufgenommen und zu den Zellen transportiert. Dort findet der eigentliche Atmungsprozess statt. Dabei wird Kohlenstoffdioxid gebildet, das aus dem Körper heraustransportiert und an die Umwelt abgegeben wird. Außerdem wird dabei auch Wärme frei.
Die Frage ist nun, ob auch Pflanzen atmen. Wenn dies der Fall ist, müssten sie Sauerstoff aufnehmen und Kohlenstoffdioxid abgeben. Dies erfolgt tatsächlich, was sich durch ein Experiment nachweisen lässt. Recht einfach ist es nachzuweisen, dass lebende Pflanzen dabei Wärmeenergie (↗ S. 45) und Wasser an die Umwelt abgeben.

Schwieriger ist es zu erkennen, dass Pflanzen auch Sauerstoff aufnehmen. J. INGENHOUSZ (1730–1799) gelang dieser Nachweis bereits im 18. Jahrhundert. Er war der Erste, der erkannte, dass auch Pflanzen Tag und Nacht atmen. Damit gelang es ihm, die Fotosynthese und die Atmung als zwei grundlegend verschiedene Lebensprozesse zu unterscheiden (↗ Abb. 1).

> Wie alle Tiere, der Mensch, die meisten Pilze und viele Bakterien atmen auch Algen und Pflanzen Tag und Nacht. Dabei wird ebenfalls Sauerstoff aufgenommen und Kohlenstoffdioxid sowie Wärme abgegeben.

1 Aufnahme und Abgabe von Stoffen und Wärme bei der Atmung der Pflanzen

Mosaik

Wissenschaftler, die sich mit der Physiologie der Pflanzen beschäftigten

JAN INGENHOUSZ (1730–1799)

Niederländischer Arzt, Naturforscher und Botaniker. Vielseitige Forschungen, u. a. auch Arbeiten zur Pockenschutzimpfung; führte das Deckglas in die Mikroskopie ein; entdeckte, dass grüne Pflanzen nur unter Lichteinwirkung Sauerstoff abgeben; grenzte Atmung und Fotosynthese als unterschiedliche Prozesse voneinander ab.

Bedeutendes Werk:
„Über Ernährung der Pflanzen und Fruchtbarkeit des Bodens" (1796)

JULIUS ROBERT MAYER (1814–1878)

Deutscher Arzt und Naturforscher. Bekannt durch seine Untersuchungen zu Energieformen; formulierte 1845 das Gesetz von der Erhaltung und Umwandlung der Energie; erkannte, dass dieses Gesetz auch für Lebewesen gilt; entdeckte als Erster, dass während der Fotosynthese Strahlungsenergie in chemische Energie umgewandelt wird.

Bedeutendes Werk:
„Ueber die organische Bewegung in ihrem Zusammenhang mit dem Stoffwechsel" (1845)

Pflanzen atmen

1. Weise nach, dass Pflanzen Kohlenstoffdioxid abgeben.

Materialien:
2 Petrischalen mit Deckel, Wasser, Calciumhydroxidlösung, junge Kressepflanzen

Durchführung und Beobachtung:
1. Baue das Experiment entsprechend der Abbildung auf.

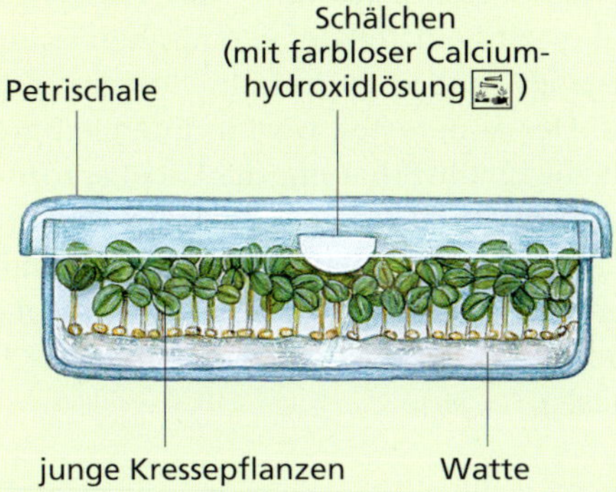

2. Baue eine Vergleichsprobe ohne Kressepflanzen auf.
3. Beobachte die Veränderungen der Calciumhydroxidlösung in beiden Petrischalen.
4. Notiere deine Beobachtungsergebnisse.

Auswertung:
1. Beschreibe, welche Veränderungen der ursprünglich farblosen Calciumhydroxidlösung in der Petrischale mit Kressepflanzen festgestellt werden konnten.

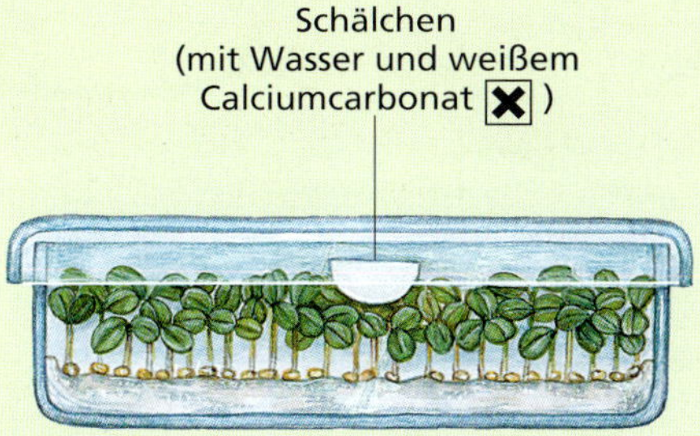

2. Deute die Veränderungen.

2. Untersuche, ob keimende Samen Wärme abgeben.

Materialien:
2 Thermosgefäße, 2 Thermometer, trockene Samen der Garten-Erbse, Watte, Wasser

Durchführung und Beobachtung:
1. Baue das Experiment entsprechend der Abbildung auf.

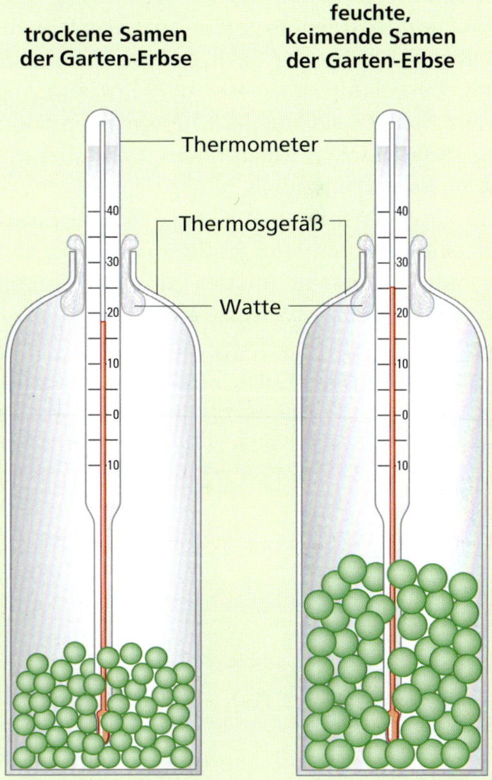

2. Beobachte die Veränderungen der Temperatur in den Thermosgefäßen mithilfe der Thermometer über zwei bis vier Tage.
3. Notiere deine Beobachtungsergebnisse.

Auswertung:
1. Beschreibe die festgestellten Veränderungen.
2. Erkläre die festgestellten Veränderungen.
3. Begründe anhand der Versuchsergebnisse, dass auch Pflanzen atmen.

Mitochondrien als Orte der Zellatmung

Die Fotosynthese erfolgt in den Chloroplasten (mit Chlorophyll) und läuft nur unter Lichteinwirkung ab. Die Atmung dagegen erfolgt ständig, Tag und Nacht, also auch im Dunkeln, und zwar in allen lebenden Zellen, also z. B. auch in den Zellen der Wurzeln. Folglich muss der Ort der Atmung in den Zellen ein anderer als der der Fotosynthese sein. Es stellte sich heraus, dass die **Mitochondrien** diese Funktion erfüllen.

Mitochondrien sind in großer Anzahl in lebenden Zellen vorhanden. Sie besitzen eine stäbchenförmige Gestalt und sind etwa 1 bis 8 µm lang. Abgegrenzt werden sie wie die Chloroplasten von einer Hülle aus zwei Membranen. Der Innenraum ist mit Plasma ausgefüllt.

Die innere Membran bildet zahlreiche Einstülpungen, wodurch eine große innere Oberfläche (↗ Abb. 1) entsteht. An der inneren Membran laufen die Atmungsprozesse ab.

> Die Atmung der Zellen erfolgt in den Mitochondrien. Es sind stäbchenförmige Zellbestandteile (Organellen), die durch eine Hülle aus zwei Membranen abgegrenzt sind.

Der Prozess der Zellatmung

Wie bei der Fotosynthese sind auch im Prozess der Atmung Stoff- und Energieumwandlungen eng verknüpft.

Ausgangsstoffe der Zellatmung sind Glucose und Sauerstoff, **Endprodukte** sind Kohlenstoffdioxid und Wasser.

Die energiereichen organischen Stoffe, vor allem Glucose, aber auch Fette und Eiweiße, werden unter Beteiligung von Sauerstoff in den Mitochondrien zu den energieärmeren anorganischen Stoffen Kohlenstoffdioxid und Wasser umgewandelt. Dabei wird ein Teil der chemischen Energie der Ausgangsstoffe in thermische Energie umgewandelt. Der andere Teil wird in Energie umgewandelt, die für die Erhaltung der Lebensprozesse der Organismen zur Verfügung steht.

Durch Atmung erfolgt also eine Umwandlung energiereicher organischer Stoffe in energiearme anorganische Stoffe – die Ausgangsstoffe der Fotosynthese (↗ S. 50).

> Durch die Zellatmung wird die Energie freigesetzt, die der Organismus für die Aufrechterhaltung der Lebensprozesse benötigt.

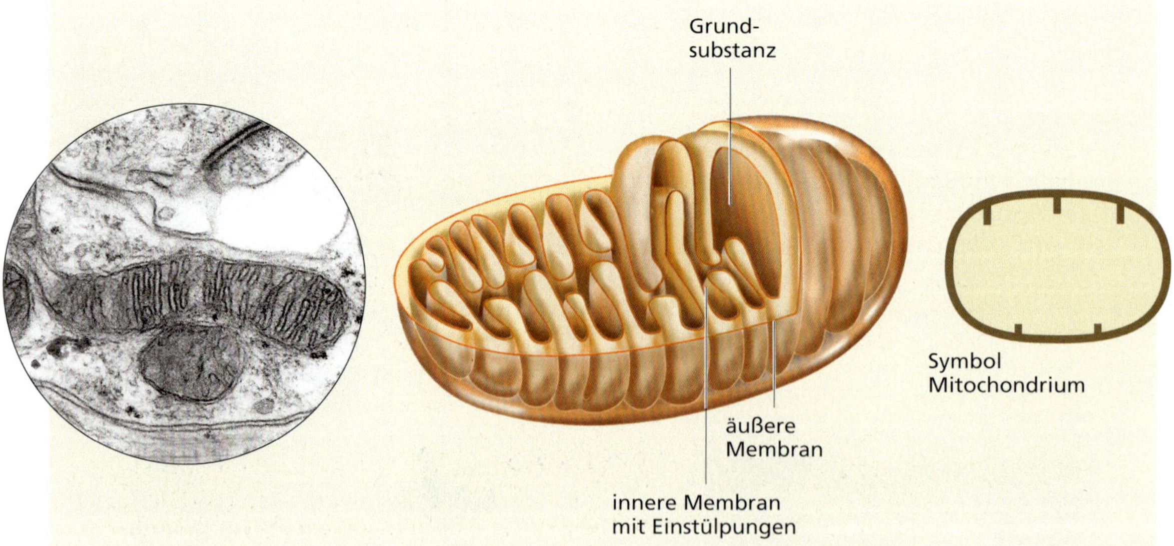

1 Mitochondrium (elektronenmikroskopische Aufnahme und schematische Darstellung)

Chemisch handelt es sich um Oxidationen. Dabei werden zahlreiche Zwischenprodukte gebildet, bis schließlich unter Sauerstoffverbrauch die anorganischen Endprodukte gebildet werden.
Einen Hinweis auf **Energieumwandlungen** während der Zellatmung gibt ein Vergleich des Energieinhalts (E) der Ausgangsstoffe und Endprodukte. Dieser Vergleich zeigt, dass die Ausgangsstoffe wesentlich energiereicher sind als die Produkte der Atmung:

$$E_{(\text{Glucose + Sauerstoff})} > E_{(\text{Kohlenstoffdioxid + Wasser})}$$

Das bedeutet, dass die Zellatmung ein **exothermer Prozess** ist, in dessen Verlauf Energie freigesetzt (abgegeben) wird. Im Unterschied zu Oxidationen außerhalb von Lebewesen (z. B. Verbrennungen) erfolgen diese Oxidationen durch Enzyme vermittelt in Teilschritten. Dabei wird ein Teil der in der Glucose gespeicherten chemischen Energie, die letztlich aus der Fotosynthese stammt, in Wärme umgewandelt und an die Umwelt abgegeben. Dadurch kommt z. B. die Erhöhung der Temperatur in den Thermosgefäßen mit keimenden Erbsen zustande (↗ S. 45).
Der andere Teil der in der Glucose enthaltenen chemischen Energie wird in Energie umgewandelt, die für Lebensprozesse (z. B. Bildung von Zellplasma, Bewegung) genutzt werden kann.

Die **Bedeutung** der Atmung besteht darin, die in organischen Stoffen (insbesondere der Glucose) enthaltene (gespeicherte) Energie so umzuwandeln, dass sie für die Aufrechterhaltung der Lebensprozesse genutzt werden kann.
Dies erfolgt im Verlauf des Atmungsprozesses, indem bei der Oxidation, z. B. von Glucose, frei werdende Energie durch Anlagerung von Phosphat Ⓟ an ADP (Adenosindiphosphat) gebunden wird. Dadurch entsteht das energiereichere ATP (Adenosintriphosphat) mit chemisch gebundener Energie.
ATP ist ein „universeller Energieträger" und steht für alle Lebensprozesse des Organismus (z. B. Bewegung) zur Verfügung.

Schadstoffe können die Atmung der Pflanzen erheblich beeinträchtigen. Dies hat dann Auswirkungen auf das Wachstum und die Entwicklung der Pflanzen.

Aufgabe

Erläutere das Wesen der Zellatmung.

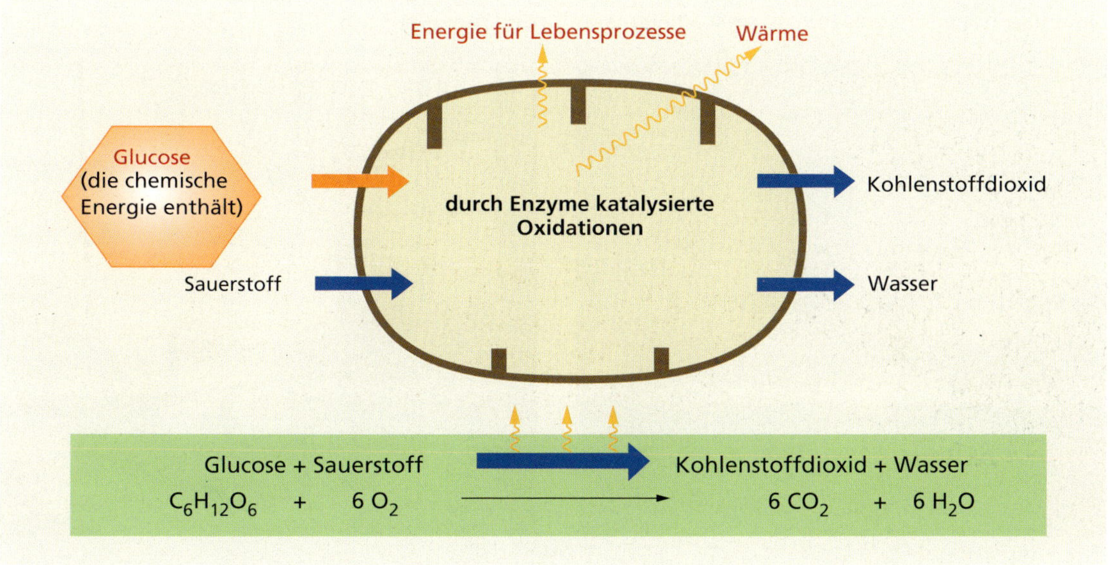

1 Stoff- und Energiewechselprozesse während der Zellatmung

Biologie im Alltag

Beeinflussung der Fotosynthese durch den Menschen

Kauft man **Zierpflanzen,** werden auf kleinen Anhängern meist Informationen u. a. zu spezifischen Ansprüchen der jeweiligen Art an die Temperatur und Feuchtigkeit sowie an die Lichtintensität vermittelt. Sie stehen mit dem Prozess der Fotosynthese in Beziehung und sollten beachtet werden.
Es ist zwar so, dass der Prozess der Fotosynthese ablaufen kann, wenn die Ausgangsstoffe und Bedingungen gegeben sind. Die Ansprüche an diese Voraussetzungen sind aber von Pflanzenart zu Pflanzenart unterschiedlich. Manche Arten vermögen z. B. mit weniger Licht auszukommen (Schattenpflanzen). Solche Zierpflanzen eignen sich daher für die Nordseite in Wohnungen bzw. für schattige Stellen im Garten. Andere wiederum sind sehr lichtbedürftig und benötigen daher sonnige Standorte (Lichtpflanzen). Bei Lichtmangel wachsen Pflanzen meist in Richtung der Lichtquelle schneller. In der **Forstwirtschaft** wird dies bei Neuanpflanzungen ausgenutzt. Die Setzlinge (Jungpflanzen) werden sehr dicht gepflanzt, wodurch die einzelne Jungpflanze Lichtmangel hat und schneller in die Höhe wächst. Diejenigen Jungpflanzen, die zurückbleiben, werden schließlich entfernt. In **Gewächshäusern** kann durch Zusatzbelichtung eine höhere Fotosyntheseleistung erreicht werden. Auch Wassermangel hat großen Einfluss, zumal in diesem Zusammenhang gleichzeitig die Spaltöffnungen geschlossen sind und damit das für die Fotosynthese unentbehrliche Kohlenstoffdioxid nicht aufgenommen werden kann.
Es ist daher wichtig, z. B. Zimmerpflanzen regelmäßig zu gießen. Im Freiland, auch in Gewächshäusern, kann bei Wassermangel den Kulturpflanzen durch Bewässerung bzw. Beregnung (↗ Abb. 1) zusätzlich Wasser zur Verfügung gestellt werden. In Gewächshäusern ist es zudem möglich, durch Erhöhung des Kohlenstoffdioxidgehalts der Luft bis auf 0,08 % die Fotosyntheseleistung zu steigern (↗ Abb. 2).
Generell kann man beobachten, dass der Anbau von vielen Gemüsepflanzen (z. B. Tomaten, Gurken) und Zierpflanzen (z. B. Gerbera) zunehmend in Gewächshäusern erfolgt. In diesen Anlagen ist es möglich, für die Fotosynthese dieser Pflanzen optimale Bedingungen zu schaffen und dadurch wesentlich höhere Erträge als im Freiland zu erzielen. Der Nachteil ist aber oft, dass unter diesen künstlichen Zuchtbedingungen viele chemische Stoffe zur Schädlingsbekämpfung eingesetzt werden müssen.

1 Mit Beregnungsanlagen kann man dem Wasserbedarf gerecht werden.

2 Ein Kohlenstoffdioxid-Tank in einem Gewächshaus dient zur Regulation des CO_2-Gehalts in der Luft.

Biologie im Alltag

Nutzung der Kenntnisse über die Zellatmung

Der **Prozess der Atmung** selbst wird ebenfalls von verschiedenen Umweltfaktoren fördernd oder hemmend beeinflusst. Diese Tatsache nutzt der Mensch in vielfältiger Weise.

Bei der **Lagerung** z. B. von Saatgut, Gemüse oder Obst wird u. a. durch Erhöhung des Kohlenstoffdioxidgehalts der Luft und Senkung der Temperatur die Atmung gehemmt. Dadurch werden Masseverluste des Lagerguts wesentlich vermindert. Es werden nicht so viele organische Stoffe abgebaut, was große wirtschaftliche Bedeutung hat.

Körner von Getreidepflanzen *(Karyopsen)* werden meist im Juli/August geerntet und müssen in der Regel über längere Zeit gelagert werden. Dann erst werden sie vom Menschen genutzt. Körner sind aber lebende Teile der Kulturpflanzen. Folglich atmen sie. Dabei werden organische Stoffe der Körner abgebaut.
Als Folge tritt ein erheblicher Masseverlust und damit ein wirtschaftlicher Schaden ein. Diesen Schaden kann man begrenzen, wenn in den **Lagerräumen** mithilfe technischer Geräte die Temperatur abgesenkt und der Kohlenstoffdioxidgehalt der Luft erhöht wird. Dadurch wird der Atmungsprozess gehemmt. Außerdem wird auf eine niedrige Luftfeuchtigkeit geachtet, weil ein geringer Wassergehalt der Körner die Atmung ebenfalls hemmt.

Eine Hemmung der Atmung erfolgt z. B. auch bei der **Lagerung von Kartoffeln** und **Obst** (↗ Abb. 1).

Der Sauerstoffgehalt der Luft wird erheblich abgesenkt (bei der Lagerung von Äpfeln von 21 % auf 1,5 %) und der Kohlenstoffdioxidgehalt bis auf 4 % erhöht. Dadurch wird der Masseverlust wesentlich vermindert (bei Äpfeln bis zu 20 %), das Schrumpfen wird erheblich eingeschränkt.
Wird die Sauerstoffzufuhr für die Pflanzen unterbrochen, z. B. durch ein Zelt, das längere Zeit auf einer Rasenfläche steht, können die Pflanzen nicht mehr atmen und sterben ab. (Die Fotosyntheseleistung ist während dieser Zeit wegen Lichtmangels auch nicht möglich.)
In der freien Natur können auch **Schadstoffe** die Atmung erheblich beeinträchtigen. Dies hat Auswirkungen auf das Wachstum und die Entwicklung der Pflanzen. Die Folge bei Kulturpflanzen sind dann geringere Erträge.

1 In großen Obsthallen wird der Sauerstoffgehalt abgesenkt. Dadurch bleibt das Obst lange frisch. Die Äpfel halten sich auf diese Weise mehrere Monate.

Stoff- und Energieumwandlung

Lebewesen brauchen Energie für alle Lebensvorgänge. Die notwendige Energie müssen sie aus der Umwelt aufnehmen und in nutzbare Energie umwandeln. Tiere und Menschen nehmen chemische Energie (energiereiche Nährstoffe) auf. Diese werden von Pflanzen bei der Fotosynthese und bei nachfolgenden Stoffwechselprozessen unter Nutzung des Sonnenlichts hergestellt. Beim Abbau von energiereichen Stoffen wird die lebensnotwendige Energie freigesetzt. Bei den meisten Lebewesen geschieht das durch die Atmung.

Stoff- und Energieumwandlung in den Pflanzen

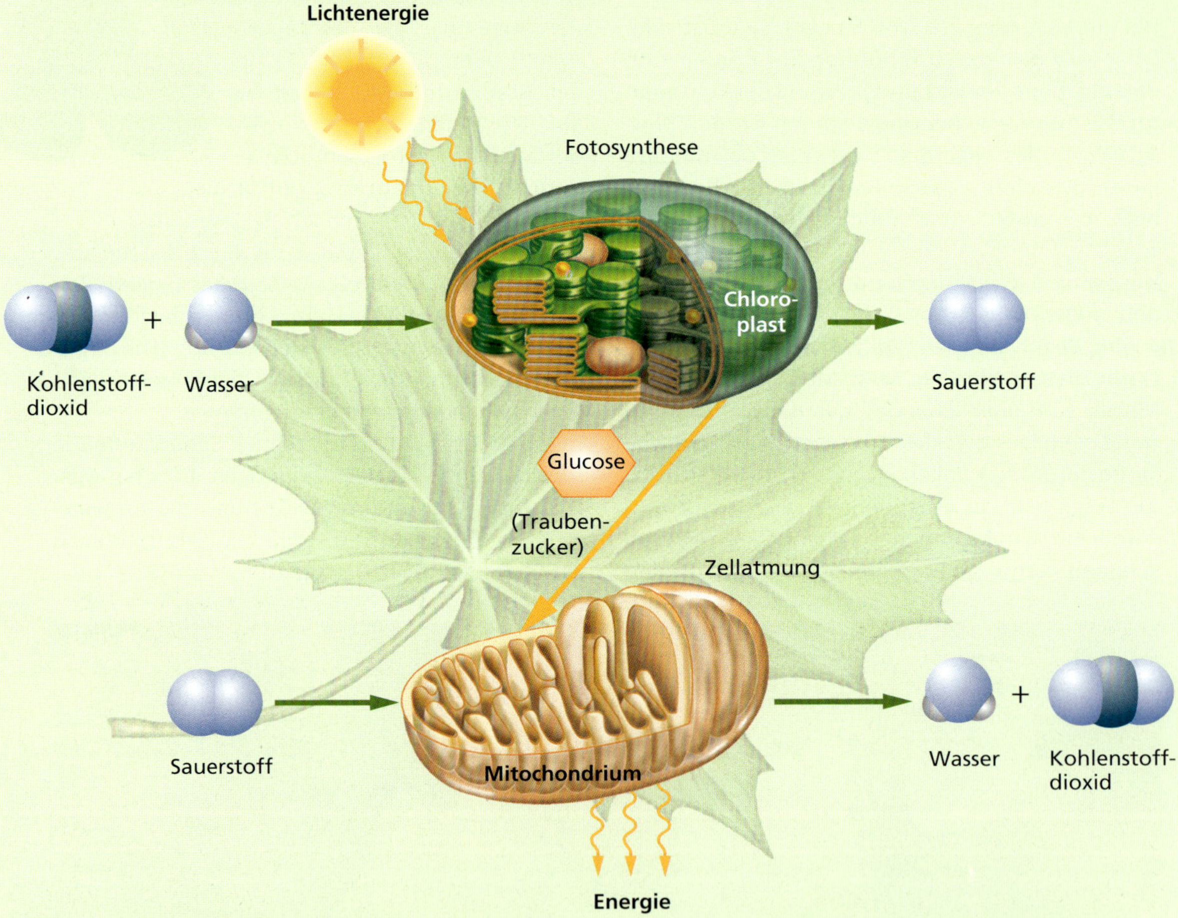

Kohlenstoffdioxid + Wasser + Energie $\overset{\text{Fotosynthese}}{\underset{\text{Zellatmung}}{\rightleftharpoons}}$ Glucose + Sauerstoff

Vergleiche die Stoff- und Energieumwandlung in den Pflanzen mit der Stoff- und Energieumwandlung im menschlichen Körper.

Die Milchsäuregärung – ein weiterer Dissimilationsprozess

Sauerkraut gibt es in jedem Gemüseladen oder Lebensmittelmarkt zu kaufen. Man kann es aber auch selbst herstellen. Dazu wird ein Weißkohlkopf gut gewaschen und geputzt, in feine Streifen geschnitten und diese in einem Steinguttopf geschichtet. Zwischen jede Schicht wird Salz und etwas Zucker gestreut (pro 1 kg Kohl 13 g Salz, 4 g Zucker) und dann wird fest gestampft, damit Zellsaft austritt und die Luft verdrängt wird. Würzen kann man außerdem mit einigen Wacholderbeeren und Lorbeerblättern. Zum Schluss deckt man den Topf mit einem ausgekochten Geschirrtuch zu und deckt das Ganze luftdicht ab.

Man lässt das Gefäß 4 bis 5 Tage bei etwa 20 °C ruhen, anschließend muss das Sauerkraut noch weitere zwei Wochen bei ca. 15 °C reifen. Aus Weißkohl ist nun Sauerkraut entstanden.

Ursache für die Veränderung des Kohls sind spezielle Bakterien, die **Milchsäurebakterien.** Sie wandeln den in den Kohlblättern enthaltenen Traubenzucker in Milchsäure um, die den sauren Geschmack des Produkts hervorruft. Diesen Stoffwechselprozess bezeichnet man als **Milchsäuregärung** (↗ Abb. 1).

Für die Umwandlung des Traubenzuckers ist kein Sauerstoff erforderlich, der Prozess ist **anaerob.** Da es sich um eine **energieliefernde Reaktion** handelt, nutzen die Bakterien diese Gärung zur Bereitstellung von Energie für Lebensprozesse.

Milchsäurebakterien spielen auch bei der Herstellung von Milchprodukten eine Rolle. Durch die gebildete Milchsäure gerinnt Frischmilch – sie wird dick. So behandelte Milch bildet die Grundlage für Käse, Joghurt, Quark und saure Sahne.

In der Landwirtschaft werden z. B. gehäckselte Blätter von Rüben und Mais in großen Silos eingelagert. Mithilfe der Milchsäurebakterien entsteht aus ihnen das nährstoffreiche Silofutter (Silage genannt), das monatelang haltbar ist.

Milchsäurebakterien sind auch im Sauerteig, der für die Zubereitung von Brot benötigt wird, enthalten. Sie sorgen für die Säuerung des Brotteigs und damit für seinen spezifischen Geschmack.

> Die Milchsäuregärung ist ein Stoffwechselprozess, der der Energiebereitstellung dient und anaerob verläuft. Er wird vom Menschen zur Herstellung von Nahrungsmitteln genutzt.

Aufgabe

Stelle selbst Sauerkraut her. Nutze dazu die Angaben im Text.
(Achtung: Das Sauerkraut darf auf keinen Fall gegessen werden, wenn Schimmelpilzspuren zu erkennen sind!)

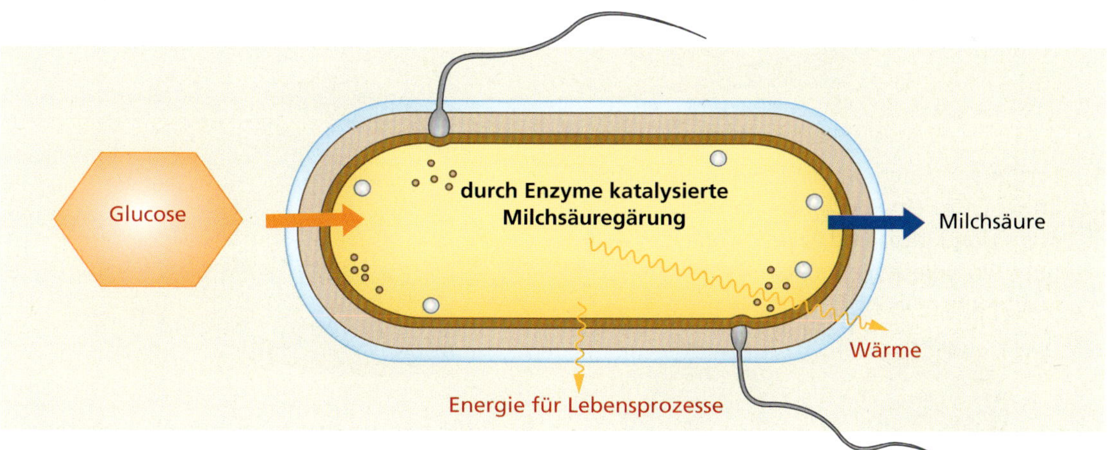

1 Schematische Darstellung der Milchsäuregärung

Gewusst · Gekonnt

1. Ergänze dein Glossar durch folgende Begriffe: Fotosynthese, Enzym, Schlüssel-Schloss-Prinzip, Chloroplasten, Glucose, Zellatmung, Sauerstoff, Kohlenstoffdioxid.

Glossar

Chloroplasten:
Enzym:
Fotosynthese:

2. Enzyme sind Biokatalysatoren. Erkläre allgemein und an einem selbst gewählten Beispiel, was darunter zu verstehen ist.

3. Enzyme sind heute bei der Herstellung von Lebensmitteln nicht mehr wegzudenken. Das Wissen über die biochemischen Reaktionsabläufe während der Verarbeitung oder Zubereitung von Lebensmitteln wächst immer mehr. Daher können die Enzyme gezielt durch gentechnisch veränderte Mikroorganismen hergestellt und eingesetzt werden. Enzyme haben die moderne Lebensmitteltechnologie deutlich erweitert. Sie werden in diesem Zusammenhang auch als „Werkzeuge" bezeichnet. Setze dich mit dieser Aussage auseinander. Ist diese Bezeichnung korrekt?

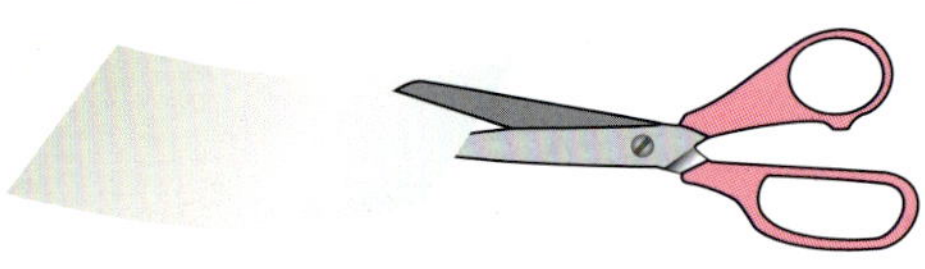

4. Fertige von einem Moosblättchen oder einer grünen Alge ein Frischpräparat an (↗ S. 13). Mikroskopiere es und erstelle von einer Zelle mit Chloroplasten eine mikroskopische Zeichnung (↗ S. 14).

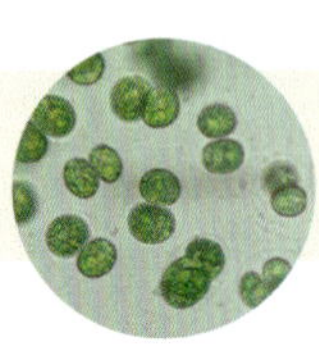

5. Erläutere die Bedeutung der Fotosynthese für das Leben auf der Erde.

6. Die entscheidende Besonderheit der Pflanzen mit Chlorophyll ist die Fotosynthese. Nur sie, Algen und einige Bakterien mit Chlorophyll sind in der Lage, diesen Prozess durchzuführen.

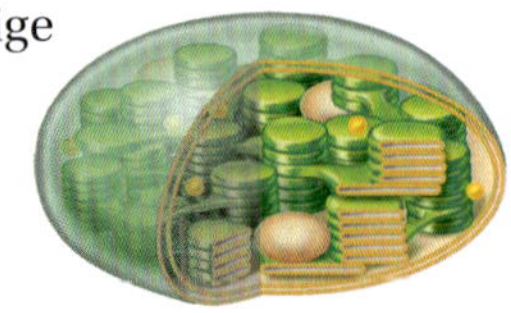

a) In welchen Zellorganellen erfolgt die Fotosynthese?
b) Beschreibe deren Bau. Formuliere die Summengleichung der Fotosynthese und erläutere die Begriffe „Ausgangsstoffe", „Produkte" und „Bedingungen" für die Fotosynthese.
c) Wie verläuft der Prozess der Fotosynthese? Welches ist seine wichtigste Funktion?

7. Die Kenntnisse über die Fotosynthese werden von den Menschen in vielfältiger Weise genutzt.
a) Beschreibe die Möglichkeiten, in Gewächshäusern die Fotosyntheseleistung zu fördern.
b) Suche im Internet nach entsprechenden Artikeln.
c) Analysiert in Arbeitsgruppen einen Artikel gründlich und diskutiert die Einflussnahme durch den Menschen.

8. Erläutere, wie der Prozess der Fotosynthese gehemmt bzw. gefördert werden kann.

9. Alle Lebewesen benötigen zur Aufrechterhaltung ihrer Lebensprozesse Energie. Nutzen können sie nur chemische Energie, die in organischen Stoffen gespeichert ist.
a) Wie gelangen die Algen und Pflanzen zu dieser Energie? Erkläre.
b) Wie gelangen die meisten Bakterien, die Pilze, die Tiere und der Mensch zu dieser Energie? Erkläre.

10. Erläutere die Beeinflussung der Zellatmung durch Umweltfaktoren.

11. Für den Prozess der Nutzbarmachung von Energie, die in organischen Stoffen gespeichert ist, sind die Mitochondrien der Zellen von zentraler Bedeutung.

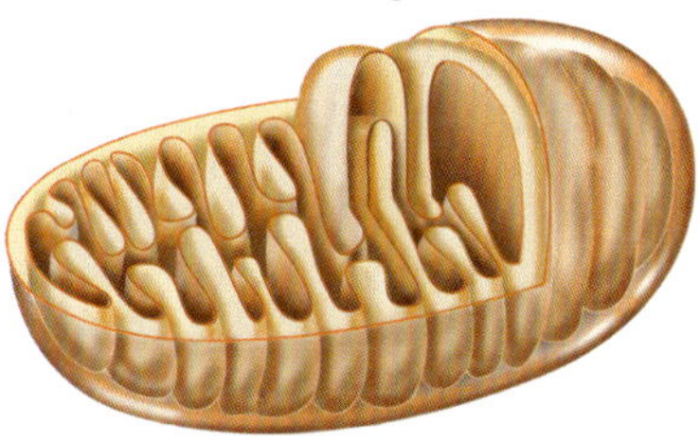

a) Beschreibe den Aufbau eines Mitochondriums.
b) Erläutere die Funktion dieses Zellorganells.

12. Zuckerrüben werden nach der Ernte möglichst schnell von den Zuckerfabriken in der sogenannten „Zuckerrübenkampagne“ verarbeitet. Begründe.

13. Erläutere den engen Zusammenhang zwischen Fotosynthese und Atmung. Fertige dazu ein Fließschema an.

14. Die Fotosynthese (und damit die Bildung organischer Stoffe) erfolgt nur in Zellen, die Chloroplasten mit Chlorophyll besitzen. Viele Zellen der Pflanzen haben keine Chloroplasten (z. B. Wurzelzellen). Erläutere, wie diese Zellen mit den für sie unentbehrlichen organischen Stoffen versorgt werden.

15. Samen, Früchte (z. B. Äpfel), Knollen (z. B. Kartoffeln) sind lebende Teile von Pflanzen.

a) Plane ein Experiment, das geeignet ist, die obige Aussage zu überprüfen (z. B. mit Samen der Garten-Bohne).
b) Führe das Experiment durch und protokolliere das Ergebnis.

16. Knollen der Kartoffel oder Äpfel, die längere Zeit gelagert werden, verlieren an Gewicht und schrumpfen.
a) Erkläre diese Erscheinung.
b) Erläutere, wie man das zu Hause oder in Lagerhallen verhindern kann.
c) Plane ein entsprechendes Experiment, z. B. mit Äpfeln. Führe es durch, protokolliere die Ergebnisse und interpretiere sie.

17. Neben der Atmung gibt es noch eine weitere Form der Energienutzung, die Gärung. Informiere dich, welche Lebewesen diese Form nutzen und wie der Prozess abläuft. Nutze das Internet.

18. Erkläre den Energiefluss in einer selbst gewählten Nahrungskette mit mindestens fünf Gliedern.
Begründe, warum man hier nicht von einem Energiekreislauf sprechen kann.

Enzyme – Biokatalysatoren der Zelle

Enzyme sind Proteine, die die Geschwindigkeit von ganz bestimmten biochemischen Reaktionen (Reaktionsspezifität) in der Zelle beschleunigen. Dabei gehen die Enzyme nur mit bestimmten Ausgangsstoffen, die mit der Erkennungsregion des Enzyms übereinstimmen (Substratspezifität) eine vorübergehende Bindung ein (Enzym-Substrat-Komplex). Die Enzyme werden dabei nicht verbraucht, sondern können nach der Reaktion erneut mit einem Ausgangsstoff eine passgenaue Verbindung eingehen (Schlüssel-Schloss-Prinzip).

Stoff- und Energieumwandlungen in der Zelle

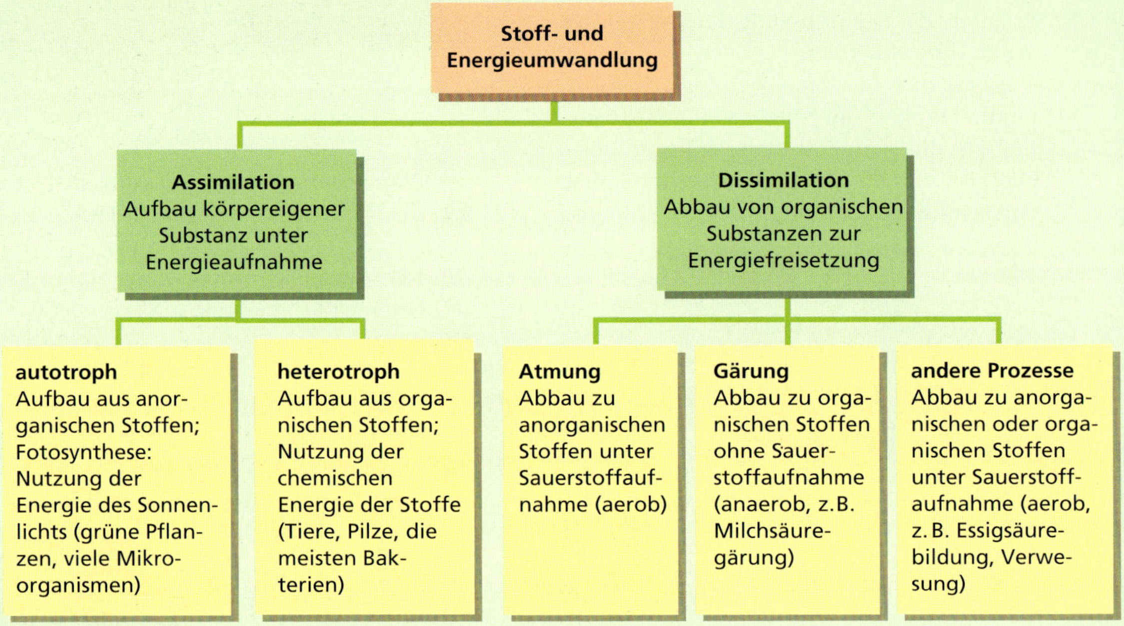

Fotosynthese

Wortgleichung: Kohlenstoffdioxid + Wasser —(Lichtenergie, Chlorophyll)→ Glucose + Sauerstoff

Reaktionsgleichung: $6\,CO_2 + 6\,H_2O \longrightarrow C_6H_{12}O_6 + 6\,O_2$

Atmung

Wortgleichung: Glucose + Sauerstoff → Kohlenstoffdioxid + Wasser (Energie)

Reaktionsgleichung: $C_6H_{12}O_6 + 6\,O_2 \longrightarrow 6\,CO_2 + 6\,H_2O$

Gärung

Wortgleichung: Glucose → Milchsäure (Energie)

Reaktionsgleichung: $C_6H_{12}O_6 \longrightarrow 2\,C_3H_6O_3$

2 Pflanzen und ihre Bedeutung im Stoffkreislauf

Pflanzenorgane und ihre Funktion

Die Sprossachse – das „Leitungsorgan" der Pflanzen

Das von der Wurzel aufgenommene Wasser muss entgegen der Schwerkraft von den Wurzeln zu den Blättern transportiert werden – beim Mammutbaum bis über 100 m hoch.

In welchen Teilen des Sprossinneren erfolgt die Leitung von Wasser und organischen Stoffen?
Wie entsteht die „Kraft", die das Wasser in den Baumstämmen so hoch zu transportieren vermag?
Woher haben die riesigen Baumstämme ihre Festigkeit?
Was passiert mit den aufgenommenen Mineralstoffen in den Pflanzen?

Die Spaltöffnungen des Laubblattes – „Verbindungen" zur Umwelt

Von der Zellschicht an der Unterseite der Laubblätter z. B. eines Alpenveilchens ist es einfach, ein Frischpräparat anzufertigen. Beim Mikroskopieren sind zwischen den Zellen der Blattunterseite Spaltöffnungen zu erkennen.

Welche Bedeutung haben die Spaltöffnungen für die Lebensprozesse in den Pflanzen?

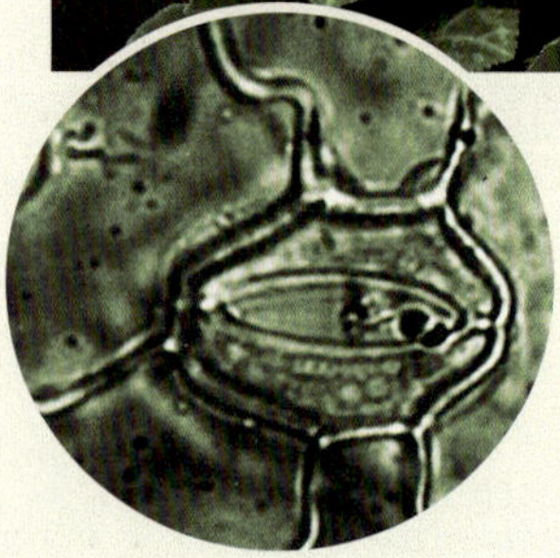

Die Wurzel – das „Standbein" von Pflanzen

Die Wurzel verankert die Pflanzen im Boden. Sie sorgt für die Wasser- und Mineralstoffaufnahme und kann Nährstoffe speichern.

Wie ist die Wurzel im Inneren aufgebaut?
Wie kann die Wurzel Wasser und Mineralstoffe aufnehmen?
Auf welchen physikalischen Gesetzmäßigkeiten beruht die Stoffaufnahme und -leitung?

Organe der Samenpflanzen – ein Überblick

Samenpflanzen weisen eine große Vielgestaltigkeit auf, z. B. in der Größe, in Form, Farbe und Größe der Blüten, in Form und Größe der Laubblätter sowie in der Wuchsform der Wurzelsysteme.
Vergleicht man nun die Samenpflanzen, große und kleine, solche die an feuchten und solche die an trockenen Standorten leben, stellt man fest:
Sie stimmen alle in dem Grundaufbau überein.

Ihre Hauptorgane sind die Wurzel und der Spross mit Sprossachse, Laubblättern und Blüten (↗ Abb.).

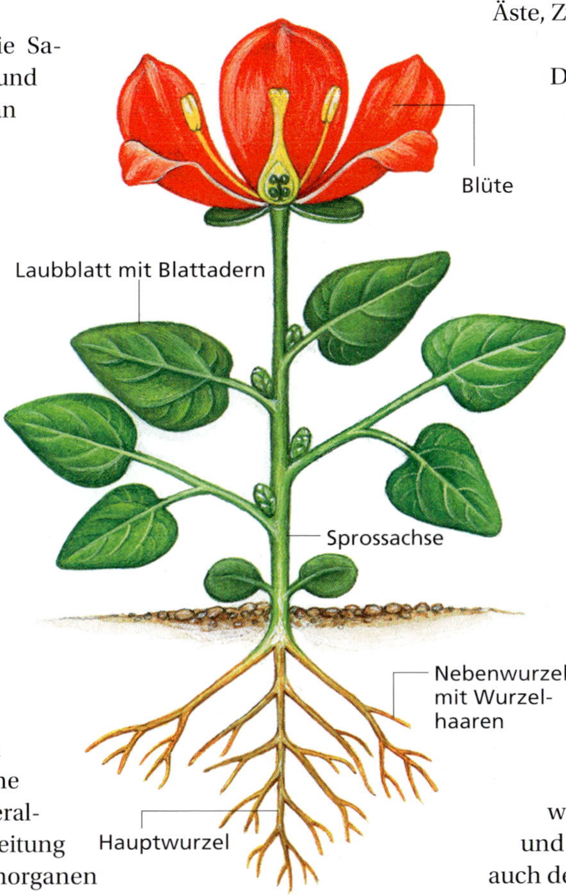

Wurzeln sind in der Regel unterirdische Organe. Sie dienen der Verankerung der Pflanzen im Boden, der Aufnahme von Wasser und Mineralstoffen, deren Weiterleitung zu anderen Pflanzenorganen und gelegentlich auch als Speicherorgane für körpereigene organische Stoffe (z. B. Möhre, Zuckerrübe).

Die **Sprossachse (Stängel)** verbindet die Blätter, die Blüten und die Wurzeln miteinander und sorgt für den Stofftransport zwischen ihnen. Wasser und gelöste Mineralstoffe werden von den Wurzeln zu den Laubblättern transportiert, und die in den Blättern gebildeten Stoffe können über die Sprossachse in alle anderen Pflanzenteile gelangen.

Als Träger der Blätter und Blüten hat die Sprossachse die Aufgabe, diese möglichst günstig, z. B. zum Licht, zu positionieren. Nach der Beschaffenheit der **Sprossachse** werden die Samenpflanzen in **Kräuter** (grüne, weiche und biegsame Sprossachse) sowie in **Holzgewächse** (harte, feste, holzige Sprossachse – Stamm, Äste, Zweige) eingeteilt.

Das **Laubblatt** ist aus der Blattfläche, dem Blattstiel und dem Blattgrund aufgebaut. Wenn man die Laubblätter gegen das Licht hält, sind Blattadern zu erkennen. Bei den meisten Pflanzenarten durchziehen sie netzartig die gesamte Blattfläche, z. B. bei der Gemeinen Haselnuss, der Stiel-Eiche und der Linde. Bei einigen Pflanzenarten verlaufen sie parallel zueinander, z. B. bei dem Gemeinen Knäuelgras und beim Rohrkolben.
Laubblätter dienen sowohl der Bildung, Leitung und Aufnahme von Stoffen als auch der Abgabe von Stoffen.

Die **Blüte** der Samenpflanzen besteht meistens aus folgenden Teilen: aus Kelchblättern, Kronblättern, Staubblättern und Fruchtblättern. Die Blüte dient der geschlechtlichen Fortpflanzung der Samenpflanzen. In ihr werden die Samen gebildet.

Die Hauptorgane der Samenpflanze sind Wurzel und Spross (Sprossachse, Laubblatt und Blüte). Jedes Organ erfüllt bestimmte Aufgaben.

Aufnahme und Leitung von Wasser und Mineralstoffen durch die Wurzeln

Der Bau der Wurzel

Wurzeln dienen in der Regel der Verankerung der Pflanzen im Boden, sie sind dann unterirdische Organe.
Wurzeln nehmen Wasser und Mineralstoffe auf, leiten sie zu anderen Pflanzenorganen weiter und sind gelegentlich auch Speicherorgane für körpereigene organische Stoffe. Der äußere und der innere Bau der Wurzeln sind optimal auf die Erfüllung dieser Aufgaben abgestimmt.

Alle Wurzeln einer Pflanze bilden ein **Wurzelsystem.** Die meisten Pflanzen, bei deren Keimung des Samens zwei Keimblätter hervorkommen **(Zweikeimblättrige)**, besitzen ein aus Haupt- und Nebenwurzeln bestehendes Wurzelsystem. Die Hauptwurzel dringt tief in den Boden ein und bildet einen festen Anker (↗ Abb. 1).

Bei den meisten Pflanzen mit einem Keimblatt **(Einkeimblättrige)** ist ein Wurzelsystem zu finden, das aus gleichartigen sprossbürtigen Wurzeln hervorgeht (↗ Abb. 2). Bei ihnen stirbt die bei der Keimung des Samens gebildete Wurzel ab und wird durch mehrere aus der Basis der Sprossachse herauswachsende Wurzeln, die sogenannten sprossbürtigen Wurzeln, ersetzt. Wenn man ein Grasbüschel aus dem Boden zieht, kann man dieses aus vielen gleichartigen Wurzeln bestehende System gut erkennen. Es sorgt für eine besonders gute Durchwurzelung der obersten Bodenschichten. Aus diesem Grund sind z. B. Gräser ausgezeichnete Bodenbedecker, die die Bodenerosion verhindern.

Wurzelsysteme haben meist eine beträchtliche Gesamtlänge und können beachtliche Tiefen erreichen, z. B. kann eine Roggenpflanze eine Gesamtlänge des Wurzelsystems von 975 m und eine Wurzeltiefe von 2 m besitzen.

Wachsende Wurzelspitzen zeigen eine charakteristische **Zonierung** einer Wurzel (↗ Abb. 1, S. 59), diese ist an Keimwurzeln gut erkennbar. An der Wurzelspitze befindet sich eine Wurzelhaube. Sie schützt das darunter befindliche Bildungsgewebe. Dieses Bildungsgewebe ist durch Zellteilungen für das Wachstum der Wurzeln im Erdboden verantwortlich. Daran schließt sich die Streckungszone an. Diese kann im Experiment durch das Anlegen einer gleichmäßigen Markierung an Keimwurzeln leicht ermittelt werden (↗ Abb.).

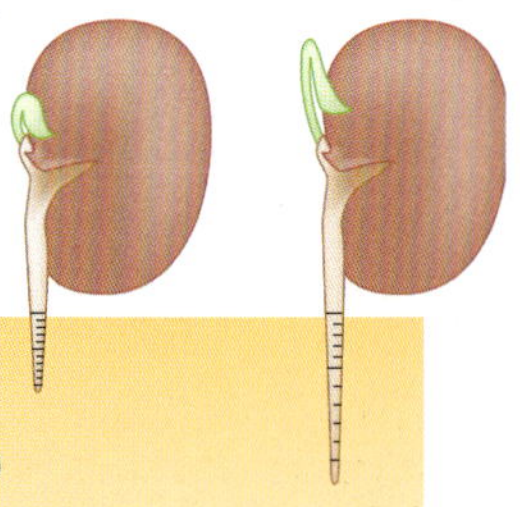

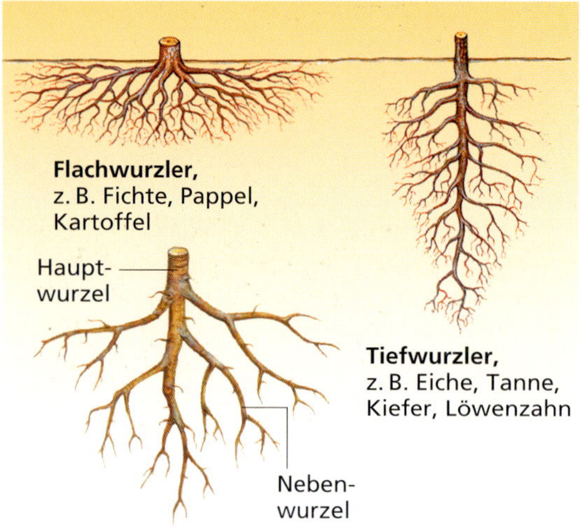

1 Wurzelsysteme mit Haupt- und Nebenwurzeln

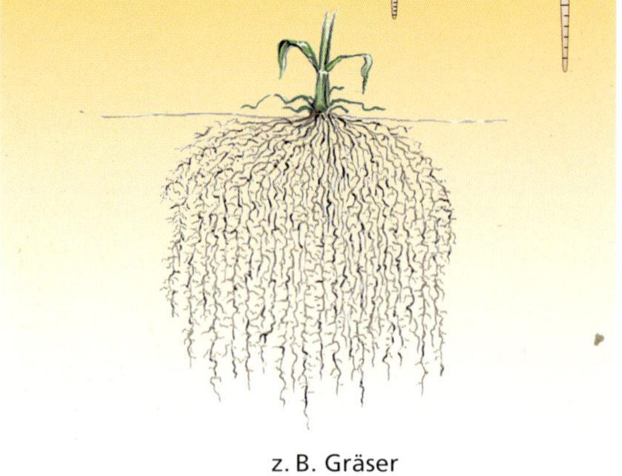

2 Sprossbürtige Wurzelsysteme

Dicht hinter der Streckungszone folgt die Wurzelhaarzone. Dort vergrößern viele winzige Wurzelhaare die Wurzeloberfläche. Die wenige Millimeter bis einen Zentimeter langen **Wurzelhaare** bestehen jeweils nur aus einer ausgewachsenen Zelle der Rhizodermis (Wurzelhaut) (↗ Abb. 2, S. 60). Sie tragen in besonderem Maße zur Oberflächenvergrößerung der Wurzelsysteme bei. Nur in dem Bereich der Wurzelhaarzone, der oft nur ein paar Zentimeter lang ist, kann die Pflanze Wasser und Mineralstoffe aufnehmen. Die sehr fein gebauten Wurzelhaare leben nur ein bis wenige Tage und werden mit dem Wachstum neu gebildet.

Obwohl die Wurzeln sehr unterschiedlich aussehen können, stimmt der **innere Bau** weitgehend überein (↗ Abb. 2 u. 3).
Das äußere Gewebe wird **Rhizodermis** genannt und besteht aus einer Zellschicht. Durch das Auswachsen der Rhizodermiszellen zu langen Wurzelhaaren wird die Wasser aufnehmende Oberfläche der Wurzeln enorm vergrößert **(Prinzip der Oberflächenvergrößerung).** Bei Bäumen bedeutet das oft einige hundert Quadratmeter.

Das **Rindengewebe** schließt sich nach innen an. Es bildet den Hauptteil des Wurzelkörpers und füllt den Raum zwischen der Rhizodermis und dem Leitgewebe mit gleichmäßig geformten Grundgewebszellen aus. Das Rindengewebe kann neben Schutz- und Festigungsfunktionen auch Speicherfunktionen erfüllen.

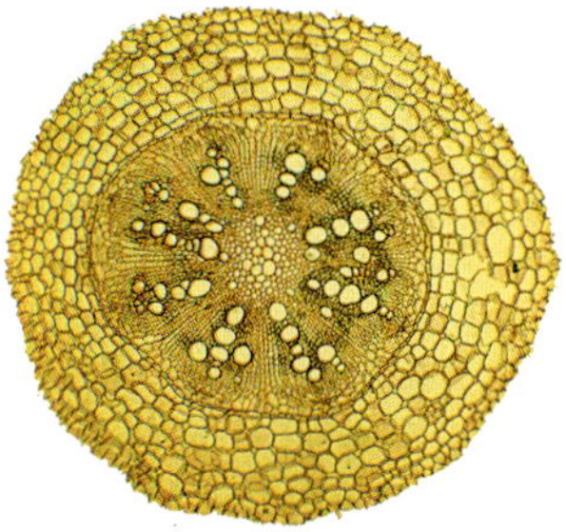

3 Lichtmikroskopisches Bild des Wurzelquerschnitts

Die **Endodermis** ist die innerste Zellschicht der Rinde. Sie umschließt den **Zentralzylinder** mit den **Leitbündeln.** Die Leitbündel bestehen aus Gefäß- und Siebzellen. Die Gefäßzellen dienen der Leitung von Wasser, die Siebzellen transportieren organische Stoffe (↗ Abb. 2, S. 63). Das Leitgewebe hat neben der Transportfunktion immer auch Stütz- und Festigungsfunktionen zu erfüllen. Die Stützzellen sind an ihrer verstärkten Zellwand zu erkennen.

Aufgaben

1. Betrachte eine Keimwurzel von Senf oder Gartenkresse mit der Lupe. Beschreibe den äußeren Bau. Erläutere die Funktion der Wurzelhaare.

2. Plane einen Versuch und führe ihn durch, in dem du die Streckungszone der Wurzeln nachweisen kannst.

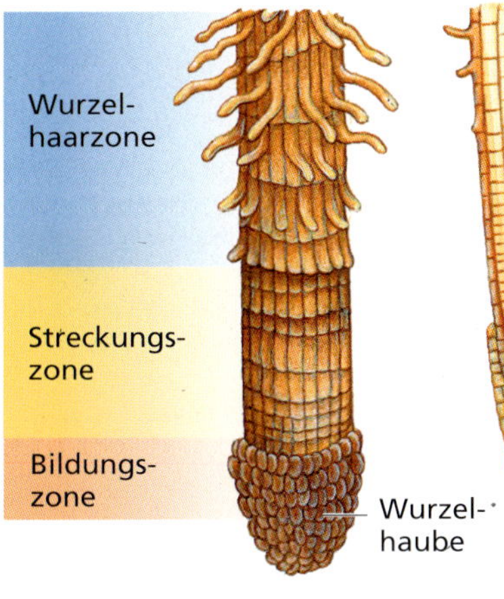

1 Zonierung einer Wurzel

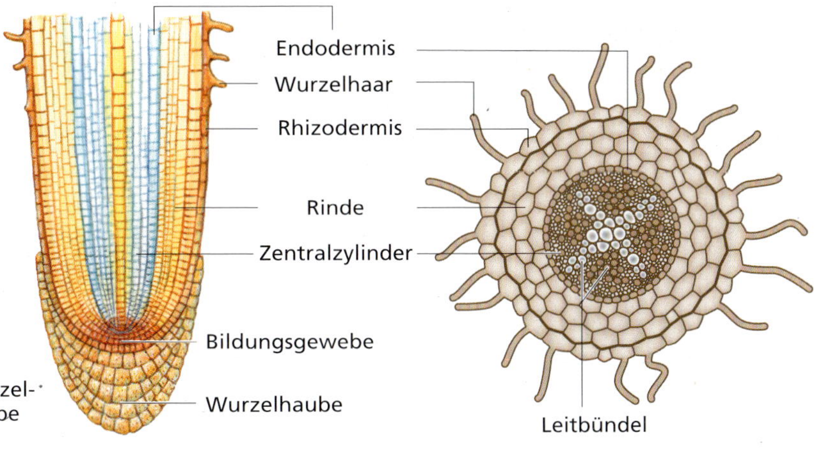

2 Innerer Bau einer jungen Wurzel (Längs- und Querschnitt)

Wasseraufnahme und -leitung durch die Wurzel

Bei der Pflanze erfolgt die Aufnahme der Wasserteilchen zunächst von den Wurzelhaaren der Rhizodermis. Die Wurzelhaarzellen (↗ Abb. 2) sind dünnwandige, schlauchförmige, lebende Zellen. Von der Zellwand und der Zellmembran umschlossen, befindet sich das Zellplasma mit Zellkern und großen Vakuolen (Zellsafträumen), in denen verschiedene Stoffe gelöst sind.
Die Vakuolen sind ebenfalls vom Zellplasma durch dünne **Membranen** abgegrenzt. Die Membranen besitzen sehr kleine Poren. Während Wasserteilchen (Wassermoleküle) die Poren ungehindert durchdringen können, sind diese für die gelösten Stoffteilchen nicht passierbar. Membranen, die für verschiedene Stoffe unterschiedlich (selektiv) durchlässig sind, nennt man **semipermeable (halbdurchlässige) Membranen.**
Die Aufnahme des Wassers aus dem Boden und die Wasserleitung zwischen den Zellen erfolgt durch **Osmose.**
Die Verteilung des Wassers innerhalb der Zellen der Wurzelrinde erfolgt durch **Diffusion** (↗ Abb. 1). Beide Prozesse beruhen auf physikalischen Gesetzmäßigkeiten.
Durch die Eigenbewegung der Teilchen (Wassermoleküle und Teilchen gelöster Stoffe) kommt es aufgrund ihrer unterschiedlichen Konzentrationen zu einem Konzentrationsausgleich und damit zu einem Stofftransport. Dabei bewegen sich die Teilchen immer von der höheren zur niederen Konzentration. Dieser physikalische Vorgang der Durchmischung heißt **Diffusion.**
Wenn ein Konzentrationsausgleich zwischen zwei Lösungen durch eine Membran erfolgt, bezeichnet man dies als **Osmose**. Die Membran ist nur für die Lösemittelmoleküle durchlässig, nicht für den gelösten Stoff.

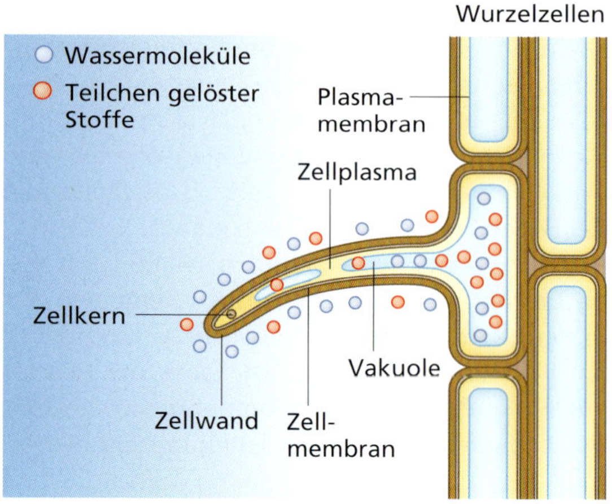

2 Bau einer Wurzelhaarzelle

Die Wasseraufnahme und -leitung durch die Wurzel erfolgt entlang eines Konzentrationsgefälles durch Diffusion und Osmose.

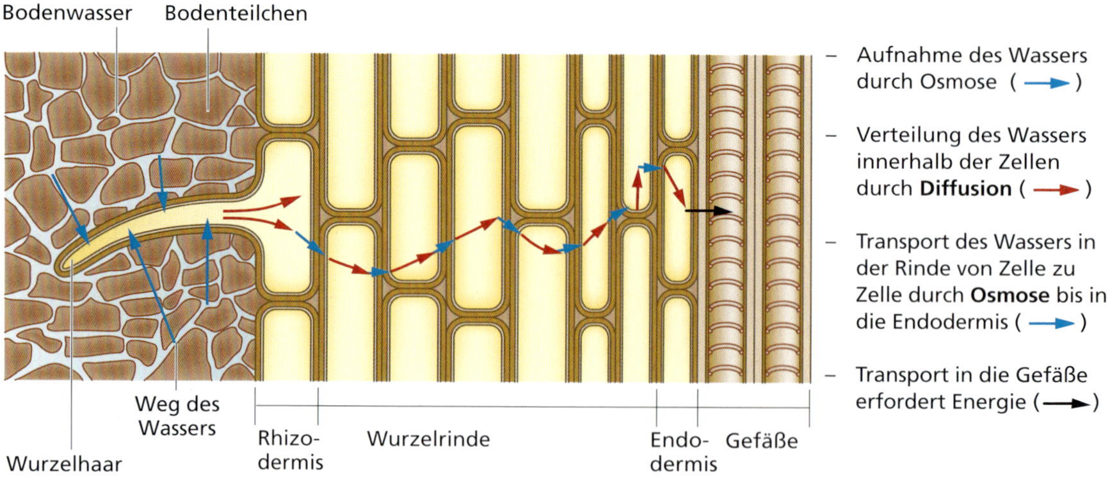

1 Aufnahme des Wassers aus dem Boden und Transport bis in die Gefäße des Zentralzylinders

Wie kommt das Wasser in die Wurzel?

1. Demonstriere mithilfe eines Modellexperiments den Prozess der Diffusion.

Materialien:
Becherglas, Pipette, Tinte, Wasser

Durchführung:
Fülle ein Becherglas zur Hälfte mit Wasser und warte, bis keine Wasserbewegungen mehr sichtbar sind. Gib nun einige Tropfen Tinte hinzu. (Rühre nicht um!)

Beobachtung und Auswertung:
Beobachte das Gemisch. Erläutere, wodurch die Vermischung der Stoffe erfolgt. Stelle den Prozess in einer Skizze entsprechend der Abbildung 2 dar.

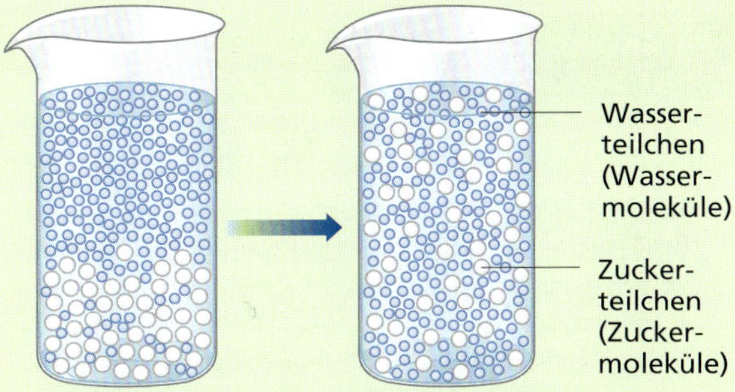

2 Modelle zur Diffusion

2. Verdeutliche mithilfe eines Modellexperiments die Wasseraufnahme in die Wurzelhaarzelle durch Osmose.

Materialien:
Stativ, Becherglas, Glasrohr, Kunstdarm, Band, konzentrierte Zuckerlösung, Wasser, Eosinlösung

Durchführung:
In diesem Modellversuch werden Wasser und eine konzentrierte Lösung durch eine semipermeable Membran voneinander getrennt. Als semipermeable Membran verwendet man z. B. einen Kunstdarm. An einem Ende zugebunden wird er mit einem Steigrohr versehen und mit angefärbter, konzentrierter Zuckerlösung gefüllt. Diese Apparatur wird an einem Stativ in ein Becherglas mit Wasser gehängt (↗ Abb. 1).

Beobachtung und Auswertung:
Beschreibe das Modell: Vergleiche es mit der Wurzelhaarzelle. Beobachte den Wasserstand im Steigrohr und erkläre die Veränderung.

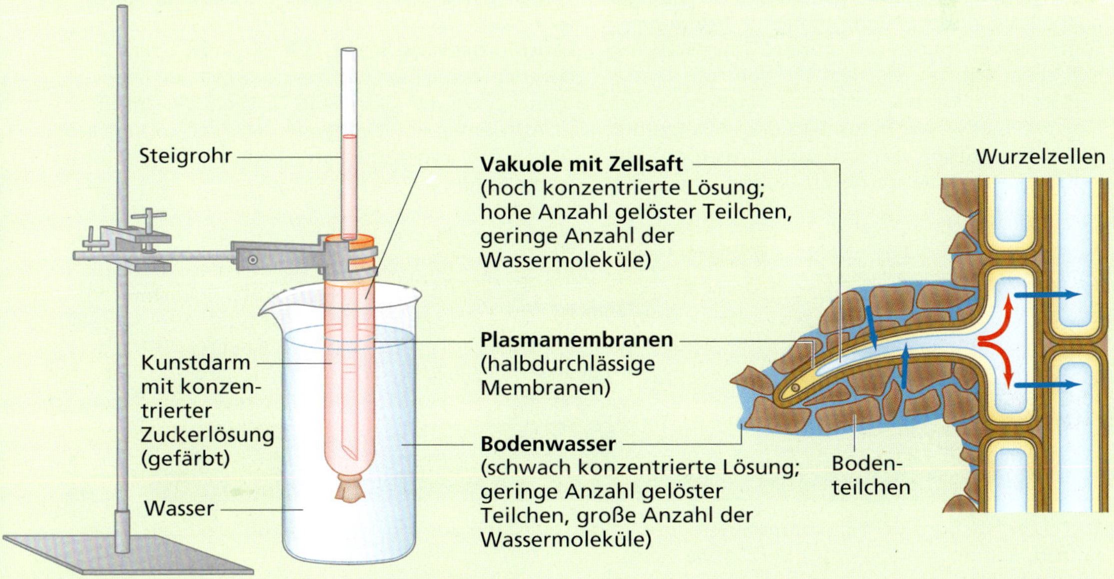

1 Modellexperiment zur Osmose und zur Aufnahme des Wassers in das Wurzelhaar (⟶ Osmose)

Mosaik

Mineralstoffe und ihre Aufnahme

Mineralstoffe sind im Boden enthalten, z. B. als Phosphate, Nitrate und Carbonate. Der Mineralstoffgehalt des Bodens ist abhängig von den Bodeneigenschaften, der Vegetation, dem Klima und der Bewirtschaftung durch den Menschen. Als nährstoffreichste und damit ertragreichste Böden gelten die Schwarzerdeböden.

Zu **Mineralstoffverlusten** kommt es, wenn die Mineralstoffe mit dem Sickerwasser (Bodenwasser) ausgewaschen werden. Die Mineralstoffe können von der Pflanze nur in gelöster Form aufgenommen werden. Da die Zellmembranen für die gelösten Mineralstoffe weitgehend undurchlässig sind, können diese nicht durch den Wasserstrom mittransportiert werden.
Die Mineralsalze werden an ein Trägerteilchen der Membran gebunden und von diesem unter Energieverbrauch aktiv in Form von Ionen in das Zellinnere transportiert.
Zum Aufbau körpereigener organischer Substanzen brauchen die Pflanzen Mineralstoffe.
Für ihre optimale Entwicklung benötigen Samenpflanzen die zehn Hauptelemente (C, O, H, N, S, P, K, Ca, Fe, Mg) sowie Spurenelemente (Mn, Cu, Mo, B, Zn).
Die **Mineralstoffzufuhr** erfolgt in der Landwirtschaft und im Gartenbau vor allem durch anorganische (mineralische) und organische **Düngung.**
Topfpflanzen können u. a. durch Düngerstäbchen mit Mineralstoffen versorgt werden. Um Hydrokulturen mit Mineralstoffen zu versorgen, werden dem Gießwasser Nährsalzlösungen beigefügt. Wenn diese Stoffe nicht zugeführt werden, fehlen sie für die pflanzliche Ernährung. Die Ernteerträge in Landwirtschaft und Gartenbau werden entsprechend geringer.
Fehlen den Pflanzen bestimmte Mineralstoffe, kann man bei ihnen **Mangelerscheinungen** feststellen. Stickstoffmangel wirkt sich z. B. negativ auf die Chlorophyllbildung bei den Pflanzen aus. Äußerlich ist das an dem Vergilben und Absterben älterer Blätter und einem nur spärlichen Wuchs erkennbar.
Phosphatmangel beeinträchtigt den Stoffwechsel der Pflanzen. Sie reagieren mit absterbendem Blattgewebe und dem Abwerfen der Blätter, vermindertem Wuchs und kümmerlicher Fruchtausbildung.
Calciummangel führt zum Absterben der Vegetationspunkte an Wurzeln und Spross. Die Missbildung junger Blätter ist ein Anzeichen dafür.
Dass sich die pflanzlichen Erträge in der Landwirtschaft durch **Zusatzdüngung** erhalten und auch steigern lassen, wurde von **Justus von Liebig** (1803–1873) durch seine Mineralstofftheorie (Minimumtonne, ↗Abb. 1) wissenschaftlich begründet.
Justus von Liebig schuf die heute noch gebräuchliche Einteilung der anorganischen Düngemittel nach ihren Hauptnährelementen und unterschied z. B. Stickstoff-, Phosphor-, Kaliumdünger. Diese werden heute größtenteils als **Mischdünger** angeboten.
Auch organische Stoffe, z. B. Stallmist oder Gülle, können zur Mineralstoffversorgung der Pflanzen genutzt werden. Durch die Tätigkeit der Zersetzer (Destruenten) wie Bakterien und Pilze können aus ihnen die anorganischen Mineralstoffe erschlossen werden.

1 Das tiefste Brett der Minimumtonne begrenzt den Füllstand der Tonne und symbolisiert den Mineralstoff, der am geringsten zur Verfügung steht.

Die Sprossachse

Bau und Funktion der Sprossachse

Als Träger der Blätter und Blüten hat die Sprossachse die Aufgabe, diese möglichst günstig, z. B. zum Licht, zu positionieren. Die Sprossachse verbindet auch Blätter und Wurzeln miteinander und sorgt für den Stofftransport zwischen ihnen. Wasser und gelöste Mineralstoffe werden von den Wurzeln zu den Blättern transportiert, und die in den Blättern gebildeten Stoffe können über die Sprossachse in alle anderen Pflanzenteile gelangen. Diese Aufgaben bedingen den Bau der Sprossachse.

Die Sprossachsen sind vielfältig in ihrer **Gestalt** und **Form.** Sie können krautig (z. B. Kornblume) oder holzig (z. B. Bäume oder Sträucher) sein. Die Sprossachsen unterscheiden sich in der Wuchsform (z. B. aufrecht, liegend, kletternd, windend) sowie in Verzweigungen (z. B. in verzweigte und in unverzweigte).

Unabhängig von der äußeren Mannigfaltigkeit stimmen die jungen Sprossachsen in ihrem **inneren Bau** weitgehend überein. In dem mikroskopischen Bild eines Sprossachsenquerschnitts findet man die **Epidermis,** das **Rindengewebe,** die **Leitbündel** und das **Mark,** oftmals mit einer **Markhöhle** (↗ Abb. 1).

Die **Stängelepidermis** ist meist einschichtig und hat Schutz- und Abschlussfunktion nach außen. Die **Rindenzellen** haben Festigungsfunktionen und können auch Stoffe speichern.

2 An einem präparierten Holunderzweig sind die Teile der Sprossachse gut erkennbar.

Die **Leitbündel** enthalten Gefäße und Siebröhren (↗ Abb. 1, S. 64). Die **Gefäße** dienen der Leitung von Wasser und den darin gelösten Mineralstoffen aus der Wurzel in andere Teile der Pflanze. In den **Siebröhren** werden die in den Laubblättern der Pflanze gebildeten organischen Stoffe in die Speicherorgane und Wurzeln geleitet und auch umgekehrt.

Im Innern der Sprossachse ist das Mark (↗ Abb. 2). Es besteht aus Grundgewebezellen, die Speicherfunktion haben können. Über den Markstrahl erfolgt der Stoffaustausch zwischen Mark und Rinde.

Aufgabe

Betrachte den Querschnitt der Sprossachse einer einkeimblättrigen bzw. einer zweikeimblättrigen Pflanze mit dem Mikroskop.

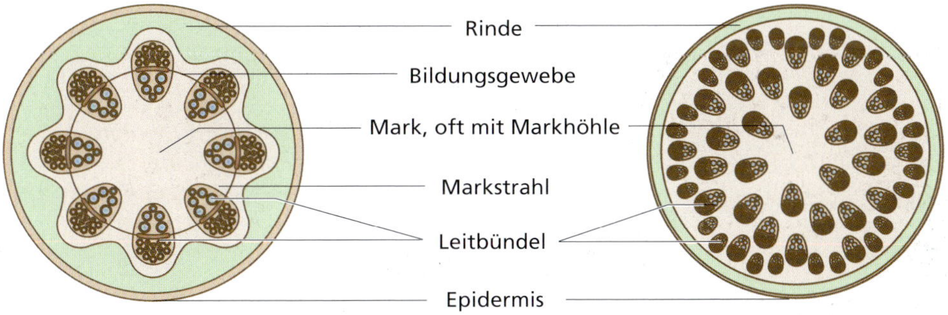

1 Innerer Bau (schematischer Querschnitt) von jungen Sprossachsen verschiedener Typen (a, b)

Transport von Stoffen in der Sprossachse

Die Versorgung der oberirdischen Pflanzenteile mit dem von den Wurzeln aufgenommenen **Wasser** und den darin gelösten **Mineralstoffen** gehört zu den wichtigsten Lebensprozessen der Pflanzen. Die Pflanzen leisten dabei Erstaunliches, denn das Wasser muss entgegen der Schwerkraft in oft beträchtliche Höhen, z. B. bei Bäumen, und in großen Mengen transportiert werden.

Die in den Pflanzenzellen mit Chlorophyll gebildeten organischen körpereigenen Stoffe, z. B. Traubenzucker, werden in Organe geleitet, die kein Blattgrün besitzen, z. B. in die Samen, Früchte und Wurzeln. Dieser Stofftransport findet in röhrenbildenden Zellen der Leitbündel (Siebzellen) statt. Die transportierte Flüssigkeit besteht aus einer 10 bis 30 %igen **Lösung von organischen Stoffen**, von denen 96 % Zucker sind. Die Teilchen der Stoffe werden durch **Diffusion** von Zelle zu Zelle weitergeleitet, da das Plasma der lebenden Siebzellen durch die Poren der Zwischenwände miteinander in Verbindung steht.

Der Wassertransport beruht auf **physikalischen Gesetzmäßigkeiten.**

Die Gefäßzellen verschiedener Pflanzen haben einen unterschiedlich geringen Durchmesser. Er beträgt je nach Pflanzenart 40 bis 700 µm. Die Gefäßzellen wirken wie **Kapillarsysteme,** in denen das Wasser aufsteigt. Mithilfe dieser Kapillarkräfte

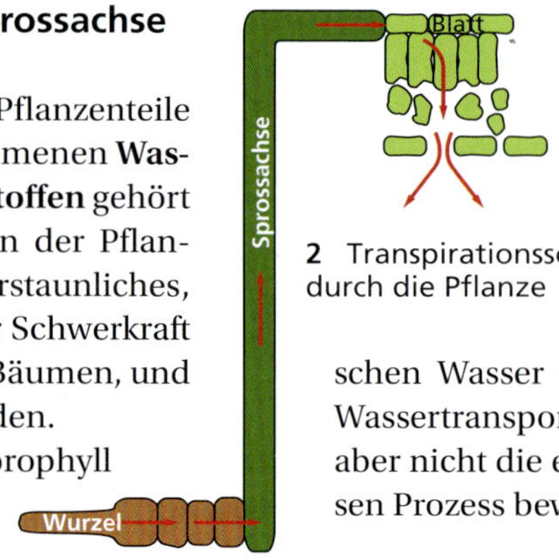

2 Transpirationssog durch die Pflanze

kann das Wasser in den Gefäßen des Leitbündels etwa 4 bis 7 cm aufsteigen. Das bedeutet, dass die in den Gefäßzellen wirkenden **Adhäsionskräfte** (Anziehungskräfte zwischen Wasser und Gefäßwand) zwar den Wassertransport erleichtern, sie können aber nicht die einzigen Kräfte sein, die diesen Prozess bewirken.

Für die Erzeugung des Wasserstroms in den Gefäßzellen des Leitbündels gibt es zwei Ursachen:

- die Erzeugung eines Drucks von der Wurzel her,
- die Entwicklung eines Sogs an der Sprossspitze.

Im ersten Fall wird das Wasser in den Leitgefäßen von der Wurzel her „geschoben“ und im zweiten Fall von den Blättern her „gezogen“. Beide Möglichkeiten sind in der Pflanze verwirklicht.

Der notwendige Sog wird durch die Wasserabgabe über die Blätter **(Transpiration)** hervorgerufen. Durch diesen Wasserverlust wird Wasser aus den Blattzellen, den Blattnerven und -stielen und letztlich aus der Sprossachse und den Wurzeln nachgezogen. Diesen Sog nennt man **Transpirationssog.** Er wird durch den geringen Wassergehalt der Atmosphäre erzeugt.

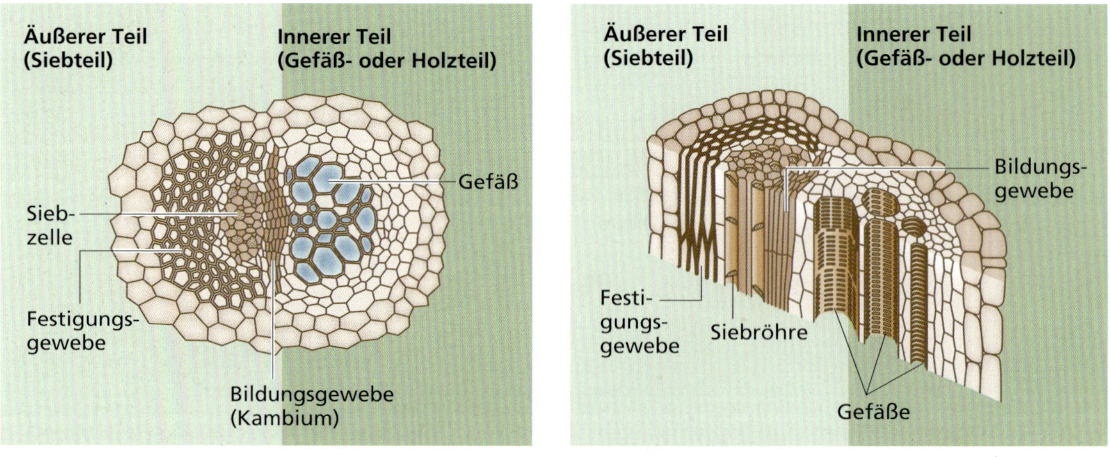

1 Querschnitt durch ein Leitbündel mit Siebzellen und Gefäßen (links: Schema; rechts: 3D-Modell)

Der Transpirationssog bedeutet, dass in den Wasserleitungsbahnen ein erheblicher Unterdruck herrscht. Die Wasserfäden reißen aber nicht ab, da die Wasserteilchen durch **Kohäsionskräfte** aneinanderhaften.

Durch den **Wurzeldruck** wird der Wassertransport auch aufrechterhalten, wenn es z. B. bei hoher Luftfeuchtigkeit keinen Transpirationssog gibt. Dies lässt sich an intakten Pflanzen beobachten. Da vor allem nachts bei niedrigeren Temperaturen oft eine hohe Luftfeuchtigkeit herrscht, kann man an warmen Tagen in den frühen Morgenstunden bei jungen Graspflanzen, aber auch an den Blattspitzen des Springkrauts, Schöllkrauts, Salates, der Kresse, der Erdbeere u. a., sehen, dass aus ihnen Wassertröpfchen geradezu herausquellen.

Diffusion, Osmose, Adhäsion, Kohäsion, Wurzeldruck und Transpirationssog bewirken den Wassertransport und den Transport der Mineralstoffe in gelöster Form in den Gefäßen der Pflanze.

Aufgaben

1. Gibt man einen Tropfen Wasser auf einen Objektträger, kann man einschätzen, dass die Adhäsionskräfte zwischen Wasser und Glas kleiner sind als die Kohäsionskräfte im Wassertropfen.
Beschreibe, durch welche Beobachtungen diese Einschätzung gerechtfertigt ist.

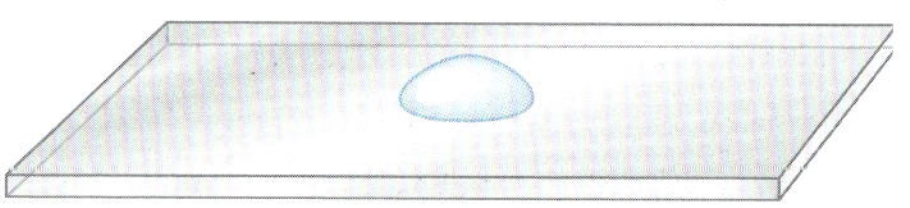

2. Die Stängel von Schnittblumen soll man noch einmal ein Stück abschneiden, ehe man sie in die Vase stellt. Finde eine Erklärung dafür.

3. Schneide eine Mohrrübe mit einem Messer längs auf. Skizziere den Längsschnitt. Vermute, wozu diese besonders gestaltete Wurzel dient.

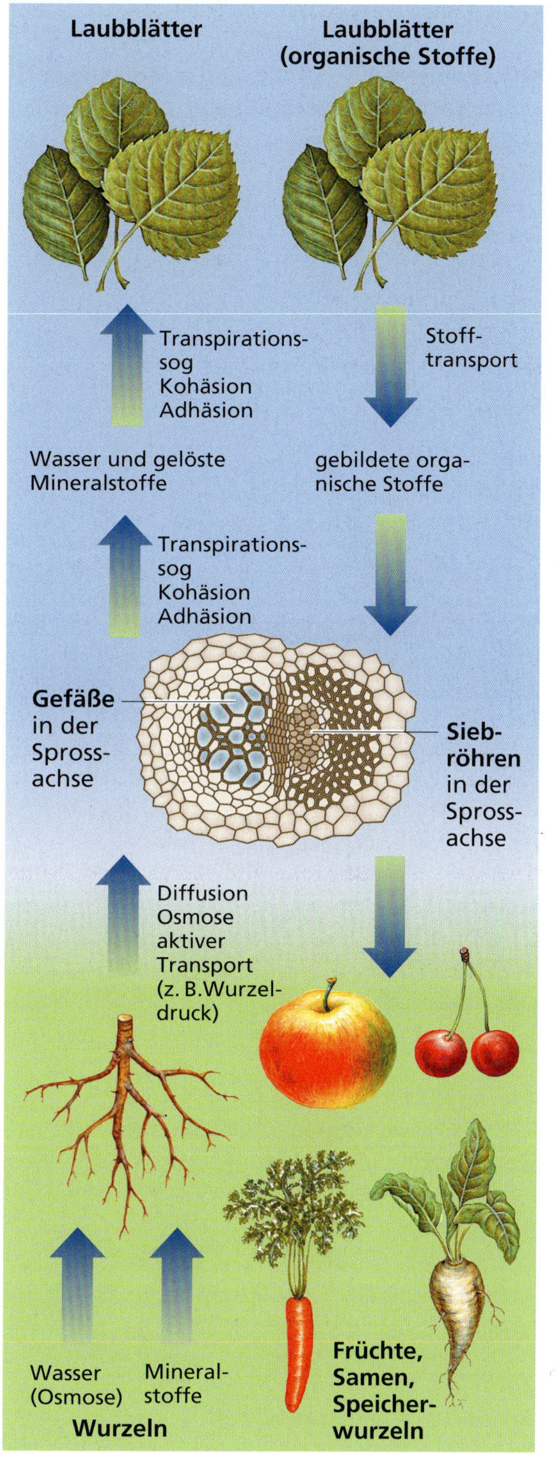

1 Wasser- und Stofftransport in der Sprossachse

Transportweg Sprossachse

1. Demonstriere mithilfe eines Modellexperiments die Kapillarwirkung.

Materialien:
Glasgefäß aus Röhren mit unterschiedlichem Durchmesser, angefärbtes Wasser

Durchführung:
Fülle das Glasgefäß mit Wasser, sodass die größte der Röhren zu einem Drittel gefüllt ist.

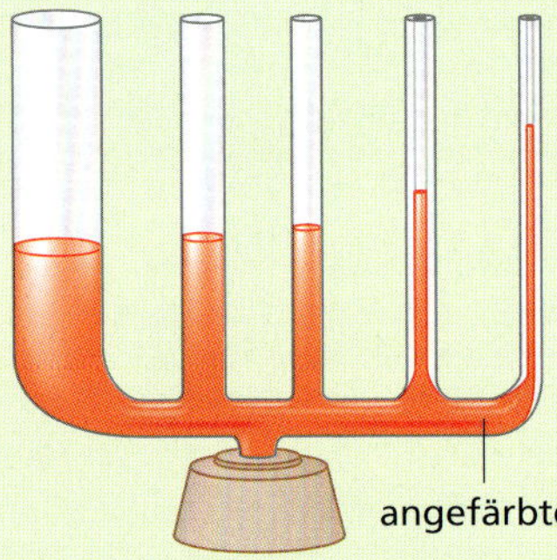

Beobachtung und Auswertung:
Notiere deine Beobachtungen und erkläre sie.

2. Weise die Wirkung von Kohäsionskräften nach.

Materialien:
Objektträger, Deckgläschen, Pipette, Eosinlösung, Filterpapier

Durchführung:
Tropfe Wasser auf einen Objektträger und lege das Deckgläschen auf. Färbe das Wasser unter dem Deckgläschen an. Gehe entsprechend der Abbildung vor.

Beobachtung und Auswertung:
Erläutere, inwiefern mit diesem Versuch Kohäsionskräfte nachgewiesen werden.

3. Weise die Wasserleitung in der Sprossachse nach.

Materialien:
Becherglas, mit Eosinlösung angefärbtes Wasser, Schnittblume mit heller Blüte

Durchführung:

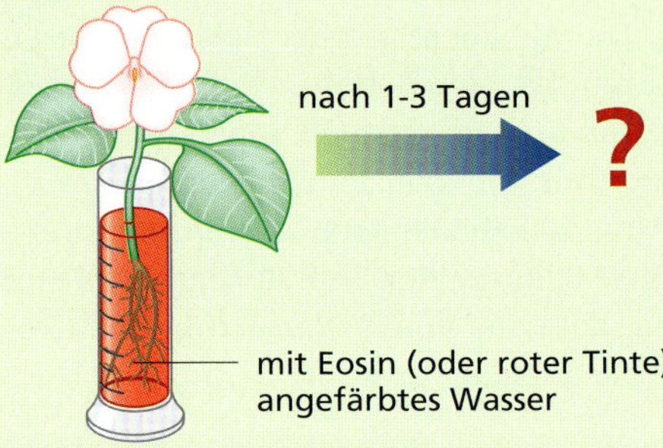

Beobachtung und Auswertung:
Betrachte nach ein bis drei Tagen die Blüte und die Sprossachse (Querschnitt). Notiere deine Beobachtung. Erkläre die Veränderungen.

4. Stelle ein Quetschpräparat von Leitgefäßen her und mikroskopiere es.

Materialien:
Becherglas, Brenner, Dreifuß, Messer, Objektträger, Deckgläschen, Pinzette, Pipette, Wasser, Rhabarberstiel

Durchführung:
Zerkleinere den Stiel und koche etwas Pflanzenmaterial auf. Lege gekochte Fasern auf den Objektträger, tropfe Wasser hinzu, lege das Deckgläschen auf und stelle durch leichten Druck auf das Deckgläschen ein Quetschpräparat her.
Mikroskopiere das Präparat.

Beobachtung und Auswertung:
1. Beschreibe die Strukturen, die du erkennen kannst.
2. Überlege, ob dieses Bauprinzip noch öfter in der Natur bzw. auch in der Technik zur Anwendung kommt.

Mosaik

Dickenwachstum von Sprossachsen

Bäume und Sträucher sind **Holzpflanzen.** Sie besitzen eine verholzte Sprossachse. Ihre Wurzeln und Sprossachsen (Stamm, Äste, Zweige) nehmen durch **Dickenwachstum** an Umfang (Dicke) zu.
Das Dickenwachstum findet nur in der äußeren Rindenschicht statt und beruht auf der Tätigkeit des **Bildungsgewebes (Kambium,** ↗Abb. 1, S. 64), das oft in Sprossachse und Wurzel als geschlossener Kambiumring vorliegt.
Durch Zellteilung werden von diesem Bildungsgewebe Zellen sowohl nach innen als auch nach außen abgegeben (↗Abb. 2).

Die nach innen abgegebenen Zellen bilden **Gefäßzellen (Holzzellen),** die Wasser von den Wurzeln bis zu den Laubblättern transportieren. Sie verholzen durch Einlagerung von Holzstoff (Lignin) und dienen deshalb auch der Festigung.

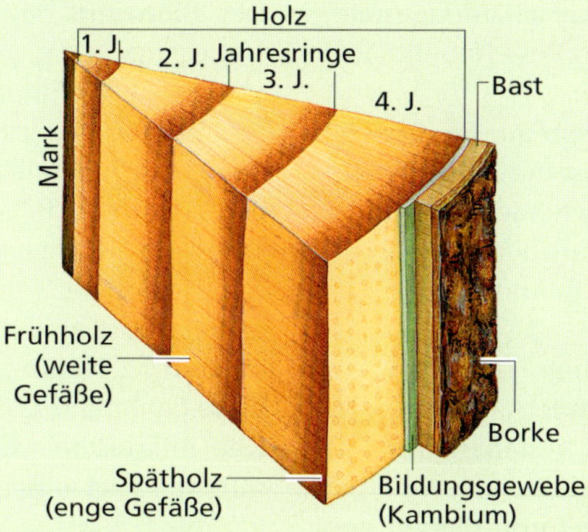

2 Ausschnitt aus einem Kiefernstamm

Alle weiter nach innen liegenden Gefäßzellen (Holzzellen) der Vorjahre sterben nach und nach ab und bilden das **Holz** der Bäume und Sträucher mit den Jahresringen.
Aus den von dem Bildungsgewebe nach außen abgegebenen Zellen entstehen **Siebröhrenzellen.** Sie leiten die in den Laubblättern gebildeten organischen Stoffe (z. B. Glucose) von den Laubblättern bis in die Wurzeln. Darüber hinaus bilden sie **Rindenzellen,** die durch Einlagerung von Bastfasern die Festigkeit erhöhen. Beide – die Siebröhrenzellen und die Rindenzellen – werden als **Bast** bezeichnet.
Der äußere abgestorbene Teil der Rinde ist die mit eingelagerten Korkzellen versehene **Borke.** Sie schützt die Rinde vor mechanischen und klimatischen Einflüssen. Sie wächst nicht mit, sondern reißt auf und bildet schuppenartige Borkenstücke (z. B. Kiefer, Eiche; ↗Abb. 3) oder blättert ab (z. B. Platane; ↗Abb. 1).
Bast und Borke bilden die **Rinde** der Holzpflanzen (↗Abb. 2).

Im Frühjahr werden weitlumige und dünnwandige Holzzellen gebildet, da zu Beginn der Wachstumsperiode große Mengen von Wasser benötigt werden **(helles Frühholz).** Im Spätsommer entstehen kleinere und dickwandige Holzzellen **(dunkles Spätholz).** Durch den Wechsel in der Bildung weiter und enger Gefäßzellen (helles Frühholz und dunkles Spätholz) entstehen in den Bäumen die **Jahresringe** (↗Abb. 2).

Durch das Dickenwachstum nehmen die Sprossachsen und Wurzeln an Umfang (Dicke) zu. Ermöglicht wird das Dickenwachstum durch ein Bildungsgewebe (Kambium), das zwischen Rinde (außen) und Holz (innen) liegt.

1 Stamm einer Platane mit Rinde (blattartige Borkenstücke)

3 Stamm einer Wald-Kiefer mit Rinde (schuppenartige Borkenstücke)

Abgabe von Stoffen durch das Laubblatt

Bau des Laubblatts

Ein Laubblatt besteht aus Blattspreite mit Blattadern, Blattstiel und Blattgrund (↗ Abb. 1). Laubblätter verschiedener Pflanzenarten unterscheiden sich in Größe und Gestalt sowie in ihrer Stellung an der Sprossachse.

Der **Blattgrund** ist die Ansatzstelle des Blattstiels an der Sprossachse. Er kann verschiedengestaltig sein und wie bei der Erbse und Rose Nebenblätter bilden.

Der **Blattstiel** trägt die Blattspreite. Bei Gräsern fehlt ein Blattstiel. Bei ihnen ist der Blattgrund zu einer röhrenförmigen Blattscheide umgebildet, die den Halm umschließt. Am Übergang von der Blattscheide zur Blattspreite befindet sich meist ein Blatthäutchen (↗ Abb. 2).

Die **Blattspreite** ist der flächige Teil des Laubblatts. Sie wird von den Blattadern (Blattnerven) durchzogen. Die Blattadern bestehen aus Festigungsgewebe und Leitbündeln. Sie verleihen dem Blatt die nötige Festigkeit und dienen dem Stofftransport.

Die **Anordnung der Leitbündel** ist ein wichtiges Unterscheidungskriterium von ein- und zweikeimblättrigen Pflanzen. Während die Blattadern bei Einkeimblättrigen meist **parallel** verlaufen, sind sie bei Zweikeimblättrigen **netzartig** verzweigt. Von einem Hauptstrang, auch als Mittelrippe bezeichnet, zweigen Nebenstränge ab, die sich untereinander zu einem Netzwerk verbinden (↗ Abb. 1).

Die Form der Laubblätter, die Ausbildung des Blattrands und die Stellung der Laubblätter an den Sprossachsen sind von enormer Vielfalt. Sie ermöglichen in vielen Fällen eine genaue Bestimmung von Pflanzenarten.

Der **Blattrand** der Laubblätter kann beispielsweise ganzrandig, gebuchtet, gesägt oder gezähnt sein. Auch die **Blattfläche** besitzt verschiedene Formen. So gibt es schildförmige (z. B. Kapuziner-Kresse), rundliche (z. B. Schwarz-Erle) oder herzförmige (z. B. Winter-Linde) Laubblätter. Bei manchen Pflanzen sind die Laubblätter aus mehreren Blättchen zusammengesetzt. So gibt es, nach Anzahl und Anordnung der Teilblättchen benannt, z. B. dreizählige, gefingerte und gefiederte Laubblätter.

Das mikroskopische Bild eines Laubblattquerschnitts zeigt einen typischen Schichtenaufbau (↗ Abb. 1, S. 69).

Die **Epidermis der Blattoberseite** ist meist einschichtig. Ihre Zellen sind fugenlos aneinandergefügt und haben in der Regel keine Chloroplasten. Die äußeren Zellwände der oberen Epidermis sind oft verdickt und von einer wachsähnlichen Schicht, der **Kutikula,** überzogen.

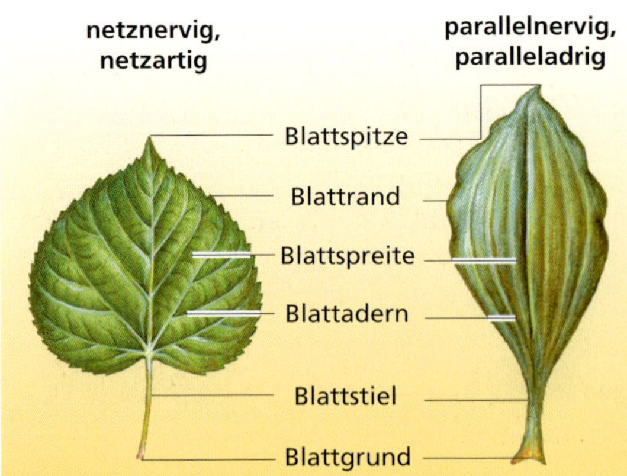

1 Bau des Laubblatts

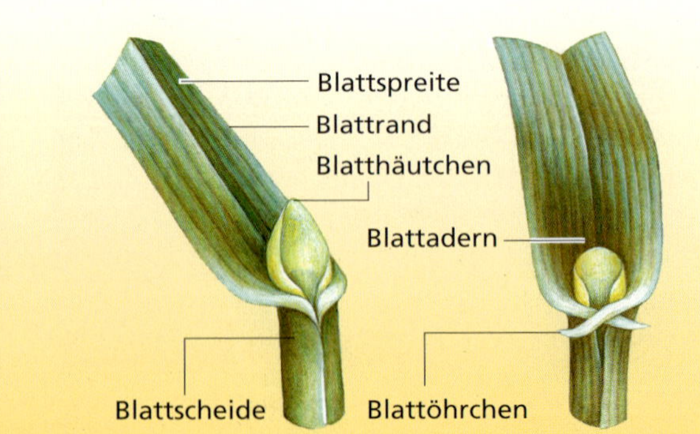

2 Laubblatt bei Gräsern

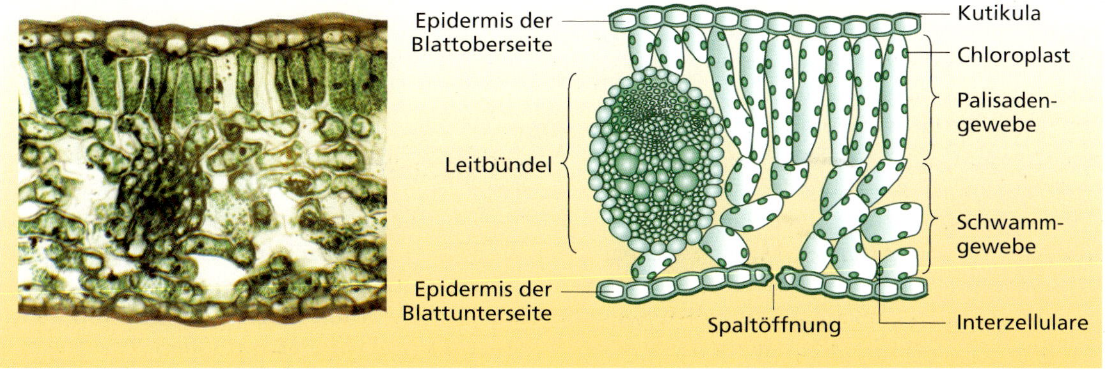

1 Querschnitt durch ein Laubblatt (mikroskopisches Bild und schematische Zeichnung)

Durch die Kutikula wird die obere Epidermis fast undurchlässig für Wasserdampf und andere Gase. Neben dem Schutz vor mechanischer Beschädigung bewahrt die obere Epidermis die Blätter vor Infektion durch Mikroorganismen.

Unter der oberen Epidermis befindet sich das **Palisadengewebe.** Es besteht aus säulenförmigen Zellen, die senkrecht zur Blattoberfläche stehen und etwa 80 % der Chloroplasten enthalten.

In den Chloroplasten finden Stoffwechselprozesse (z. B. Fotosynthese) statt. Dabei werden mithilfe von Lichtenergie energiearme anorganische Stoffe, z. B. Wasser, Kohlenstoffdioxid, in energiereiche organische Stoffe, z. B. Glucose, umgewandelt. Sauerstoff wird abgegeben.

Unterhalb des ein- oder mehrschichtigen Palisadengewebes befindet sich das **Schwammgewebe.** Die Zellen des Schwammgewebes sind in einem lockeren Verband angeordnet und enthalten ebenfalls Chloroplasten.

Die zum Teil recht großen **Interzellularen (Zellzwischenräume)** bewirken, dass das Schwammgewebe eine beträchtliche innere Oberfläche erreicht. Die Interzellularen erfüllen eine wichtige Funktion beim Gasaustausch des Laubblatts mit der Umwelt.

Kohlenstoffdioxid gelangt durch die Interzellularen zu den Zellen des Schwamm- und Palisadengewebes. Der Wasserdampf kann in umgekehrter Richtung an die Umgebung abgegeben werden.

Die **Epidermis der Blattunterseite** ist wie die Epidermis der Blattoberseite das Schutz- und Abschlussgewebe des Blatts. Sie erfüllt bei den meisten Pflanzen zwei entgegengesetzte Aufgaben. Einmal schützt sie die Pflanze durch ihre geschlossene Zellschicht vor Austrocknung. Zum anderen ermöglicht und reguliert sie den Gasaustausch mit der Außenluft. Dieser Regelung von Transpiration und Gasaustausch dienen **Spaltöffnungen,** die von zwei meist bohnenförmigen Schließzellen gebildet werden. Sie umschließen eine spaltförmige Öffnung, die in Abhängigkeit von den Umweltbedingungen geschlossen und geöffnet werden kann (↗ Abb. 1, S. 70).

Aufgaben

1. Mikroskopiere einen Laubblattquerschnitt und skizziere einen Ausschnitt des Bildes.
   a) Beschrifte die Zeichnung mithilfe des Lehrbuchs.
   b) Entwickle eine tabellarische Übersicht über die verschiedenen Blattgewebe und deren Funktionen.

2. Stelle durch Abziehen der Epidermis der Blattunterseite eines Laubblatts ein Präparat her.
   Zeichne und beschrifte das mikroskopische Bild.

Funktionen des Laubblatts

Das Wasser wird in den Gefäßen der Sprossachse bis in die Blätter geleitet. Über die Gefäße der Blattadern wird es in die Blattzellen verteilt. Von den Blattzellen werden Wassermoleküle in die luftgefüllten Zellzwischenräume (Interzellularen) abgegeben, also verdunstet. Da sich normalerweise in den Interzellularen mehr Wasserdampf befindet als in der Außenluft, diffundieren mehr Wassermoleküle nach außen als in umgekehrte Richtung. Die Wasserdampfabgabe wird durch die **Spaltöffnungen** reguliert.

Das Öffnen und Schließen der Spaltöffnungen erfolgt durch die zwei meist bohnenförmigen Schließzellen mit großen Vakuolen (↗ Abb. 1). Wenn die Wasserversorgung der Pflanze gesichert ist, vergrößert sich der Zellinnendruck der Schließzellen und die Öffnung des Spalts erweitert sich. Der Wasserdampf wird an die Außenluft abgegeben. Bei Wassermangel erschlaffen die Schließzellen und der Spalt zwischen ihnen wird geschlossen (↗ Abb. 1, S. 71). Diese Vorgänge innerhalb der Schließzellen beruhen auf den physikalischen Gesetzmäßigkeiten der **Osmose.** Dem Austrocknen der Pflanze wird damit entgegengewirkt.
Diese regulierte Wasserdampfabgabe der Pflanze durch die Spaltöffnungen bezeichnet man als **Transpiration.**

Die Transpiration lässt sich **experimentell** gut nachweisen. Im einfachsten Fall kann eine Topfpflanze unter eine Glasglocke gestellt werden. Ein Beschlagen der Wandung des Glasbehälters würde die Wasserdampfabgabe anzeigen.

Um die Transpiration mengenmäßig zu erfassen, wird ein Spross in einen Messzylinder mit Wasser gestellt. Durch die Zugabe einiger Tropfen Öl wird die direkte Wasserverdunstung aus dem Messzylinder verhindert. Die von der Pflanze in einer bestimmten Zeit abgegebene Wassermenge kann an dem Messzylinder direkt abgelesen werden (↗ Abb. 2, S. 71).
Das Schließen der Spaltöffnungen verhindert zwar, dass die Pflanzen bei hoher Sonneneinstrahlung zu viel Wasser abgeben und „verdursten". Das Schließen der Spaltöffnungen bewirkt aber auch, dass sie durch den geschlossenen Spalt kein Kohlenstoffdioxid mehr für ihre Ernährung aufnehmen können und „verhungern".

Pflanzen benötigen zum Leben u. a. **Kohlenstoffdioxid** und **Sauerstoff.** Durch Diffusion gelangen beide Stoffe über die Spaltöffnungen sowohl in das Blattinnere als auch wieder in die Außenluft.
Der Vorgang der Aufnahme von Kohlenstoffdioxid und von Sauerstoff sowie die Abgabe dieser Stoffe durch die Spaltöffnungen wird **Gasaustausch** genannt.

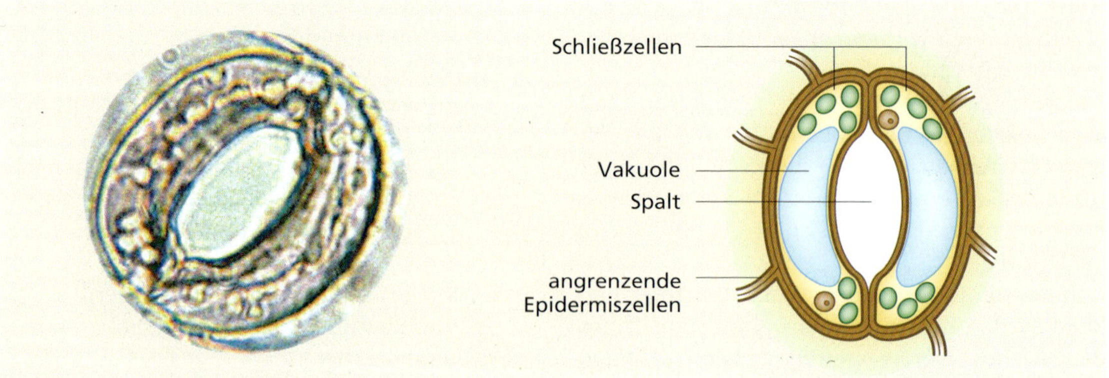

1 Bau der Schließzellen (mikroskopisches und schematisches Bild)

Die Transpiration wird von **Umweltfaktoren,** z.B. Temperatur, Luftbewegung (Wind) und Luftfeuchtigkeit, beeinflusst. Die entscheidende Ursache ist der Unterschied zwischen dem Gehalt an Wasserteilchen in den Interzellularen der Laubblätter und der umgebenden Außenluft. Durch hohe Außentemperaturen wird die Diffusion beschleunigt. Luftbewegung verhindert, dass sich an den Blättern Zonen mit höherer Wasserdampfkonzentration bilden.

Eine niedrige Luftfeuchtigkeit, hohe Temperaturen und eine starke Luftbewegung sind deshalb Umweltfaktoren, die die Transpiration **fördern.** Niedrige Temperaturen, eine hohe Luftfeuchtigkeit und eine geringe Luftbewegung hingegen **hemmen** die Transpiration.

So gibt zum Beispiel eine Birke mit 200000 Laubblättern an einem sonnigen, windigen Tag 300 Liter Wasser, an einem kühlen, regnerischen Tag nur 60 Liter Wasser über die Laubblätter ab.

Die Menge des durch Transpiration abgegebenen Wassers ist also recht beachtlich. Man hat bei Messungen in einem Buchenwald beispielsweise festgestellt, dass etwa 60 % des jährlichen Niederschlags wieder als Transpirationswasser an die Umgebung abgegeben wurden.

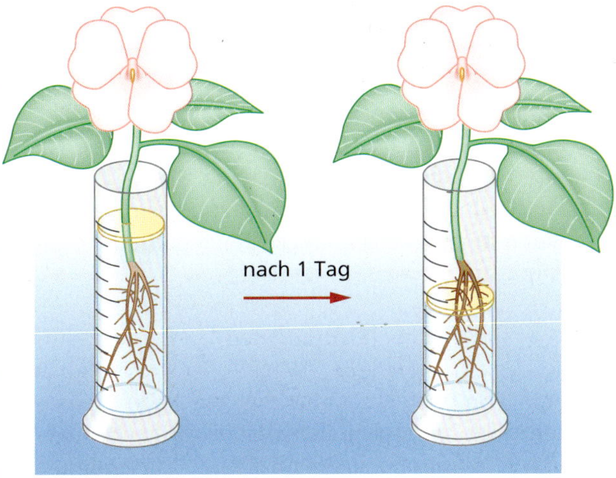

2 Nachweis der Transpiration

Durch die Spaltöffnungen der Laubblätter findet ein Gasaustausch statt.
Die Transpiration wird von Umweltfaktoren (Temperatur, Luftbewegung, Luftfeuchtigkeit) beeinflusst.

Aufgabe

Plane ein Experiment zum Nachweis der Transpiration. Fertige dazu ein Protokoll an.

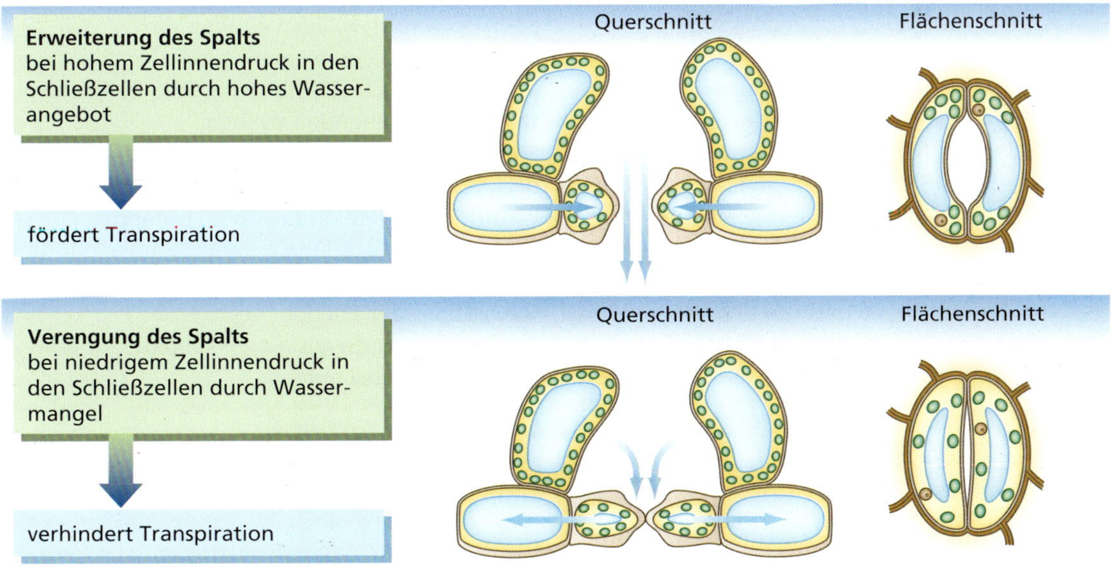

1 Öffnen und Schließen des Spalts durch die Bewegung der Schließzellen (→ Weg des Wassers)

Angepasstheit der Pflanzen an unterschiedliche Lebensräume

Pflanzen können nicht wie Tiere durch Fortbewegung Wasserquellen oder Lebensräume aufsuchen. Sie sind auf das Wasserangebot an ihrem Standort angewiesen und zeigen typische Anpassungen an den Standort.

1 Fliederstrauch als Tropophyt

Wasserpflanzen (Hydrophyten), z. B. die Gelbe Teichrose oder die Weiße Seerose, haben Schwimmblätter (↗Abb. 1, 2, S. 73). Andere haben sehr zarte, untergetauchte Blätter, die stark aufgeteilt sein können, z. B. Hornkraut, Tausendblatt. An ihrem Blattquerschnitt sind Luftkammern erkennbar, die ihnen Auftrieb geben. Während untergetauchte Blätter meist keine Spaltöffnungen tragen, sitzen sie bei den Schwimmblättern in der oberen Epidermis (↗Abb. 2, S. 73).
Im Inneren des Blatts sind große Interzellularräume. Luftkanäle und Durchlüftungsgewebe sind auch im Blattstiel vorhanden. Bei Seerosen unterstützen sie das Schwimmen der Blätter auf der Wasseroberfläche und versorgen die kräftigen, im Bodenschlamm liegenden Erdsprosse mit Sauerstoff. Bei untergetauchten Blättern erfolgt die Aufnahme von gelöstem Kohlenstoffdioxid und Sauerstoff sowie Mineralstoffen über die gesamte Oberfläche.

In Anpassung an feuchte Standorte entwickeln **Feuchtpflanzen** (Hygrophyten), z. B. das Springkraut (↗Abb. 3, S. 73), dünne, weiche und großflächige Blätter, sowie Epidermiszellen mit vergrößerter Oberfläche, die die Transpiration fördern.
Im Blattquerschnitt von Feuchtpflanzen erkennt man die geringe Dicke und die herausragenden Spaltöffnungen (↗Abb. 4, S. 73).
Die Epidermis ist dünnwandig, die Kutikula oft sehr dünn. Die Wasser- und Mineralstoffaufnahme erfolgt vorrangig durch meist flache Wurzelsysteme.

Für **Trockenpflanzen** (Xerophyten) sind ledrig-derbe Laubblätter typisch. Die damit angestrebte Verringerung der Transpiration kann auch durch eine kleine Blattfläche, z. B. beim Oleander (↗Abb. 5, S. 73), Sanddorn, Mauerpfeffer und Heidekraut, erreicht werden. Die Epidermis ist mehrschichtig, oft mit dicker Kutikula (↗Abb. 6, S. 73).

Tote Blatthaare an der Epidermis (z. B. bei der Königskerze) und vertieft liegende Spaltöffnungen (↗Abb. 6, S. 73) sind weitere Anpassungen an trockene Standorte und setzen die Transpiration herab. Die Verringerung der transpirierenden Oberfläche kann bei Pflanzen sehr trockener Standorte zum völligen Verlust der Blätter und schließlich zu einem mehr oder weniger kugelförmigen Wuchs führen, wie z. B. bei Kakteen, Euphorbien, lebenden Steinen.
Solche Pflanzen, die wechselfeuchte Standorte der gemäßigten Zone besiedeln, nennt man **wandlungsfähige Pflanzen** (Tropophyten). Sie sind mit ihren Merkmalen zwischen Feucht- und Trockenpflanzen einzuordnen, z. B. die Rot-Buche oder der Flieder (Abb. 1). Bei Trockenheit und in Anpassung an die verschiedenen Jahreszeiten zeigen sie Laubfall.

Pflanzen besitzen in Anpassung an den Wasserfaktor spezifische Einrichtungen, die z. B. die Transpiration regulieren (Pflanzen trockener Standorte – Verringerung der Wasserdampfabgabe; Pflanzen feuchter Standorte – Erhöhung der Wasserdampfabgabe).

Angepasstheit

Die Wechselwirkungen zwischen den Lebewesen und ihrer Umwelt zeigen, ob die Lebewesen die notwendige Angepasstheit an ihre Umwelt besitzen. Dabei spielt der Bau ihrer Organe, Gewebe und Zellen eine entscheidende Rolle.

Angepasstheit der Pflanzen an den Umweltfaktor Wasser durch ihre Blätter

1 Seerose

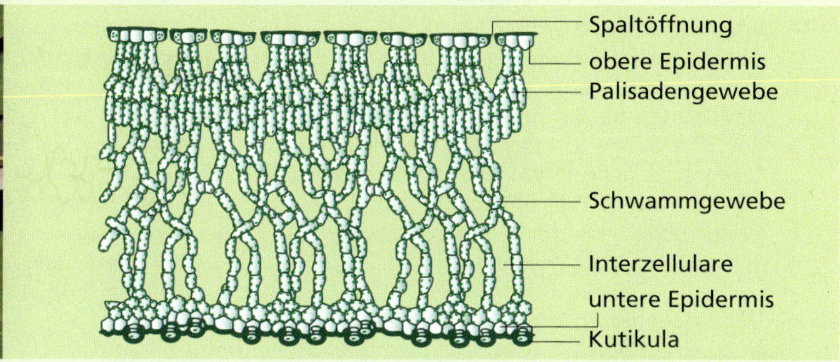

2 Schwimmblatt (quer) einer Wasserpflanze

3 Springkraut

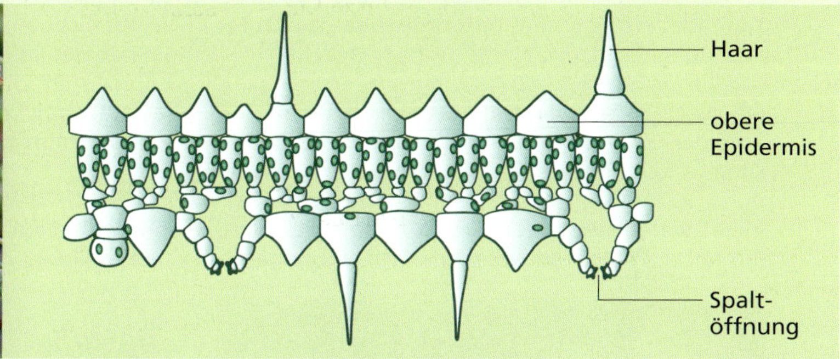

4 Dünnes Blatt (quer) einer Feuchtpflanze

5 Oleander

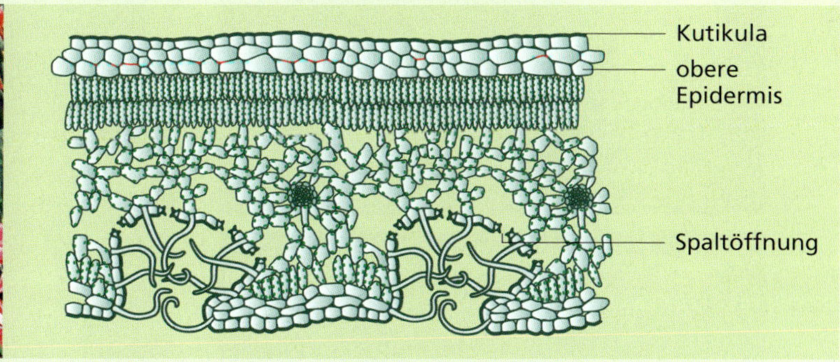

6 Blatt (quer) einer Trockenpflanze

Erläutere die Angepasstheit der Pflanzen an ihren Standort anhand ihres Blattbaus. Finde ein Beispiel aus dem Tierreich und beschreibe dessen Anpassung anhand von Körpermerkmalen.

Mosaik

Umwandlungen von Organen – Überlebensstrategien bei Pflanzen

Umgewandelte Sprossachsen

Der Bau der Sprossachsen kann an die Erfüllung spezieller Aufgaben angepasst sein, die das Überleben der Pflanze unterstützen.
Unterirdische **Erdsprosse (Wurzelstöcke)** dienen der Überwinterung der Pflanzen. Sie speichern Nährstoffe, die der Pflanze im Frühjahr ein zeitiges Austreiben ermöglichen. Außerdem dienen Erdsprosse der ungeschlechtlichen (vegetativen) Fortpflanzung. Wir finden sie z.B. beim Busch-Windröschen (↗Abb. 1), bei Schwertlilien, dem Spargel und Maiglöckchen.

Die Erdbeere bildet von der Mutterpflanze ausgehend **Kriechsprosse (oberirdische Ausläufer),** die Wurzeln schlagen, Blätter treiben und so neue Pflänzchen bilden. Die Ausläufer sind eine Form der ungeschlechtlichen Fortpflanzung. Dieselbe Aufgabe erfüllen die **unterirdischen Ausläufer** der Brennnessel, des Schilfs und der Quecke.

Bei vielen Kletterpflanzen (z.B. Wilder Wein) sind Teile der Sprossachse zu Sprossranken umgebildet. Diese unterstützen als Kletterorgane die Befestigung der Pflanzen. Kletterpflanzen nutzen die Stabilität anderer Arten, z.B. von Gehölzen, um ihre Blätter und Blüten schneller ans Licht zu bringen.

Die oberirdischen **Sprossknollen** beim Kohlrabi haben Speicherfunktion.
Die Kartoffelknolle ist eine **unterirdische Sprossknolle.** Neben der Überwinterungsfunktion dient sie der Nährstoffspeicherung und der ungeschlechtlichen Fortpflanzung. Die neue Kartoffelpflanze wächst aus den „Augen" der Sprossknolle.

Bei Schlehe, Weißdorn und Christusdorn sind die Seitensprosse zu **Sprossdornen** umgewandelt worden. Sie bewirken den Schutz vor Tierfraß und haben so eine Abwehrfunktion.

In Anpassung an trockene Standorte kann die Sprossachse zu einem Wasser speichernden Organ umgewandelt werden **(Stammsukkulenz).** Stammsukkulenz finden wir z.B. bei Kakteen und Wolfsmilchgewächsen (*Euphorbiaceae,* ↗Abb. 2). Sie nehmen in der kurzen Regenzeit, die es in den Halbwüsten- und Wüstengebieten gibt, viel Wasser auf, speichern es im Inneren der Sprossachse und geben es während der Trockenzeit sehr sparsam ab.
Als Schutz vor der Wasserverdunstung werden bei ihnen die Laubblätter häufig zu Blattdornen zurückgebildet oder fehlen ganz.

1 Busch-Windröschen und seine Wurzelstöcke

2 Stammsukkulenz bei Säulen-Euphorbien

Umgewandelte Laubblätter

Blattdornen findet man z. B. bei Kakteen, der Berberitze, der Akazie (↗ Abb. 1), Robinie (↗ Abb. rechts) und Distel. Sie sind Anpassungen an trockene Standorte, da sie die Transpiration einschränken. Die Blattdornen schützen die Pflanzen außerdem vor Tierfraß und verschaffen ihnen damit einen Überlebensvorteil.

Mit **Blattranken** können sich Pflanzen an Stützen festhalten, an ihnen hochwachsen und so die Laubblätter und Blüten besser positionieren. Blattranken findet man z. B. bei Erbsenpflanzen, Wicken (↗ Abb. 2) und Bohnen.

Eine weitere Anpassung an trockene Standorte ist die **Blattsukkulenz.** Die Blätter haben ein dickfleischiges, saftiges (sukkulentes) Aussehen und sind Wasserspeicher. Zu den Blattsukkulenten gehören z. B. Agaven, Mauerpfeffer, Queller, Fetthenne und Mittagsblume.

Eine besondere Umgestaltung haben Blätter bei der Ausbildung von Zwiebeln erfahren, wie sie z. B. bei Küchenzwiebel, Narzisse, Tulpe oder Lilie vorkommt. Die Blätter, die an der stark gestauchten Sprossachse sitzen, sind dick und fleischig und besitzen Speicherfunktion. Sie ermöglichen die Überwinterung der Pflanzen.
Aus solchen Speicherblättern zusammengesetzte Zwiebeln dienen nicht nur der Stoffspeicherung sondern über „Brutzwiebelbildung“ auch der ungeschlechtlichen Vermehrung.

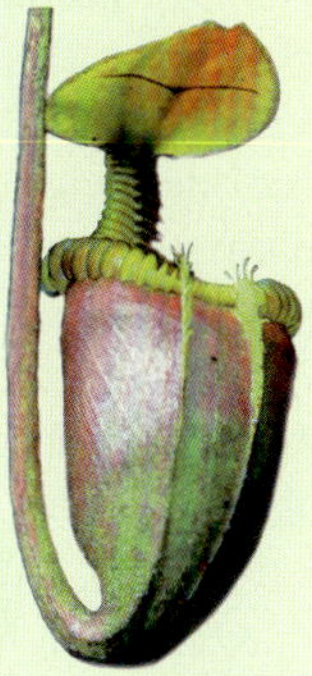

Bei insektenfressenden Pflanzen, wie z. B. der Venusfliegenfalle, dem Sonnentau und der Kannenpflanze (↗ Abb. rechts), können die Blätter zu Organen umgewandelt sein, die den Beutefang ermöglichen.
In der viele Zentimeter hohen „Kanne“ (umgewandelte Blattspreite) sammeln sich Verdauungssäfte, in denen kleine Tiere ertrinken und verdaut werden. Die Beutetiere – meistens Insekten – fliegen an den farbenprächtigen glatten Rand und stürzen in die „Falle“.

Umgebildete Pflanzenorgane dienen speziellen Funktionen. Dadurch sind die Pflanzen an ihre Umwelt angepasst.

1 Akazienzweig mit Blattdornen

2 Blattranken bei der Erbsenpflanze und der Vogelwicke

Zentrale Stellung der Pflanzen

Der Stoff- und Energiewechsel ist ein wesentliches Kennzeichen aller Lebewesen, somit auch der Pflanzen. Er umfasst die Aufnahme von Stoffen und Energie aus der Umwelt, ihre vielfältige Umwandlung in den Zellen der Organismen sowie die Abgabe von Stoffen und Energie an die Umwelt. Betrachtet man das Zusammenleben verschiedener Arten in einem Ökosystem, z. B. einem See, einer Wiese oder einem Wald, nehmen die **Pflanzen** und andere chlorophyllhaltige Organismen in diesem Zusammenhang eine **zentrale Stellung** ein.

Als **Produzenten** (↗ Abb. 1) bilden sie die stoffliche Basis für viele Nahrungsketten und Nahrungsnetze.

Zudem benötigen alle Lebewesen zur Aufrechterhaltung der Lebensprozesse **Energie.**

Nutzen können sie nur die chemische Energie, die in organischen Stoffen enthalten ist.

Nur Pflanzen und andere chlorophyllhaltige Organismen sind in der Lage, die Energie des Sonnenlichts mithilfe des Chlorophylls durch **Fotosynthese** in chemische Energie umzuwandeln.

Während der Fotosynthese entsteht neben der energiereichen Glucose auch **Sauerstoff** und damit die Grundlage für die Zellatmung (biologische Oxidation).

> Pflanzen bilden die Basis der Stoffkreisläufe und den Ausgangspunkt des Energieflusses im Ökosystem.

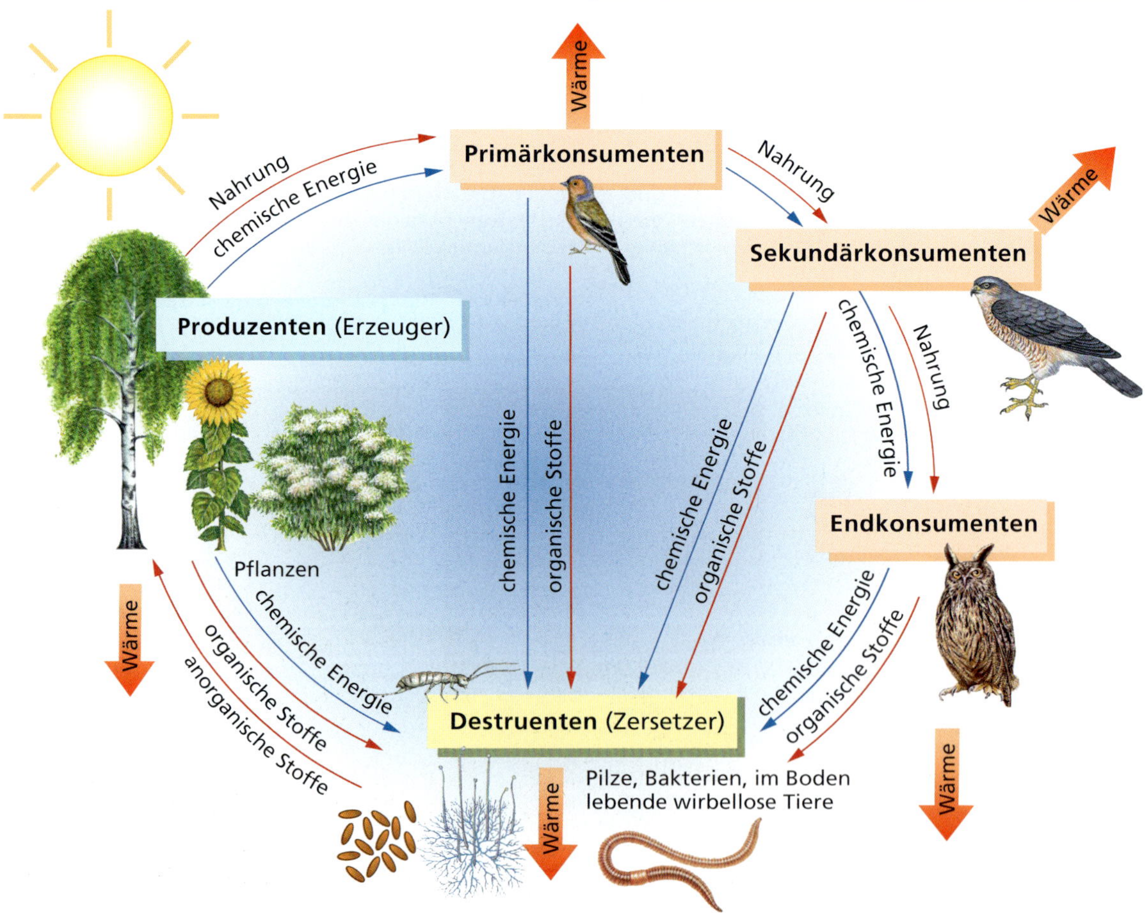

1 Stoffkreislauf (→) und Energiefluss (⇨ →) in einem Ökosystem – ein Überblick

Der Kohlenstoffkreislauf

Am Beispiel des Elements Kohlenstoff wird der Stoffkreislauf besonders deutlich (↗ Abb. 1). Der Kohlenstoff gelangt durch **Fotosynthese** über das in der Luft enthaltene Kohlenstoffdioxid (CO_2) in chlorophyllhaltige Organismen (Produzenten). Dabei entsteht Glucose ($C_6H_{12}O_6$), aus der weitere Kohlenstoffverbindungen, wie Stärke als Speicherstoff, gebildet werden können.

Über die **Nahrungskette** gelangen diese organischen Kohlenstoffverbindungen bis zu den Endkonsumenten. Dabei werden im Körper weitere Verbindungen (z. B. Kohlenhydrate, Fette, Eiweiße) aufgebaut. Bereits durch die **Atmung** der meisten Organismen wird ein Teil wieder als CO_2 freigesetzt.

Nach dem Tode der Organismen erfolgt der Abbau der organischen Kohlenstoffverbindungen durch die Destruenten, wobei der Kohlenstoff als CO_2 wieder frei wird und erneut in den Kreislauf eingehen kann.

Im Verlaufe der Erdgeschichte hat sich auf diese Weise ein Gleichgewicht zwischen CO_2-Produktion und CO_2-Verbrauch durch Organismen eingestellt, sodass der CO_2-Gehalt der Luft nahezu konstant bleibt.

Menschliche Tätigkeiten können dieses Gleichgewicht erheblich stören. So werden u. a. durch Verbrennung fossiler Stoffe (z. B. Öl, Kohle), die auf Lebensprozesse von Organismen in früheren Erdperioden zurückgehen und große Mengen Kohlenstoff enthalten, ungeheuer viel Kohlenstoffdioxid freigesetzt. Auf diese Art und Weise wird das CO_2, das vor vielen Jahrmillionen der Atmosphäre entzogen wurde, innerhalb von Jahrzehnten wieder an sie abgegeben. Das führt zur Erhöhung des CO_2-Gehalts der Luft und bewirkt u. a. den **Treibhauseffekt.** Deshalb ist es wichtig, alle menschlichen Aktivitäten so zu gestalten, dass möglichst wenig CO_2 freigesetzt wird. Hierbei sind in Deutschland schon gewisse Erfolge erzielt worden, doch das Potenzial zum Einsparen ist noch sehr groß.

Aufgabe

Diskutiert, welche Möglichkeiten zur Verringerung der Kohlenstoffdioxidfreisetzung bestehen.

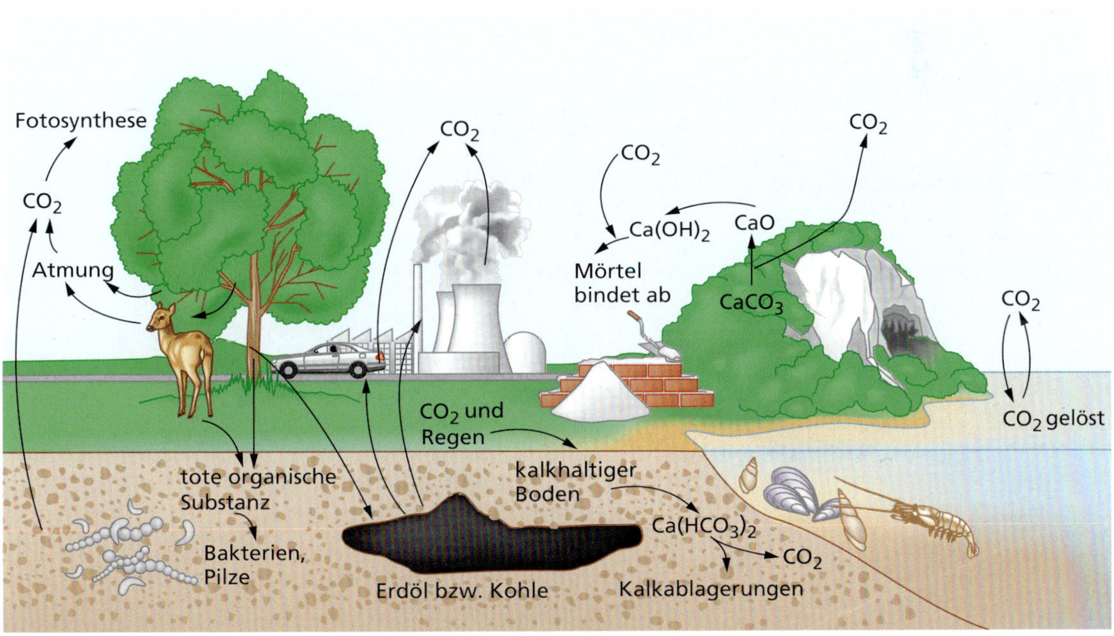

1 Kohlenstoff und seine Verbindungen sind in viele Teilkreisläufe eingebunden.

Wie führe ich eine Pro- und Kontra-Debatte durch?

Oftmals kommt es vor, dass du dir zu einem Sachverhalt oder zu einer ganz bestimmten Fragestellung eine eigene Meinung bilden sollst. Das kann sowohl schulische als auch gesellschaftliche und politische oder aber völlig andere Lebensbereiche betreffen (↗ Abb. 1). Wenn du dann mit anderen über ein solches Thema redest, werden stets auch unterschiedliche Meinungen aufeinandertreffen.

Bei einer Pro- und Kontra-Debatte geht es nun darum, zwei verschiedene Sichtweisen oder Entscheidungsmöglichkeiten gegeneinander abzuwägen. Es handelt sich um eine relativ streng geregelte Diskussionsform. Dabei steht im Vordergrund, die unterschiedlichen Positionen zu verdeutlichen und argumentativ die verschiedenartigen Meinungen zu belegen. Häufig stehen sich die Diskussionspartner auch körperlich (z. B. an Rednerpulten) gegenüber. Ein sogenannter Moderator eröffnet dabei die Debatte und führt in das Thema ein. Wichtig ist zudem die Darlegung der Regeln, an die sich beide Gesprächspartner zu halten haben (z. B. Redezeit, Ausredenlassen). Im Gegensatz zu einer Diskussionsrunde geht es bei einer Debatte darum, die Zuhörer von den eigenen Argumenten zu überzeugen. Im Unterschied zur Diskussion folgt nach einer Debatte in der Regel eine Abstimmung.

Das Ausüben einer solchen Debatte ist eine gute Lernmethode, wenn es um die Urteilsfindung und argumentative Begründung verschiedener Aspekte geht. Entscheidend ist dabei, ein geeignetes Pro-Kontra-Thema zu haben, sodass sowohl eine Ja- als auch eine Nein-Antwort möglich ist.

Führt ihr eine Debatte in größerer Runde durch, beispielsweise im Klassenverband, ist es wichtig, den einzelnen Personen eine Rolle zuzuordnen. Man unterscheidet dann die Befürworter (Pro-Gruppe) und die Gegner (Kontra-Gruppe) in Bezug auf die gegebene Fragestellung. Beide Gruppen wählen ihren Sprecher aus, der den jeweiligen Standpunkt zum Thema stellvertretend für die gesamte Gruppe argumentiert. Ein Moderator regelt den Ablauf der Debatte, führt die Abstimmungen durch und sorgt für die Einhaltung der Regeln.

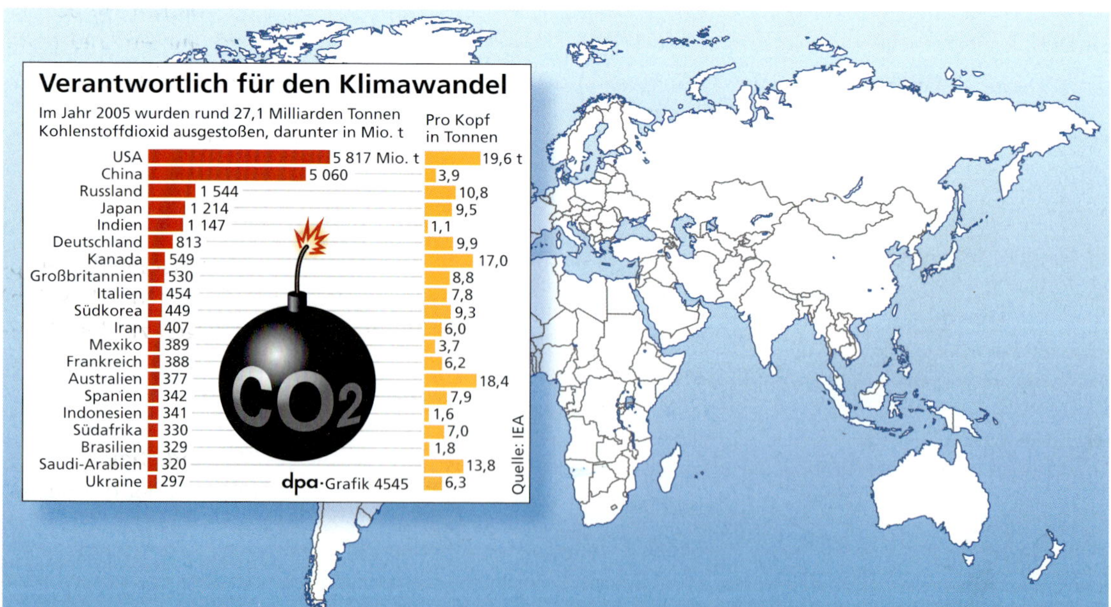

1 Mögliche Ursachen für den Klimawandel – Thema für eine Pro- und Kontra-Debatte

Bei der Vorbereitung einer Pro- und Kontra-Debatte kannst du ebenfalls schrittweise vorgehen.

1. Schritt

Auswahl der Pro-Kontra-Fragestellung
Wähle ein aktuelles Thema aus, das möglichst viele Mitschüler interessiert und formuliere eine deutliche Pro-Kontra-Frage dazu (Ja-/Nein-Antwort muss möglich sein).

2. Schritt

Ausarbeitung der Pro-Argumente
Informiere dich über die Thematik und trage die Daten zusammen, die die gegebene Fragestellung befürworten. Nutze dabei verschiedene Medien.

3. Schritt

Ausarbeitung der Kontra-Argumente
Sammle nun Informationen und Argumente für die gegensätzliche Position und begründe auch diese Meinung.
Diese Strukturierung dient dazu, sich mit den zahlreichen, verschiedenartigen Begründungen intensiv auseinanderzusetzen, mit denen die Standpunkte jeweils gerechtfertigt werden.

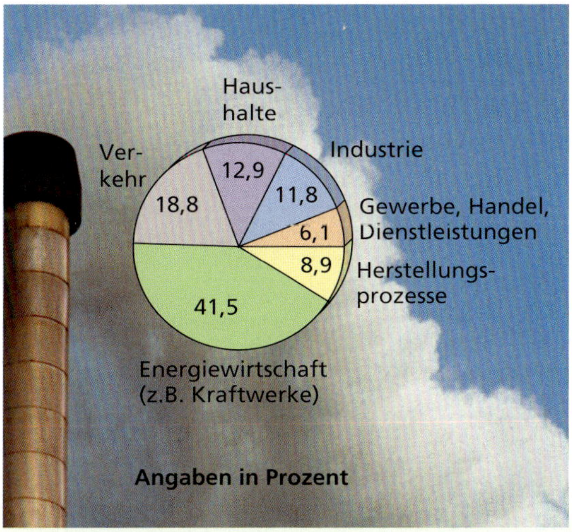

1 Quellen der CO_2-Emissionen (Deutschland 2005)

Eine **Pro- und Kontra-Debatte** hat immer einen geordneten Ablauf. Der Moderator weist bei der Eröffnung nochmals auf die Regeln hin, auf deren Einhaltung er achtet.

1. **Vorstellen des Themas**
   Der Moderator gibt allgemeine und grundlegende Informationen zum Thema, die als Ausgangspunkt für die Diskussion dienen.
   Eine offenkundige Pro-Kontra-Frage, die mit „Ja" oder „Nein" beantwortet werden kann, wird gestellt und eröffnet die Debatte.
   Zuvor wird durch eine Abstimmung geklärt, wie viele Personen welcher Gruppe zugehören.

2. **Darlegung der Position der einen Gruppe**
   Die eine der beiden Parteien (z. B. Pro-Gruppe) legt ihre Argumente dar und begründet ihre Meinung mithilfe verschiedener Urteilskriterien. Rationale aber auch emotionale Gründe, Fakten und Beispiele werden herangezogen, um die jeweilige Position zu verdeutlichen und zu untermauern.

3. **Erwiderung durch die andere Gruppe**
   Die andere Partei (z. B. Kontra-Gruppe) bezieht sich auf die bisher genannten Argumente und Begründungen und nutzt ihrerseits verschiedene Urteilskriterien, um den entgegengesetzten Standpunkt überzeugend zu veranschaulichen.

4. **Fragerunde der Zuschauer**
   Die vorhandenen Zuschauer (sonst die Gruppenmitglieder der jeweils anderen Position) haben die Möglichkeit, Fragen zu den Sichtweisen und Argumenten zu stellen. Die entsprechend andere Partei antwortet darauf.

5. **Zusammenfassen des Wesentlichen**
   Der Moderator fasst noch einmal die beiden gegensätzlichen Standpunkte zu der Fragestellung zusammen.
   Eine abschließende Abstimmung zeigt die Überzeugungskraft der Argumente und ihrer Vorträger auf.

Mosaik

Wohin mit dem Kohlenstoffdioxid?

Große Mengen an Kohlenstoffdioxid (CO_2) werden bei der Nutzung fossiler Energieträger freigesetzt. Mit ihrer Verbrennung greifen wir in den Kohlenstoffkreislauf ↗S. 77) ein. Vor Millionen von Jahren wurde der Atmosphäre durch die damaligen Pflanzen Kohlenstoffdioxid entzogen und in organischem Material festgesetzt. Dieses Material bildete letztendlich die Grundlage für die Entstehung fossiler Brennstoffe. Heute kehren wir den Prozess um.

Neuerdings gibt es Überlegungen, ob es möglich ist, ein Kraftwerk zu entwickeln, das kaum Kohlenstoffdioxid abgibt. Um dies zu erreichen, müssen drei Probleme gelöst werden: Das Kohlenstoffdioxid muss aus dem Abgas abgetrennt werden, danach muss eine Verwertung bzw. ein Transport erfolgen und eine risikoarme Entsorgung oder Lagerung ist zu realisieren.

Für die Abscheidung von Kohlenstoffdioxid sind mehrere Verfahren im Gespräch. So wird eine Verbrennung von Kohle in reinem Sauerstoff und die nachfolgende Absorption des entstehenden Gases mithilfe flüssiger Chemikalien oder die Abtrennung mithilfe von Spezialmembranen diskutiert. Denkbar, allerdings sehr energieaufwendig, ist auch eine Trennung der Abgase durch Kondensation des Kohlenstoffdioxids. Die Verfahren befinden sich z. T. noch in der Erprobung.

Damit das Kohlenstoffdioxid wirklich dauerhaft dem Kohlenstoffkreislauf entzogen wird, darf das Treibhausgas nicht mehr aus der Lagerstätte entweichen. Als eine Möglichkeit wird die Speicherung in Erdöl- und Erdgasfeldern angenommen, da diese Lagerstätten auch über einen erdgeschichtlich langen Zeitraum durch gasdichte Schichten gesichert waren. Jedoch existieren hier noch keine langfristigen Erfahrungen, sodass bei der Lagerung bzw. Speicherung von Kohlenstoffdioxid noch Forschungsbedarf besteht.

Ein Pilotprojekt für ein „Null-Emissions-Kraftwerk" auf Kohlebasis wird vom Vattenfall-Konzern im Industriepark Schwarze Pumpe errichtet. Der erste Spatenstich erfolgte am 29. 05. 2006; die Anlage soll ab 2008 in Betrieb gehen. Hier wird dann Kohlenstaub in reinem Sauerstoff verbrannt werden.

Geplant ist, das verflüssigte Kohlenstoffdioxid über eine Pipeline in eine Erdgaslagerstätte bei Potsdam zu pumpen. Der Konzern geht davon aus, dass ein wirtschaftlicher Einsatz der Technologie frühestens ab 2020 möglich sein wird.

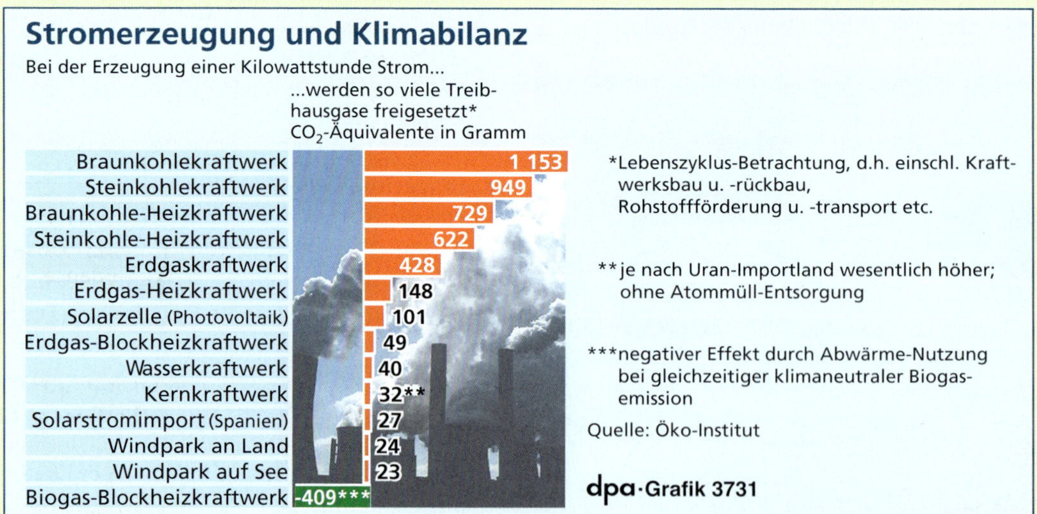

1 Die Art und Weise der Stromerzeugung hat Auswirkungen auf die Klimabilanz.

Diskussionen um Klimawandel, Treibhausgase, Biodiesel – aktueller denn je

Die Klimarahmenkonvention der Vereinten Nationen von 1993, das Kyoto-Protokoll von 1997, das EU-Klima- und Energiepaket von 2008 und andere internationale Abkommen haben u.a. das wesentliche Ziel, die Treibhausgasemission und damit die globale Erhöhung der mittleren Temperaturen einzudämmen. Trotzdem steigt der Kohlenstoffdioxidausstoß weltweit immer weiter an.

1. *a) Nutze die Abbildung auf Seite 78, um die Größenordnung des CO_2-Ausstoßes und den Stellenwert verschiedener Länder in der Welt mit anderen Schülern zu diskutieren.*
b) Führt zu einer Fragestellung, die euch dabei besonders interessiert, in der Klasse eine Pro- und Kontra-Debatte (↗ S. 78/79) durch.

Im weltweiten Vergleich stellt sich Deutschlands Verantwortung bezüglich der Kohlenstoffdioxidfreisetzung und deren Auswirkung auf die Klimaveränderung anders dar als europaweit betrachtet. In der Europäischen Union müssen die einzelnen Länder seitens der Industrie Emissionszertifikate kaufen, die sich auf den Ausstoß an Kohlenstoffdioxid pro Tonne und Jahr beziehen. Deutschland hatte 2006 damit das Recht, 471 Millionen Tonnen Kohlenstoffdioxid freizusetzen.

Land	CO_2-Ausstoß in Mio. t (2006)	Emissionsrechte (– unterschritten, + überschritten)
Deutschland	471	– 5,0
Großbritannien	245	+ 19,5
Polen	197	–12,1
Italien	18,4	+ 10,2
Spanien	175	+ 9,4
Frankreich	11,8	– 14,5
Tschechien	84	–13,4
Niederlande	70	– 7,9
Griechenland	69	– 2,8
Finnland	45	+/– 0

2. *a) Stelle die Daten der Tabelle in einem Diagramm dar und vergleiche die europäischen Länder miteinander.*
b) Interpretiere die Werte zu den Emissionsrechten. Können daraus Schlussfolgerungen auf das Klimabewusstsein des Landes gezogen werden?

Für den Kohlenstoffdioxidausstoß sind verschiedene Quellen verantwortlich. In Deutschland spielt neben dem CO_2-Ausstoß durch Kraftwerke auch die verkehrsbedingte Kohlenstoffdioxidemission eine immense Rolle (↗ S. 79). Daher rücken alternative Kraftstoffe aus erneuerbaren Rohstoffen immer mehr ins Blickfeld.

3. *Biosprit wird u. a. aus Rapsöl oder Zuckerrohr gewonnen. Dazu werden in Deutschland Ackerflächen mit Raps bestellt. Am Amazonas wird Zuckerrohr angebaut. Zwischen August und Dezember 2007 sind dafür in Brasilien 7 000 km² Regenwald gerodet und verbrannt worden. Unter diesem Aspekt sollte die Frage: „Ist Biodiesel eine umweltschonende Alternative zu Kraftstoff auf Mineralölbasis?" diskutiert werden.*

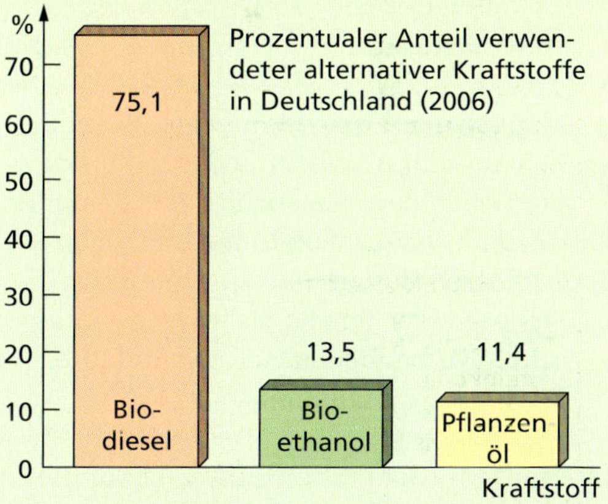

Neben dem Ausstoß von Kohlenstoffdioxid haben noch weitere Treibhausgase Einfluss auf die Temperaturerhöhung.

4. *Bildet Arbeitsgruppen zu diesem umfangreichen Thema und informiert euch gegenseitig durch eine selbstgewählte Präsentationsform (z. B. Vortrag, Poster).*

Gewusst · Gekonnt

1. Erweitere dein Glossar durch folgende Begriffe: Speicherorgan, Wurzelsystem, Rhizodermis, Siebröhrenzelle, Gefäßzelle, Diffusion, Osmose, Leitbündel, Adhäsion, Kohäsion, Transpirationssog, Wurzeldruck, Spaltöffnung.

Glossar

Adhäsion:
Diffusion:

2. Vergleiche den Aufbau des Wurzelsystems von Pflanzen, z. B. von Löwenzahn und einer Getreidepflanze (↗ Abb.). Fertige eine Tabelle an.

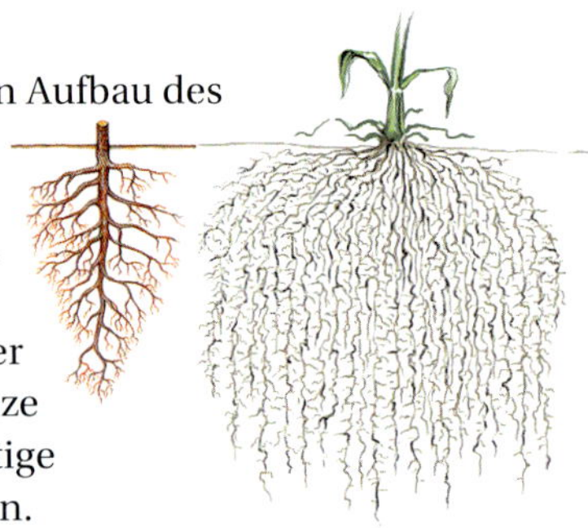

3. Mikroskopiere einen Wurzelquerschnitt. Zeichne einen Ausschnitt des mikroskopischen Bildes. Vergleiche deine Zeichnung mit der Lehrbuchabbildung 2 auf Seite 59 und beschrifte sie.
Stelle in einer Tabelle die im Wurzelquerschnitt vorhandenen Gewebe und ihre Funktionen zusammen.

4. Ein Deo- oder Parfümspray wird vor der Klasse zerstäubt. Alle Schüler, die etwas riechen, werden aufgefordert, sich zu melden. Wo sitzen die Schüler, die sich zuerst melden? Begründe.

5. Gib ein Kaliumpermanganatkristall in eine mit Wasser gefüllte Petrischale.
Beschreibe deine Beobachtung und erkläre sie.

6. Ordne die folgenden Prozesse den physikalischen Vorgängen Diffusion und Osmose zu: Süßen von Tee, Saftbildung beim Salzen von Gurkenscheiben, Wassertransport von einer Wurzelhaarzelle zu einer benachbarten Zelle der Rindenschicht, Wassertransport innerhalb einer Zelle, Verdünnen einer Säure, Platzen der Kirschen im Regen.
Begründe deine Zuordnung.

7. Beschreibe anhand der Abbildung 1 auf der Seite 61 den Aufbau des Modellexperiments zur Osmose.
Erkläre den Vorgang der Osmose.

8. Bei der Düngung mit Mineralsalzen ist es nicht ratsam, nach dem Prinzip „Viel hilft viel“ zu verfahren.
Begründe diesen Sachverhalt.

9. Beim Zuckern von Erdbeeren tritt nach längerem Stehen Fruchtsaft aus, die Erdbeeren erschlaffen und schrumpfen.
Erkläre diese Erscheinung.

10. Beschreibe und erkläre die Wasseraufnahme durch die Wurzelhaarzelle (↗ Abb.).

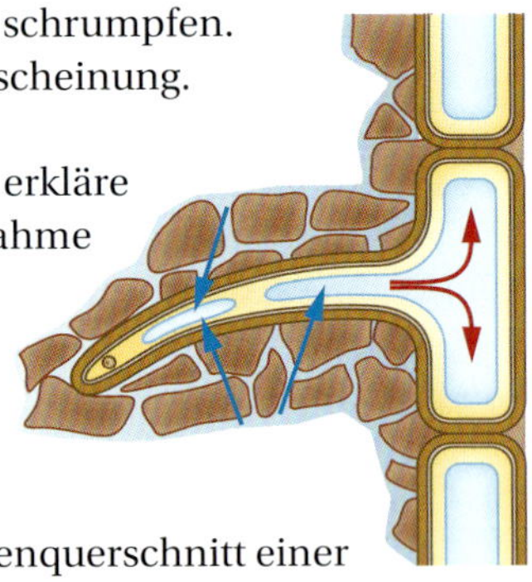

11. Mikroskopiere den Sprossachsenquerschnitt einer zweikeimblättrigen Pflanze.
Zeichne das mikroskopische Bild.
Beschrifte es.

12. Zwei gleich große Zweige mit der gleichen Anzahl von Laubblättern werden in je ein Gefäß mit Wasser gestellt. Die Blattunterseiten des einen Zweigs werden mit Vaseline bestrichen.
Die Wasseroberfläche in beiden Gefäßen wird mit Öl abgedichtet.
Stelle eine Hypothese auf, welche Beobachtung zu erwarten ist.
Begründe deine Aussage.

13. Mikroskopiere den Sprossachsenquerschnitt einer einkeimblättrigen und einer zweikeimblättrigen Pflanze.
Vergleiche die Ergebnisse der Beobachtungen und stelle wesentliche Gemeinsamkeiten und Unterschiede in einer Tabelle dar.

14. Erkläre die Entstehung eines Transpirationssoges und beschreibe seine Bedeutung für den Wassertransport durch die Sprossachse.

15. Vergleiche den inneren Bau der Wurzel mit dem der Sprossachse.
Fertige dazu eine Tabelle an.

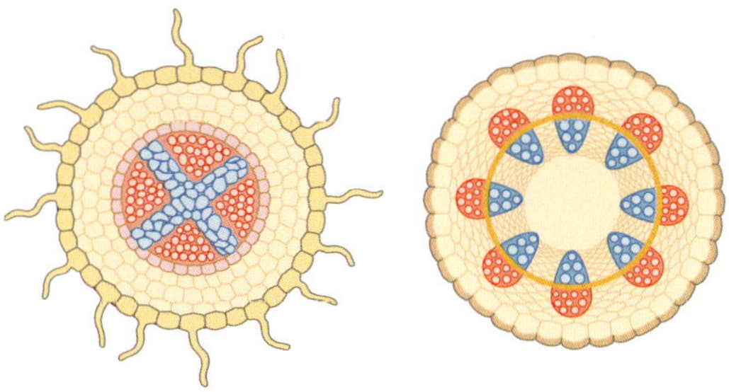

16. Mikroskopiere ein Leitbündel mit möglichst starker Vergrößerung.
Welche Zell- und Gewebetypen kannst du erkennen?
Fertige eine Skizze des mikroskopischen Bildes an und beschrifte sie.
Ermittle mithilfe des Lehrbuchs die Funktionen der verschiedenen Gewebe.

17. Erkläre die Regulation der Wasserdampfabgabe (Transpiration) durch die Schließzellen der Spaltöffnungen.

18. Erkläre die physikalischen Ursachen des Wassertransports in den Gefäßzellen.

19. Beschreibe ein Experiment, mit dem man das Wirken von Kohäsionskräften beim Wassertransport nachweisen kann.

20. Die abgebildete Versuchsserie dient zum Nachweis der Abhängigkeit der Transpiration von äußeren Faktoren.
a) Beschreibe die Versuchsdurchführung.
b) Erkläre die zu erwartenden Versuchsergebnisse.

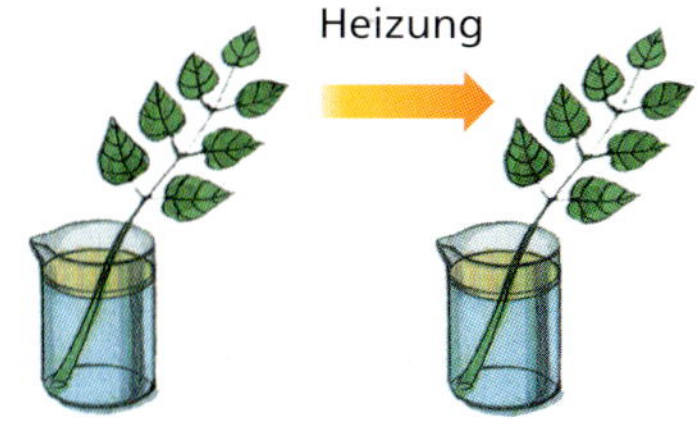

Pflanze unter normalen Bedingungen — Pflanze, der Wärme ausgesetzt

Pflanze, erhöhter Luftfeuchtigkeit ausgesetzt — Pflanze, der Luftbewegung ausgesetzt

21. Erläutere an selbst gewählten Beispielen die Angepasstheit des Baus der Laubblätter an den Wasserfaktor.

22. Wasser ist ein unentbehrlicher Stoff für die Pflanzen.
Erläutere diesen Sachverhalt an einem selbst gewählten Beispiel.

23. Pflanzen nehmen unter den Lebewesen und in Ökosystemen eine zentrale Stellung ein, sie stehen beispielsweise immer am Anfang von Nahrungsketten (Abb. unten).
Welche Eigenschaft der Pflanzen bedingt diese Tatsache?
Erläutere.

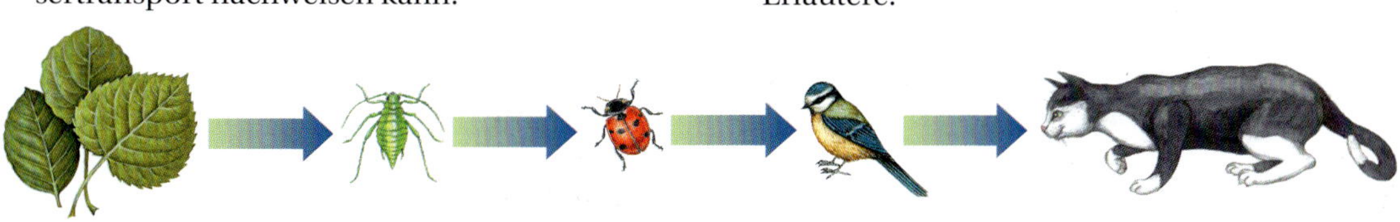

Aufnahme und Transport von Wasser und anderen Stoffen in Samenpflanzen

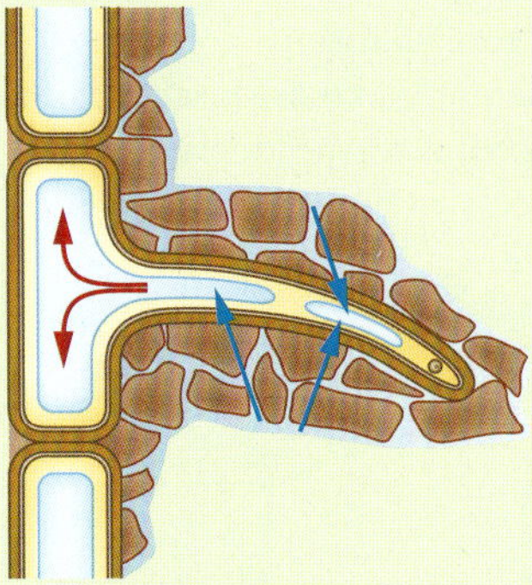

Die **Aufnahme des Wassers in das Wurzelhaar** erfolgt durch Osmose. Die Wasserteilchen wandern von dem Ort, an dem sie in hoher Anzahl vorhanden sind (Bodenwasser), zum Ort, an dem sie in geringer Anzahl vorliegen (Zellsaft der Vakuole). Die Zellmembranen sind halbdurchlässig (semipermeabel).

Der **Transport des Wassers** ins Wurzelinnere bis zur Endodermis wird durch Diffusion und Osmose gewährleistet.

Der **Transport des Wassers und der Mineralstoffe** von der Wurzel bis in die Laubblätter erfolgt durch Gefäße des Leitbündels. Es wirken mehrere physikalische Vorgänge zusammen, z. B. Diffusion, Osmose, Kohäsion, Adhäsion, Transpirationssog.
Die in den Laubblättern gebildeten **organischen Stoffe** werden in den Siebröhren in alle Teile der Pflanze geleitet.

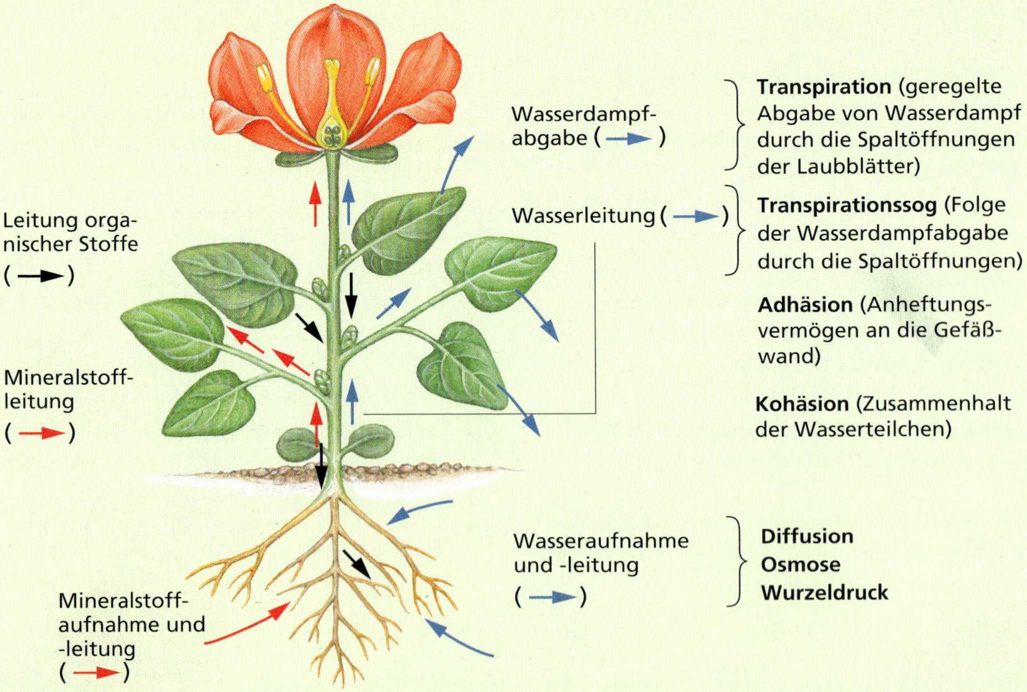

3 Grundlagen der Vererbung

3.1 Zelluläre und molekulare Grundlagen der Vererbung

Vererbung von Merkmalen

Vererbung ist die Weitergabe von Erbanlagen für Eigenschaften und Merkmale von den Eltern auf die Nachkommen. Eigenschaften und Merkmale eines Lebewesens werden vor allem von den Proteinen bestimmt.

Wie sind Proteine aufgebaut und wie kommt ihre große Vielfalt zustande?

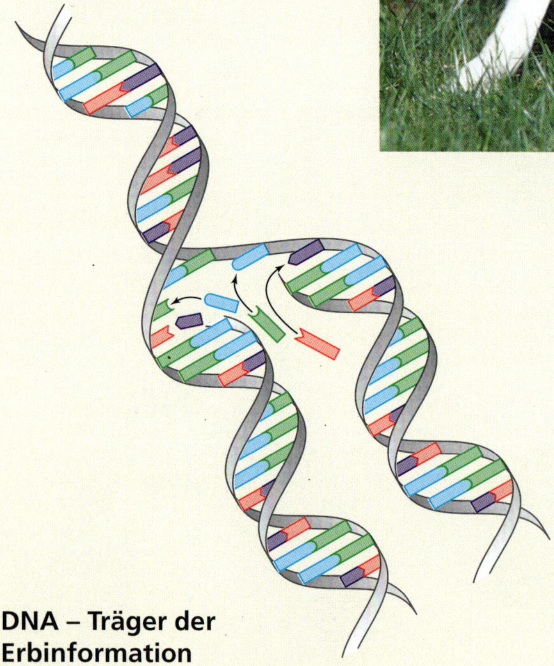

DNA – Träger der Erbinformation

Die Bauanleitung für Proteine ist in Form von bestimmten Molekülen (Desoxyribonucleinsäure) gespeichert.

Wie ist die DNA aufgebaut?
Wie kann in dieser Struktur die Information für alle Lebensprozesse gespeichert sein?

23 + 23 = 46

Bei der Befruchtung verschmelzen Samenzelle und Eizelle miteinander. Die Zygote besitzt dann bereits alle Informationen zur Ausbildung der Merkmale eines Menschen.

Wie geht es weiter?
Wie kommt es zur Ausbildung der individuellen Merkmale?

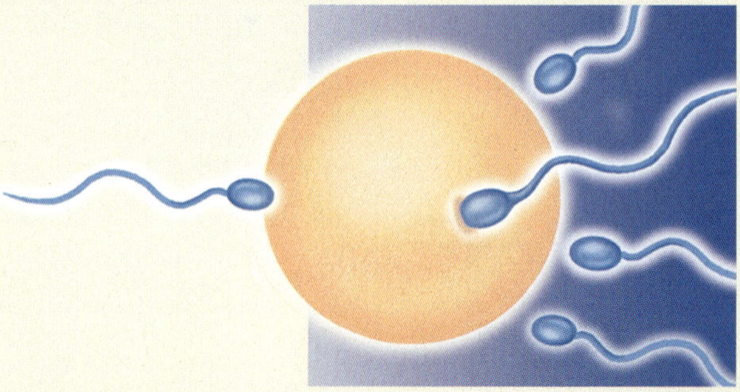

Zelluläre und molekulare Grundlagen von Fortpflanzung und Vererbung

Am Anfang steht die Zelle ...

Fortpflanzung und Vererbung sind Merkmale des Lebens. Durch die **Fortpflanzung** entstehen Individuen einer neuen Generation, die Artmerkmale und mehr oder weniger individuelle Merkmale der Elterngeneration aufweisen. Diese Übertragung von Merkmalen auf die nächste Generation nennt man **Vererbung.**

Die Information für die Ausprägung der Merkmale steckt in den Zellen, genauer im **genetischen Material,** welches sich im **Zellkern** befindet.

Bei der **ungeschlechtlichen Fortpflanzung** unterscheidet man verschiedene Formen, z. B. die Bildung von Ausläufern (↗ S. 74) bei Pflanzen oder die Knospung bei Polypen. Ausgangspunkt sind **teilungsfähige Körperzellen.** Die Zellkerne der neu entstandenen Organismen enthalten die gleiche genetische Information (Erbinformation) wie der Zellkern der ursprünglichen Zelle. Die Organismen gleichen sich in ihren äußeren Merkmalen stark.

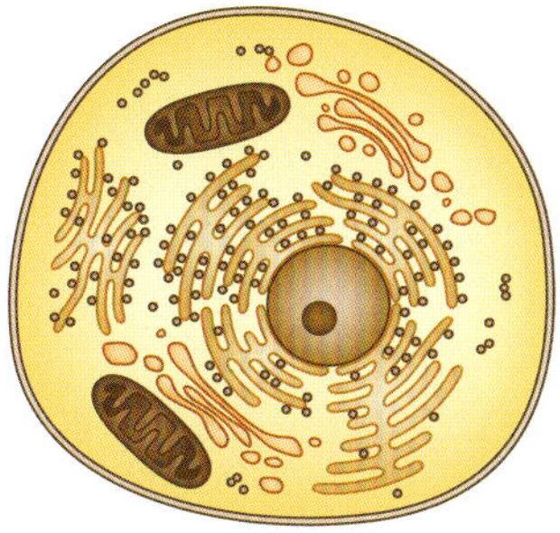

tierische Zelle

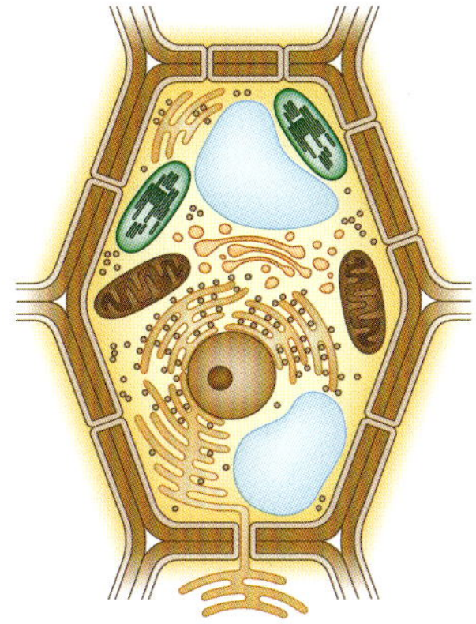

pflanzliche Zelle

Bei der **geschlechtlichen Fortpflanzung** vereinen sich **zwei Keimzellen** (männlich und weiblich) zur **Zygote** (befruchtete Eizelle). Der neu entstandene Zellkern enthält einen Teil der Erbinformation beider Eltern. Die Ähnlichkeit zwischen Eltern und Nachkommen ist vorhanden, kann aber sehr unterschiedlich ausgeprägt sein.

> Vererbung ist die durch Zellen vermittelte Weitergabe von Erbinformation.

Mosaik

Die Bedeutung des Zellkerns für die Vererbung

Die Bedeutung des Zellkerns für die Vererbung kann durch verschiedene Experimente belegt werden. Ein sehr beeindruckendes Experiment gelang John B. Gurdon 1966. Eizellen (Froschlaich) des Afrikanischen Krallenfroschs wurden durch UV-Bestrahlung „entkernt". Mithilfe einer Glaskapillare konnte ein Zellkern von den Darmhautzellen dieser Froschart in die Eizelle eingeführt werden. Aus dieser manipulierten Eizelle entwickelte sich ein normaler Frosch (↗ Abb.), der mit dem Spenderfrosch erbgleich war. Wiederholt man dieses Experiment mehrfach, so erhält man eine Reihe geklonter Frösche (Frösche mit gleichem Erbmaterial, das nur von einem Elternteil stammt).

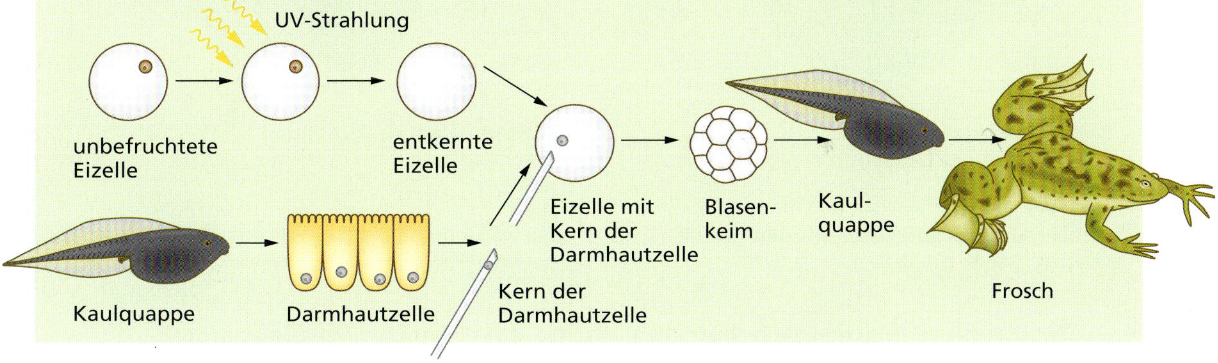

Der Zellkern

Der Zellkern ist ein lichtmikroskopisch oft leicht zu erkennendes Organell der Zellen und damit ein charakteristisches Merkmal der Pflanzen-, Tier- und Pilzzellen. Der Durchmesser schwankt bei Säugetierzellen zwischen 5 µm und 15 µm. Bis auf die roten Blutkörperchen verfügen alle Zellen der Säugetiere über einen Zellkern. Nur die Muskelfasern der quer gestreiften Muskulatur, die durch die Fusion vieler Zellen entstanden sind, weisen teilweise über 100 Zellkerne auf. Jeder Zellkern besitzt

- die Kernmembran, die zur Abgrenzung und zum Schutz des Erbmaterials dient,
- Kernporen, die den Austausch von Stoffen und Informationen zwischen Zellkern und Zellplasma ermöglichen,
- Kernplasma, das dem Stoff- und Energiewechsel des Zellkerns dient.
- Chromatin als Träger der Erbinformation und
- Kernkörperchen, die den Spindelapparat ausbilden,

Vergleichbar mit einer gigantischen Bibliothek oder der Festplatte eines Computers sind im Zellkern alle Informationen gespeichert, die zur Bildung der Proteine dienen, die für Struktur und Funktion der Zelle und des ganzen Organismus nötig sind. Zum einen müssen diese Informationen abgelesen und verwirklicht werden (**Arbeitskern,** ↗ Abb. 1), zum anderen müssen sie vor jeder Zellteilung verdoppelt und identisch an die Tochterzellen weitergegeben werden (**Teilungskern**).

Neben dem Zellkern spielen aus genetischer Sicht vor allem die **Ribosomen** als Zellbestandteile eine wichtige Rolle. An ihnen werden entsprechend der Information die Proteine gebildet.

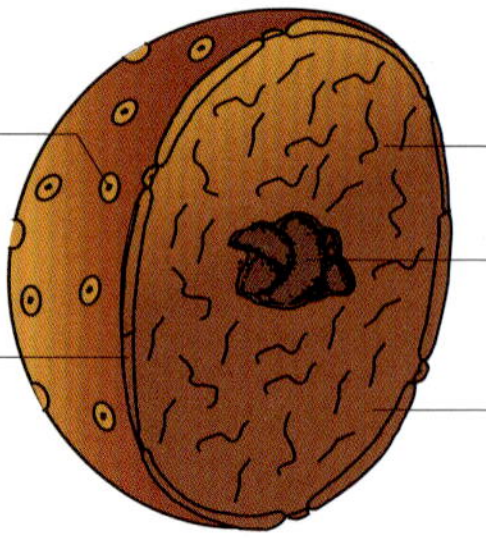

2 Bau des Zellkerns

Aufgabe

Wiederhole die Bestandteile einer tierischen Zelle und deren Funktionen.
Fertige dazu eine Tabelle an.

Arbeitskern

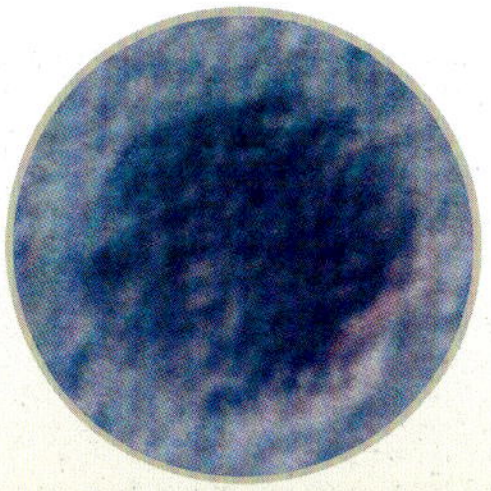

Funktionsform des Erbguts:
Chromatin, d.h. Chromatinfaden entspiralisiert

In diesem Zustand können Informationen aus dem Erbmaterial abgerufen werden, um die Lebensprozesse der Zellen zu steuern.

Teilungskern

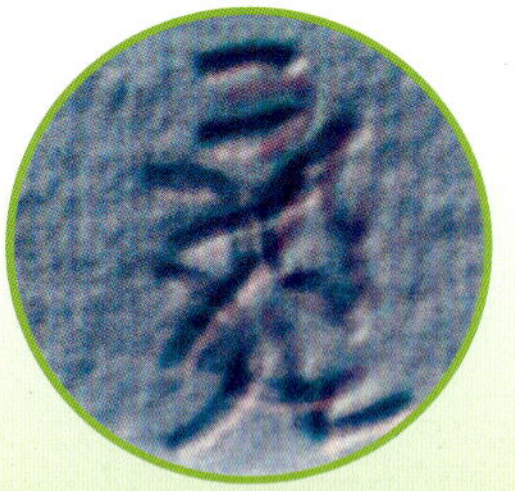

Transportform des Erbguts:
Chromosomen, d.h. Chromatinfaden stark spiralisiert

Hierbei handelt es sich um kompakte Einheiten, die während der Zellteilung zu gleichen Teilen auf die entstehenden Tochterzellen verteilt werden.

1 In Abhängigkeit der Funktion des Zellkerns liegt das Erbgut in einer bestimmten Struktur vor.

Chromosomen und Gene

Die gesamte **Erbinformation** eines Lebewesens ist in Form von langen **Chromatinfäden** gespeichert, die im Arbeitskern kaum sichtbar sind. Während der Zellteilung dagegen liegen sie stark spiralisiert vor und sind als **Chromosomen** zu erkennen. Der Name „Chromosom" kommt aus dem Griechischen (*Chromá* = Farbe, *Soma* = Körper), da sich der Kerninhalt anfärben lässt.
Beim angefärbten Teilungskern erkennt man schon im Lichtmikroskop, dass jedes Chromosom aus zwei Chromatiden besteht. Am **Centromer** sind beide **Chromatiden** miteinander verknüpft (↗ Abb. 1).
Die menschliche Zelle enthält 46 Chromosomen, von denen je zwei in Größe, Lage des Centromers und in ihrem Bandenmuster übereinstimmen. Sie bilden ein **homologes Chromosomenpaar** (↗ Abb. 2). Dies gilt für 22 Chromosomenpaare, die Körperchromosomen oder **Autosomen** genannt werden.
Das 23. Chromosomenpaar des Menschen wird aus den Geschlechtschromosomen, den **Gonosomen,** gebildet. Die Zusammensetzung dieses 23. Paars entscheidet über das spätere Geschlecht: Frauen enthalten in ihren Zellkernen zwei in Form und Größe übereinstimmende X-Chromosomen (↗ Abb. 1, S. 92). Die Kombination aus einem X- und einem Y-Chromosom legt das männliche Geschlecht fest.

2 Jeweils ein Chromatid des homologen Chromosomenpaars Nr. 9 des Menschen mit seinem Bandenmuster (Lokalisierung der Gene)

In den Chromosomen ist die Erbinformation verschlüsselt. Einzelne Abschnitte der Erbinformation bezeichnet man als Gene. Die Gene für bestimmte Eigenschaften, z. B. für die Blutgruppen des AB0-Systems, sind linear angeordnet und liegen jeweils an den gleichen Stellen der beiden homologen Chromosomen und auf jedem ihrer Chromatiden (↗ Abb. 2).

Homologe Chromosomenpaare stellen eine zweifache Ausfertigung der jeweiligen Erbanlagen dar. Das bedeutet aber nicht, dass ein Fehlen eines Chromosoms ohne Folgen für den Organismus wäre. Im Gegenteil hat die Abweichung der Anzahl der Autosomen oder Gonosomen von der artspezifischen Chromosomenzahl fast immer Störungen oder Schädigungen in der Entwicklung des Organismus zur Folge (↗ S. 164). So zeigt bereits das Fehlen eines Autosoms schwerwiegende Störungen in der Embryonalentwicklung.

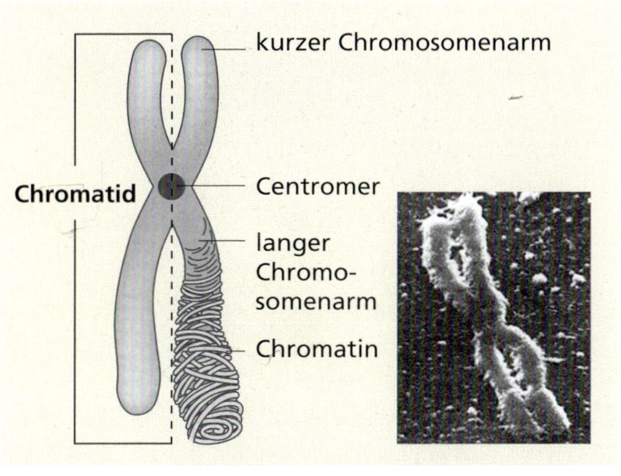

1 Aufbau eines Chromosoms (schematisch und elektronenmikroskopische Aufnahme)

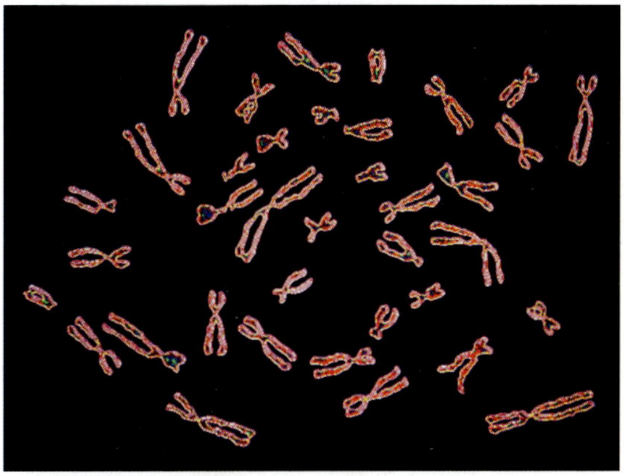

3 Angefärbte Chromosomen einer menschlichen Körperzelle im Lichtmikroskop

Mosaik

Genlokalisation auf Chromosomen

Die grundlegende Struktur der Chromosomen wurde bereits 1910 vom amerikanischen Zoologen und Genetiker THOMAS HUNT MORGAN (1866–1945, ↗ Abb. 1) bei Untersuchungen an der Fruchtfliege *Drosophila melanogaster* entdeckt. Diese Fruchtfliege ist ein außerordentlich geeignetes Versuchsobjekt. In ihren Speicheldrüsenzellen liegen die Erbanlagen – aufgrund vielfacher Kopien der Chromatinfäden – auch im Arbeitskern als lichtmikroskopisch gut sichtbare Riesenchromosomen vor. Diese enthalten eine 1000- bis 2000-fache Ausfertigung des Erbguts.

1 THOMAS HUNT MORGAN

Anhand der durchgeführten Kreuzungsversuche bei der Fruchtfliege konnte MORGAN zeigen, dass die Erbanlagen nebeneinander auf den Chromosomen abgelegt sind. Dabei verwendete er den damals schon üblichen Begriff der „Gene" für die frei kombinierbaren Erbeinheiten. Neben der Lage dieser Gene auf den Chromosomen waren auch ihre Reihenfolge und die Abstände zueinander bestimmbar. Heutzutage wissen wir allerdings, dass es sich bei den Genen um bestimmte DNA-Abschnitte handelt, die jeweils die Bauanleitung für ein spezifisches Protein codieren (↗ S. 94). Denn die Chromosomen sind ja nichts anderes als die stark spiralisierten Chromatinfäden, die aus DNA bestehen.

THOMAS HUNT MORGAN gilt als der Begründer der Chromosomentheorie der Vererbung. Er erhielt 1933 als erster Genetiker den Nobelpreis für Physiologie oder Medizin.

Praktikum: Mikroskopische Untersuchung von Riesenchromosomen

Untersuche Riesenchromosomen mithilfe des Mikroskops.

Materialien:
Dauerpräparate der Riesenchromosomen von der Zuckmückenlarve *(Chironomus)* oder Fruchtfliege *(Drosophila)*, Mikroskop

Durchführung:
- Betrachte das jeweilige Objekt mithilfe des Mikroskops.
- Fertige eine Skizze von einem Chromosomenabschnitt an.

Auswertung:
- Beschreibe anschließend den Bau der Chromosomen.
- Stelle eine Vermutung über die Bedeutung der Chromosomen für die Lebewesen auf. Überprüfe deine Aussagen anhand des Lehrbuchs.

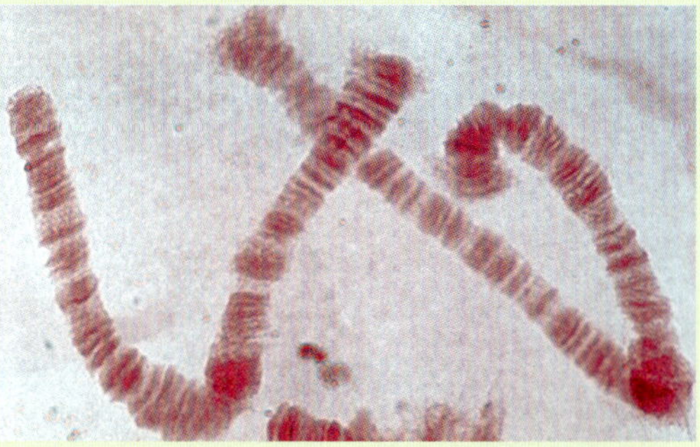

1 Riesenchromosom einer Zuckmückenlarve

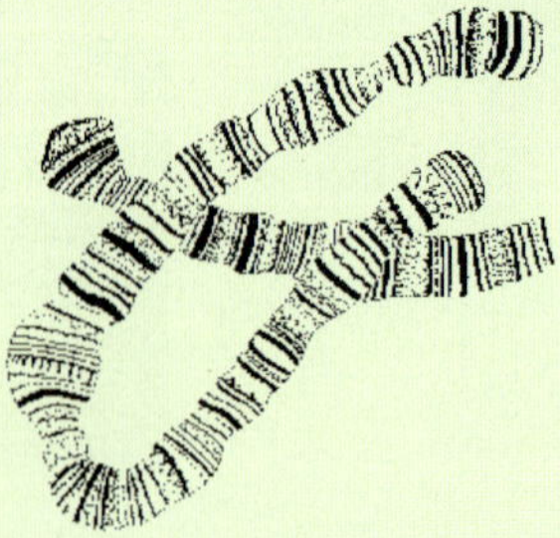

2 Riesenchromosom (schematische Zeichnung)

Chromosomensatz

Die Gesamtheit der verschiedenen Chromosomen im Zellkern nennt man **Chromosomensatz.** Er ist für alle Lebewesen spezifisch und besteht beim Menschen aus 23 Chromosomen.
Bei den meisten Organismen liegen doppelte Chromosomensätze vor (beim Menschen also 46 Chromosomen = 23 homologe Paare). Damit enthalten sie jeweils die genetischen Informationen aus der väterlichen Linie wie auch die aus der mütterlichen. Dies gilt allerdings nur für die Körperzellen der jeweiligen Organismen (↗ S. 92).

Die Keimzellen, also die Ei- und Spermazellen, weisen immer nur einen einfachen Chromosomensatz auf. Dies ist eine elementare Eigenschaft, denn sie garantiert die Erhaltung der arttypischen Chromosomenzahl. Dazu muss zunächst der doppelte auf den einfachen Chromosomensatz in den Keimzellen reduziert werden. Auf diese Weise wird bei der Befruchtung wieder die arttypische Chromosomenzahl erreicht (↗ Abb. 1).

Im Falle des Menschen bedeutet es, dass die Anzahl der Chromosomen bei der Bildung der Geschlechtszellen von 46 auf 23 reduziert werden muss (Meiose, ↗ S. 102). Bei der **Befruchtung,** also der Verschmelzung von Ei- und Spermazelle mit ihren Zellkernen, verbinden sich die jeweils einfachen Chromosomensätze wieder zu der für den Menschen typischen Anzahl von 46 Chromosomen. Aus der entstandenen Zygote mit doppeltem Chromosomensatz werden im Anschluss alle Körperzellen mit 46 Chromosomen gebildet (Mitose, ↗ S. 100).
Die Anzahl der Chromosomen ist artspezifisch. Sie kann beispielsweise von 2 (Spulwurm) bis über 200 (Schachtelhalm) variieren. Die Anzahl lässt dabei aber keine Rückschlüsse auf die Entwicklungshöhe des Organismus zu (↗ S. 92).

Chromosomen sind die Träger der Erbinformation. Die Gesamtheit der verschiedenen Chromosomen in einer Zelle nennt man Chromosomensatz.

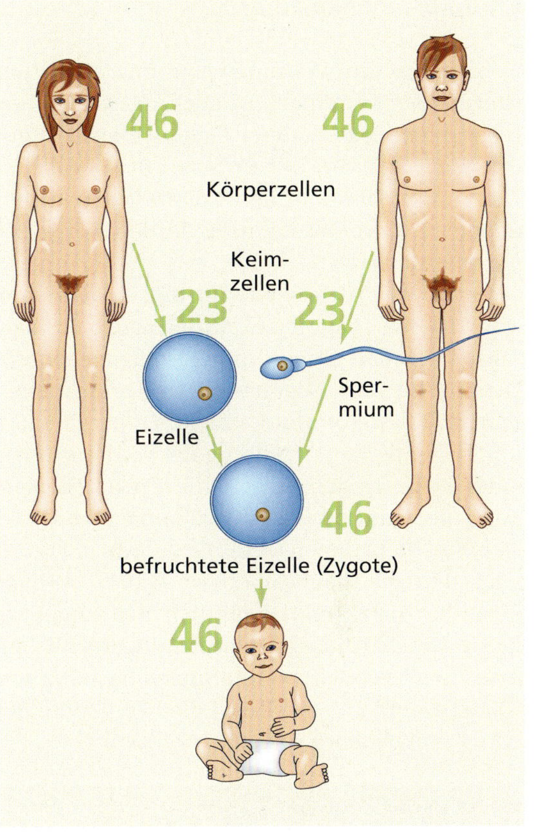

1 Veränderung der Chromosomenzahl bei der Bildung der Keimzellen und der Befruchtung

Aufgaben

1. Modelliere mithilfe eines Stück Garns die Spiralisierung des Chromatinfadens vor der Zellteilung. Dies geht gut, indem du das Stück Garn an beiden Enden gespannt festhältst und an einem Ende zusätzlich drehst. Lass nun etwas in der Spannung nach, ohne das Garn loszulassen. Beschreibe deine Beobachtungen und erkläre die Grenzen des Modells.

2. Informiere dich über das Leben und die wissenschaftliche Arbeit von Thomas Hunt Morgan. Halte einen Vortrag darüber.

3. Über wie viele Gonosomen verfügt eine Körperzelle des Menschen?

Chromosomenkarte

Neben der Chromosomenzahl des Menschen sind bereits seit längerem auch die Chromosomenzahlen vieler anderer Organismen bekannt. Auch bei ihnen lässt sich zwischen dem einfachen Chromosomensatz in den Keimzellen und dem doppelten Chromosomensatz in den Körperzellen differenzieren (↗ Tab.).
Anhand der Unterschiede im Bau der Chromosomen (Größe, Lage des Centromers und Bandenmuster) werden für bestimmte humangenetische Untersuchungen sogenannte **Chromosomenkarten (Karyogramme)** erstellt. Es handelt sich um die grafische Darstellung der Chromosomen einer Zelle. Dabei werden die Chromosomenpaare der Autosomen der Größe nach von 1 bis 22 in sieben Gruppen (A bis G) geordnet. Das 23. Paar sind die Gonosomen (↗ Abb. 1). Anhand eines Karyogramms lassen sich bei vorgeburtlichen Untersuchungen Abweichungen im Chromosomensatz oder Veränderungen bei einzelnen Chromosomen feststellen, die Fehlbildungen oder Krankheiten verursachen können.

	Chromosomenzahlen	
Pflanzen	**in Körperzellen**	**in Keimzellen**
Wurmfarn	164	82
Kartoffel	48	24
Erbse	14	7
Mais	20	10
Tiere	**in Körperzellen**	**in Keimzellen**
Spulwurm	2	1
Goldfisch	94	47
Hund	78	39
Schimpanse	48	24
Mensch	46	23
Katzenhai	24	12
Pilze	**in Körperzellen**	**in Keimzellen**
Champignon	8	4

Mosaik

Anfertigung eines Karyogramms des Menschen

- Entnahme einer Blutprobe
- Abtrennung der weißen Blutkörperchen (speziell Lymphozyten)
- Kultivierung dieser Zellen bei 37 °C
- Anregung zur Zellteilung, Teilungskern liegt vor, sichtbare Chromosomen
- chemische Unterbrechung der Teilung und Platzenlassen der Zellen, dadurch Freisetzung der Chromosomen
- Fixierung der Chromosomen
- Fotografieren dieser Präparate mithilfe hochauflösender Mikroskope, die mit digitalen Kameras und Computern gekoppelt sind
- digitale Bearbeitung der Chromosomen und anschließende Einordnung in eine Karyogrammvorlage

Die Chromosomen des Menschen werden dann gemäß der Pariser Nomenklatur von 1971 folgendermaßen nach Größe und Bandenmuster geordnet:

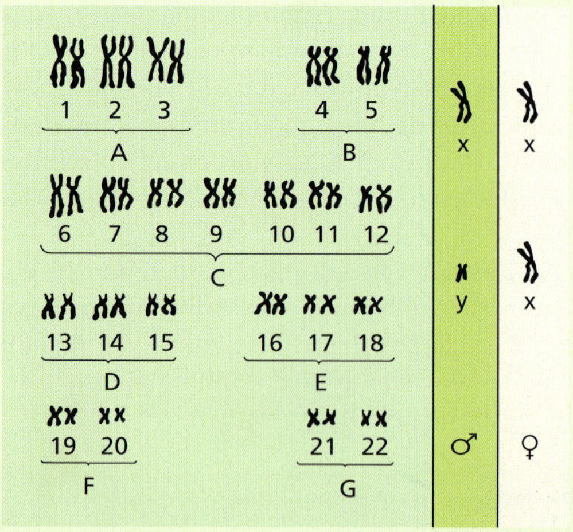

1 Chromosomenkarte des Menschen (Karyogramm)

Mosaik

Strukturaufklärung der DNA

Lange Zeit war die Struktur der genetischen Information völlig unklar, obwohl bereits viele Untersuchungen zur Weitergabe der Erbanlagen existierten.

Allerdings konnte man sich viele der beobachteten Ergebnisse nur schwer oder gar nicht erklären. Erst mit dem Aufkommen neuer Untersuchungsmethoden (Röntgenanalyse) gelang es, der Schlüsselsubstanz des Lebens (DNA) auf die Spur zu kommen. Neben herausragenden Leistungen von Rosalind Franklin (1920–1958) waren es vor allem die Forschungen von Maurice Wilkins (1916–2004), James Watson (geb. 1928) und Francis Crick (1916–2004), die zur Strukturaufklärung der DNA führten.

Während ihrer Tätigkeit am Laboratoire Central de Service Chimique de l'État in Paris lernte Rosalind Franklin die Technik der Röntgenkristallographie. Hierbei werden kristallisierte Moleküle (z. B. DNA-Fasern) mithilfe von Röntgenstrahlung untersucht und liefern charakteristische Beugungsmuster. Anhand dieser Muster lässt sich auf die Struktur der untersuchten Moleküle schließen. Im Fall der DNA entstanden solche Röntgenbeugungsmuster, die Hinweise auf einen wendeltreppenartigen Aufbau gaben. Darüber hinaus zeigten die Analysen, dass DNA-Fasern eine regelmäßige Periodik aufweisen. Außerdem legte R. Franklin einen Aufbau aus jeweils zwei Strängen dar.

Watson und Crick verwendeten diese und andere experimentelle Daten und entwickelten daraus das noch heute gültige Modell der DNA-Doppelhelix. Für das 1953 veröffentlichte Modell erhielten sie zusammen mit Wilkins später den Nobelpreis. Da postum (nach dem Tod) keine Nobelpreise vergeben werden, konnte die bereits verstorbene Rosalind Franklin nicht mehr für ihr Wirken geehrt werden.
Das noch heute gültige Modell zeigt den Aufbau aus zwei spiralig verdrehten und miteinander verbundenen DNA-Strängen (↗ Abb. 1, S. 94). Dabei liegt außen das sogenannte Zucker-Phosphat-Rückgrat, während sich die Basenpaare im Inneren der Doppelhelix befinden. Die Nucleotidbasen des einen DNA-Strangs sind immer auf eine bestimmte Art mit den Basen des anderen Strangs

1 Entdecker der DNA-Struktur

verbunden. Dabei gibt es streng gültige Regeln, sodass sich Thymin immer mit Adenin verbindet und Guanin stets eine Bindung mit Cytosin eingeht (komplementäre Basenpaarung).
Diese Komplementarität ist eine wesentliche Eigenschaft der Nucleinsäurestränge und liegt auch den verschiedenen Mechanismen (Proteinbiosynthese; identische DNA-Verdopplung/Replikation) zugrunde.

Dieses Modell der DNA-Doppelhelix von Watson und Crick ist von so großer Überzeugungskraft, dass manche Leute sogar den Beginn der Molekulargenetik auf das Jahr 1953 datieren.

Aufgabe

Beschreibe den Aufbau des DNA-Moleküls in Form einer schematischen Skizze.

DNA – Träger der Erbinformation

Proteine als eigentliche Merkmalsbildner benötigen eine festgeschriebene **Bauanleitung,** nach der sie immer wieder fehlerfrei synthetisiert werden können. Denn ihre Funktionen sichern die artspezifischen Eigenschaften und Merkmale.
Alle Proteine unterscheiden sich durch die Art, die Anzahl und die Reihenfolge der am Aufbau beteiligten Aminosäuren. So ergeben sich bereits aus einer Kettenlänge von 150 Aminosäuren 20^{150} verschiedene Kombinationsmöglichkeiten. Für jedes einzelne Protein, wie z. B. einen hochspezialisierten Antikörper, gibt es dabei immer eine bestimmte Aminosäureabfolge.
Bis zu einer Kettenlänge von 100 Aminosäuren spricht man von Polypeptiden. Erst längere Aminosäurenketten werden Proteine genannt. Ob ein Protein nur aus wenigen Aminosäuren aufgebaut ist oder aus ganz vielen, für die Struktur und damit die biologische Wirksamkeit ist immer ihre Reihenfolge entscheidend.
Damit der Herstellungsprozess der Proteine fortwährend ablaufen kann, ist diese Information innerhalb der Zelle gespeichert und kann ständig abgerufen werden.

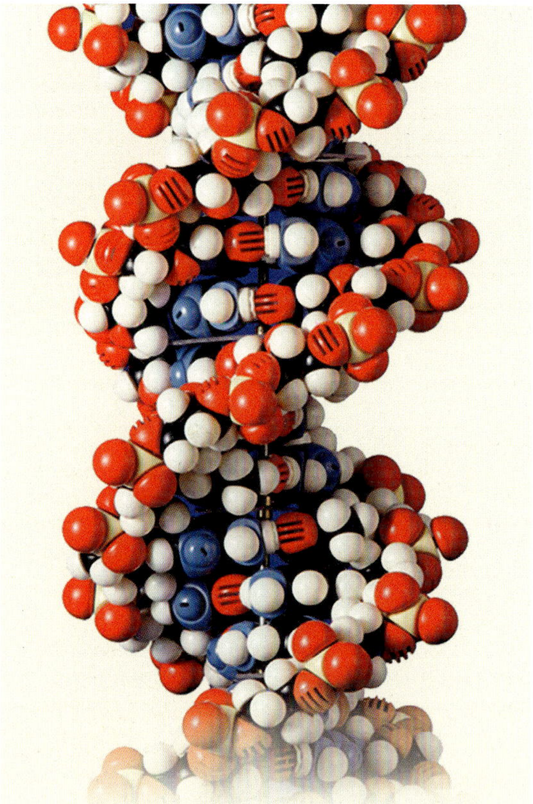

1 Die DNA ist ein Makromolekül, das in die Gruppe der Nucleinsäuren gehört. Es enthält die verschlüsselte Bauanleitung der Proteine.

Die Informationen für die Synthese jedes Proteins werden von der **DNA** (Desoxyribonucleinsäure; engl. ***desoxyribonucleic acid***) verschlüsselt. Diese Verschlüsselung (Codierung) beruht auf der besonderen Struktur des Moleküls (↗ Abb. 1). In der DNA kommen als Bestandteile der einzelnen Bausteine **(Nucleotide)** vier verschiedene organische Basen vor.

Da nur vier unterschiedliche Basen 20 verschiedene Aminosäuren verschlüsseln müssen, benötigt man pro Aminosäure mehr als eine Base. Würde eine Aminosäure durch zwei Basen codiert werden, wären das nur $4^2 = 16$ Möglichkeiten. Werden hingegen jeweils drei Basen für die Codierung verwendet, können $4^3 = 64$ Aminosäuren realisiert werden. Die Verschlüsselung der Aminosäuren ist tatsächlich in Form der sogenannten **Basentripletts** (3 Nucleotidbasen = 1 Triplett) verwirklicht (↗ Abb. 2).

Aufgabe

* Theoretisch wäre auch eine Verschlüsselung möglich, bei der 4 Basen eine Aminosäure codieren. Vermute, warum dies nicht vorkommt.

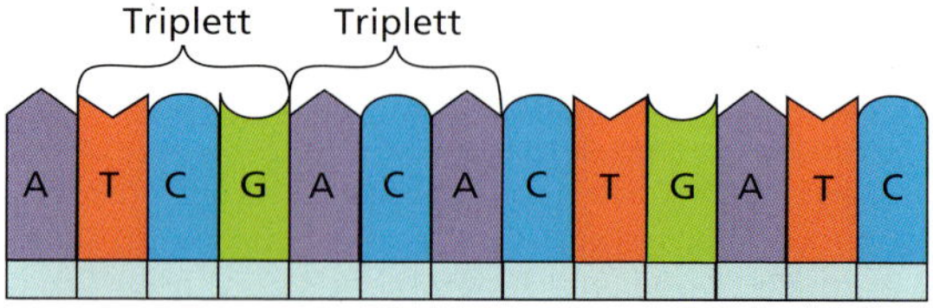

2 Jeweils drei aufeinanderfolgende organische Basen bilden am Einzelstrang der DNA ein **Triplett** (Codon, Basentriplett).

Mit 64 Codierungen gibt es mehr Möglichkeiten für die Verschlüsselung von Aminosäuren als eigentlich im Körper benötigt werden. Dadurch kommt es, dass die meisten dieser 20 Aminosäuren durch mehr als nur ein Triplett codiert werden können.
Die Reihenfolge der Basen in den Nucleotiden der DNA legt also die Abfolge der Aminosäuren im jeweiligen Proteinmolekül fest.
Neben den bereits erwähnten organischen Basen enthalten die **Nucleotide** Phosphorsäurereste und Zuckermoleküle (Desoxyribose). Dabei bilden jeweils ein Phosphorsäurerest, ein Zuckermolekül und eine der vier Basen **T**hymin, **A**denin, **C**ytosin oder **G**uanin ein Nucleotid (↗ Abb. 2).
Diese Nucleotide verbinden sich zu sehr langen Ketten. Zuckerbaustein und Phosphorsäurerest wechseln sich dabei immer ab. Die organischen Basen sind senkrecht dazu an den Zuckern angelagert. Normalerweise liegen solche Nucleotidketten dann nicht als Einzelstränge vor, sondern bilden mit einer weiteren Nucleotidkette einen sogenannten DNA-Doppelstrang.

Diese Verknüpfung beruht auf den Wechselwirkungen der Basen untereinander. So verbindet sich Thymin immer passend (komplementär) mit Adenin, während Guanin stets eine Basenpaarung mit Cytosin eingeht (↗ Abb. 2). Es entsteht ein spiralig verdrilltes Molekül, das als Helix bzw. **DNA-Doppelhelix** bezeichnet wird (↗ Abb. rechts). Die Struktur der DNA lässt sich dabei gut als Wendeltreppe vorstellen, deren Stufen die organischen Basen bilden.

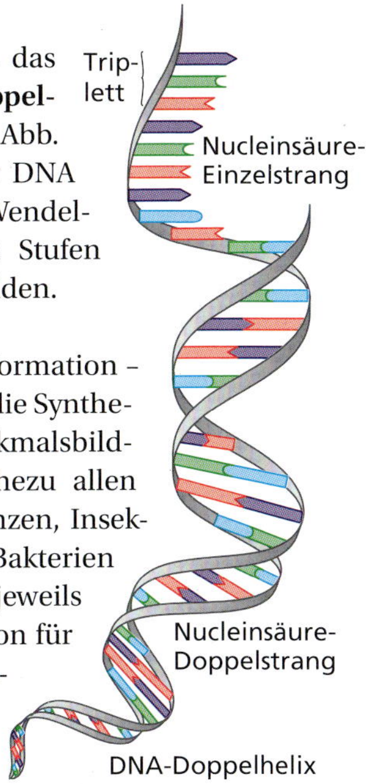

Dieser Aufbau der Erbinformation – denn die DNA enthält ja die Syntheseanleitung für die Merkmalsbildner Proteine – ist in nahezu allen Organismen gleich. Pflanzen, Insekten und Pilze, ja sogar Bakterien besitzen DNA, auf der jeweils die genetische Information für diesen speziellen Organismus gespeichert ist.
Jedes Protein ist durch die Abfolge seiner Aminosäuren gekennzeichnet und diese wiederum wird durch die Reihenfolge der Nucleotidtripletts festgelegt.

> Jeweils ein Nucleotidtriplett der DNA verschlüsselt (codiert) stets eine Aminosäure. Die Abfolge der Nucleotide legt damit die Struktur eines Proteinmoleküls fest.

1 Auch Gestalt und Farbgebung von Pflanzen (z. B. Blüten) und Insekten (z. B. Schmetterlingen) sind genetisch festgelegt.

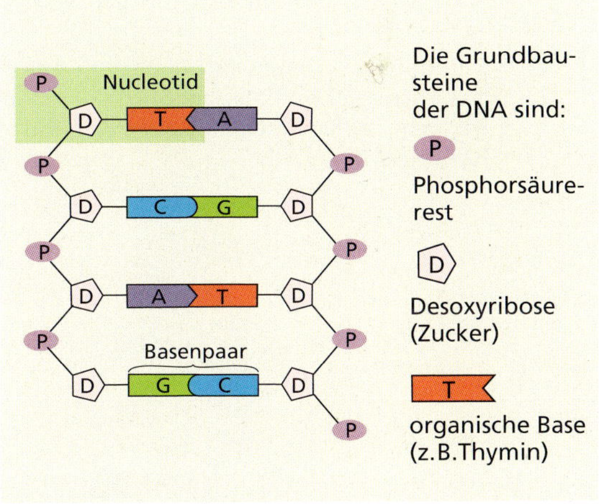

2 Über komplementäre Basenpaarung sind die Nucleotide der beiden DNA-Stränge miteinander verbunden.

Mosaik

Proteinbiosynthese

Die DNA ist der Träger der Erbinformation, denn sie enthält die verschlüsselte Bauanleitung für alle Proteine. Die Art der Verschlüsselung, also der sogenannte **genetische Code,** ist für alle Organismen gültig; man sagt, er ist universell. Von der Nucleotidabfolge der DNA lässt sich stets auf die Reihenfolge der Aminosäuren im Protein und damit auf ihre biologische Wirksamkeit schließen. Während die DNA im Zellkern vorliegt, befinden sich die für die Synthese erforderlichen Aminosäuren (aus der Verdauung bzw. selbst hergestellt) im Zellplasma. Die Bauanleitung muss also aus dem Zellkern in das Zellplasma gelangen. Zu diesem Zweck ist eine Art Botenmolekül (engl.: *messenger* = Bote) notwendig. Dieses Molekül ist ebenfalls eine Nucleinsäure, die wegen ihres Zuckerbausteins (Ribose) **Ribonucleinsäure (RNA)** genannt wird. Sie ist im Aufbau der DNA sehr ähnlich und übernimmt die erforderliche Botenfunktion (daher der Name messenger-RNA bzw. mRNA).
Die verschlüsselte Aminosäureabfolge lässt sich mithilfe der sogenannten **Code-„Sonne"** (↗ Abb. 1) der mRNA herausfinden. Sie muss dafür von innen nach außen gelesen werden. Jeweils ein Triplett der mRNA codiert dabei eine Aminosäure. In Form der mRNA liegt also die Umschrift der genetischen Information vor.

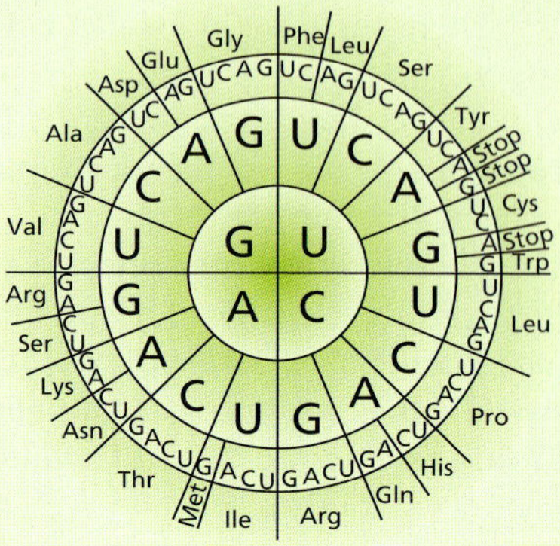

1 Die Code-„Sonne" zeigt die Verschlüsselung der 20 Aminosäuren durch die entsprechenden Nucleotid-Tripletts der mRNA. Sie muss von innen nach außen gelesen werden.

Die Proteinbiosynthese, wie der komplette Herstellungsprozess von Proteinen genannt wird, besteht insgesamt aus zwei Phasen. In der ersten Phase **(Transkription)** wird die Nucleotidfolge der DNA auf die Ribonucleinsäure (mRNA) umgeschrieben. Dieser Teilprozess erfolgt im Zellkern. Dabei wird der DNA-Doppelstrang kurzzeitig aufgedreht, sodass die DNA abschnittweise einsträngig vorliegt (Abb. 1a, ↗ S. 97).

Ribonucleinsäure – eine weitere Nucleinsäure

Die Ribonucleinsäure (RNA) besteht ebenfalls aus Nucleotiden, die wiederum einen Zuckerbaustein, einen Phosphorsäurerest und eine Base beinhalten.

Nucleotid

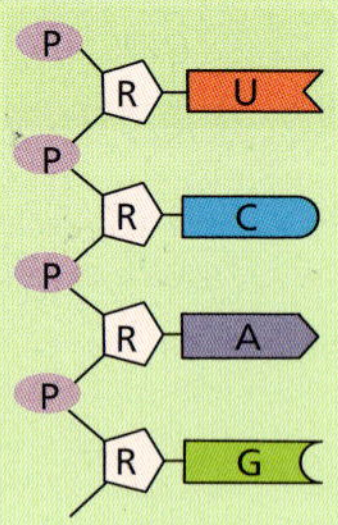

Struktur der RNA

Allerdings handelt es sich im Gegensatz zur DNA um den Zuckerbaustein Ribose (daher Ribonucleinsäure). Des Weiteren ist in der RNA die organische Base Thymin durch Uracil ersetzt. Adenin, Guanin und Cytosin kommen in beiden Nucleinsäuren vor.
Die Ribonucleinsäure wird an der DNA im Zellkern gebildet und besteht nur aus einem Einzelstrang. RNA befindet sich sowohl im Zellkern als auch im Zellplasma und in den Ribosomen. Sie erfüllt wichtige Aufgaben bei der Realisierung der Erbinformation während der Proteinbiosynthese. Man unterscheidet dabei verschiedene Formen der RNA: messenger-RNA (mRNA), transfer-RNA (tRNA) und ribosomale RNA (rRNA).

Da auch die RNA aus Nucleotiden aufgebaut ist, können sich die Basen der RNA komplementär an die Basen des DNA-Strangs anlagern. Denn beide Nucleinsäuren enthalten fast die gleichen organischen Basen. Nur Thymin ist bei der RNA durch Uracil ersetzt, das sich jedoch ebenso wie Thymin mit Adenin verbinden kann. Auf diese Weise entsteht eine Abschrift (Transkript) des DNA-Abschnitts in die mRNA. Der gebildete mRNA-Einzelstrang enthält also nun die komplementäre Basenabfolge der DNA.

Liegt beispielsweise die DNA-Abfolge GGTACGTA vor, so weist das entstandene mRNA-Molekül die Folge CCAUGCAU auf. Jedes Guanin der DNA liegt nun als Cytosin der RNA vor, während jedes Adenin durch ein Uracil widergespiegelt wird. Das neu entstandene mRNA-Molekül transportiert die genetische Information aus dem Zellkern zu speziellen Zellorganellen des Zellplasmas, den Ribosomen. Dort findet der zweite Teilprozess, der eigentliche Zusammenbau der Proteine statt.

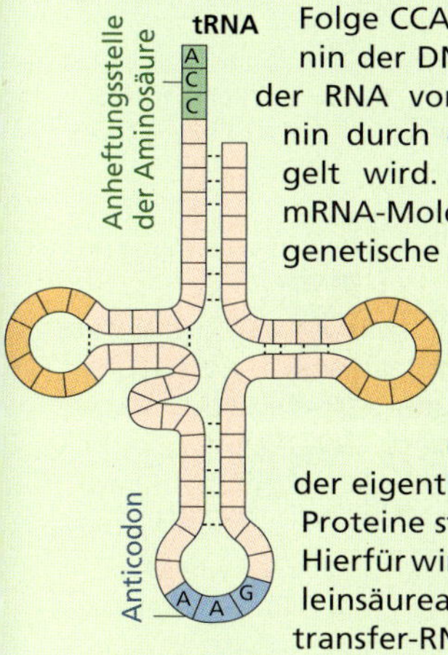

Hierfür wird eine weitere Ribonucleinsäureart, die Transport- oder transfer-RNA (tRNA) benötigt. Dieses kurze, schleifenförmige Molekül (↗ Abb.) hat an einem Ende die Anheftungsstelle für eine ganz bestimmte Aminosäure. Dagegen weist das andere Ende ein Basentriplett auf, das als „Anticodon" zu einem entsprechenden Triplett der mRNA (Codon) passt.

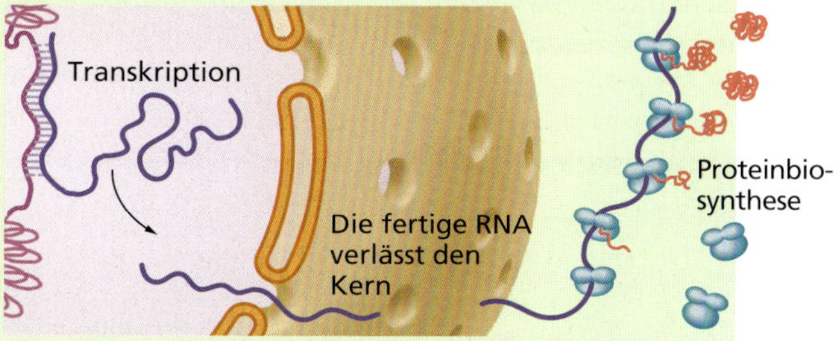

2 Phasen der Proteinbiosynthese

Am Ribosom werden Codon und Anticodon nun schrittweise miteinander verbunden. Dabei kommt es zur Verknüpfung der von den tRNA-Molekülen mitgebrachten Aminosäuren (↗ Abb. 3). Diese werden der genetischen Information des Organismus entsprechend in der richtigen Reihenfolge verkettet und so in das erforderliche Protein übersetzt **(Translation)**.

Bei der Proteinbiosynthese werden anhand der genetischen Information Proteine realisiert.

Aufgaben

1. *Stelle Gemeinsamkeiten und Unterschiede zwischen den Nucleinsäuremolekülen DNA und RNA tabellarisch gegenüber.*
2. *Erkläre den Unterschied zwischen Translation und Transkription.*

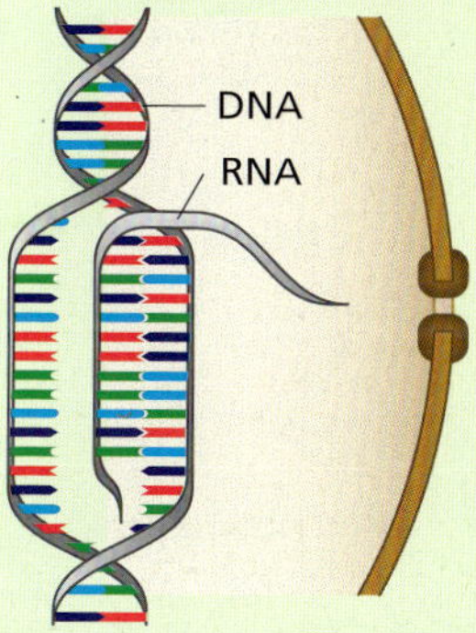

1a Umschreibung der Erbinformation im Zellkern (Transkription)

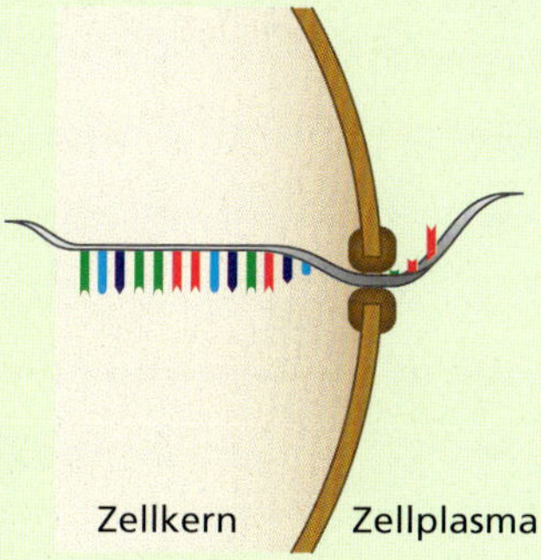

1b Wanderung der mRNA aus dem Zellkern zum Ribosom

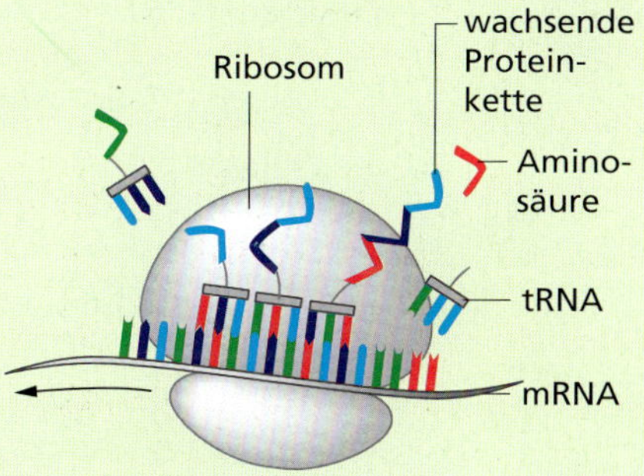

3 Übersetzung der Erbinformation am Ribosom (Translation)

Organisationsebenen

Lebewesen sind lebensfähig, weil ihre einzelnen Bauteile die jeweilige Aufgabe gut erfüllen und sie perfekt zusammenwirken. Sie bestehen aus verschiedenen Organen, die wiederum aus Geweben und Zellen aufgebaut sind. Wichtiger Zellbestandteil ist der Zellkern mit den Trägern der Erbinformation, den Chromosomen.

Organisation des Trägers der Erbinformation

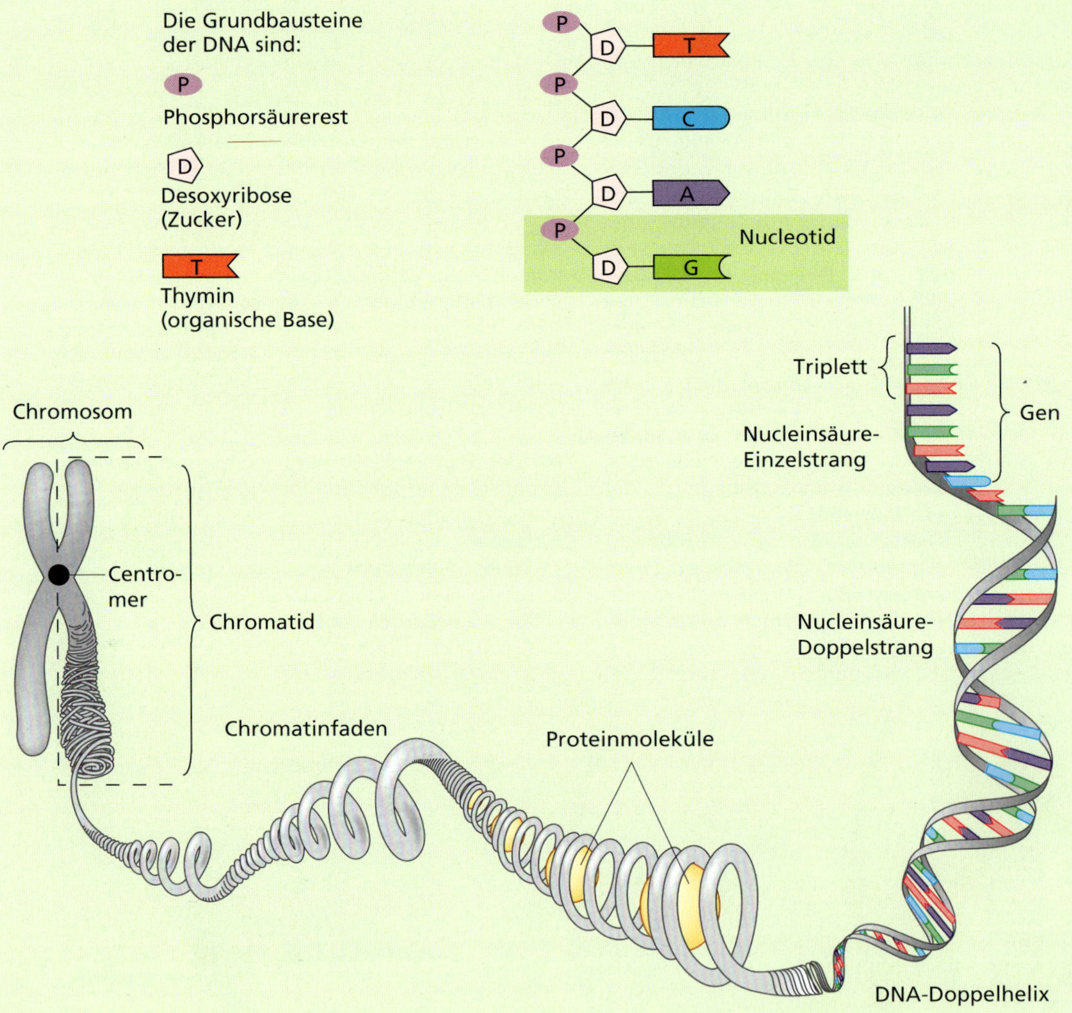

Erkläre, warum die Chromosomen nicht die kleinste Einheit der Erbinformation sind.

Mosaik

Identische Verdopplung (Replikation) der DNA

Zu den Kennzeichen des Lebendigen gehören neben Stoff- und Energiewechsel, Bewegung und Reizbarkeit auch Wachstum und Entwicklung sowie Fortpflanzung und Vermehrung. Grundlage für die Prozesse Wachstum und Fortpflanzung sind Zellteilungen und die Weitergabe der Erbinformation. Dabei muss gewährleistet sein, dass vor der Zellteilung Chromosomen mit zwei Chromatiden (2-Chromatid-Chromosomen) mit identischer Erbinformation vorliegen. Dazu ist eine identische Verdopplung der DNA aus den entspiralisierten 1-Chromatid-Chromosomen notwendig.

Diesen Vorgang der **identischen Verdopplung der DNA** nennt man **Replikation.** Dabei wird zunächst der sogenannte Elternstrang (die Doppelhelix im Kern der Mutterzelle) nach dem Reißverschlussprinzip in zwei Einzelstränge aufgetrennt. Dieser Ablauf wird von Enzymen geregelt. Wie schon bei der Transkription (↗S. 96) besprochen, können sich an die Nucleotidbasen der einsträngigen DNA nach dem **Prinzip der Basenpaarung** die entsprechend passenden Nucleotidbasen komplementär anlagern. Im Falle der Transkription waren das Nucleotidbasen der mRNA, während es sich bei der Replikation um **DNA-Nucleotide** handelt. Es gilt also: Thymin paart sich stets mit Adenin und Guanin geht immer nur mit Cytosin eine Bindung ein. Auf diese Weise entstehen an beiden Elterneinzelsträngen neue komplementäre Nucleotidketten. Auch dieser Vorgang wird wiederum von Enzymen gesteuert. Im Ergebnis erhält man zwei DNA-Doppelstränge – die jeweils zur Hälfte aus einem Einzelstrang der Mutterzelle bestehen und zur anderen Hälfte aus einem neu synthetisierten Strang aufgebaut sind (↗Abb. 1). Beide neuen Doppelstränge sind in ihrer Nucleotidabfolge identisch, da jeweils ein Elterneinzelstrang als Muster für den neu zu synthetisierenden Strang vorlag.

Die gesamte im Zellkern enthaltene DNA wird im Zuge der Replikation vor der Zellteilung verdoppelt, um so nach der Zellteilung in jeder Tochterzelle vollständig vorzuliegen.

Je nach Organismus dauert die Replikation unterschiedlich lange. Während bei einigen Bakterien bereits 20 Minuten ausreichen, benötigen Säugetiere etwa 6 bis 10 Stunden für den gesamten Replikationsprozess.

Replikation ist die identische Verdopplung der gesamten Erbinformation einer Zelle.

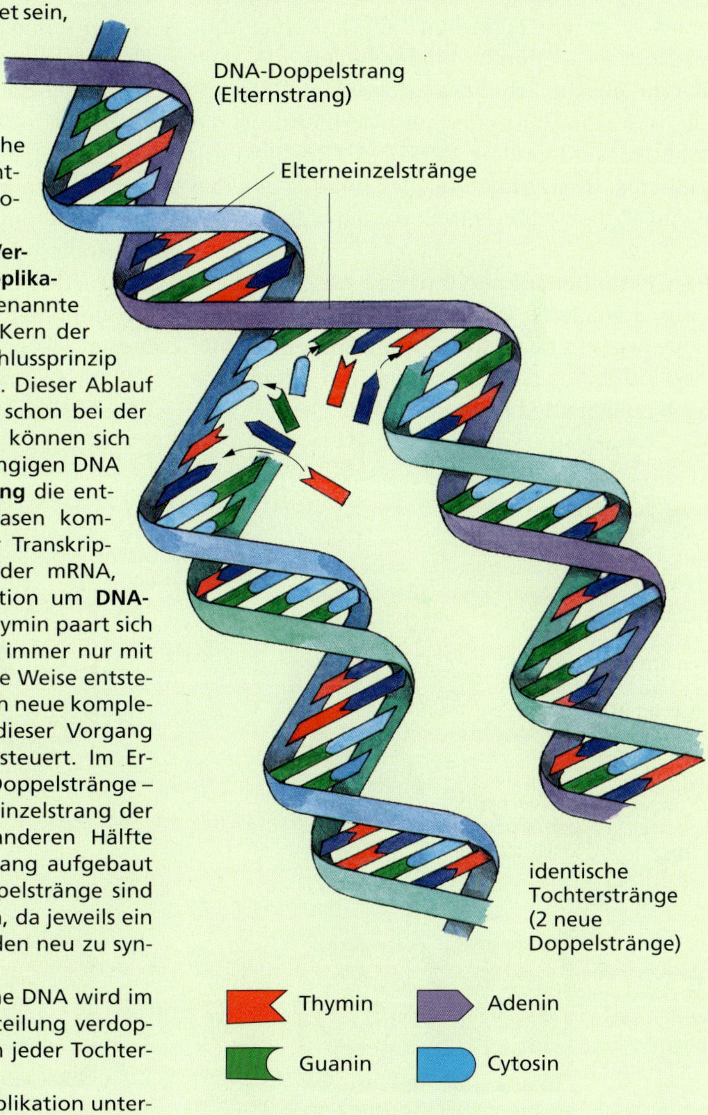

1 Identische Replikation

Bildung von Körperzellen (Mitose)

Durch Abnutzungserscheinungen oder aufgrund akuter Verletzungen (z. B. Schnitt in den Finger, Sonnenbrand) ist es notwendig, die defekten Zellen durch gesunde zu ersetzen. Die Zellteilungen durch **Mitose** (↗ Abb. 1) dienen der Bildung von Körperzellen, die für biologische Prozesse wie Wachstum und Heilung unabdingbar sind.
Den Zellteilungen geht immer eine Kernteilung voraus. Insgesamt entstehen dabei aus einer Mutterzelle zwei identische Tochterzellen, die auch über die gleiche Erbinformation wie die Mutterzelle verfügen. Ganz entscheidend hierfür ist die vorherige Verdopplung der DNA (Replikation), damit die Erbinformation gleichmäßig auf die beiden Tochterzellen verteilt werden kann.

Die Gesamtheit dieser Prozesse wird als Zellzyklus bezeichnet. Während des gesamten Zellzyklus liegt ein doppelter Chromosomensatz vor. Beim Zellzyklus handelt es sich um einen stets gleich ablaufenden Prozess (↗ Abb. 1).

Zunächst geht der Arbeitskern in den Zustand des Teilungskerns über und die DNA wird repliziert und zu den Chromosomen aufspiralisiert. Die nun verdoppelt vorliegende DNA (2-Chromatid-Chromosomen) wird gleichmäßig auf die beiden entstehenden Tochterzellen aufgeteilt, die dann jeweils 1-Chromatid-Chromosomen enthalten.
Die auf diese Weise gebildeten Körperzellen können dann entweder zu Dauergewebe ausdifferenzieren (z. B. Nervenzelle, Hautzelle) oder in einen neuen Teilungszyklus eintreten.
Die Zeit zwischen zwei Kernteilungen wird als Interphase bezeichnet. Sie ist die längste Phase des Zellzyklus.

Dabei ist zu beachten, dass nicht alle Zellen beliebig und unbegrenzt teilungsfähig sind. Sie verlieren diese Fähigkeit, wenn sie sich zu Dauergewebe, wie Muskel-, Bindegewebe, oder Organen ausdifferenziert haben. Manche Zellen sind dagegen besonders teilungsfähig: z. B. embryonale Zellen, Stammzellen, Zellen in Wachstumszonen oder Hautzellen.

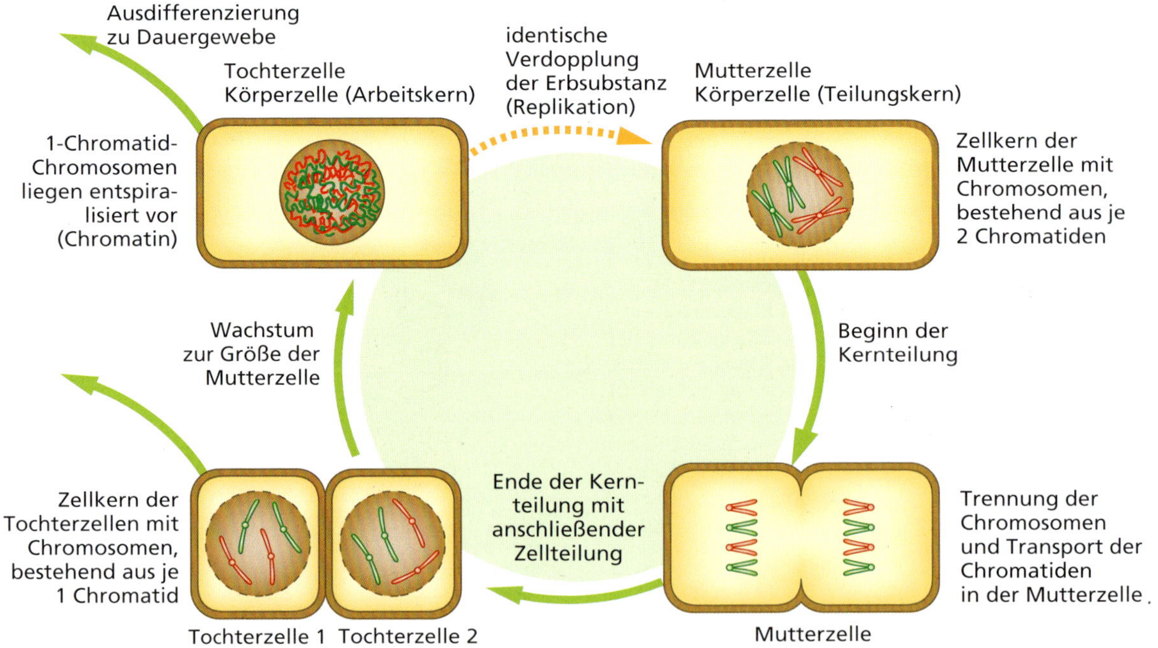

1 Teilung von Körperzellen: Verteilung der Erbsubstanz auf die Tochterzellen (dargestellt an 2 homologen Chromosomenpaaren)

Die Körperzellen werden unentwegt durch mitotische Zellteilungen neu gebildet. Der Vorgang der **mitotischen Zellteilung** läuft in mehreren Phasen ab (↗ Abb.), die wiederum Bestandteil des Zellzyklus sind.

Die Pro- und Metaphase stellen die vorbereitenden Phasen dar, denn hier kommt es zur Umstrukturierung der Zelle. Das Chromatin wird zu den 2-Chromatid-Chromosomen spiralisiert **(Prophase)** und am ausgebildeten Spindelapparat in der Äquatorialebene angeordnet **(Metaphase).** Dabei verliert das Centromer seine chromatidenverbindende Funktion.
In der **Anaphase** erfolgt die Trennung der Chromatiden und damit die tatsächliche Teilung der Erbinformation. An jedem Pol liegt nun ein vollständiger doppelter Satz 1-Chromatid-Chromosomen vor (beim Menschen 23 homologe 1-Chromatid-Chromosomen-Paare).

Im Verlauf der anschließenden **Telophase** bilden sich zunächst die beiden identischen Tochterkerne aus, die Chromosomen entspiralisieren sich und eine Plasmamembran trennt die entstandenen Tochterzellen voneinander ab. Diese wachsen dann zur Größe der Mutterzelle heran.

Für die Erstellung eines Karyogramms wird gern die Chromosomenverteilung während der Metaphase genutzt, da der Chromosomenbestand dann besonders gut untersucht werden kann.

Phasen der Kern- und Zellteilung bei Körperzellen durch Mitose

1. Phase (Prophase)

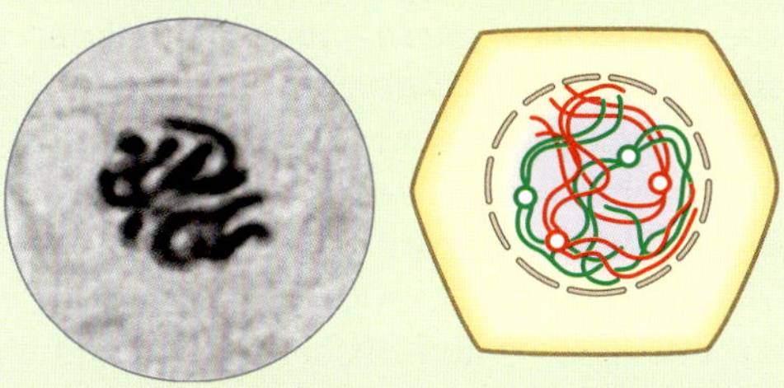

Durch die Spiralisierung der Chromatinfäden werden die Chromosomen gut sichtbar. Aufgrund der vorangegangenen DNA-Replikation liegen sie als 2-Chromatid-Chromosomen vor. Die Kernmembran löst sich auf.

2. Phase (Metaphase)

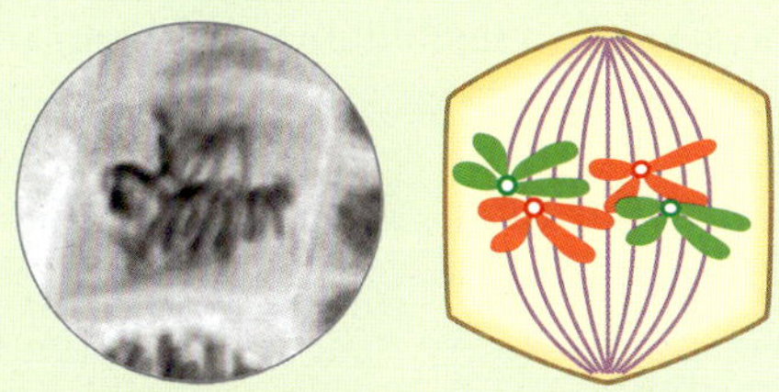

Das Kernkörperchen teilt sich und bildet den Spindelapparat. Die 2-Chromatid-Chromosomen ordnen sich in der Äquatorialebene an.

3. Phase (Anaphase)

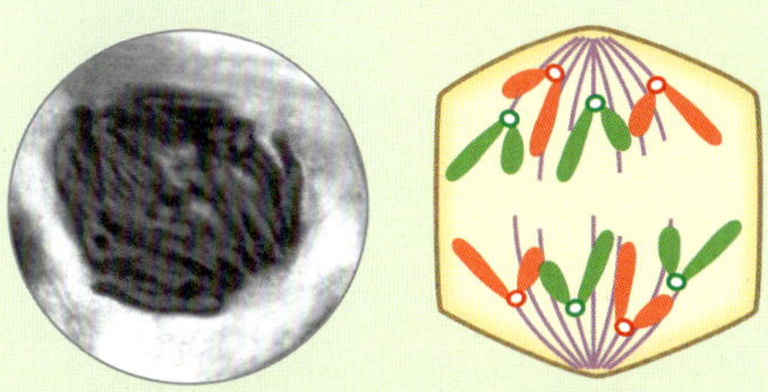

Die 2-Chromatid-Chromosomen trennen sich in je zwei 1-Chromatid-Chromosomen. Diese werden mithilfe der Spindelfasern zu den Polen gezogen.

4. Phase (Telophase)

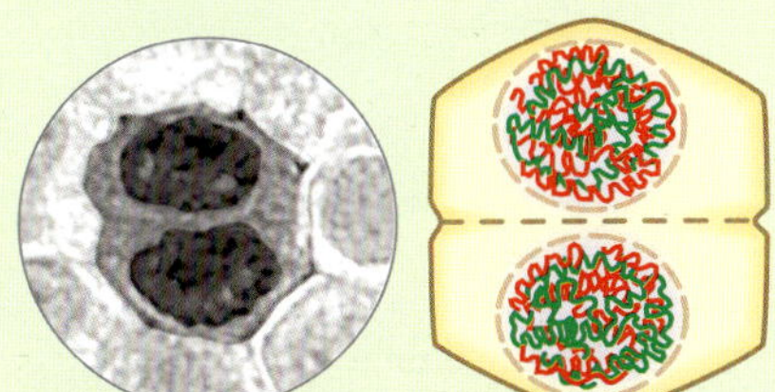

An den Polen werden die 1-Chromatid-Chromosomen von einer Kernmembran umschlossen. Es bilden sich zwei identische Tochterkerne aus. Eine Plasmamembran wird gebildet. Durch Teilung der Mutterzelle entstehen zwei identische Tochterzellen.

Bildung von Keimzellen (Meiose)

Die meisten höheren Organismen pflanzen sich geschlechtlich fort. Dabei verschmelzen ihre Keimzellen (Ei- und Spermazelle) miteinander. Aus der befruchteten Eizelle (Zygote) entwickelt sich dann ein neues Lebewesen, das nun die Erbanlagen aus der väterlichen Linie und die aus der mütterlichen Linie in sich trägt. Es liegen jetzt also homologe Chromosomen bzw. ein doppelter Chromosomensatz vor. Auf diese Weise werden verschiedene Erbanlagen für die gleichen Merkmale zusammengeführt. Es ist also durchaus möglich, dass zuvor nicht oder nur in geringem Maße ausgeprägte Merkmale nun erstmals oder deutlich stärker zum Vorschein kommen als bei den Eltern.

Zur Aufrechterhaltung der arttypischen Chromosomenzahl ist es notwendig, dass die Keimzellen einen einfachen Chromosomensatz aufweisen. Die Orte der Keimzellenbildung sind beim Mann die Hoden bzw. bei der Frau die Eierstöcke. Bei der Befruchtung entsteht durch die Verschmelzung der Keimzellen wieder der doppelte Chromosomensatz (↗ Abb. 1, S. 91). Das wird durch die Meiose gewährleistet. Wie bei der Mitose ist auch bei der Meiose die vorherige DNA-Replikation erforderlich (↗ S. 99).

Die **meiotische Zellteilung** (↗ Abb., S. 103) läuft in Form von zwei sogenannten Reifeteilungen ab (Keimzellen reifen heran). Bei der **1. Reifeteilung** (Reduktionsteilung) bilden sich aus einer Mutterzelle zwei nicht identische Tochterzellen, da hier die homologen Chromosomenpaare in ihre einzelnen Chromosomen getrennt jeweils auf die Tochterzellen aufgeteilt werden. Diese Trennung und Verteilung erfolgt zufällig und dient der Reduktion des Chromosomensatzes.

Die beiden Tochterzellen mit je einem einfachen Chromosomensatz (bestehend aus 2-Chromatid-Chromosomen) gehen ohne erneute Replikation in die **2. Reifeteilung** (Äquationsteilung) über. Diese abermalige Kern- und Zellteilung verläuft ähnlich der mitotischen Zellteilung. Denn jetzt werden die Chromatiden der 2-Chromatid-Chromosomen voneinander getrennt und auf die Tochterzellen aufgeteilt.

Auf diese Weise gehen aus beiden Reifeteilungen insgesamt vier Keimzellen hervor, die jeweils über einen einfachen Chromosomensatz aus 1-Chromatid-Chromosomen verfügen. Im männlichen Geschlecht entstehen vier Spermazellen. Dagegen entwickelt sich im weiblichen Geschlecht nur eine der gebildeten vier Zellen zur stark vergrößerten Eizelle weiter.

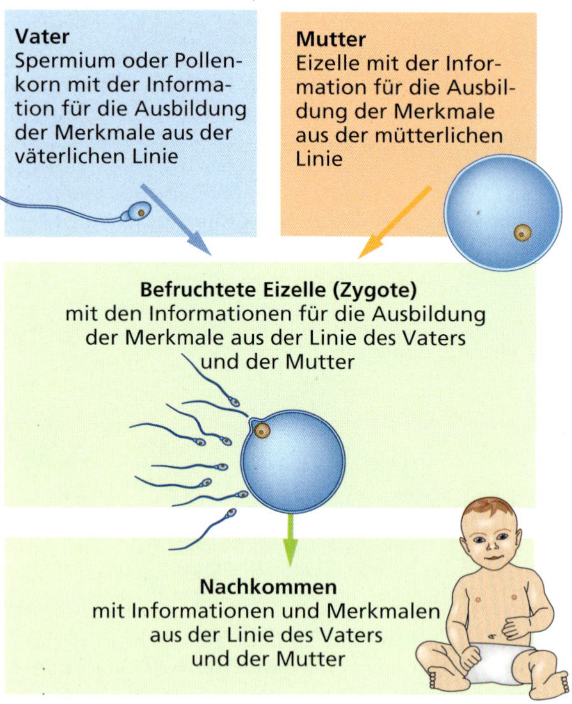

1 Die Weitergabe der Erbinformation bei der geschlechtlichen Fortpflanzung

> Während der Meiose wird der Chromosomensatz reduziert und die Erbinformation zufällig auf vier Tochterzellen verteilt.

Aufgaben

1. Erkläre die Bedeutung der meiotischen Zellteilung.
2. Vergleiche Meiose und Mitose miteinander.

Die **biologische Bedeutung** der Meiose ist zum einen die Reduzierung des doppelten auf den einfachen Chromosomensatz und zum anderen die Neukombination des mütterlichen und väterlichen Erbguts durch **zufällige Verteilung** während der ersten Reifeteilung. Darüber hinaus kann es zusätzlich zum **Austausch einzelner Chromosomenteilstücke** *(crossing-over)* zwischen den homologen Chromosomen kommen (↗ Abb.). Dadurch entstehen völlig neue Kombinationen für die Erbanlagen, ein wesentlicher Faktor für Evolutionsvorgänge.

Ablauf der Meiose

1. Reifeteilung (Reduktionsteilung)

Prophase I

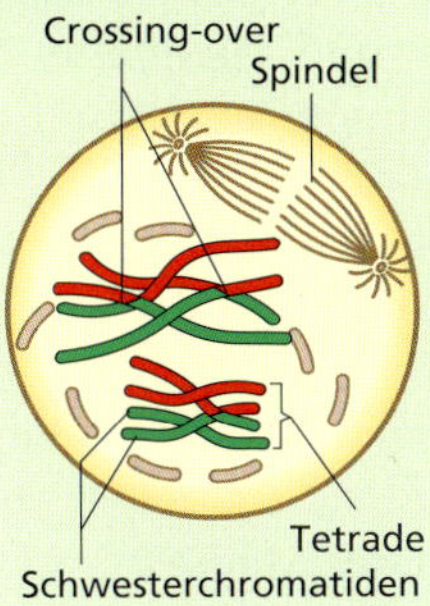

Homologe 2-Chromatid-Chromosomen des doppelten Chromosomensatzes legen sich aneinander. Die Kernmembran löst sich auf, es bildet sich der Spindelapparat.

Metaphase I

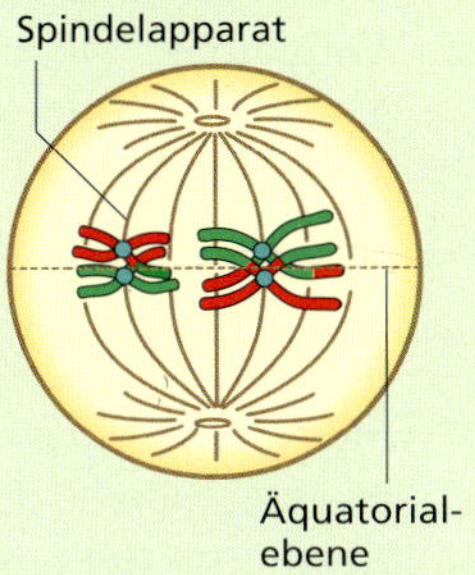

Ausbildung der Kernspindel, homologe Chromosomen ordnen sich in der Äquatorialebene an.

Anaphase I

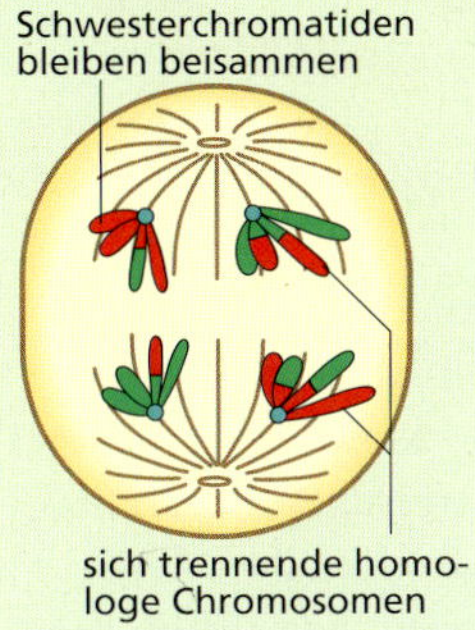

Homologe 2-Chromatid-Chromosomen werden zu den Polen gezogen. Väterliches und mütterliches Erbmaterial wird durch die Chromosomenwanderung zufällig umverteilt.

Telophase I

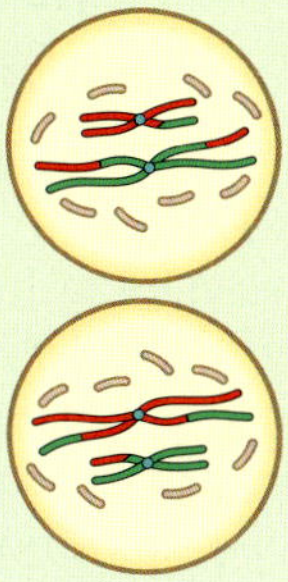

Chromosomen werden von einer Kernmembran umgeben. Jeder Kern besitzt einen einfachen Chromosomensatz. Es folgt eine Zellteilung in zwei Tochterzellen.

2. Reifeteilung (Äquationsteilung; mitotische Teilung)

Prophase II

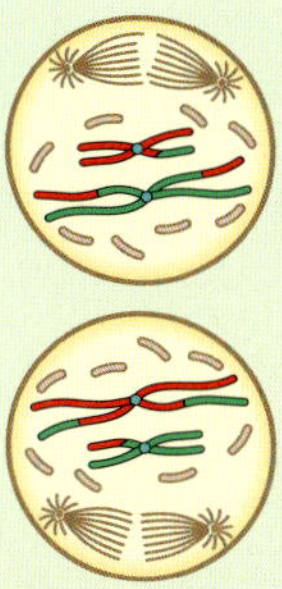

2-Chromatid-Chromosomen verkürzen sich, Kernmembran löst sich auf.

Metaphase II

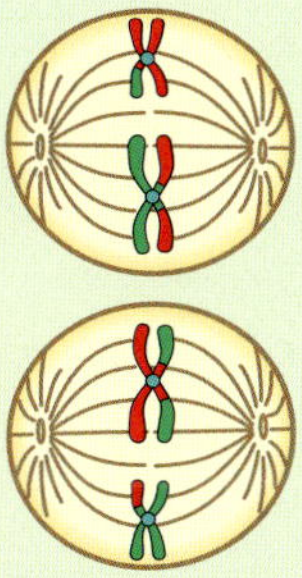

Tochterzellen bilden neue Kernspindeln aus, Anordnung der 2-Chromatid-Chromosomen in der Äquatorialebene.

Anaphase II

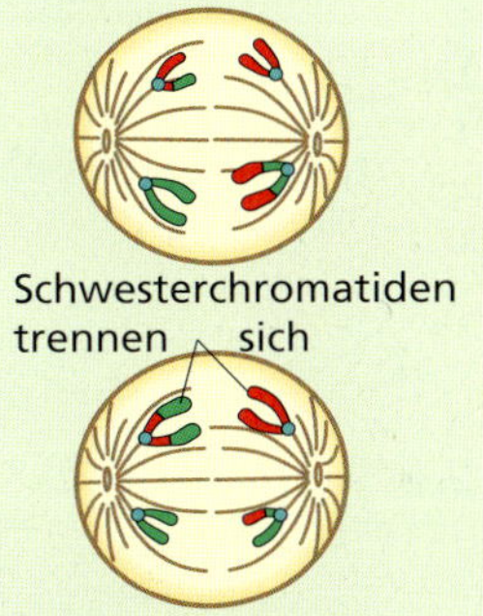

Trennung der Chromosomen in zwei Chromatiden, Wanderung der Chromatiden zu den Polen der Zellen.

Telophase II

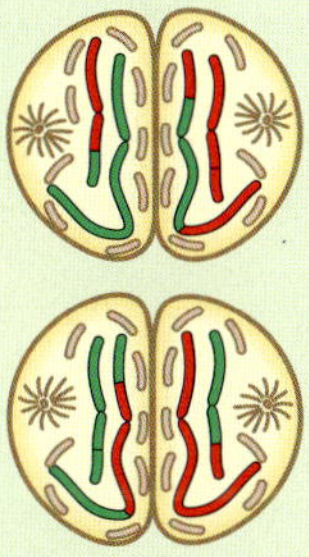

Bildung neuer Kern- und Plasmamembranen bei vier Tochterzellen mit einfachem Chromosomensatz aus 1-Chromatid-Chromosomen mit unterschiedlichen Erbinformationen.

Arbeiten mit Chromosomenmodellen

Baue Chromosomenmodelle und vergleiche damit Mitose- und Meiosestadien.

Materialien:
8 Pfeifenreiniger, 4 Druckknopfpaare zum Annähen, Bleistift, 1 Blatt Papier

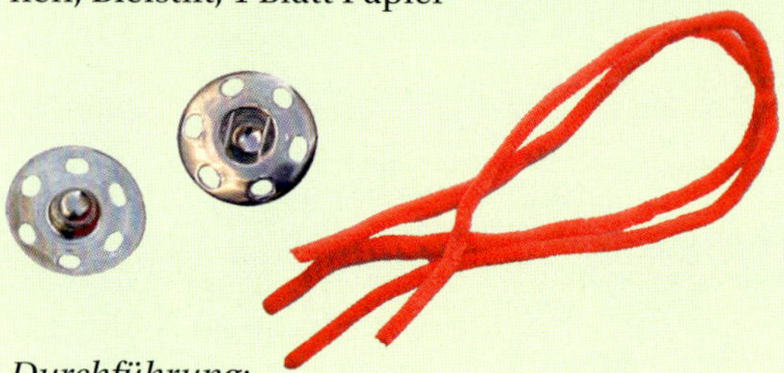

Durchführung:
1. Baue vier Chromosomen.
Ziehe dazu für ein Chromosom zwei Pfeifenreiniger durch ein Druckknopfpaar. Dabei geht jeweils ein Pfeifenreiniger durch zwei Löcher des einen Druckknopfteils (↗ Abb. 1) und ein zweiter Pfeifenreiniger durch zwei Löcher des anderen Druckknopfteils. Lass die Enden paarig gleich lang stehen und wickle sie zum Spiralisieren über einen Bleistift (↗ Abb. 2).
2. Lege die Chromosomenmodelle auf ein Blatt Papier und stelle die Metaphase und Anaphase der Mitose nach.
3. Lege die Chromosomenmodelle so auf das Papier, dass Metaphase I und Anaphase I der Meiose damit nachgestellt werden.
4. Stelle mit den Chromosomenmodellen Metaphase II und Anaphase II der Meiose nach.

Auswertung:
1. Beschreibe die mit dem Modell nachgestellten Stadien der Mitose.
2. Vergleiche Metaphase und Anaphase der Mitose mit Metaphase I und Anaphase I der Meiose.
3. Vergleiche Metaphase und Anaphase der Mitose mit Metaphase II und Anaphase II der Meiose.
4. Stelle Gemeinsamkeiten und Unterschiede in einer Tabelle dar.
5. Bestimme die Grenzen des Modells. Welche Stadien lassen sich nicht gut mit dem Modell erklären?
6. Überlege dir eine weitere Möglichkeit, ein Modell für Chromosomen zu entwickeln. Verwende dazu z. B. farbiges Papier.

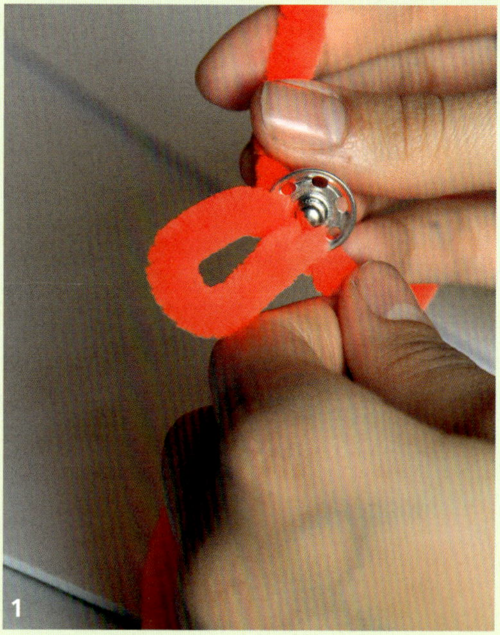
1

2

Mosaik

Fehler bei der Verteilung der Chromosomen

Bei der **Bildung der Keimzellen** durch Meiose kann es zu Fehlverteilungen der Chromosomen während der ersten oder zweiten Reifeteilung kommen (↗Abb. 1). Die Nichttrennung von homologen Chromosomenpaaren oder Schwesterchromatiden während der Meiose und Mitose wird *Nondisjunction* genannt.

Werden Eizellen mit Fehlverteilung durch ein normal entwickeltes Spermium befruchtet, treten **Trisomien** auf. Das heißt, eines der 23 Chromosomenpaare besitzt ein drittes homologes Chromosom. Beispiele sind die Trisomie 13, Trisomie 18 und Trisomie 21 (↗S. 164). Das Klinefelter-Syndrom ist ein Beispiel dafür, dass die Trisomie auch bei den Gonosomen auftreten kann (↗Tab.).
Es sind auch Fälle bekannt, in denen Fehlverteilungen der Chromosomen so erfolgten, dass die Eizelle kein X-Chromosom enthält und von einem Spermium mit X-Chromosom befruchtet wird. In diesem Fall entsteht eine X-Chromosomen-Monosomie (Turner-Syndrom).
Diese Veränderungen des Erbguts sind Mutationen des genetischen Materials. Im Karyogramm ist dieser Genotyp mit seinen Veränderungen gut erkennbar. In der Regel zeigen sich auch Auswirkungen bei der Merkmalsausprägung (↗Tab.).

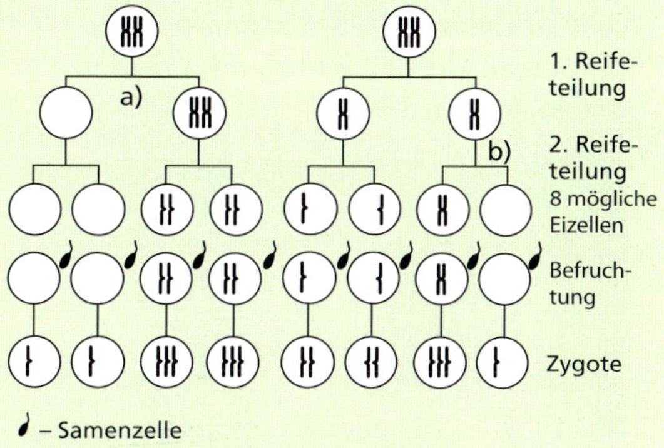

a) Chromosomenpaar nicht getrennt
b) Schwesterchromatiden nicht getrennt

1 Fehlverteilung der Chromosomen bei der Eizellenbildung

Aufgaben

1. *Erläutere, wie es zu Trisomien bzw. fehlenden Chromosomen im Chromosomensatz kommen kann.*
2. *Informiere dich ausführlich über die Folgen einer möglichen Chromosomenfehlverteilung. Welche Auswirkungen hat das für den Betroffenen?*

	Trisomie 13 (Trisomie eines Autosoms) PÄTAU-Syndrom	XXY-Trisomie der Gonosomen KLINEFELTER-Syndrom
Chromosomensatz	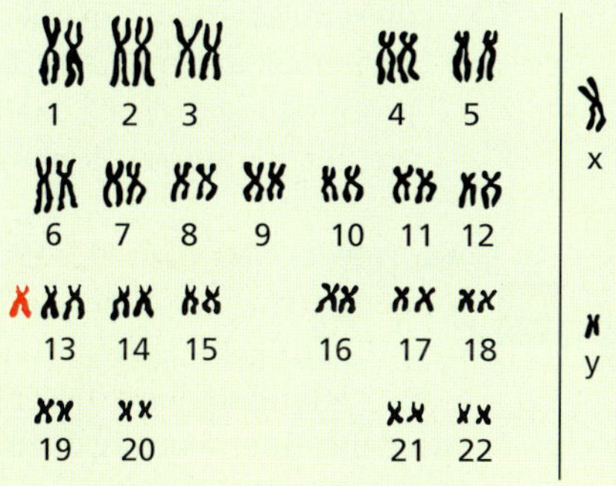	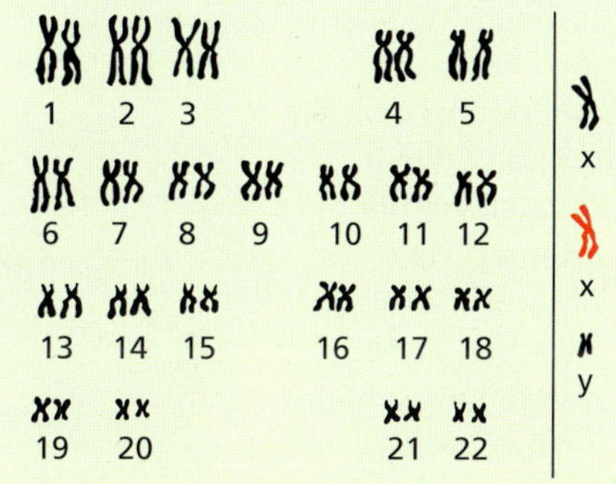
äußere Merkmale	Lippen-Kiefer-Gaumenspalte, Sechsfingrigkeit, Herzfehler, geistige Behinderung	Übergroße Gestalt, lange Gliedmaßen, weibliche Züge, kleine Hoden, Ejakulat ohne Spermien

Gewusst · Gekonnt

1. Nimm folgende Begriffe in dein Glossar auf: Zellkern, Karyogramm, Autosomen, Gonosomen, homologe Chromosomen, Gen, Chromatid, doppelter Chromosomensatz, Mitose, Meiose, DNA.

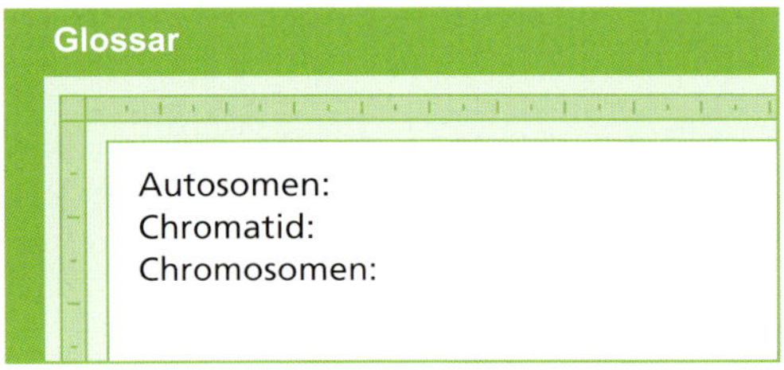

2. Suche Beispiele für die geschlechtliche und ungeschlechtliche Fortpflanzung bei Pflanzen und Tieren. Fasse deine Ergebnisse in einer Tabelle zusammen.

3. Durch die Kern- und Zellteilung von Körperzellen erfolgt eine identische Weitergabe der Erbsubstanz. Begründe diese Aussage.

4. Chromosomen befinden sich im Zellkern. Mikroskopiert man aber Zellen, so sieht man entweder einen angefärbten Zellkern ohne Chromosomen oder angefärbte Chromosomen und keinen Zellkern. Erkläre diesen scheinbaren Widerspruch.

5. Die Abbildung stellt die Chromatinfäden in einem Zellkern dar.

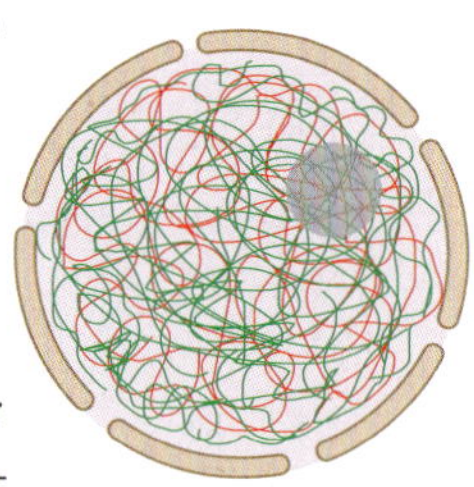

a) Erläutere den Zusammenhang zwischen dieser Darstellung und der Struktur eines Chromosoms.

b) Zeichne und beschrifte ein Chromosom.

c) Ordne der Abbildung und deiner Zeichnung die Überschriften „Arbeitsform der Erbsubstanz“ und „Transportform der Erbsubstanz“ zu.

6. Ordne den folgenden Zellarten den einfachen oder doppelten Chromosomensatz zu: Spermazelle, Hautzelle, Nervenzelle, Eizelle, Pollenzelle, Zygote, Zelle des Bildungsgewebes der Wurzelspitze, Epidermiszelle. Begründe deine Entscheidung.

7. Vergleiche die Kern- und Zellteilung von Körperzellen und die Bildung von Keimzellen. Fertige eine Tabelle an.

8.

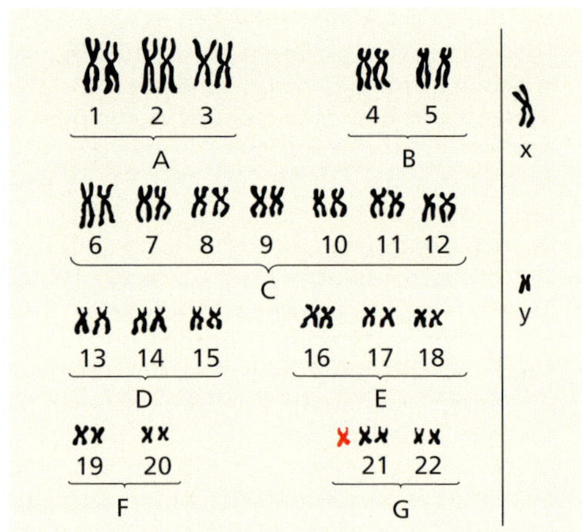

a) Beschreibe das Karyogramm. Erläutere dabei seine Besonderheiten und die Entstehung der Chromosomenverteilung.

b) Welche Aussagen lassen sich über das Erscheinungsbild eines Menschen mit diesem Karyogramm ableiten (↗ S. 164)?

c) Diskutiert in der Klasse die ethischen Probleme und gesellschaftlichen Pflichten, die daraus resultieren.

9. Walter Flemming (1843–1905) hat sich verdient gemacht bei der Aufklärung der Struktur des genetischen Materials. Informiere dich über einen dieser Wissenschaftler und halte einen Vortrag dazu.

10. Bilde einen Satz aus fünf oder mehr dreibuchstabigen Wörtern (z. B. UTA HAT DEN HUT AUF oder DIE KUH VOM HOF IST TOT). Überprüfe dessen Sinnänderung, wenn Buchstaben vertauscht werden.

11. Erläutere die Notwendigkeit eines Botenmoleküls für die Realisierung der Erbinformation.

12. Skizziere anhand der Abbildung auf Seite 103 eine Möglichkeit für die Verteilung der 2-Chromatid-Chromosomen und ihrer Chromatiden während der Bildung der Keimzellen.

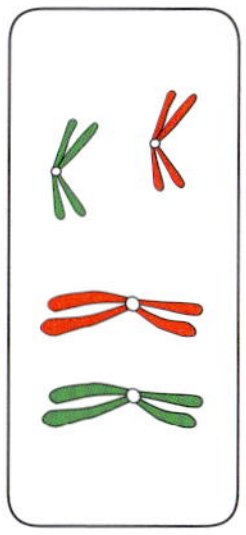

13. Aus dieser Zelle oben entwickeln sich am Ende der 2. Reifeteilung vier Keimzellen. Zeichne ausgehend von diesem Meiosestadium die vier Keimzellen.

14. Benenne das dargestellte Meiosestadium und beschreibe diese Phase. Benenne das folgende Stadium.

a) In der Abbildung sieht man Chromosomen mit unterschiedlichen Farbstücken. Welcher wichtige Prozess in der Meiose ist damit dargestellt?

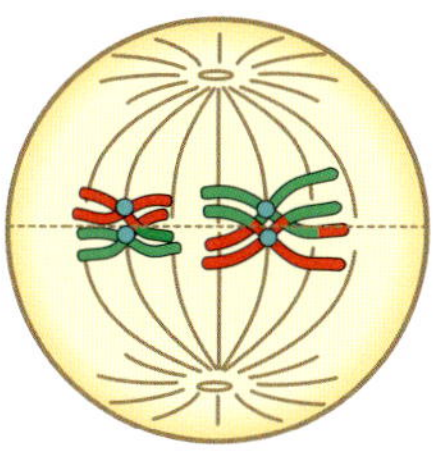

b) Überlege, ob und wie man diesen Prozess mit Chromosomenmodellen nachbilden kann (↗ S. 104).

15. Beschreibe den hier abgebildeten Prozess, der in der Meiose während der Metaphase I auftreten kann. Welche Bedeutung hat er für die Weitergabe der Erbinformationen?

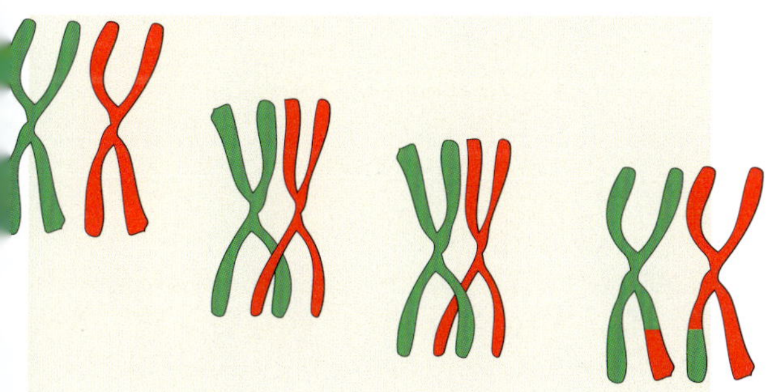

1 Unterschiedlich gefärbte Katzenjunge

16. Erkläre, wie durch die Meiose die genetische Variabilität einer Art erhöht wird.

17. Führe folgende mikroskopische Untersuchungen an Mitosestadien durch:

Materialien:

Dauerpräparate von Mitosestadien, Mikroskop

Durchführung:

1. Betrachte das Objekt im Mikroskop bei mittlerer Vergrößerung.
2. Wähle drei bis vier Zellen aus und betrachte sie und ihre Chromosomen bei größter Vergrößerung.
3. Skizziere die ausgewählten Zellen mit den Chromosomen.

Auswertung:

1. Beschreibe die Mitosestadien in den Zellen.
2. Gib durch die Ziffern 1 bis 4 die richtige Reihenfolge der Mitosephasen an.

18. Für den Aufbau der DNA aus zwei Nucleotidsträngen ist die Verbindung nach einem bestimmten Prinzip erforderlich.

a) Nenne dieses Prinzip und seine Regeln.

b) Bei welchem Prozess findet es ebenfalls Anwendung?

c) Überlege, warum dabei entstandene Fehler unmittelbar korrigiert werden müssen.

Zelluläre und molekulare Grundlagen der Vererbung

Aus dem Chromatingerüst des Zellkerns bilden sich **Chromosomen.** Auf ihnen sind die **Erbanlagen** (Gene) angeordnet.
Die Gene sind Träger der Erbinformation und bestimmen die Ausbildung spezifischer Merkmale.
Der **Chromosomensatz** ist die Gesamtheit der Chromosomen einer Zelle. Die grafische Darstellung der geordneten Chromosomen einer Zelle wird als Chromosomenkarte (Karyogramm) bezeichnet.

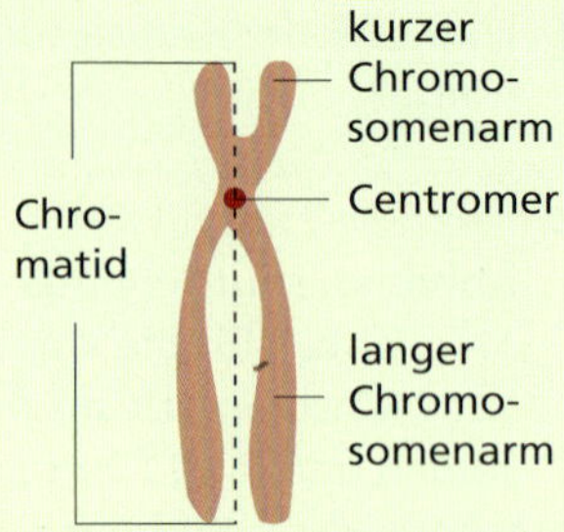

Der Mensch besitzt **44** Körperchromosomen (22 **homologe Chromosomenpaare**, Autosomen) und **2** Geschlechtschromosomen (Gonosomen: XX weiblich, XY männlich).

Körperzellen besitzen einen **doppelten Chromosomensatz.** Geschlechtszellen besitzen einen **einfachen Chromosomensatz.**

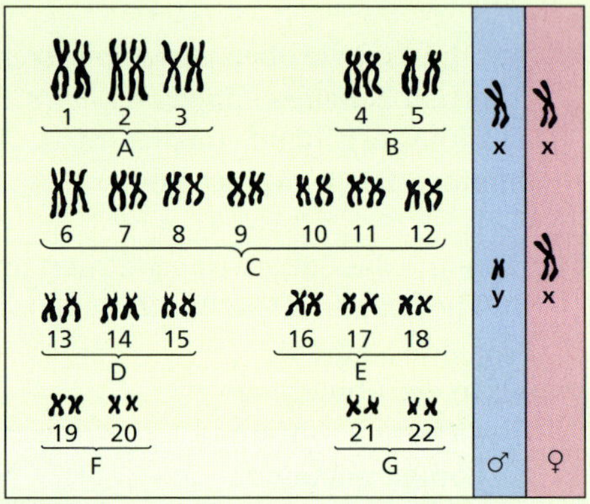

Weitergabe der Erbinformation bei der Teilung von Körperzellen (Mitose)
Aus einer Mutterzelle mit doppeltem Chromosomensatz entstehen zwei genetisch gleiche Tochterzellen mit doppeltem Chromosomensatz.

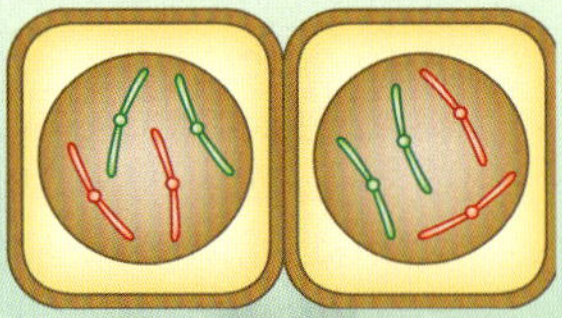

Weitergabe der Erbinformation bei der Bildung von Keimzellen (Meiose)
Aus einer Mutterzelle mit doppeltem Chromosomensatz entstehen vier genetisch verschiedene Tochterzellen mit einfachem Chromosomensatz.

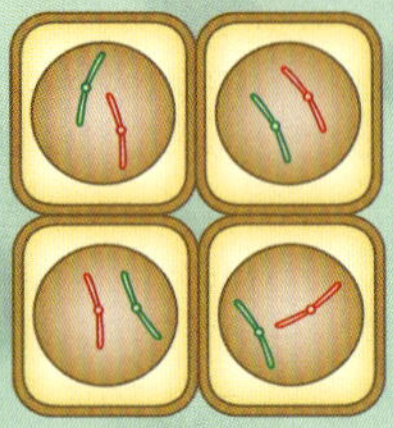

Fehler bei der Verteilung der homologen Chromosomenpaare oder der Schwesterchromatiden bei der Meiose und Mitose führen zu genotypischen Veränderungen (Genommutationen), die in der Regel phänotypische Veränderungen bewirken.

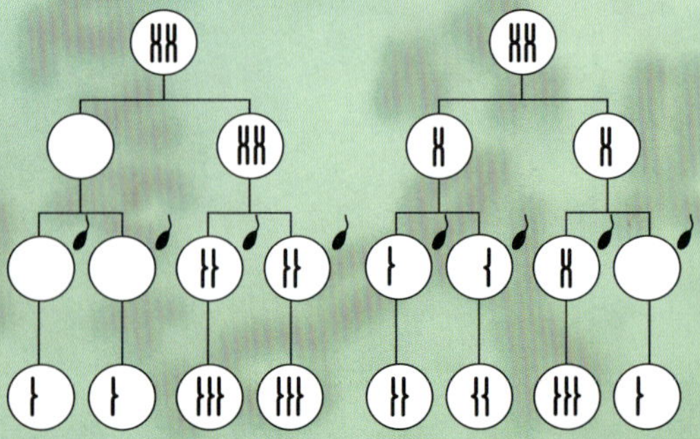

3.2 Vererbung hat bestimmte Regeln

Mendel – ein Mönch erforscht die Vererbung

GREGOR MENDEL (1822–1884) entdeckte, dass es eine Regelhaftigkeit im Erbgeschehen gibt. Dies gelang ihm durch eine wissenschaftliche Auswertung von genau geplanten Versuchen.
Welche Bedeutung haben die „mendelschen Vererbungsregeln"?

Bestätigung durch die Wunderblume

Es gibt sie in einfarbig rot und weiß, aber auch in rosa und gestreift – die japanische Wunderblume. Die fast vergessenen Vererbungsregeln von MENDEL konnten mit ihr erneut belegt werden.
Wer hat diese Unterschiede wissenschaftlich bestätigt?
Wie kommt es zu diesen Unterschieden, obwohl sich die Erbanlagen nicht unterscheiden?

Neukombiniert und nützlich?

Die Neukombination von Erbanlagen führt zur Änderung von Merkmalen. Das ist seit langer Zeit bekannt und wird inzwischen geschickt genutzt.
Wie sieht dieser Nutzen praktisch aus?
Können Merkmale gezielt verändert werden?

Vererbung von Merkmalen – völliger Zufall?

In der Familie und im Bekanntenkreis stellt man bei jeder Person ein charakteristisches äußeres Erscheinungsbild mit ganz bestimmten, für diesen Menschen typischen, Merkmalen (Augenfarbe, Haarfarbe, Gesichtsform, Ohrform usw.) fest.
Allerdings gibt es auch Ähnlichkeiten, besonders zwischen Verwandten. Diese Ähnlichkeiten beziehen sich verblüffenderweise nicht nur auf äußerliche Merkmale, sondern auch auf bestimmte Verhaltensweisen. Manchmal lassen sie sich über Generationen verfolgen. Dabei spielt sicherlich die Vererbung, aber auch der Einfluss der Umwelt eine Rolle. Die Ähnlichkeiten lassen sich eben in unterschiedlicher Ausprägung und manchmal gar nicht feststellen.
Ob überhaupt Regeln der Vererbung existieren, war lange ein Rätsel.
YVES DELAGE, ein französischer Wissenschaftler, vermerkte 1895: „*Es gibt keine Gesetze für die Ähnlichkeit zwischen dem Kind und seinen Eltern! Hier ist nichts richtig und alles möglich, angefangen damit, dass zwischen Kind und Eltern überhaupt nichts Gemeinsames besteht, über alle Zwischenstufen der Vermischung von Merkmalen und der Kombination von Ähnlichkeiten bis zu fast völliger Übereinstimmung zwischen dem Kind und einem Elternteil …*“

Erst dem Augustinermönch **JOHANN GREGOR MENDEL** (1822–1884) gelang der Durchbruch mit seiner Experimentiermethode, einschließlich der statistischen Auswertung. Er erkannte die nach ihm benannten **Vererbungsregeln.** Mit seinen fundamentalen Erkenntnissen stieß er 1866 auf Unglauben und geriet erst einmal in Vergessenheit.

Aufgaben

1. Beschreibe einen Freund bzw. eine Freundin. Welche Merkmale sind für diese Person charakteristisch?

2. Ermittle äußerliche Ähnlichkeiten und Verhaltensweisen, die in deiner Familie häufig auftreten.

1 Ähnlichkeit zwischen Eltern und Kindern

Mosaik

Johann Gregor Mendel – ein Mönch entdeckt die Vererbungsregeln

Johann Gregor Mendel wurde am 22.07.1822 als Sohn eines fronpflichtigen Bauern in Heinzendorf geboren. Dieser hielt im Garten seines Hauses Bienen und züchtete edle Obstsorten. Durch ihn und auch durch den Pfarrer und den Lehrer seines Heimatortes wurde Mendel in seiner Liebe zur Natur bestärkt. Frühzeitig lernte er einige biologische Veredlungsmethoden kennen, z. B. das Pfropfen der Obstbäume.

Trotz großer finanzieller Schwierigkeiten studierte er am Philosophischen Institut Olmütz (Olomouc), um Geistlicher zu werden. 1843 trat er als Novize in das Augustinerkloster von Brünn (Brno) ein und erhielt den Klosternamen Gregor. Sein Theologiestudium an der Universität Brünn begann er 1844. Er wurde 1847 zum Priester geweiht. Während des Studiums besuchte er auch Vorlesungen über Landwirtschaft, Obst- und Weinanbau. Diese Vorlesungen wurden von Diebl gehalten, der zusammen mit dem Abt des Brünner Klosters Napp im Klostergarten Versuche mit Pflanzen durchführte. Diesen Versuchsgarten übernahm Mendel 1848.

Da Mendel die Lehramtsprüfung für Griechisch, Deutsch und Mathematik nicht bestanden hatte – er sollte diese Fächer an einem Gymnasium unterrichten –, ging er nach Wien und studierte Naturwissenschaft. 1854 übernahm er in Brünn die Lehrstelle für Naturwissenschaft an der Deutschen Staatsoberrealschule. Im Kloster beschäftigte er sich mit Fragen der Meteorologie und widmete sich der Pflanzen- und Bienenzucht.

1855 begann Mendel mit den **Kreuzungsexperimenten** an Erbsen. Dabei erwies Mendel sich als sehr guter Experimentator und auch als ein talentierter Theoretiker, der die Mängel und Grenzen in den Arbeiten seiner Vorgänger erfasste.

Mendel wählte ein günstiges Forschungsobjekt und eine geeignete Versuchsdurchführung. Das Objekt fand er in der Saat-Erbse *(Pisum sativum).* Die Saat-Erbse ist ein Selbstbestäuber und Selbstbefruchter. Wenn er z. B. gelbsamige Erbsenpflanzen mit grünsamigen Erbsenpflanzen kreuzte, ging er wie folgt vor. Er entnahm der geöffneten Blüte einer Pflanze, die aus gelbem Samen hervorgegangen war, mit einem Tuschepinsel Pollen und übertrug diesen auf die Narbe einer noch ungeöffneten Blüte einer Pflanze, die aus einem grünen Samen gezüchtet war, und entfernte anschließend deren Staubblätter. So konnte sich diese Pflanze nicht mehr selbst bestäuben. Mendel führte seine Kreuzungsexperimente mit einer Vielzahl von Individuen durch und wertete die Ergebnisse mit statistischen Methoden aus. Auf dieser Grundlage konnte er allgemeingültige Regeln, die **mendelschen Regeln**, ableiten.

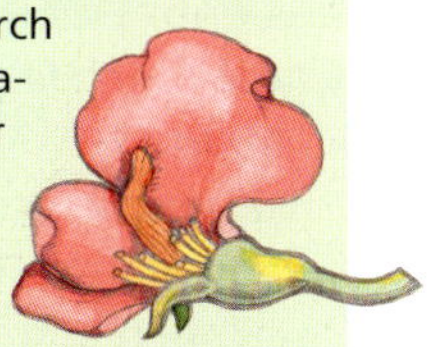

1866 veröffentlichte Mendel die Ergebnisse in seinem Aufsatz *„Versuche über Pflanzenhybriden“*. Er hatte in dieser Schrift seine Ergebnisse der modernen Vererbungslehre zusammengefasst, fand aber in der wissenschaftlichen Welt keine Beachtung. Drei Jahre später schrieb er den Artikel *„Über einige aus künstlicher Befruchtung gewonnenen Hieracium-Bastarde“*. Dann gab er seine Forschungen zur Vererbung auf. Er konzentrierte sich ganz auf sein geistliches Amt. Er starb am 6. Januar 1884 in Brünn.

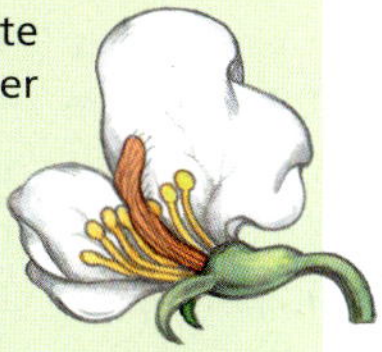

Unabhängig voneinander entdeckten um 1900 Correns, Tschermak und De Vries erneut die Vererbungsregeln. Erst später erkannten sie, dass ihre Entdeckung vorher schon von Mendel gemacht worden war.

1 Mendel als Mönch im Kloster

Mendels Kreuzungsexperimente

Mendels Experimente und die daraus resultierenden drei Regeln beruhen ausschließlich auf der statistischen Auswertung der Merkmalsverteilung nach Erbgängen von Generation zu Generation. Das forschungsmethodische Vorgehen wurde durch folgende Grundsätze geprägt:

- Mendel wählte als Objekt die Saat-Erbse (*Pisum sativum*). Sie bringt in kurzer Zeit viele Nachkommen hervor und kann sich selbst bestäuben und befruchten.
- Über zwei Jahre prüfte er, ob die äußeren Merkmale der Nachkommen denen der Eltern entsprachen, es also keine Merkmalsänderungen gab. Er züchtete in Bezug auf bestimmte Merkmale reinerbiges Saatgut.
- Mendel verglich keine Merkmale unterschiedlicher Arten, sondern bezog sich auf individuelle Merkmale der Saat-Erbsen-Pflanzen innerhalb einer Art.
- Er verglich die Nachkommen nicht als Ganzes mit ihren Eltern, sondern verglich immer nur ein Merkmal, was in zwei verschiedenen Varianten auftrat. Insgesamt erfasste Mendel sieben solcher Merkmalspaare. Dadurch wurde das Vererbungsgeschehen überschaubar.
- Mendel erfasste eine große Zahl von Individuen und wertete die Ergebnisse statistisch aus.

Bei seinen Experimenten übertrug Mendel beispielsweise Pollen aus der Blüte einer Pflanze (↗ Abb. 2), die aus gelbem Samen hervorgegangen war, auf die Narbe einer Pflanze, die aus grünem Samen hervorgegangen war (P - Elterngeneration, ↗ Abb. 1). Damit sich diese Blüte nicht selbst bestäubt, entfernte er vorher die Staubfäden (Kastration). Zusätzlich schützte er sie auch vor anderen Fremdbestäubungen.
Alle sich entwickelnden Samen (Erbsen) waren dann gelb (↗ Abb. 1, 3). Wenn er aus diesen Samen wieder Pflanzen zog (F_1 - erste Tochtergeneration), konnte er diese auch miteinander kreuzen und wiederum die Merkmalsverteilung beobachten (F_2 - zweite Tochtergeneration, ↗ Abb. 3), auszählen und statistisch auswerten.

1 Kreuzungsexperiment mit dem Merkmalspaar Samenfarbe gelb und grün

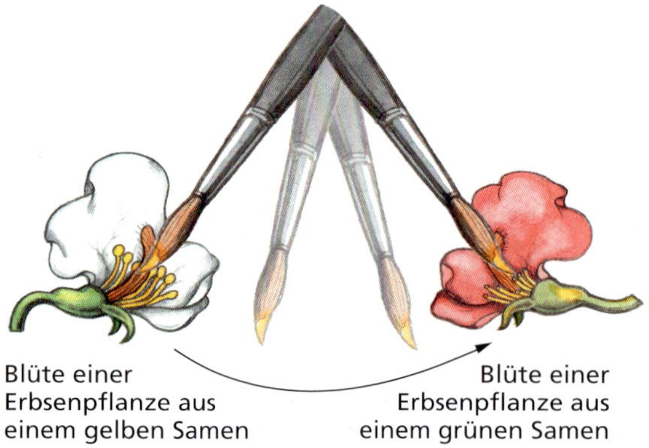

2 Mendels Experiment mit Erbsenpflanzen

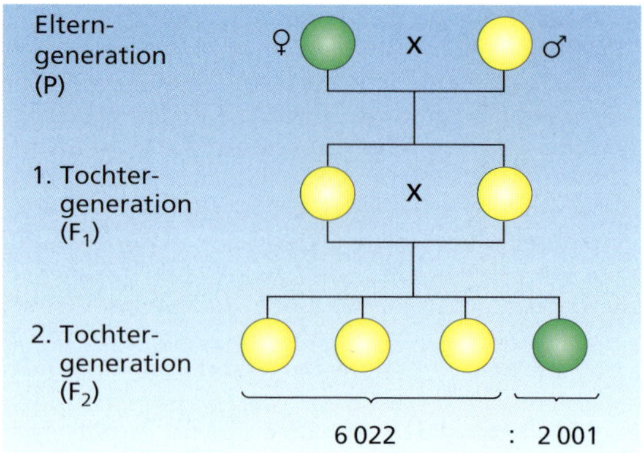

3 Kreuzungsergebnisse (Merkmal Samenfarbe)

MENDELS besondere Leistung war, dass er seine Kreuzungsexperimente so anlegte, dass eine statistische Auswertung möglich war. So konnte er aus der großen Zahl der Einzelergebnisse einfache Mengenverhältnisse ableiten, die ihn zu folgender entscheidender Schlussfolgerung veranlassten:
MENDEL stellte fest, dass die **Vererbung nach festen Regeln** erfolgt. Er erkannte auch, dass nicht die Merkmale **vererbt werden,** sondern **Anlagen,** die für die Ausbildung bestimmter Merkmale verantwortlich sind.
Wenn man annahm, dass sich diese Erbanlagen der Eltern auch in den beiden Keimzellen befanden, dann waren in der Zygote jeweils **zwei Erbanlagen für jedes Merkmal** enthalten, eine von der Mutter und eine vom Vater. Mit dieser Annahme konnte MENDEL erklären, dass aus einer Kreuzung von Erbsenpflanzen, deren Samen eine grüne Schale haben, mit solchen, die eine gelbe Samenschale haben, nur Erbsen mit gelben Samen hervorgehen. Die beiden Erbanlagen – so folgerte MENDEL – sind unterschiedlich stark. Nur die stärkere wirkt sich auf das Merkmal aus. Die Erbanlagen gehen aber nicht verloren, denn in der nächsten Generation treten wieder grünsamige Erbsenpflanzen auf.

Heute werden die Erbanlagen, die zur Ausprägung eines Merkmals (z. B. Samenfarbe) notwendig sind, **Gene** bzw. **Genorte** genannt, da mitunter mehr als ein Gen dafür verantwortlich ist. Da ein Gen zu unterschiedlicher Merkmalsausprägung führen kann (z. B. grün und gelb), kann man sich vorstellen, dass es verschiedene Versionen eines Gens geben muss. Diese werden **Allele** genannt.

Die Einheitlichkeit der Nachkommen der gelb- und grünsamigen Erbsen in der **1. Tochter- bzw. Filialgeneration (F_1-Generation)** begründet MENDEL damit, dass es **Merkmal bestimmende (dominante)** und zurücktretende bzw. **Merkmal unterlegene (rezessive) Erbanlagen** gibt.
CARL ERICH CORRENS (1864–1933) fand später bei der Japanischen Wunderblume noch eine gleichwertige, gemischte Merkmalsausbildung; sie wird als **intermediär** bezeichnet (↗ S. 115).

MENDEL führte eine **Buchstabensymbolik** ein, um den Erbgang eines Merkmals genauer verfolgen zu können. In Körperzellen befindet sich immer ein Allelpaar und in Keimzellen nur ein einzelnes Allel. Dabei unterschied er zwischen der Gesamtheit der Erbanlagen (Genotyp) und der Gesamtheit der Merkmale, dem Erscheinungsbild (Phänotyp) eines Organismus.

Dominante Allele werden mit großen Buchstaben und rezessive Allele mit kleinen Buchstaben gekennzeichnet. Jedem Gen werden somit zwei Buchstaben zugeordnet.

Die Körperzellen können folgende Allelpaare enthalten:
AA – reinerbig mit zwei dominanten Allelen,
aa – reinerbig mit zwei rezessiven Allelen,
Aa – mischerbig mit einem dominanten (A) und einem rezessiven (a) Allel.

JOHANN GREGOR MENDEL kam durch umfangreiche Kreuzungsversuche an Pflanzen und deren statistische Auswertung zu allgemeingültigen Regeln über die Vererbung von Anlagen.

Bezeichnungen für die Darstellung von Erbgängen	
P	Eltern- (**P**arental-) generation
F_1	1. Tochter- (**F**ilial-) generation
F_2	2. Tochtergeneration
X	Kreuzung von zwei Individuen
großer Buchstabe	dominantes Allel
kleiner Buchstabe	rezessives Allel (intermediär: zwei kleine unterschiedliche Buchstaben)
reinerbig	homozygot, Allele eines Gens sind gleich
mischerbig	heterozygot, Allele eines Gens unterscheiden sich

1 Die Bezeichnungen sind lateinisch: *parentes* = Eltern; *filia* = Tochter; *homo* = gleich; *hetero* = verschieden; *dominare* = herrschen; *recedere* = zurücktreten

Die mendelschen Regeln

Uniformitäts- und Spaltungsregel

MENDELS Beobachtungen und Ergebnisse werden in den mendelschen Regeln zusammengefasst. Ausgehend von MENDELS Forschungsgrundlagen wird bei der 1. und 2. mendelschen Regel nur ein Merkmalspaar betrachtet.

Zuerst einmal wird von Individuen ausgegangen, die hinsichtlich des ausgewählten Merkmals reinerbig sind. Das bedeutet, die jeweiligen Allele für dieses Merkmal sind gleich.
Betrachtet man das Merkmal Farbe bei Erbsensamen, dann ist das Allel für die gelbe Farbe dominant, das Allel für die grüne Farbe rezessiv.

G: gelb/dominant g: grün/rezessiv

Bei der Kreuzung einer reinerbig gelbsamigen Pflanze (Genotyp: GG) mit einer reinerbig grünsamigen Pflanze (Genotyp: gg) führen die Kombinationsmöglichkeiten der Keimzellen zu folgenden Genotypen in der ersten Tochtergeneration:

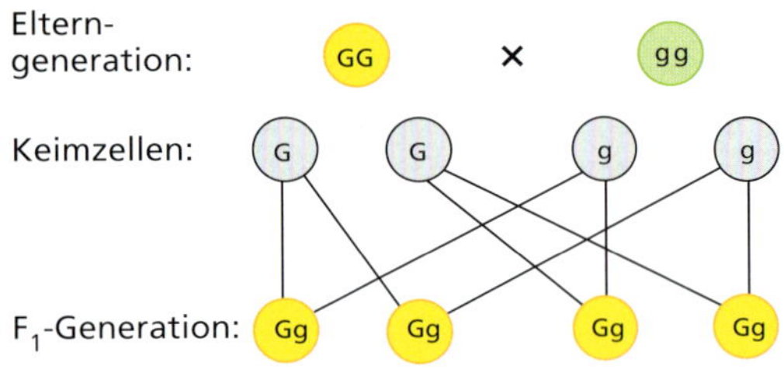

Die Ergebnisse von Kreuzungsexperimenten sowie die Erbgänge können in einem **Kreuzungsschema** dargestellt werden (↗ Abb. oben).

Alle Nachkommen der ersten Tochtergeneration weisen hinsichtlich des betrachteten Merkmals den gleichen Genotyp (Gg) auf. Ihre Samen sind alle gelb (gleicher Phänotyp). Nach dieser Gleichheit (Uniformität) heißt die 1. mendelsche Regel **Uniformitätsregel.**

Die 1. mendelsche Regel (Uniformitätsregel) lautet: Kreuzt man reinerbige Eltern (P), die sich in einem Merkmal reinerbig unterscheiden, so sind alle Nachkommen (F_1) untereinander gleich.

Dominant-rezessiver Erbgang

1. mendelsche Regel – Uniformitätsregel

Elterngeneration (P-Generation) GG ♀ × gg ♂

Genotyp (Erbbild): reinerbig dominant (Merkmal bestimmend) – reinerbig rezessiv (Merkmal unterlegen)

Phänotyp (Erscheinungsbild): gelb – grün

Keimzellen

1. Tochtergeneration (F_1-Generation)

♂ \ ♀	G	G
g	Gg	Gg
g	Gg	Gg

Genotyp (Erbbild): Gg mischerbig

Phänotyp (Erscheinungsbild): gelbe Samenschale

2. mendelsche Regel – Spaltungsregel

1. Tochtergeneration (F_1-Generation) Gg Gg Gg Gg

Genotyp: Gg mischerbig

Phänotyp: gelbe Samenschale

Keimzellen der F_1-Generation ♀ G g × G g ♂

2. Tochtergeneration (F_2-Generation)

♂ \ ♀	G	g
G	GG	Gg
g	Gg	gg

Genotyp: **1** GG : **2** Gg : **1** gg

Phänotyp: **3** gelbe : **1** grüne Samenschale

MENDEL kreuzte die mischerbigen Nachkommen der 1. Tochtergeneration (F_1-Generation, ↗ Abb. rechts, S. 114) und untersuchte das Aussehen der Nachkommen in der 2. Tochtergeneration (F_2-Generation). Die festgestellten Ergebnisse konnten in der **2. mendelschen Regel** zusammengefasst werden. Die einheitlichen Merkmale der mischerbigen 1. Tochtergeneration spalten sich in der 2. Tochtergeneration in einem bestimmten Zahlenverhältnis auf.

Die Regel wurde deshalb **Spaltungsregel** genannt.

> Die 2. mendelsche Regel (Spaltungsregel) lautet: Kreuzt man die Individuen der F_1-Generation untereinander, so erhält man in der F_2-Generation eine Aufspaltung der Merkmale in festen Zahlenverhältnissen.

Beim **dominant-rezessiven Erbgang** erfolgt die Aufspaltung in der F_2-Generation im Verhältnis 3 : 1 des dominanten zum rezessiven Phänotyp. Im Genotyp liegt ein Verhältnis 1 : 2 : 1 zwischen reinerbig-dominant zu mischerbig zu reinerbig-rezessiv vor (↗ Abb. S. 114 unten rechts).

CARL ERICH CORRENS (1864–1933), ein deutscher Botaniker, bestätigte 1900 MENDELS Beobachtungen durch seine Experimente mit der Japanischen Wunderblume *(Mirabilis jalapa)*. Bei der hier auftretenden **intermediären Vererbung** führt die Kreuzung weiß blühender und rot blühender Pflanzen in der F_1-Generation zu einheitlich rosa blühenden Nachkommen **(Uniformitätsregel).**

Das Erscheinungsbild, der Phänotyp, liegt zwischen den beiden elterlichen Phänotypen. Beim intermediären Erbgang erfolgt im Phäno- und Genotyp (F_2) eine Aufspaltung im Zahlenverhältnis 1 : 2 : 1 zwischen der einen reinerbigen Form, der Mischform und der anderen reinerbigen Form **(Spaltungsregel,** ↗ Abb. unten).

Diese Zahlenverhältnisse entstehen durch die Weitergabe von jeweils der Hälfte der Chromosomen aus den Keimzellen der Mutter und denen des Vaters mit dem entsprechenden Allel (Meiose, ↗ S. 102).

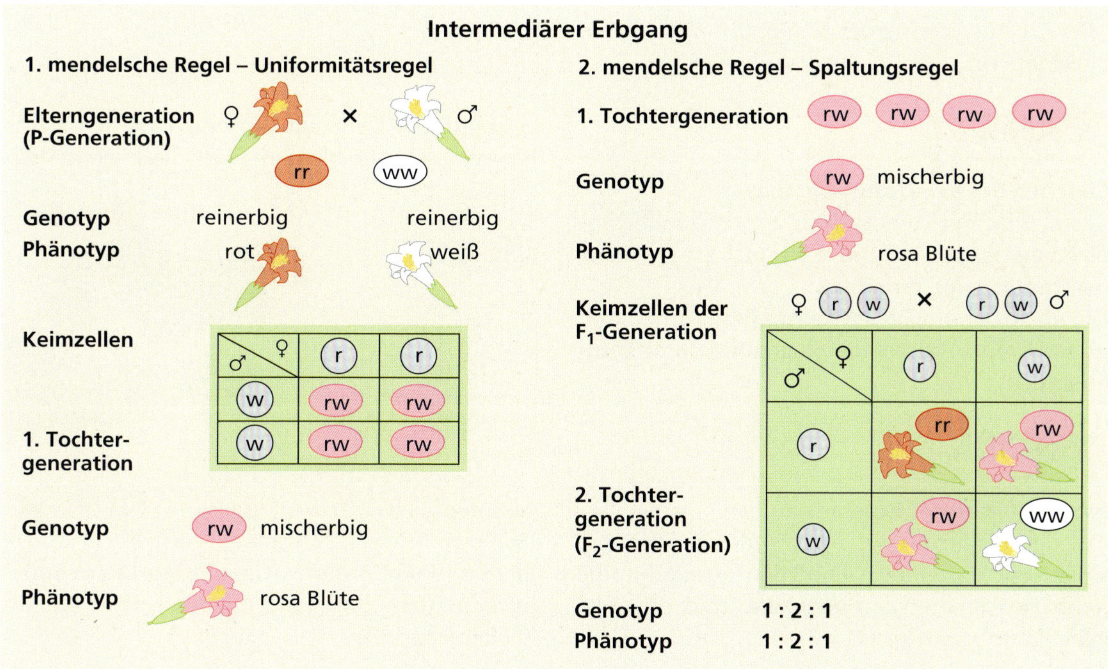

Erstellen eines Kreuzungsschemas

Aufgabenstellungen im Biologieunterricht beschreiben mitunter Vererbungen von Merkmalsanlagen von einer Generation zur anderen und erfordern das Aufstellen von Kreuzungsschemata. Zur Lösung kannst du in folgenden Schritten vorgehen:

1. Schritt

Analysieren der Aufgabenstellung
Entnimm der Aufgabenstellung Informationen zum Merkmal (Phänotyp bzw. Genotyp). Ziehe Schlussfolgerungen zur Art des Erbgangs. Außerdem musst du wissen, welche Generation gekreuzt werden soll.

Beispiel
Eine Rasse reinerbiger schwarzer Hühner wurde mit einer Rasse reinerbiger weißer Hühner gekreuzt. In der F_1-Generation traten einheitlich Hühner mit einem Blauton auf. Daher erhielten die Hühner den Namen Blaue Andalusier. Der Züchter möchte nun wissen, ob und mit welcher Wahrscheinlichkeit bei der Kreuzung der F_1-Individuen Blaue Andalusier auftreten können.

Merkmal:	Federfarbe
Phänotyp der F_1-Generation:	Blauton
Genotyp:	mischerbig
Erbgang:	intermediär
zu kreuzende Generation:	F_1

2. Schritt

Erstellen einer Legende
Bevor ein Kreuzungsschema erstellt werden kann, legt man eindeutige Symbole fest. Jedes Allel zur Ausprägung des Merkmals erhält einen Buchstaben.

Allel für das Merkmal schwarz: s
Allel für das Merkmal weiß: w

3. Schritt

Erstellen des Kreuzungsschemas
Zuerst wird der Genotyp der zu kreuzenden Individuen festgelegt (pro Merkmal zwei Allele, mischerbig oder reinerbig).
Die Allele der möglichen Keimzellen werden nun in das Kreuzungsschema eingetragen und kombiniert.

Es soll die F_1-Generation gekreuzt werden. Beide Elternteile sind im Blauton gefärbt und mischerbig.

Weibchen: ws
Männchen: ws

♂ \ ♀	w	s
w	ww	ws
s	ws	ss

4. Schritt

Interpretation der Ergebnisse
Aus dem Kreuzungsschema werden die Häufigkeiten der einzelnen Genotypen ermittelt, die jeweiligen Phänotypen abgeleitet und die Ausgangsfrage beantwortet.

Genotyp: 1x ww, 2x ws, 1x ss
Phänotyp: 1x weiß, 2x Blauton, 1x schwarz (1 : 2 : 1)
Ja, es können in der F_2-Generation Blaue Andalusier auftreten und zwar mit einer Wahrscheinlichkeit von 50 %.

Erarbeitung der mendelschen Regeln

Rote Rosen und weiße Rosen sollen bis zur F2-Generation gekreuzt werden. Die Rosen der F1-Generation blühen rosa. Vollziehe die Gen- und Allelverteilung in einem Modellversuch nach.

Materialien:
5 Bechergläser, je 40 Kugeln in zwei unterschiedlichen Farben (z.B. rot, weiß), Tuch als Augenbinde

Durchführung:
1. Arbeitet in Zweiergruppen zusammen. Bedenkt vor Beginn des Versuchs, dass jeweils eine Kugel für ein Allel eines Individuums Modell steht.
2. Gebt die roten und die weißen Kugeln jeweils in ein Becherglas.
3. Fügt nun jeweils eine rote und eine weiße Kugel in ein drittes Becherglas zusammen.
4. Macht das so lange, bis alle Kugeln beider Farben in dem einen Becherglas sind.
5. Verteilt nun die Kugeln aus diesem Becherglas gleichmäßig auf drei Bechergläser. Dabei entnimmt ein Schüler eurer Gruppe nun mit verbundenen Augen mit jeder Hand aus diesem Becherglas eine Kugel.
   Der zweite Schüler sortiert die gezogenen Kugeln nach der Farbe in drei Kategorien.
   In das erste Becherglas kommen die Kugeln, wenn beide rot sind, ins zweite rot und weiß und ins dritte zwei weiße.

Auswertung:
1. Nennt die entstandenen Geno- und Phänotypen. Berechnet ihr Zahlenverhältnis.
2. Vergleicht eure Ergebnisse mit denen der anderen Arbeitsgruppen.
   Ermittelt die Summe der Geno- und Phänotypen aller Arbeitsgruppen und berechnet daraus das Zahlenverhältnis.
3. Stellt eure Ergebnisse übersichtlich dar (↗ Abb.).
4. Interpretiert und diskutiert das Gesamtergebnis.
5. Welche mendelschen Regeln habt ihr modellhaft nachgestellt?
   Vergleicht die von euch errechneten Zahlenverhältnisse mit den durch die mendelschen Regeln zu erwartenden.
6. Übertragt eure Ergebnisse auf einen anderen Erbgang.
7. Welchen Vorgang habt ihr mit Schritt 3 modelliert?
8. Wie viele Individuen hat jede Arbeitsgruppe nachgestellt?
9. Worin liegen die Schwächen des Modells?

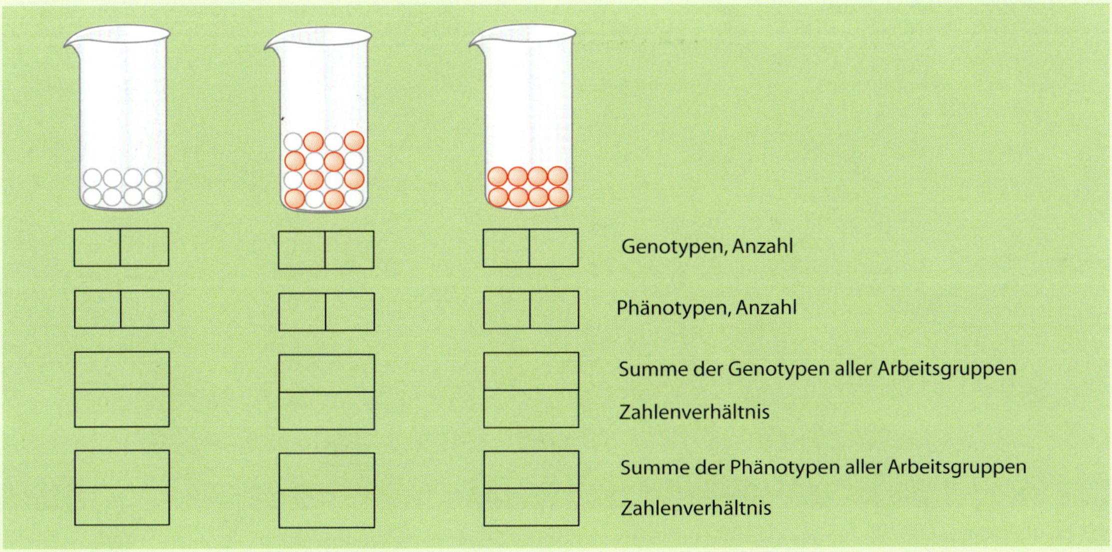

Die 3. mendelsche Regel

Bisher hatte MENDEL in seinen Kreuzungsexperimenten mit den Erbsenpflanzen immer nur ein Merkmalspaar unterschieden. In diesem Fall spricht man von einem **monohybriden Erbgang.** Das bedeutet, es kommt zur Ausbildung von einem heterozygoten Allelpaar bei den Nachkommen der 1. Tochtergeneration.
MENDEL kreuzte aber auch Erbsensorten, die sich in zwei Merkmalspaaren, nämlich Samenfarbe (gelb/grün) und Samenform (rund/runzlig), voneinander unterschieden. Die Eltern hatten gelbe, runde und grüne, runzlige Samen (↗S. 119). Für die Ausprägung dieser beiden Merkmale (Samenfarbe und Samenform) sind zwei unterschiedliche Allelpaare verantwortlich. Dabei handelt es sich um einen **dihybriden Erbgang.**

In der F_1-Generation fand er nur gelbe, runde Samen. Damit bestätigte sich die **Uniformitätsregel.** In der F_2-Generation erhielt er 556 Samen, von denen 315 gelb und rund, 101 gelb und runzlig, 108 grün und rund und 32 grün und runzlig waren. Dabei wird jedes Merkmal bildende Allel frei kombiniert.
Das bedeutet ein Spaltungsverhältnis aller möglichen Phänotypen von 9 : 3 : 3 : 1 und für jedes Merkmal selbst betrachtet wieder von 3 : 1. Das Verhältnis der Genotypen in der F_2-Generation entsteht also nach der **Spaltungsregel** einzelner Allelpaare, die frei kombiniert werden.
Betrachtet man das Kreuzungsschema (↗S. 119), so fällt auf, dass Erbsen entstanden sind, deren Merkmalskombinationen weder in der Elterngeneration noch in der 1. Tochtergeneration auftraten, nämlich gelb und runzlig sowie grün und rund. Die Erbanlagen (Gene) für die untersuchten Merkmale Form und Farbe wurden unabhängig voneinander vererbt und neu miteinander kombiniert.

Deshalb heißt die **3. mendelsche Regel** auch **Unabhängigkeitsregel** oder **Regel von der Neukombination der Erbanlagen.**

> Die 3. mendelsche Regel:
> Werden zwei Individuen gekreuzt, die sich in mehreren Merkmalen reinerbig unterscheiden, so werden die Erbanlagen frei kombiniert und unabhängig voneinander vererbt.

1 Viele verschiedene Merkmale werden von Generation zu Generation weitervererbt.

P-Generation (Elterngeneration)

G gelb (dominant)
R rund (dominant)
g grün (rezessiv)
r runzlig (rezessiv)

Genotyp ♀ GGRR × ggrr ♂

Phänotyp gelb und rund — grün und runzlig

Keimzellen GR GR gr gr

F_1-Generation (1. Tochtergeneration)

♂ \ ♀	GR	GR
gr	GgRr	GgRr
gr	GgRr	GgRr

Genotyp GgRr mischerbig

Phänotyp gelb und rund

Keimzellen der F_1-Generation ♀ GR Gr gR gr × GR Gr gR gr ♂

F_2-Generation (2. Tochtergeneration)

♂ \ ♀	GR	Gr	gR	gr
GR	GGRR	GGRr	GgRR	GgRr
Gr	GGRr	GGrr	GgRr	Ggrr
gR	GgRR	GgRr	ggRR	ggRr
gr	GgRr	Ggrr	ggRr	ggrr

Genotyp GGRR (1), GGrr (1), ggRR (1), ggrr (1) reinerbig

GGRr (2), GgRR (2), GgRr (4), Ggrr (2), ggRr (2) mischerbig

Phänotyp 9 gelb/rund, 3 gelb/runzlig, 3 grün/rund, 1 grün/runzlig

1 Kreuzungsschema zur 3. mendelschen Regel (Unabhängigkeitsregel; ▭ reinerbige Neukombinationen)

Biologie im Alltag

Neukombination der Erbanlagen (Gene) und ihre Nutzung

Die Aufspaltung und Neukombination der Erbanlagen ist eine Ursache für die genetische Mannigfaltigkeit der Organismen. Sie ergibt sich letztendlich aus der Trennung und Verteilung der Gene bei der Meiose bei den Eltern (Keimzellenbildung) und aus der Zufälligkeit der Kombination der Gene bei der Befruchtung.
Die geschlechtliche Fortpflanzung sorgt also in jeder Generation für eine völlig neue Kombination der vorhandenen Gene bzw. Allele. Dadurch wird jeder neue Organismus zu einem genetisch einmaligen Individuum.
Allerdings ist die **3. mendelsche Regel** nicht uneingeschränkt gültig, da die Gene auf Chromosomen zusammengefasst sind. Die zwei homologen Chromosomen, die von Vater und Mutter stammen, tauschen während der Meiose zwar Abschnitte miteinander aus (↗ S. 103). Je dichter zwei Gene auf einem Chromosom beieinander liegen, desto größer ist jedoch die Wahrscheinlichkeit, dass sie nicht unabhängig sondern „gekoppelt" vererbt werden. Die Häufigkeit der **gekoppelten Vererbung** von zwei Genen kann man nutzen, um ihren Abstand auf dem Chromosom zu bestimmen. Auf diese Weise konnte man schon Chromosomenkarten erstellen, lange bevor eine Genomkartierung auf DNA-Basis möglich war.

Seit der Mensch Ackerbau betreibt, werden die Kulturpflanzen und Haustiere von ihm auch „gezüchtet" und dabei genetisch verändert. Durch die Aufklärung der Vererbungsgesetze konnte die **Tier- und Pflanzenzüchtung** jedoch optimiert werden. Insbesondere gelang es nun viel besser, gezielt verschiedene erwünschte Merkmale zu kombinieren.
So wurden durch **Kombinationszüchtung** z. B. verschiedene Tomaten- und Kartoffelsorten (↗ Abb. 1) oder auch Getreidesorten mit höheren Erträgen und größerer Widerstandsfähigkeit gegenüber den Umweltfaktoren gezüchtet.

Dabei ist diese nach den mendelschen Regeln vorgehende Züchtung ein relativ aufwendiger Vorgang. Zunächst müssen von Wissenschaftlern in langjährigen Kreuzungsexperimenten neue Kombinationen der Erbanlagen gesucht werden. Dabei greifen die Züchter auf Methoden von Mendel zurück, wie Auslese von Organismen mit bestimmten Merkmalen, gezielte Kreuzung mit ausgewählten anderen Organismen und gründliche statistische Auswertung der Kreuzungsergebnisse über mehrere Generationen.

Ein Beispiel dafür ist die Züchtung von sogenanntem **„00-Raps"** in den 1970er- und 1980er- Jahren. Raps enthielt früher reichlich Stoffe, die ihn als Nahrungsmittel ungeeignet machten. Deshalb wurde er lange Zeit nicht für Nahrungs- und Futtermittel verwendet. „00-Raps" ist fast frei von diesen Stoffen. Nach der Entwicklung der 00-Sorten sind der Rapsanbau und die Verwendung von Raps sehr stark angestiegen.

Ziele bei der **Pflanzenzüchtung** sind neben höheren Erträgen und größerer Widerstandsfähigkeit gegen Krankheiten und Schädlinge auch eine leichte maschinelle Ernte und Verarbeitung, eine gute Lagerfähigkeit und Anpassung an Kulturbedingungen sowie bestimmte konkrete Qualitätsmerkmale.

1 Durch Züchtung entstanden diese unterschiedlichen Kartoffeln.

1 Rinderrassen, durch Züchtung entstanden

Vergleichbare Ziele gibt es auch in der **Tierzucht.** So wird bei den Tieren durch Kombinationszüchtung versucht, Anlagen für wertvolle Merkmale unterschiedlicher Tierrassen miteinander zu kombinieren und in Höchstleistungsrassen zu vereinen.
Es sind z. B. im Schwarzbunten Milchrind die Gene für hohe Milchleistung des Holstein-Friesian-Rinds, für hohen Milchfettgehalt die Gene des Dänischen Jersey-Rinds und die Gene des Schwarzbunten Rinds für gute Fleischbildung vereint (↗Abb. 1). Das Schwarzbunte Milchrind wird zur Zucht und Vermehrung identischer Hochleistungstiere genutzt (↗S. 127).

Der Vorfahre unserer heutigen Rinder ist der Ur- oder Auerochse (↗Abb. 2). Die Kühe gaben jährlich ca. 600 Liter Milch. Die jährliche Milchleistung der heutigen Kühe liegt im Durchschnitt bei 5 000 bis 7 000 Litern, in Abhängigkeit von Rasse und Haltung. Einzelne Tiere erreichen eine Jahresmilchleistung von 11 000 Litern.

Nur ein außerordentlich geringer Teil der auf der Erde vorkommenden Pflanzen- und Tierarten wird gegenwärtig als Nutzpflanzen bzw. Nutztiere vom Menschen angebaut bzw. gehalten. Da die Anzahl der Menschen auf der Erde ständig wächst, kommt der Züchtung neuer Pflanzensorten und Tierrassen auch weiterhin eine große Bedeutung zu.

Die Neukombination der Erbanlagen (Gene) bei der Bildung der Keimzellen und der Befruchtung der Eizelle während der geschlechtlichen Fortpflanzung ist eine Ursache für die Variabilität der Organismen.
Der Mensch nutzt die Neukombination der Erbanlagen in der Tier- und Pflanzenzüchtung.

2 Dieses durch Rückzüchtung entstandene Rind ähnelt dem Auerochsen stark.

Gewusst · Gekonnt

1. Ergänze dein Glossar durch folgende Begriffe: Allel, Phänotyp, Genotyp, dominant, rezessiv, reinerbig, mischerbig, intermediär, monohybrid, dihybrid, Kreuzungsschema, Erbgang, Uniformitätsregel, Spaltungsregel, Unabhängigkeitsregel.

2. Erst nach vielen Kreuzungsversuchen hat MENDEL die Ergebnisse seiner Untersuchungen in Regeln formuliert. Falls an der Schule vorhanden, mache dich mit dem Simulationsprogramm „MENDEL" vertraut. Simuliere Kreuzungen und betrachte am Bildschirm die Merkmale der Nachkommen in der 1. Tochtergeneration.

3. Ein reinerbig blau blühendes und ein reinerbig weiß blühendes Stiefmütterchen werden miteinander gekreuzt. Die F_1-Nachkommen blühen blau.

a) Ermittle die Art der Merkmalsausbildung.
b) Gib den Eltern und den F_1-Nachkommen entsprechende Symbole.
c) Stelle die Kreuzungsschemata bis zur F_2-Generation auf.

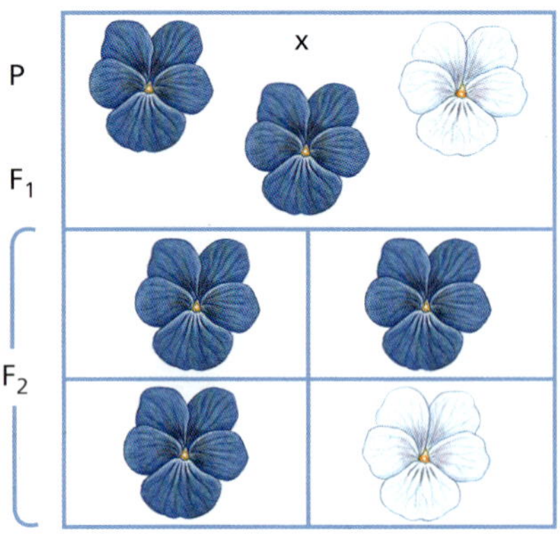

4. Ein blau blühendes und ein rot blühendes Stiefmütterchen werden miteinander gekreuzt.

a) Entscheide anhand der Abbildung, welcher Erbgang vorliegt. Begründe.
b) Gib den Eltern und den Nachkommen entsprechende Symbole und stelle die Kreuzungsschemata bis zur F_2-Generation auf.

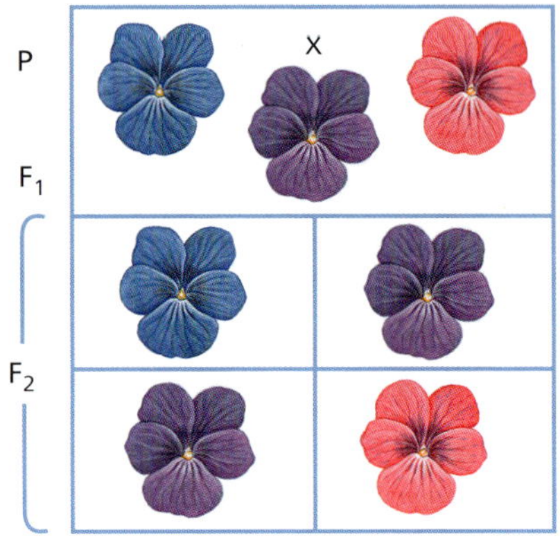

5. a) Benenne die allgemeinen Regeln, die sich in dem Erbgang für den Blattrand der Brennnessel widerspiegeln (↗ Abb.).
b) Gib den Genotyp zu den dargestellten Phänotypen an. Begründe mit dem entsprechenden Erbgang.

c) Erstelle ein Kreuzungsschema zum dihybriden Erbgang (Blattfarbe und Blattrand).

6. Rechtshändigkeit wird dominant vererbt. In welchem Verhältnis müsste nach der Spaltungsregel die Rechts- und Linkshändigkeit vorliegen? Erfasst in der Klasse die Häufigkeit der Rechts- und Linkshänder. Wertet das Ergebnis statistisch aus und interpretiert es.

Mendel – Begründer der Genetik

Johann Gregor Mendel (1822–1884) führte von 1855 bis 1864 im Klostergarten zu Brünn (Brno) Kreuzungsexperimente mit der Saat-Erbse *(Pisum sativum)* durch. Sie waren die Grundlage für die Formulierung der mendelschen Regeln im Jahre 1866, die die Grundregeln der Vererbung darstellen.

Mendelsche Regeln

1. Uniformitätsregel:
   Kreuzt man Eltern, die sich in einem Merkmal reinerbig unterscheiden, sind alle Nachkommen der F_1-Generation gleich (uniform).

2. Spaltungsregel:
   Kreuzt man die Individuen der F_1-Generation untereinander, so erhält man in der F_2-Generation eine Aufspaltung der Merkmale in festen Zahlenverhältnissen.

3. Unabhängigkeitsregel:
   Kreuzt man Eltern, die sich in mehreren Merkmalen reinerbig unterscheiden, so werden die Erbanlagen frei kombiniert und unabhängig voneinander vererbt.
   Diese Regel gilt nur eingeschränkt, da Gene in Chromosomen auch gekoppelt vorliegen.

Monohybrider, dominant-rezessiver Erbgang

Elterngeneration (P-Generation)

Keimzellen

1. Tochtergeneration (F_1-Generation)

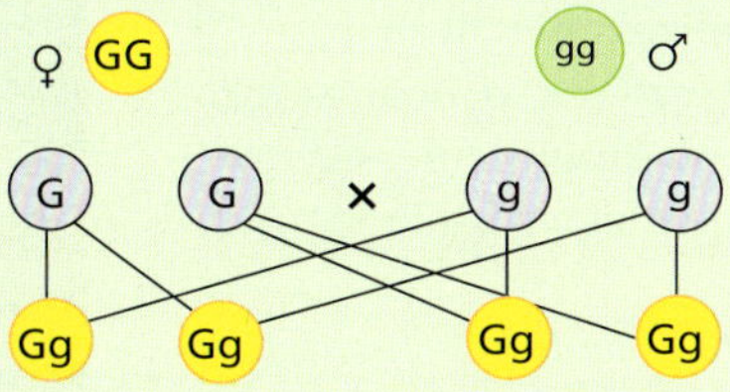

Uniformitätsregel

Keimzellen ♀ G g × G g ♂

2. Tochtergeneration (F_2-Generation)

♂ \ ♀	G	g
G	GG	Gg
g	Gg	gg

Genotyp (Erbbild) **1** GG reinerbig : **2** Gg mischerbig : **1** gg reinerbig **Spaltungsregel**

Phänotyp (Erscheinungsbild) **3** gelb : **1** grün

3.3 Wissenschaftliche und medizinische Anwendungen der Genetik

Pro und kontra

Durch die Anwendung neuer Techniken und Methoden in Biologie und Medizin eröffnen sich vielfältige Möglichkeiten des Fortschritts. Sie können faszinieren, Hoffnung erwecken, beängstigen oder Ablehnung hervorrufen. Eine kritische Auseinandersetzung mit den immer weiter reichenden Konsequenzen wirft Fragen zu unserem Selbstverständnis auf.
Helfen diese neuen Methoden dem Menschen, seine Lebenssituation zu verbessern oder öffnen sie Wege zum Missbrauch?

Gentherapie – Methode mit Zukunft?

Eine Reihe von Erkrankungen könnten durch die Transplantation von genetisch veränderten Zellen geheilt werden.
Ist das reale Zukunft oder eher Wunschdenken?
Wäre diese Methode mit Risiken verbunden?

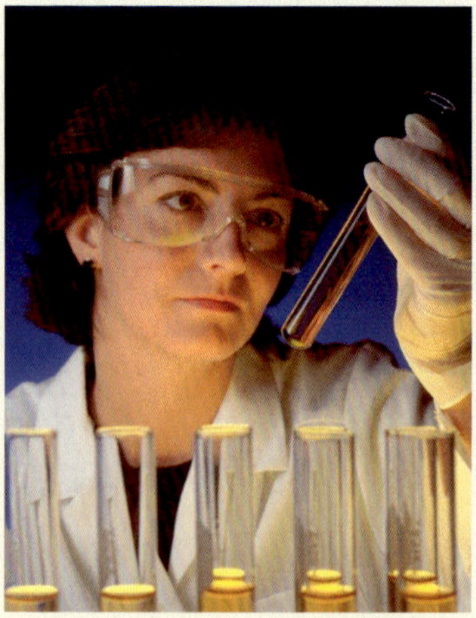

In vitro

Experimente „im Glas“ sollen stellvertretend sein für die Vorgänge im lebenden Organismus (in vivo).
Können in vitro gezüchtete Lebewesen in der reellen Welt existieren?

Reproduktionsbiologie und Stammzellenforschung

Künstliche Befruchtung

Der Geistliche und Physiologe LAZZARO SPALLANZANI (1729–1799) führte im Jahre 1780 erstmals eine künstliche Befruchtung bei Hunden durch: er übertrug Sperma eines Spaniel-Rüden in die Vagina einer läufigen Hündin, die, wie er berichtete, nach zwei Monaten drei gesunde Welpen zur Welt brachte.

Unter Befruchtung versteht man das Verschmelzen von Kern und Zellplasma der männlichen und weiblichen Keimzelle. Bei den Tieren sind dies Sperma- und Eizellen, die bei der Begattung zusammenkommen.

Seit vielen Jahrzehnten wird inzwischen die **künstliche Befruchtung** routinemäßig in der Tierzucht angewandt (z. B. bei Hauspferden, Fleischrindern, Milchkühen, Bienen, aber auch bei seltenen Zootieren). Dabei werden die Spermien von besonders erfolgreichen oder leistungsstarken Vätern in entsprechende Muttertiere eingebracht, ohne dass die Geschlechtspartner zusammentreffen.

Die Erfolgsrate der künstlichen Befruchtung liegt allerdings mit 65 % niedriger als die des sogenannten Natursprungs (85 %).

1 Durch den Einsatz künstlicher Besamungstechnologien kann ein Zuchtbulle bis zu 1 Million Jungtiere (er-)zeugen.

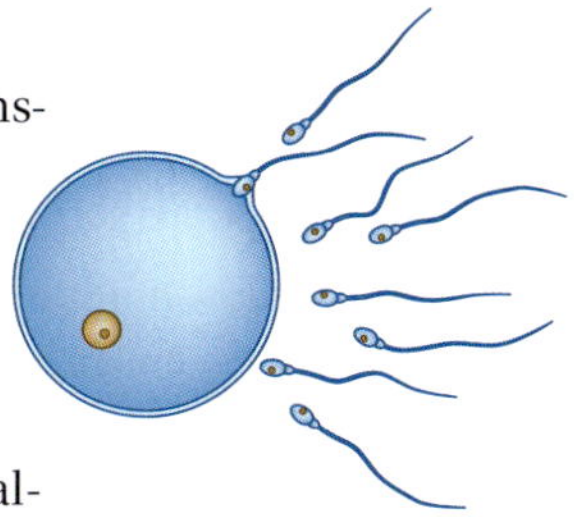

Dennoch hat diese Vorgehensweise **Vorteile** für die Züchter:

- der Transportaufwand wird geringer;
- mögliche Unverträglichkeiten zwischen den Sexualpartnern, z. B. in Bezug auf das Verhalten oder den Körperbau, werden umgangen (Ein Zuchtbulle kann es auf über 1 500 kg Lebendgewicht bringen.);
- das bei einer Abgabe gewonnene Überangebot an Spermien wird in Portionen aufgeteilt und für zusätzliche Besamungsvorgänge genutzt; dies führt zu einer enormen Erhöhung der Nachkommenzahl;
- tiefgefrorene Spermien können auch nach dem Tod des Erzeugers eingesetzt werden.

Problematisch ist jedoch die geringe Anzahl der Spender im Verhältnis zur Anzahl der Nachkommen. Denn dadurch reduziert sich die mögliche Gen-Vielfalt innerhalb eines Zuchtstammes außerordentlich.

Viele Techniken und Methoden zur künstlichen Befruchtung, die in der Tierzucht eingesetzt werden, sind im Prinzip auch beim Menschen anwendbar. Allerdings werden sie hier aus ethischen Gründen nur in medizinisch begründetem Kontext genutzt (↗ S. 126).

So kann der Kinderwunsch von unfruchtbaren Paaren in vielen Fällen durch die Anwendung der **assistierenden Reproduktionstechniken (ART)** erfüllt werden. Je nach Problemlage führen Ärzte künstliche Befruchtungen innerhalb oder außerhalb des weiblichen Körpers durch. Sie reichern Spermien im Ejakulat an, frieren sie ein oder injizieren sie bei reduzierter Beweglichkeit direkt in die Eizelle (intracytoplasmatische Spermieninjektion).

Die durch künstliche Befruchtung außerhalb des Körpers entstandenen Kinder werden umgangssprachlich als Retortenbabys bezeichnet.

Unfruchtbarkeit beim Menschen

Man schätzt, dass jede zweite Schwangerschaft beim Menschen bereits in den ersten Wochen oft unbemerkt auf natürlichem Wege endet. Das befruchtete Ei hat sich dann nicht richtig in der Gebärmutter eingenistet und geht bei der nächsten (ggf. verstärkten) Monatsblutung ab. Ursachen dafür sind meist Unregelmäßigkeiten bei der Entwicklung im befruchteten Ei und der anschließenden Frühentwicklung (z.B. Chromosomenstörungen oder Probleme bei der Zellteilung). Wiederholt sich dies, führt es zu **Kinderlosigkeit**.
Die Fruchtbarkeit der Frau nimmt naturgemäß etwa vom 30. Lebensjahr an ab, dann sinkt die Zahl der reifenden Eizellen im Eierstock und die Gefahr einer Fehlgeburt steigt. Mit den Wechseljahren endet die natürliche Fortpflanzungsphase der Frau. Auch beim Mann nimmt die Spermienqualität und damit seine Zeugungsfähigkeit mit steigendem Alter ab.
Neben diesen natürlichen Zusammenhängen kann Unfruchtbarkeit häufig verhindert werden, wenn alle Beteiligten entsprechend aufmerksam sind. So tötet zu starke Hitze (z.B. in der Sauna) bereits gebildete Spermien ab, beeinträchtigt die weitere Produktion jedoch nicht. Dagegen können Krankheiten wie Mumps zeitlebens die Spermienqualität mindern. Der Konsum von Alkohol und Nikotin wirkt sich ebenfalls negativ auf die Spermienbildung und Spermienqualität aus.

Der Einsatz von **assistierenden Reproduktionstechniken (ART)** führt im Vergleich zu normalen Schwangerschaften häufiger zu Mehrlingsgeburten [Geburt von Zwillingen (22,5 %, normal: 1 %), Drillingen (1,8 % statt 0,01 %) und von Vierlingen (0,07 % statt 0,001 %)].

Aufgabe

Überlege, warum es bei ART vermehrt Mehrlingsgeburten gibt. Nenne Risiken und Probleme, die während der Schwangerschaft auf Mutter und Kinder zukommen können. Frische dazu deine Kenntnisse zur Befruchtung und vorgeburtlichen Entwicklung des Menschen auf (↗ S. 176 ff).

Mosaik

Chlamydien-Infektion – darum muss man sich kümmern

Häufig entsteht Sterilität in beiden Geschlechtern nach Infektionen, die durch ungeschützte Sexualkontakte übertragen und nicht erkannt wurden. Dies gilt auch für Chlamydien, eine Gruppe von Bakterien, die die Zellen verschiedener Schleimhäute des Menschen befallen. Bei Männern sind Chlamydien eine der häufigsten Ursachen für Harnleiterentzündungen. Bei Frauen, die meist kaum Symptome verspüren, kann eine unbehandelte Chlamydien-Infektion zu Frühgeburten, Eileiterschwangerschaften, Sterilität oder Arthritis führen. Ist eine Schwangere infiziert, kann sie ihr Kind während der Geburt anstecken. Nach einer Untersuchung haben bis zu 10 % der 17-jährigen Mädchen in Deutschland eine Chlamydien-Infektion. Sexualpartner sollten über die Infektion miteinander sprechen. Denn nur durch die Behandlung aller Beteiligten kann eine erneute Ansteckung verhindert werden. Gute Heilungserfolge bestehen vor allem im Frühstadium der Infektion.

1 Sich lieb haben, heißt auch, füreinander Verantwortung zu übernehmen.

Von der Zelle zum Klon

Bei Pflanzen aber auch bei niederen Tieren kommen viele Formen ungeschlechtlicher Fortpflanzung vor, z. B. über Brutknospen, Tochterzwiebeln und Tochterknollen sowie Ausläufer. Der Gärtner kann Pflanzen über Stecklinge vermehren. Da alle auf diese Weise gebildeten Nachkommen mit der Mutterpflanze genetisch übereinstimmen, nennt man diese Pflanzen auch einen **Klon.** In Landwirtschaft, Forstwirtschaft und Gartenbau kann es vorteilhaft sein, viele dieser genetisch einheitlichen Pflanzenindividuen zu bekommen. Die künstliche Herstellung von Klonen spielt deshalb eine zunehmende Rolle. Sie wird auch **„Klonierung“** genannt. Für die Erzeugung solcher Klone reichen oft wenige oder sogar auch einzelne Zellen aus dem Gewebe einer Mutterpflanze aus. Diese Art der Vermehrung (↗ Abb. 1) spielt z. B. bei der Orchideenzucht eine wichtige Rolle.
Auch Tiere können kloniert werden, indem man z. B. den Embryo in einem frühen Teilungsstadium in Einzelzellen aufteilt oder wenn entkernten Eizellen gleiche Kerne (↗ S. 87) einpflanzt werden.
In der Praxis und der Forschung nutzt man die Kenntnisse über die Kern- und Zellteilung von Körperzellen z. B. bei der **Zucht** und Vermehrung hochleistungsfähiger Rinderrassen (↗ Abb. 2) und zur Anlage von Zell- und Gewebekulturen.

Ein wenig Zukunftsmedizin beginnt durch die Anwendung des Wissens über die Mitose heute schon Wirklichkeit zu werden. Haut, Knorpel und Knochen, Bänder und Sehnen können bereits künstlich hergestellt und ohne Abwehrreaktionen hervorzurufen implantiert werden.
Auch die Teilungsfähigkeit von Leberzellen wird genutzt, um medizinisch nutzbare Gewebekulturen zu züchten (↗ S. 138). **Tissue Engineering** heißt der Bereich, der vielen Patienten neue Hoffnungen bringt.

1 Aufzucht einer Pflanze aus Zellkulturen (in-vitro-Vermehrung)

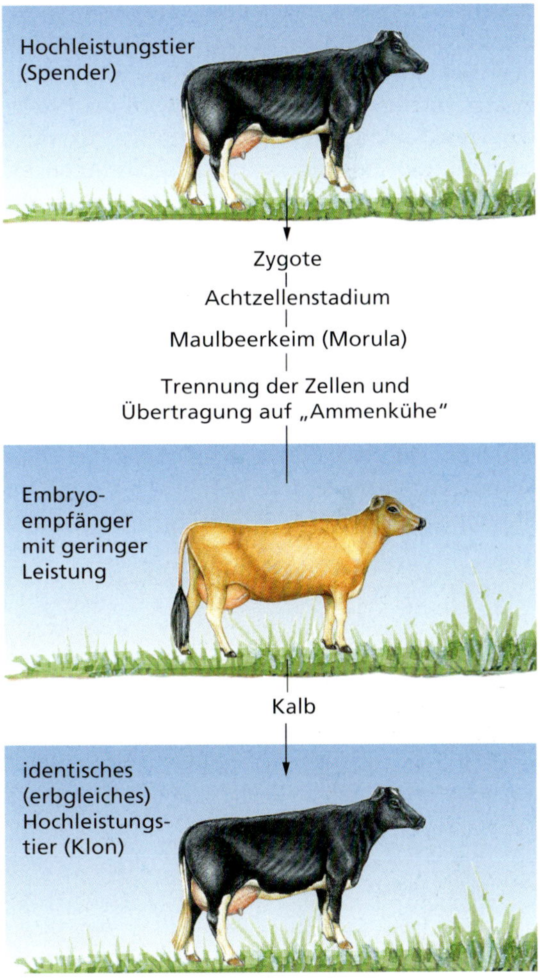

2 Zucht und Vermehrung hochleistungsfähiger Rinderrassen durch Klonierung

Unter einem **Klon** versteht man die Kopie eines Organismus mit identischem Erbgut. Bei Pflanzen entstehen Klone vielfach auf natürliche Weise durch ungeschlechtliche Fortpflanzung, z. B. durch Ablegerbildung. Auch die durch Zellteilung entstandenen Nachkommen von Einzellern und Bakterien sind Klone. Bei einigen Pflanzen und Tieren können aus Eizellen ohne Befruchtung identische Nachkommen entstehen. Diese Jungfernzeugung, Parthenogenese genannt, kommt z. B. bei Blattläusen und Stabheuschrecken vor.

Diesen **natürlichen Klonen** steht heute die Möglichkeit gegenüber, bei Tieren und auch beim Menschen **künstliche Klone** zu erzeugen. Statt dem Verschmelzen zweier haploider Kerne in der Eizelle (Befruchtung) wird dabei ihr Kern entfernt und durch den diploiden Kern einer Körperzelle ersetzt. In einem Kulturmedium wird die Eizelle dann zur Teilung angeregt und im Blastozystenstadium zum Austragen in die Gebärmutter einer „Leihmutter“ eingepflanzt **(„reproduktives Klonen“).** Der entstehende Organismus ist genidentisch zum Kernspender.

Allerdings sind die beteiligten Vorgänge im Einzelnen sehr kompliziert, sodass die Erfolgsrate meist sehr niedrig ist: zur Erzeugung des Klonschafs Dolly (↗ S. 129) waren z. B. Versuche mit 277 Eizellen und 13 Leihmüttern notwendig. Auch scheinen die Mikro-Manipulationen im Keim Schädigungen zu hinterlassen, die verstärkt zu Störungen während der Entwicklung führen und

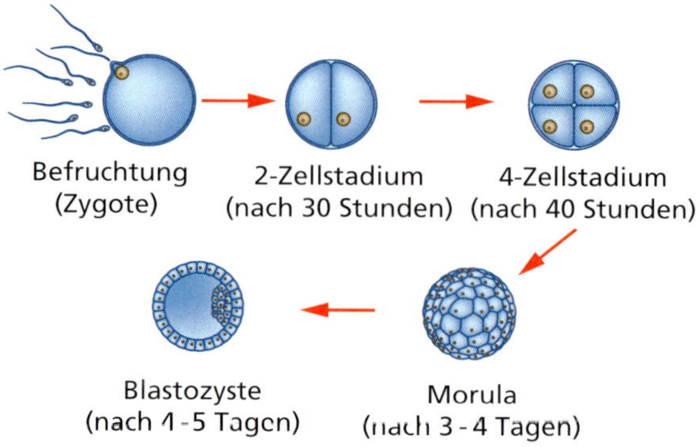

2 Furchungsstadien der befruchteten Eizelle

sich möglicherweise negativ auf die Lebensdauer des geklonten Individuums auswirken. Trotzdem wurde weltweit bereits eine Vielzahl von tierischen Klonen erzeugt. Reproduktives Klonen beim Menschen ist bisher in allen Ländern verboten.

Alle genetisch gleichen Nachkommen, die aus einem Elternteil hervorgegangen sind, bilden Klone. Die künstliche Erzeugung von Klonen bezeichnet man als Klonierung.

Aufgabe

Informiert euch über Tissue Engineering und diskutiert das Aufgabenfeld und seine Bedeutung. Welche weiteren Zellen können inzwischen genutzt werden und welche neuen Zielstellungen ergeben sich daraus?

1 Geklonte Menschen gibt es bisher nur in der Science-Fiction.

„HALLO, DOLLY"

Am 5. Juli 1996 wurde in einem Forschungsinstitut in der Nähe von Edinburgh das Schaf Dolly geboren. Es sorgte weltweit für Aufregung, denn es war das erste Säugetier, das durch Klonen entstanden war. Dolly wuchs auf und bekam auf natürlichem Wege Junge (↗ Abb.). Allerdings musste sie im Februar 2003 eingeschläfert werden. Sie litt unerwartet früh unter massiven Alterserscheinungen.

KINDER FÜR LANCE ARMSTRONG

Bevor er vielfacher Sieger der Tour de France wurde, bezwang der Radprofi LANCE ARMSTRONG eine Hodenkrebserkrankung. Trotz Chemotherapie konnte er später Vater von drei Kindern werden. Dies wurde durch assistierte Reproduktion möglich. Dabei übertrug man Spermien, die vor der Chemotherapie gewonnen und eingefroren worden waren. Ohne diese Manipulation hätten ARMSTRONG und seine Frau keine leiblichen Kinder mehr bekommen können.

„Wir müssen uns gemeinsam immer wieder darauf verständigen, welche Richtung wir dem Fortschritt geben wollen und immer wieder neu entscheiden, welche Grenzen wir überschreiten und welche wir akzeptieren wollen. Wir müssen immer wieder abwägen, welche Möglichkeiten unser Leben wirklich freier machen und welche Möglichkeiten uns neuen Zwängen unterwerfen."

Dieser Text stammt aus der „Berliner Rede", die der damalige Bundespräsident JOHANNES RAU am 18. Mai 2001 hielt. Er benennt Probleme in Hinblick auf unsere Gegenwart und Zukunft. Eine Konkretisierung dieser eher allgemeinen Formulierungen ermöglicht die Anwendung in vielen Lebensbereichen.

1. Formuliere verschiedene Standpunkte zu den einzelnen Artikeln und diskutiere sie mit deinen Mitschülern. Finde eine eigene Meinung dazu.

2. Die Themen der künstlichen Befruchtung und des Klonens bieten in unserer Gesellschaft Anlass zu Diskussionen: Können diese Möglichkeiten dem Menschen helfen oder sind sie vor allem ein Ausdruck von Forscherdrang und Gewinnstreben?
   Welche positiven Auswirkungen gibt es, welche Risiken und Gefahren sind mit ihnen verbunden?
   Welche unterschiedlichen Einstellung und Interessen prallen dabei aufeinander?
   Stellt in Rollenspielen die möglichen Ansichten entsprechender Vertreter der verschiedenen Interessengruppen dar.

Stammzellenforschung

Aus einer befruchteten Eizelle und den Zellen der folgenden, ersten Teilungsstadien kann jeweils ein vollständiger Embryo entstehen: die Zellen sind totipotent. Jede kann alle der über 200 Zelltypen bilden, die in einem menschlichen Körper vorkommen. Spalten sich die Zellen in dieser Wachstumsphase in zwei Untereinheiten auf, die sich jeweils weiterentwickeln, entstehen eineiige Zwillinge (↗ Abb. 1). Sie sind genetisch identisch, können aber innerhalb dieser Vorgabe umweltbedingte Unterschiede entfalten.

Im Verlauf der weiteren Teilungen spezialisieren sich die Zellen zunehmend. Im Blastozysten-Stadium kann aus einer Zelle bereits kein ganzer Organismus mehr entstehen, sondern jeweils nur noch bestimmte Zellen und Gewebe. Es sind jetzt **embryonale Stammzellen.** Werden sie „entnommen" und in Zellkulturmedien weitergezüchtet, teilen sie sich und differenzieren sich schließlich zu den entsprechenden Zelltypen (↗ Abb. 1, S. 131).

1 Bei eineiigen Zwillingen ist das Erbgut identisch. Trotzdem sind es individuelle Persönlichkeiten.

Der restliche Embryo ist nun „verbraucht", er wird „verworfen". Da ihm die entnommenen Entwicklungslinien fehlen, kann er nicht überleben. Auch dies ist ein Grund, weshalb die Gewinnung von embryonalen Stammzellen beim Menschen vielfach diskutiert und von verschiedenen Seiten nicht befürwortet wird.

Stammzellen sind nicht auf embryonale Stadien beschränkt. Im ausgewachsenen Körper gibt es adulte Stammzellen. Sie sind jedoch stärker spezialisiert. Zum Beispiel bilden die Stammzellen im Knochenmark ständig neue Blutzellen. Das wurde 1963 an Mäusen entdeckt.
Dieses Wissen wird seit etwa 30 Jahren bei Menschen mit Blutkrebs angewendet. So werden erkrankten Patienten Stammzellen von passenden Knochenmarkspendern übertragen.

Nach dem Embryonenschutz-Gesetz von 1990 ist in Deutschland das Forschen an und die Verwertung von menschlichen Embryonen verboten.
Das 2002 verabschiedete Stammzellengesetz gestattet bislang nur unter strengsten Auflagen den Import von embryonalen Stammzellen zu Forschungszwecken aus dem Ausland.
In anderen Ländern (z. B. Israel, England) gibt es davon abweichende Regelungen.

Welche Wege die Entwicklung auf diesem Gebiet letztendlich geht, ist momentan nicht absehbar. Denn viele, auch ethisch akzeptable Lösungen, wie z. B. die mögliche Nutzung adulter Stammzellen, ergeben sich erst durch weitere Forschungen.

Aufgaben

1. Eineiige Zwillinge sind Klone. Setze dich mit dieser Aussage auseinander. Ist sie richtig oder falsch? Begründe.

2. Erkläre die Begriffe:
leibliche Eltern, Adoptiveltern, Pflegeeltern, genetische Eltern, Leihmutter.
Diskutiert in der Klasse, welche Rolle die Begriffe in unserer heutigen Gesellschaft spielen.

Klone und embryonale Stammzellen

Durch Unverträglichkeiten werden bei Transplantationen körperfremde Zellen und Organe vom Empfänger abgestoßen. Die damit verbundenen Probleme könnten nach Meinung mancher Wissenschaftler durch das **„therapeutische Klonen"** umgangen werden.

Beim therapeutischen Klonen wird der Kern der Eizelle entfernt und durch den diploiden Kern einer Gewebezelle des Patienten ersetzt (↗ Abb. 1). Die sich entwickelnden Stammzellen können in Zellkulturen zu den benötigten Zelltypen und Geweben weitergezüchtet werden. Eventuell könnten daraus sogar ganze Organe entstehen. Da diese das Erbgut des Empfängers enthalten, gäbe es bei einer **Transplantation** keine Gewebeabstoßung. So könnten z. B.:

- Diabetiker Bauchspeicheldrüsengewebe erhalten, das Insulin produziert und ihren Blutzuckerspiegel regelt;
- gezüchtete Muskelzellen die Herzmuskulatur des Erkrankten nach einem Herzinfarkt stärken und somit die Herzleistung verbessern;
- Nervenzellen im Gehirn von Alzheimer- oder Parkinsonpatienten abgestorbenes Gewebe ersetzen.

Die Grundlagenforschung, die zur Realisierung dieser Ideen führen soll, ist momentan weltweit in vollem Gange. Mögliche Erkenntnisse aus geplanten Experimenten sind nicht unbedingt vorhersagbar.

Trotz der positiven Perspektive, unheilbar kranken Menschen zu helfen, wird auch hier vielfach hinterfragt, inwieweit die Techniken, die für das therapeutische Klonen entwickelt werden, mit der Menschenwürde vereinbar sind. Deshalb muss sich die Gesellschaft bereits im Vorfeld Gedanken darüber machen, wie es weitergehen kann und was ausgeschlossen sein soll. Es müssen Diskussionen geführt, gegebenenfalls Gesetze beschlossen werden, die unserer Zukunft gerecht werden. Dabei geht es um Fragen wie: Inwieweit kann, darf oder muss man den wissenschaftlichen Fortschritt aufhalten? Dürfen menschliche Blastozysten „verbraucht" werden? Kann eine Technik, die für das therapeutische Klonen möglicherweise erfolgreich entwickelt wurde, für reproduktives Klonen missbraucht werden?

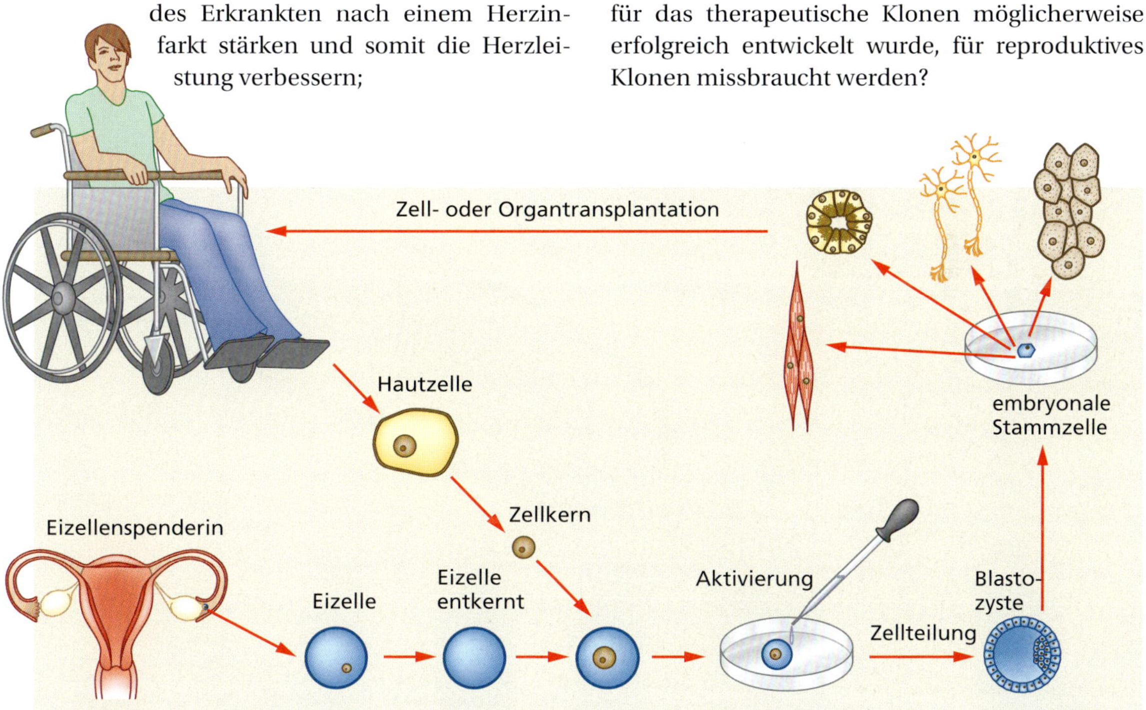

1 So stellen sich die beteiligten Forscher den Ablauf des therapeutischen Klonens vor. Bisher (2007) konnte dies jedoch nur teilweise in die Praxis umgesetzt werden.

Gentechnik – Grundlagen und Anwendung

Unter „Gentechnik“ versteht man experimentelle Verfahren, mit deren Hilfe fremdes Erbgut in das natürliche Erbgut eines Lebewesens eingefügt und zur Wirkung gebracht werden kann. Der griechische Wortstamm „*techne*“ bedeutet soviel wie Kunstfertigkeit und umschreibt damit treffend die Entwicklung der **molekulargenetischen Methodik.**
Das Einbringen von fremdem Erbgut kann gelingen, weil die Erbanlagen aller Lebewesen durch dieselben chemischen Strukturen (DNA) gespeichert werden.

Der Code für die gespeicherten Erbinformationen ist für alle Lebewesen gleich (↗ S. 94). Aus diesem Grunde ist es möglich, dass die Erbanlage aus dem Erbgut eines Menschen auch in einer Maus, einer Hefezelle oder sogar in einem Bakterium ihre Wirkung entfaltet. Das heißt, ihre Realisierung führt zur Bildung eines ganz bestimmten Proteinmoleküls.
Damit in die Moleküle der Erbsubstanz **neue DNA-Abschnitte** aus einem anderen Organismus eingebaut werden können, müssen verschiedene Voraussetzungen gegeben sein:

1. Spezielle Enzyme für das gezielte Herausschneiden und erneute Zusammenfügen von DNA-Stücken müssen vorhanden sein.

2. Eine geeignete Spender-DNA mit den Erbinformationen für die **gewünschten Eigenschaften** muss gefunden und diese dann isoliert werden.

3. Für die Übertragung müssen geeignete Überträgerstrukturen vorhanden sein (sogenannte **Vektoren**). Diese Vektoren müssen die ausgewählte DNA aufnehmen, in die Zielzelle übertragen und dort dafür sorgen, dass sie in das Erbgut der Zielzelle übernommen wird.

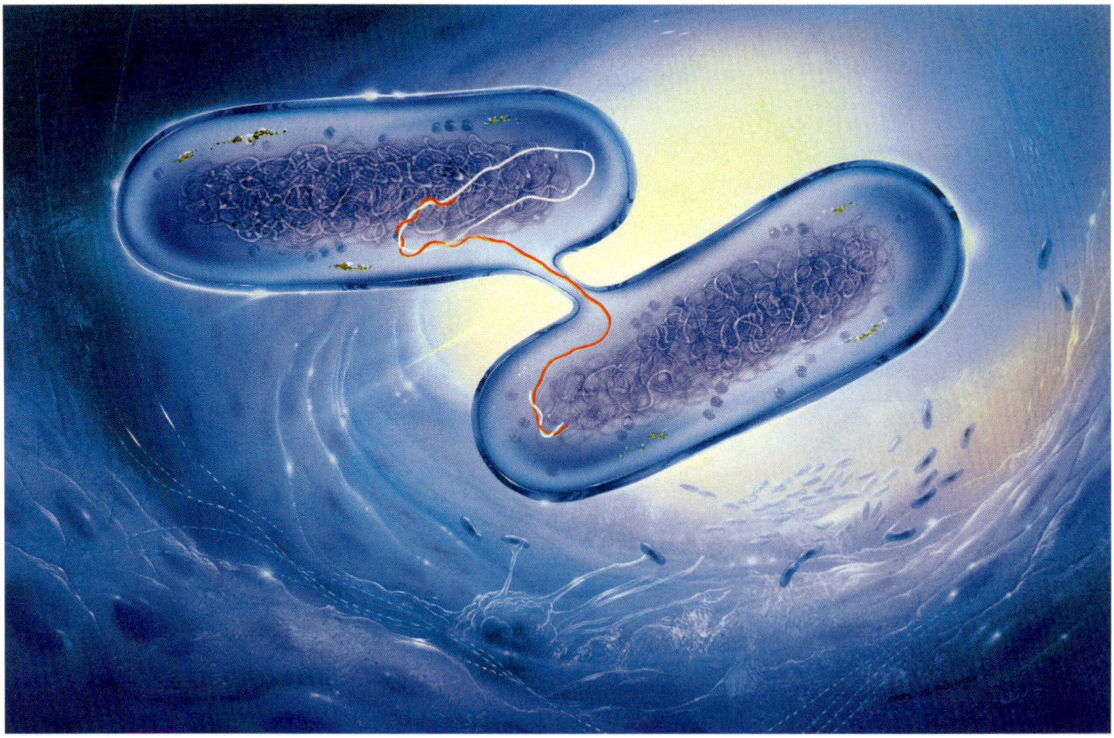

1 Übertragung von Plasmid-DNA bei Bakterien

Bakterien und Plasmide

Bakterien haben keinen Zellkern. Die Erbinformation liegt in ihren Zellen einmal als sehr langes, meistens ringförmiges DNA-Molekül vor. Außerdem kommen aber auch noch kleinere DNA-Ringe, sogenannte **Plasmide,** in der Bakterienzelle vor. Diese Plasmide können verhältnismäßig leicht von einer Bakterienzelle auf eine andere übertragen werden (↗ Abb. 1, S. 132). Dies gelingt sogar zwischen unterschiedlichen Bakterienarten. Außer Plasmiden gibt es auch noch einige andere Vektoren, z. B. spezielle Viren.

Anfang der 70er-Jahre des 20. Jahrhunderts wurden bei Bakterien Enzyme entdeckt, mit deren Hilfe die DNA an ganz bestimmten Stellen aufgeschnitten werden kann. Diese Enzyme werden **Restriktionsenzyme** genannt (↗ Abb. 1). Es gibt sehr viele Restriktionsenzyme und jedes von ihnen hat seine spezifische Erkennungsstelle auf der DNA.

Für die Entdeckung und Anwendung der Restriktionsenzyme erhielten WERNER ARBER, DANIEL NATHANS und HAMILTON OTHANEL SMITH 1978 den Nobelpreis für Medizin oder Physiologie.

Wenn man zwei verschiedene DNA-Moleküle mit derselben „Enzymschere" aufschneidet, entstehen DNA-Stücke mit passenden Enden, die sich dann wechselweise verbinden können. Man unterscheidet dabei glatte doppelsträngige Schnitte (*blunt ends*) und versetzte Schnitte, bei denen einzelsträngige überhängende DNA-Enden entstehen (*sticky ends,* ↗ Abb. 1). Damit gelang 1973 die erste erfolgreiche Herstellung eines **gentechnisch veränderten Bakteriums** durch künstliche Übertragung von Genen zwischen Bakterienarten und Viren. Die Vektoren waren Plasmide. Nach der Isolierung der Plasmide wurden ihnen im Reagenzglas gezielt bestimmte DNA-Abschnitte eingefügt (↗ Abb. 1). Diese Abschnitte enthielten die Erbinformation für den Bau von Proteinen, die vorher von dem Bakterium nicht gebildet werden konnten.

Auf diese Weise gelang es 1982, in *Colibakterien* Plasmide einzuschleusen, die die Bauanweisung für menschliches Insulin enthielten. Heute wird Insulin fast nur noch von Kulturen solcher Bakterien hergestellt.

Aufgabe

Erstellt in Arbeitsgruppen ein Poster zum Thema : „Bakterien produzieren menschliches Insulin". Berücksichtigt dabei den Weg, auf dem ein menschliches Gen in ein Bakterium eingefügt werden kann. Diskutiert anschließend mit der ganzen Klasse über die Vor- und Nachteile gentechnischer Medikamentenherstellung.

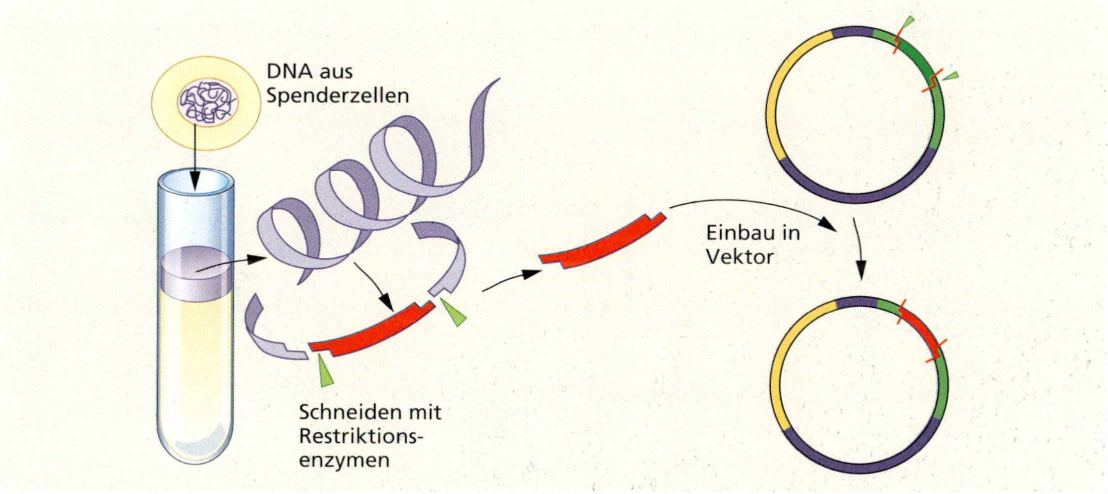

1 Übertragung von Spender-DNA auf einen Vektor (Plasmid)

Gentechnik in der Pflanzenzüchtung

Zur Übertragung neuer Gene in Kulturpflanzen kann man sich seit 1980 ein pflanzenparasitisches Bakterium, *Agrobacterium tumefaciens,* als Genüberträger zunutze machen.

Dieses Bakterium infiziert Pflanzenzellen und schleust dabei einen Teil seiner Erbanlagen in die Erbsubstanz der befallenen Pflanzenzelle ein. Diese wird dadurch veranlasst, sich sehr schnell zu teilen und dadurch Tumore zu bilden. Die infizierten Zellen produzieren in großen Mengen stickstoffreiche Moleküle, die den Bakterien als Nahrung dienen. Für diese Umwandlung der Pflanzenzellen, eine Art natürliche Gentechnik, ist ein Plasmid **(Ti-Plasmid)** verantwortlich.

Es ist gelungen, in dieses Plasmid künstlich bestimmte Erbanlagen einzubauen und gleichzeitig die Gene für seine krankheitserregenden Eigenschaften auszuschalten. Das Bakterium mit dem veränderten Plasmid dringt dann ebenfalls in die Pflanzenzelle ein und sorgt dafür, dass das Plasmidgen in das Erbgut der Pflanze eingebaut wird. Nun führt es aber nicht mehr zur Tumorbildung und zur Bildung stickstoffreicher Nährmoleküle für die Bakterien.

Dafür entfaltet das **neu eingeschleuste Gen** seine Wirkung in den so transformierten Pflanzenzellen. Diese Zellen lässt man zunächst auf einer Nähragarplatte oder in einer Nährlösung zu Zellhaufen heranwachsen, die mehrfach geteilt werden können. Durch geeignete Behandlung mit Pflanzenhormonen kann man erreichen, dass daraus wieder vollständige Pflanzen mit entsprechend veränderten Erbeigenschaften – **transgene Pflanzen** – entstehen (↗ Abb. 1).
Die aus so transformierten Zellen gewonnenen Pflanzen haben die gewünschten neuen Eigenschaften.
Der Anbau gentechnisch veränderter Kulturpflanzen ist nicht unproblematisch. So ist die ungeplante Übertragung veränderter Gene auf andere Kulturpflanzen und Wildpflanzen möglich. Es ist auch umstritten, ob Nahrungsmittel aus transgenen Pflanzen gesundheitlich völlig unbedenklich sind.

Aufgabe

Erarbeitet in der Klasse einen Fragenkatalog mit Fragen, die euch zum Thema „Gentechnik in der Pflanzenzucht" interessieren.
Findet einen kompetenten Ansprechpartner, der Stellung zu diesen Fragen beziehen kann.

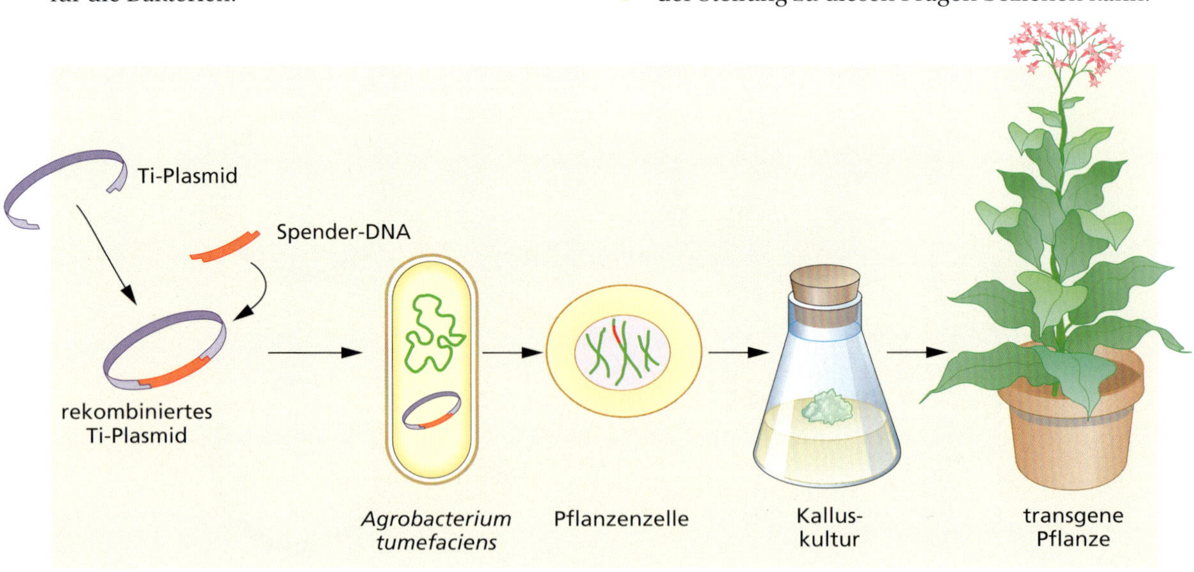

1 Genübertragung bei Pflanzen

„Gen-Mais“ – Ein Thema für eine Pro- und Kontra-Debatte

Mais stellt eine der wichtigsten Kulturpflanzen dar, fast ein Fünftel der gesamten Anbaufläche der Erde sind Maiskulturen. Gute Maiserträge sind deshalb von großer Bedeutung. Sie werden zum Teil von Maisschädlingen wie den Larven des Maiszünslers und des Maiswurzelbohrers (beides Kleinschmetterlinge) stark beeinträchtigt. Ein häufiges Bodenbakterium *(Bacillus thuringiensis)* produziert einen Stoff, der u. a. auch für die Larven des Maiszünslers und des Maiswurzelbohrers giftig ist. Das Gen, das für die Bildung dieses **Bt**-Gifts verantwortlich ist, konnte man vom Bakterium auf Maispflanzen übertragen (↗ Abb. 1, S. 134). Doch der Anbau transgener Kulturpflanzen ist nicht unumstritten:

Aufgabe:
Soll vermehrt gentechnisch veränderter Mais in Deutschland angebaut werden? Führt eine Pro- und Kontra-Debatte (↗ S. 79) zu diesem Thema in der Klasse durch.

Pro-Argumente

- Dieser transgene „Bt-Mais“, der oft abgekürzt aber nicht ganz korrekt als „Gen-Mais“ bezeichnet wird, produziert selbst das Insektengift und kann damit vom Maiszünsler und Maiswurzelbohrer nicht angegriffen werden.
- Jährlich können Unmengen an Pestiziden durch den Anbau solcher transgenen Kulturpflanzen eingespart werden. Dies stellt nicht nur eine ökonomische (wirtschaftliche), sondern auch eine ökologische Verbesserung dar. Denn die eingesetzten Pestizide hätten neben den Schädlingen auch eine Vielzahl anderer, nützlicher Insekten vernichtet. Pestizidresistente Schädlinge erforderten sonst einen immer höheren Einsatz an Pflanzenschutzmitteln, die sich in der Nahrungskette anreichern.
- Auch der Pilzbefall der Maispflanzen geht zurück, denn durch die fehlenden Fraßgänge der Insektenlarven wird auch der Nährboden für Pilze ungünstiger. Pilzbefallene Maispflanzen können beim Vieh Gesundheitsschäden hervorrufen.

Kontra-Argumente

- Die Maispflanzen geben das Gift ständig an den Boden ab und damit werden auch andere Insekten und Insektenlarven beeinträchtigt. Auch über Pollen kann das Gift verbreitet werden.
- Bt-resistente Populationen von Maiszünslern sowie Maiswurzelbohrern könnten entstehen.
- Eine Übertragung der veränderten Erbanlagen auf normale Maispflanzen über Pollenflug ist möglich.
- Auch eine Verbreitung der veränderten Erbanlagen z. B. auf Bodenmikroorganismen nach Absterben der transgenen Pflanzen ist nicht unmöglich. Das könnte zum Problem werden, da die transgenen Zellen mit einer Antibiotikaresistenz gekoppelt werden. Diese Antibiotikaresistenz wird ebenfalls im Erbgut der Maispflanze verankert und könnte auch weiter auf Mikroorganismen übertragen werden. Diese würden dann ebenfalls resistent werden. Gefährlich wäre dies, wenn es sich um pathogene Keime handelt.

Informationen beschaffen

Wenn du mehr über ein Thema erfahren möchtest, eine Rechercheaufgabe hast oder Informationen für einen Vortrag benötigst, so kannst du in Bibliotheken oder Büchereien ganz unterschiedliche Informationsquellen finden.
Quellen für die Informationssuche sind themenbezogene Schülerlexika, Fachbücher, Sachbuchreihen, Informations-CD-ROMs, Bildbände, Zeitungen und Zeitschriften.
Es ist hilfreich, vor der Suche **Stichwörter** zum Thema zu notieren und gezielt nach diesen Begriffen im Katalog einer Bibliothek zu suchen. Die Stichwörter kannst du auch nutzen, um im Stichwortverzeichnis der Sachbücher nachzuschlagen. Ein solches Verzeichnis findest du als Register am Ende dieses Buches.
In Bibliotheken gibt es auch die Möglichkeit, Computer mit Internetzugang zur Informationsbeschaffung zu nutzen.

Das **Internet** bietet durch das World Wide Web (www) ein wirklich „weltumspannendes Netz" an. In diesem Informationsnetz findest du Daten, Artikel und Bilder zu fast allen Themen. Außerdem ist es eine umfassende Datenbank für Adressen von Museen, Verlagen, Instituten und anderen Einrichtungen. Der Vorteil des Webs ist, dass es aktuelle Informationen enthält und man gezielt nach Themen und Stichworten suchen kann. Der Nachteil ist eine große Menge an Informationen, aus denen man auswählen muss.
Bei der Nutzung von Informationen aus dem Internet musst du besonders beachten, woher die Informationen stammen, wie alt sie sind und wer für die Inhalte einer Internet-Seite verantwortlich ist. Dies ist nicht immer leicht zu erkennen. Es ist darum oft schwer einzuschätzen, ob Informationen glaubwürdig und verwertbar sind. Verlässlich sind die Seiten von wissenschaftlichen Instituten und öffentlichen Einrichtungen.

Um im Internet Bilder oder Artikel zu einem Thema zu finden, solltest du neben einem **Internet-Browser** eine gute **Suchmaschine** benutzen. Du kannst hier deinen Suchbegriff eingeben. Das Programm findet die Seiten, die dieses Wort enthalten.
Du erhälst eine Liste mit Links (Verweisen) zu Seiten, in denen dein Suchwort vorkommt. Die Adressen der Internetseiten kannst du durch Anklicken aufrufen, speichern und ausdrucken.
Die Adressen von interessanten Internetseiten solltest du in deine Favoritenliste aufnehmen. Damit findest du sie jederzeit schnell und problemlos wieder. Einige Suchmaschinen enthalten auch einen nach Themen geordneten Katalog zum Anklicken von vorgeschlagenen Stichwörtern.
Oft ist die Fülle der gefundenen Seiten jedoch zu groß. Dann ist es sinnvoll, **Suchbegriffe** miteinander zu kombinieren, um das Ergebnis einzuschränken. Hinweise dazu findest du in den Suchmaschinen.

Ebenso wichtig wie das Finden von Informationen in den unterschiedlichsten Medien ist das **Auswerten** der gefundenen Sachtexte, um sie der Öffentlichkeit zugänglich zu machen (↗ S. 134).

Transgene Tiere

Im Prinzip funktioniert die Herstellung transgener Tiere wie die Erzeugung transgener Pflanzen. Auch hier können als Vektoren Plasmide oder Viren verwendet werden.
Diese Vektoren werden in befruchtete Eizellen eingebracht, die zu diesem Zweck aus den Muttertieren entnommen wurden. Die **transformierten Eizellen** werden dann wieder in die Gebärmutter eines weiblichen Tiers („Leihmutter") eingepflanzt.

Besondere Bedeutung haben transgene Tiere, vor allem Labormäuse, in der medizinischen Forschung. Häufig verwendet man dabei sogenannte „Tiermodelle" („Modelle" für den menschlichen Organismus). Das sind z. B. Mäuse, bei denen ein Gen so verändert wurde, dass es kein Protein mehr herstellen kann. Das Genprodukt ist also *„knocked out"* (**Knock-out-Mäuse,** ↗ Abb. 1). Man geht dabei so vor, dass man embryonale Stammzellen von Mäusen entnimmt und genetisch manipuliert. Diese veränderten Zellen werden dann zunächst in eine Blastozyste und diese dann in die Gebärmutter einer Maus eingepflanzt.
Auf diese Weise kann man die Funktion des fehlenden Proteins an lebenden Tieren und ihren Zellen direkt untersuchen.

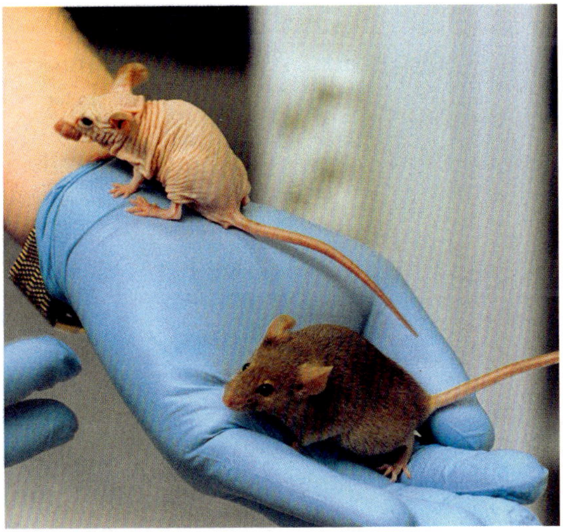

1 Knock-out-Mäuse

Transgene Lebensmittel

Nahrungsmittel, die aus transgenen Pflanzen oder Mikroorganismen oder unter deren Beteiligung hergestellt wurden, werden auch als **transgene Lebensmittel** oder als transgene Nahrungsmittel bezeichnet.
So wird in Käsereien heute vorwiegend gentechnisch hergestelltes Labferment verwendet. Früher wurde dieses Enzym, das den Eiweißanteil der Milch zum Gerinnen bringt, aus Kälbermägen gewonnen.
Andere gentechnisch hergestellte Nahrungsmittelzusatzstoffe können Milch besser konservierbar, Bierschaum stabiler oder Joghurt aromatischer machen.
Seit 2004 gibt es in der EU eine **Kennzeichnungspflicht** für transgene Lebensmittel: enthält „genetisch veränderte Organismen". Internationale Kennzeichnungen für transgene Lebensmittel sind in GB: *contains genetically modified organisms*, FR: *contient des organismes génétiquement modifiés*, NL: *bevat genetisch gemodificeerde organismen*, FI: *muuntogeenisiä organismeja*.
Wenn allerdings Fleisch oder Milch von „normalen" Nutztieren verarbeitet wurde, diese Tiere aber mit gentechnisch veränderten Futtermitteln gefüttert wurden, besteht für die Tierprodukte keine Kennzeichnungspflicht.

Aufgabe

Schlagworte wie „die Lösung des Welthungerproblems" oder „die Entstehung von total resistenten Megaschädlingen" sind Zeichen einer heftigen Diskussion rund um die Erzeugung genetisch veränderter Lebensmittel. Sie sind Ausdruck von emotionsgeladenen Debatten.
Findet im Gegensatz dazu sachliche Argumente zur ethischen Beurteilung der Gentechnik.
Nutzt dazu das Internet und besucht Forschungszentren und Institute, die sich mit dieser Thematik beschäftigen.
Tragt eure Ergebnisse zusammen und diskutiert sie in der Klasse.

Gentechnik in der Medizin

Einige genetisch bedingte Krankheiten könnten nur geheilt werden, wenn man die Keimzellen genetisch verändern, also transformieren könnte. Beim Menschen sind solche **Transformationen an Keimzellen** bisher aus ethischen Gründen verboten. Es gibt jedoch auch andere Körperzellen, die sich noch stark vermehren, z. B. Knochenmarkszellen und Leberzellen. Bestimmte Krankheiten, die auf Gendefekten in Leberzellen beruhen, kann man durch **„Gentherapie“** heilen: Bei dieser Methode werden dem Patienten Leberzellen (Hepatocyten) entnommen und mithilfe von speziellen Viren, sogenannten Retroviren, werden Gene aus gesunden Leberzellen in diese kranken Leberzellen übertragen. Später werden die Leberzellen auf Nährböden vermehrt und anschließend dem Patienten wieder eingespritzt. Die eingespritzten Zellen und alle ihre durch Zellteilung entstandenen Nachkommen enthalten nun die vorher fehlende Information. Dies kann möglicherweise zu einer Heilung des Patienten führen (↗ Abb. 1). Gentherapien dieser Art sind bisher noch im Erprobungsstadium und es gibt nur wenige Berichte von erfolgreichem Einsatz.

Dagegen wird die Gentechnik schon relativ lange erfolgreich eingesetzt, um **pharmazeutische Produkte** herzustellen. Meistens handelt es sich um Proteine, die mithilfe von transgenen Mikroorganismen, vor allem Bakterien und Hefen, produziert werden.

In Zukunft könnte auch das **„Pharming“** vermehrt zur Herstellung von Medikamenten Anwendung finden. Es handelt sich dabei um die **Farmhaltung transgener Tiere,** die relativ große Mengen einer seltenen pharmazeutisch bedeutenden Substanz produzieren, z. B. ein menschliches Hormon oder einen Blutgerinnungsfaktor. Ist dieses gewünschte Produkt z. B. in der Milch von transgenen Schafen oder Rindern enthalten, so kann es daraus wesentlich kostengünstiger isoliert werden als aus einer Zellkultur.

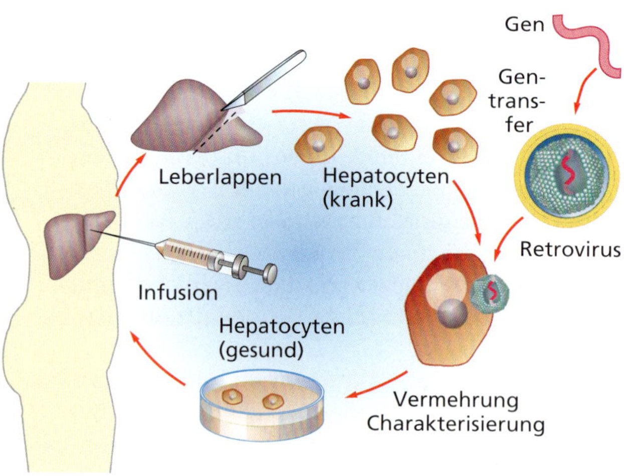

1 Eventuell mögliche Gentherapie an der Leber

Durch die Gentechnik ergeben sich auch neue **Diagnosemöglichkeiten.** Kennt man die Nucleotidsequenz eines krank machenden Gens oder wenigstens einen Teil dieser Sequenz, kann man diesen DNA-Abschnitt künstlich herstellen und markieren. Damit lässt sich dann das entsprechend mutierte Gen nachweisen (Gensonden-Technik).

Schließlich kann man die **individuellen genetischen Unterschiede** nutzen, um DNA-Proben (z. B. aus Blutspuren) bestimmten Personen zuzuordnen. Man verwendet dazu die aus der Probe extrahierte DNA und behandelt diese mit verschiedenen Schneideenzymen. Entsprechend der unterschiedlichen Nucleotidsequenz entstehen verschieden lange DNA-Stücke. Man trennt die DNA-Stück-Gemische der Probe, indem man sie durch ein Gel wandern lässt, an das eine elektrische Spannung angelegt wurde (Gel-Elektrophorese). Gleich lange DNA-Stücke wandern gleich schnell und bilden nach einer bestimmten Zeit im Gel eine Bande in einem bestimmten Abstand vom Startpunkt. Vergleicht man das Bandenmuster verschiedener DNA-Proben der fraglichen Personen, so bedeutet ein gleiches Bandenmuster, dass die Proben von derselben Person stammen. Das Bandenmuster bezeichnet man auch als „genetischen Fingerabdruck“ *(„genetic fingerprinting“).*

Man verwendet diese Methode in der **Rechtsmedizin** zur Überführung von Tatverdächtigen oder bei **Vaterschaftstests.**

Gentechnik – wozu?

Informationen zu interessanten Themen können aus ganz unterschiedlichen Quellen bezogen werden (↗ S. 136). Bei heftig umstrittenen Inhalten ist es häufig schwer, fachlich korrekte Darstellungen zu finden bzw. sie zu erkennen. Oft ist es hilfreich, sich in offenen Diskussionsrunden mit seinen Fragen an kompetente Ansprechpartner zu richten.

1. *Überlege, welche Vorbereitungen für eine Diskussionsrunde mit Gast zu treffen sind.*

2. *Welche Alternative besteht, wenn der gewünschte Ansprechpartner nicht zu einem Treffen zur Verfügung steht?*

3. *Erarbeitet in der Klasse einen Fragenkatalog mit Fragen, die euch zum Thema „Grüne Gentechnik in Brandenburg" interessieren.*
   Findet einen kompetenten Ansprechpartner, der Stellung zu diesen Fragen beziehen kann. Wendet euch z. B an das Landesamt für Verbraucherschutz, Landwirtschaft und Flurneuordnung (LVLF) des Ministeriums für Ländliche Entwicklung, Umwelt und Verbraucherschutz des Landes Brandenburg (MLUV) oder den Landesbauernverband Brandenburg e.V. (LBV). Sie können euch sicher helfen, Antworten auf eure Fragen zu finden.

4. *Schlagworte wie „die Lösung des Welthungerproblems" oder „die Entstehung von total resistenten Megaschädlingen" sind Zeichen einer heftigen Diskussion rund um die Erzeugung gentechnisch veränderter Lebensmittel. Sie sind Ausdruck von emotionsgeladenen Debatten.*
   Findet im Gegensatz dazu sachliche Argumente zur ethischen Beurteilung der Gentechnik. Nutzt dazu das Internet oder z. B Studien der Berlin-Brandenburgischen Akademie der Wissenschaften oder anderer Forschungszentren und Institute, die sich mit dieser Thematik beschäftigen.
   Tragt eure Ergebnisse zusammen und diskutiert sie in der Klasse.

5. *Transgene Tiere kann man in der medizinischen Forschung als „Tiermodelle" nutzen. Beschreibe, wie man solche „transgenen Tiere" gewinnen kann.*
   Überlege, warum dieselbe Technik nicht eingesetzt wird, um Erbkrankheiten beim Menschen zu beseitigen.

Methoden der Gentechnik werden auch in der Rechtsmedizin oder bei Vaterschaftstests genutzt. Dabei spielt das Verfahren des „Fingerprintings" eine große Rolle.

1. *Erkläre, was unter „Fingerprinting" zu verstehen ist.*

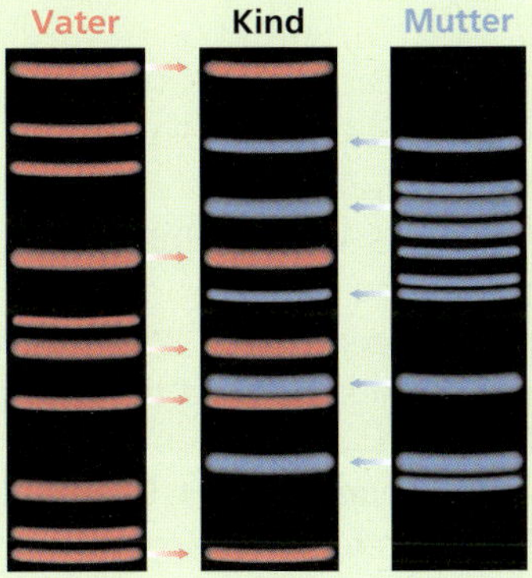

2. *Die Gel-Elektrophorese ist dabei eine geläufige Methode.*
   a) *Informiere dich über die Gel-Elektrophorese.*
   b) *Wie kommt diese Methode beim Vaterschaftstest zur Anwendung?*
   c) *Die Abbildung unten zeigt die schematische Darstellung des Ergebnisses einer Gel-Elektrophorese. Dabei werden ausgewählte DNA-Sequenzen von Mutter (M), Kind (K) und zwei möglichen Vätern (V_1, V_2) gegenübergestellt. Überlege, welcher der möglichen Väter der Vater des Kindes sein kann.*

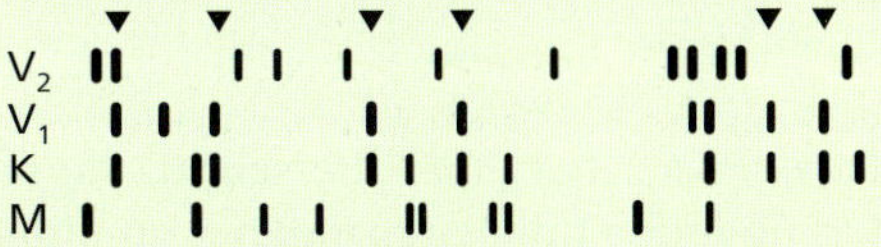

Präsentieren von Informationen

Ergebnisse deiner Arbeit zu einem Thema oder Ergebnisse, die ihr in einer Gruppe erarbeitet habt, sollen allen Mitschülern vorgestellt werden.

Halten eines Vortrags

Wenn du einen Vortrag halten oder als Teamsprecher die Ergebnisse der Gruppenarbeit vortragen sollst, sind folgende Tipps hilfreich:
Bereite deinen Vortrag vor:

- Überlege dir, was alles zum Thema gehört.
- Gliedere den Vortrag in Abschnitte.
- Überlege dir, was du an die Tafel oder auf Folien schreibst.
- Bereite Versuchsaufbauten vor und stelle Geräte bereit.

Halte deinen Vortrag:

- Nenne und zeige beim Halten des Vortrags die Gliederung (Tafel, Folie).
- Wecke am Anfang des Vortrags Interesse und Neugier und nenne das Thema.
  (Beginne beispielsweise mit: „Wusstet ihr überhaupt, dass ...?“ oder „Hättet ihr gedacht, dass ...?“)
- Leite neue Absätze deutlich ein, z. B. mit: „Ein weiterer Punkt ist ...“ oder „Als Nächstes ...“.
- Sprich in kurzen Sätzen.
- Verwende nur Fachbegriffe, die du auch selbst erklären kannst.
- Bemühe dich, laut, langsam und deutlich zu sprechen. Schaue deine Zuhörer an.
- Achte auf die Zeit. Schließe den Vortrag mit einer kurzen Zusammenfassung ab.

Anfertigen eines Posters

Wandzeitungen oder Poster fallen auf. Sie sind geeignet, sachliche Informationen, Versuchsergebnisse oder den Verlauf und die Ergebnisse eines Projekts darzustellen. Meist wählt man zur Präsentation den Fachraum oder den Schulflur.
Damit man sofort erkennt, worum es geht, hier ein paar Tipps:

- Jedes Poster hat eine Überschrift. Sie soll sofort über den Inhalt informieren und Interesse beim Betrachter wecken.

- Verwende viele Abbildungen, einfache grafische Darstellungen und Skizzen, aber nur so viel Text wie nötig.
- Ordne die Inhalte übersichtlich an.
- Kennzeichne, was inhaltlich zusammengehört, mit gleichen Schriftarten, Farben und Formen.
  Achte jedoch darauf, dass das Poster nicht überladen wirkt.
- Nenne deine verwendeten Informationsquellen.
- Teste die Lesbarkeit aus einer größeren Entfernung.

Gestaltung einer Internetseite

Im World Wide Web (www) kann man nicht nur Informationen suchen, sondern auch selbst Informationen präsentieren. Dazu ist eine eigene **Homepage** nötig.
Zur Erstellung der Seiten gibt es spezielle Programme.
Für die Gestaltung von Web-Seiten gelten die gleichen Hinweise wie für die Anfertigung einer Wandzeitung oder eines Posters. Vorteil ist aber beim Web: Es können Animationen, Videos oder Audios mit eingebaut werden. Änderungen können schnell vorgenommen werden.

Gewusst · Gekonnt

1. Nimm folgende Begriffe in dein Glossar auf: künstliche Befruchtung, Klon, reproduktives Klonen, Stammzelle, Gentechnik, Plasmid, Vektor, transgene Pflanze (Tier), Fingerprint.

Glossar

Befruchtung, künstliche:
Gentechnik:

2. *„ …Hier sitze ich, forme Menschen Nach meinem Bilde, …“* JOHANN WOLFGANG VON GOETHE *(„Prometheus“)*
Diese Hymne entstand zwischen 1772 und 1774. Setze dich mit dieser Aussage auseinander und beziehe einen Standpunkt dazu.

3. In Argentinien wird u. a. gentechnisch veränderter Mais als Exportgut großflächig angebaut. Dennoch führen die angepriesenen Vorteile der gentechnisch veränderten Nutzpflanze nicht zu starken Ertragserhöhungen. Überlege, welches die Ursachen dafür sein können.

4. Beschreibe mithilfe der Abbildung die Entstehung des Klonschafs Dolly.

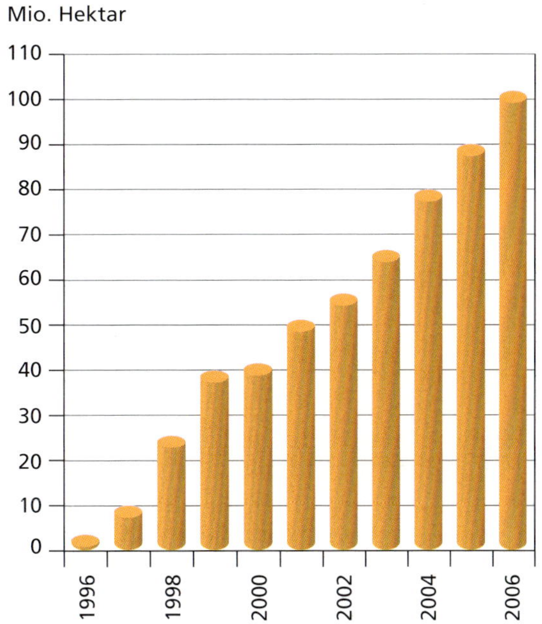

5. a) Interpretiere das Diagramm zum Anbau gentechnisch veränderter Nutzpflanzen (Quelle: www.transgen.de).
b) Recherchiere, welche dieser Nutzpflanzenarten in welchen Ländern angebaut werden.

6. Triff eine Aussage über das Spektrum gentechnischer Anwendungsgebiete. Zähle Beispiele auf.

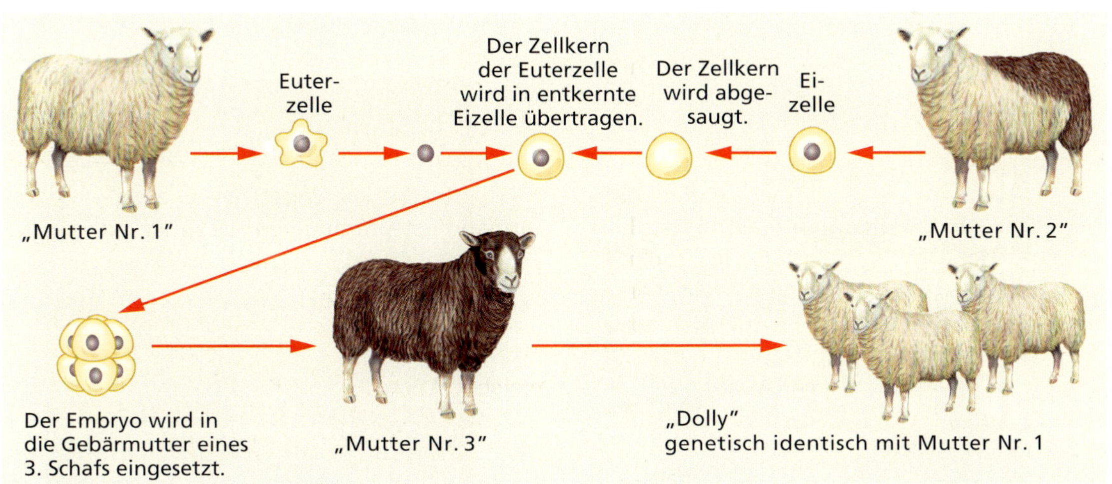

1 Klonen durch Kerntransfer

Angewandte Genetik

Moderne Forschung und die Anwendung ihrer vielfältigen Ergebnisse sind aus unserem Alltag nicht mehr wegzudenken.

Der ständige Zugewinn an Erkenntnissen erfordert allerdings gleichzeitig einen immer verantwortungsvolleren Umgang mit ihnen.

So dürfen bei unserer Entscheidung über die ethischen Grenzen nicht die wirtschaftlichen oder politischen Aspekte im Vordergrund stehen.

Grundlagen der Gentechnik

- rekombinante Bakterien stellen lebenswichtige Medikamente her
- transgene Pflanzen können verbesserte Qualität und Schädlingsresistenzen haben
- transgene Tiere dienen in der medizinischen Forschung der Funktionsanalytik
- transgene Lebensmittel können deutlich verbesserte Eigenschaften zeigen
- gentechnische Methoden sind in der Medizin unverzichtbar geworden
- Genetisch veränderte Organismen stellen ein schwer kalkulierbares Risiko dar. Bei Produktion und Anwendung sollte deshalb mit größtmöglicher Vorsicht vorgegangen werden.

Reproduktionsbiologie und Stammzellenforschung

- künstliche Befruchtung ist bei Zoo-/Nutztieren und beim Menschen (assistierende Reproduktionstechnik) Routine
- Präimplantationsdiagnostik (in Deutschland verboten) dient der Feststellung einer krankhaften Chromosomenkonstellation
- reproduktives Klonen ist bisher nur bei Tieren erlaubt und bei Weitem noch nicht vollständig erforscht
- embryonale Stammzellen als Grundlage für neue Gewebe und Organe könnten unheilbar kranken Menschen helfen
- Embryonenschutz-Gesetz und Stammzellengesetz regeln diese Forschung und sind Ergebnis ethischer Diskussionen

4 Vererbung – konstant und doch variabel

4.1 Konstanz und Variabilität der Arten

Kein Lebewesen gleicht dem anderen

Organismen verändern ihr Aussehen mitunter so sehr, dass man sie kaum noch als Vertreter einer Art erkennen kann. Das Landkärtchen, ein Tagfalter, bringt eine helle Frühjahrsform und eine dunklere Sommerform hervor.
Wird das auf die Nachkommen vererbt?
Wie kommt es zu diesen Unterschieden, obwohl sich die Erbanlagen nicht unterscheiden?

Trotzdem gleich

Manche Menschen sind hell-, andere dunkelhäutig, darunter gibt es Menschen mit krausen, glatten, blonden oder schwarzen Haaren. Die Verschiedenheit der Individuen fällt uns besonders bei unserer eigenen Art, beim Menschen, auf.
Gehören wir dennoch zu einer Art?

Ganz verschieden?

Ganz egal welche Farbe es hat, wie schwer es ist oder wie viel Milch es geben kann, jedes Individuum einer Rinderherde gehört zur gleichen Art.
Welche Ursachen können die einzelnen Unterschiede haben?
Wann entsteht eine neue Art?

Konstanz und Variabilität der Arten

Jeder hat sich schon einmal an der Vielfalt von Farben und Formen einer blühenden Wiese (↗ Abb. 1) erfreut. Gegenwärtig sind etwa 308 000 Pflanzenarten und 1,4 Mio. Tierarten beschrieben. Groß ist auch die Vielfalt der Arten bei Bakterien und Pilzen. Die Vielfalt der Lebewesen ist nur scheinbar unüberschaubar. Vergleicht man z. B. einzelne Pflanzen oder Tiere einer Wiese, stellt sich heraus, dass sich bestimmte Pflanzen oder Tiere in ihren Eigenschaften und Merkmalen (z. B. Blütenaufbau, Blattform) ähneln. Heute ist bekannt, dass diese Ähnlichkeit auf Verwandtschaft beruht.

> Je näher Organismen miteinander verwandt sind, desto mehr ähneln sie sich in ihren Eigenschaften und Merkmalen.

Um die Vielfalt überschaubar zu machen, werden Organismen in **Verwandtschaftsgruppen** (systematische Kategorien) geordnet: Art (Spezies), Gattung, Familie, Ordnung, Klasse, Stamm.
Die kleinste Gruppe, die die engste Verwandtschaft ausdrückt, ist die **Art.**
Arten bestehen aus sehr vielen Individuen, die zum Teil auch in ganz unterschiedlichen Lebensräumen vorkommen können. Individuen einer Art, die in einem engeren Bereich zusammenleben – also z. B. die Waldkäuze eines Waldgebietes –, werden auch als **Populationen** bezeichnet.

Eine Grenze zwischen Art und Nicht-Art zu ziehen, ist sehr schwierig und wird immer noch in der Biologie diskutiert.
Bei der Entwicklung des **Artbegriffs** hat sich vor allem der 1904 geborene deutsch-amerikanische Zoologe ERNST MAYR verdient gemacht.

Bestimmte Kriterien helfen beim Ziehen der Artgrenze:

1. Eine Art ist immer eine **Gruppe** von Individuen mit größtmöglicher **Übereinstimmung von** äußerlichen, physiologischen und biochemischen **Merkmalen.**
2. Innerhalb einer Art existiert eine hohe Ähnlichkeit der Erbanlagen. Die Gesamtheit aller Individuen einer Art innerhalb eines bestimmten Lebensraums (Population) bildet einen gemeinsamen Genpool. Sie stellen eine Fortpflanzungsgemeinschaft dar.
3. Individuen einer Art sind unter natürlichen Bedingungen **miteinander kreuzbar** und erzeugen **fruchtbare Nachkommen.** Es existiert keine Kreuzungsbarriere.

> Individuen einer Art stimmen in wesentlichen Merkmalen überein und können fruchtbare Nachkommen zeugen.

Durch evolutive Prozesse verändert sich die Artgrenze stets. Die Art, als überindividuelle Einheit, ist also in ihrer Entwicklung **dynamisch.**

1 Wiese – Vielfalt der Pflanzen

Organismen mit ihren individuellen Merkmalen und Eigenschaften entstehen durch komplizierte molekularbiologische Prozesse auf Basis ihrer Erbanlagen. Diese genetische Information genügt im Prinzip, um ein Individuum zu charakterisieren. Sie wird deshalb auch als **Genotyp** des Organismus bezeichnet.

Während der Individualentwicklung, meist beginnend mit der befruchteten Eizelle (↗ S. 177), entsteht ein Organismus auf Grundlage der Informationen seines Genotyps. Das entstehende Individuum mit seinen spezifischen Merkmalen und Eigenschaften wird als **Phänotyp** bezeichnet. Das Wort „Phänotyp" wird vom griechischen *phainesthai* abgeleitet und bedeutet sichtbar werden bzw. erscheinen. Der Phänotyp entsteht auf der Grundlage der Informationen des Genotyps und wird von der realen Umwelt des Individuums modifizierend beeinflusst (↗ Abb. 2).

Der Genotyp eines Individuums sind die nötigen Informationen des Erbmaterials, um es in der Individualentwicklung entstehen zu lassen. Die Eigenschaften und Merkmale, das Erscheinungsbild eines Individuums, sind sein Phänotyp.

1 Wölfe bringen immer wieder Wölfe zur Welt.

2 Löwenzahn

Die Nachkommen von Wölfen sind z. B. wieder Wölfe (↗ Abb. 1) und die Nachkommen von Löwenzahn sind wieder Löwenzahn (↗ Abb. 2) Die Anlagen für die typischen Merkmale einer Art, ihre Genotypen, werden demnach von den Eltern auf die Nachkommen weitergegeben.
Die Weitergabe der Informationen zur Ausbildung dieser typischen Merkmale von Generation zu Generation wird als **Vererbung** bezeichnet.

Zur Arterhaltung müssen diese typischen Merkmale mittels Informationsgehalt der Erbanlagen bewahrt werden. Diese Erbanlagen haben sich über einen langen Zeitraum als Anpassung an die jeweiligen Umweltbedingungen herausgebildet und manifestiert.

Aus evolutiver Sicht war das ein sehr wichtiger Grund, dass sich bestimmte Mechanismen entwickelten, die eine sichere, nahezu unveränderte Weitergabe der Erbanlagen auf die nächste Zell- bzw. Organismengeneration gewährleisten.
Solche Mechanismen sind vor allem die Prozesse der Verdopplung der Erbanlagen, einschließlich ihrer Fehlerkorrektur, und Prozesse der Zellkernteilung. Diese wichtige Eigenschaft einer Art wird als **Konstanz** bezeichnet.

Die relative Konstanz der Arten resultiert aus der nahezu unveränderten Weitergabe der Erbanlagen von Generation zu Generation.

1 Bei Schülern und Schülerinnen einer Klasse findet man unterschiedliche Haarfarben.

Dem Vorteil der **Konstanz,** nämlich der sicheren Arterhaltung, steht ein großer Nachteil gegenüber. Die Umwelt von Organismen ändert sich aufgrund unzähliger physikalischer, chemischer und biologischer Erscheinungen ständig. Die Umwelt ist nicht konstant. Bei hoher Konstanz der Organismen ist ihre Anpassung an sich verändernde Umweltbedingungen und damit die weitere Existenz der Art gefährdet. Die bestehenden Arten würden aussterben.

Vergleicht man jedoch die Erscheinungsbilder (Phänotypen) von uns Menschen, einer Rinderherde oder Löwenzahnpflanzen, erkennt man, dass trotz aller Konstanz jedes Individuum anders aussieht.

Die Menschen, schon allein im Klassenverband (↗ Abb. 1), unterscheiden sich in Haarfarben, Augenfarben, Fingerabdrücken, Ohrmuschelformen, Blutgruppen, Fußgrößen usw.

Das Scheckungsmuster der einzelnen Rinder auf einer Weide ist individuell. Aber auch die Größe von Löwenzahnpflanzen und ihre Blattformen unterscheiden sich. Die Unterschiede der Merkmale und Eigenschaften der Phänotypen werden als **Variabilität** bezeichnet.

Die **Vielfalt der Organismen** (Variabilität) ergibt sich also aus der Vielfalt verschiedener Arten (zwischenartliche Variabilität) und der Veränderlichkeit/Vielfalt der Individuen innerhalb einer Art (innerartliche Variabilität).

Variabilität der Art beschreibt die Unterschiedlichkeit der Merkmale und Eigenschaften von Individuen einer Art.

Verändern sich Genotyp oder Umwelt, kann es zu Änderungen am Phänotyp kommen (↗ Abb. 2, S. 146).

Aufgabe

Definiere die Begriffe Gen, Genotyp, Phänotyp, Genpool und Population.

Umweltbedingte Veränderungen – Modifikationen

Eine Pflanze des Löwenzahns kann ohne größere Probleme einschließlich ihrer verdickten Hauptwurzel geteilt werden (↗Abb. 3). Beide „Teilpflanzen" besitzen den gleichen Genotyp, sie sind **Klone.**

Werden beide an verschiedenen Standorten ausgepflanzt, entwickeln sich unterschiedliche Wuchsformen.

Auf die Herausbildung des Phänotyps haben Umweltfaktoren, z. B. Licht, Temperatur, Nahrung oder Wasser, Einfluss. Durch die Umwelt verursachte Veränderungen des Phänotyps werden als **Modifikationen** bezeichnet.

Durch Modifikationen ist eine bessere und schnelle Anpassung der Organismen an die aktuelle Umwelt möglich. Modifikationen werden **nicht vererbt**.

In welcher Weise diese umweltlabilen Merkmale variieren ist im Genotyp als **Reaktionsnorm** festgelegt.

Die Größen- bzw. Massenvariabilität von Bohnensamen (↗Abb. 2), Kartoffelknollen (↗Abb. 2, S. 149) oder von Ferkeln eines Wurfs (↗Abb. 1) ist um einen Mittelwert herum kontinuierlich abgestuft. Es sind alles sogenannte **fließende Modifikationen.**

Weibliche Mississippi-Alligatoren schlüpfen bei Bruttemperaturen unter 30 °C. Bei über 36 °C (↗Abb. 1, S. 149) werden es männliche Nachkommen.

Die Chinesische Primel *(Primula sinensis)* bildet bei Temperaturen unter 30 °C rote und über 30 °C weiße Blüten aus.

Das Landkärtchen, eine Schmetterlingsart, zeigt in Abhängigkeit der Tageslänge (Lichtdauer) eine Frühjahrs- und eine Sommerform (↗Tab., S. 149).

1 Zwei Ferkel desselben Wurfs bei unterschiedlicher Fütterung

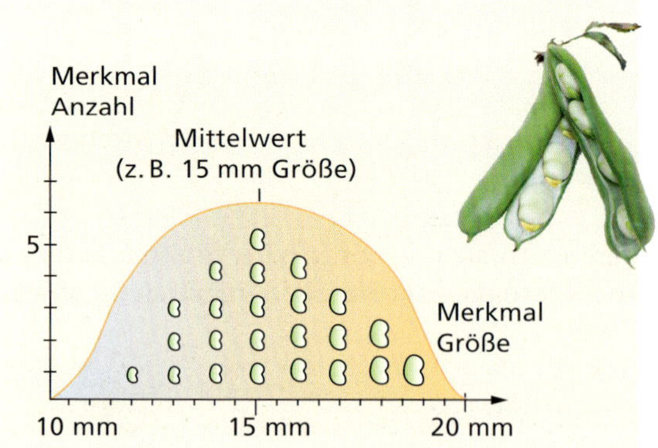

2 Unterschiedliche Anzahl und Größe der Bohnensamen einer Bohnenpflanze

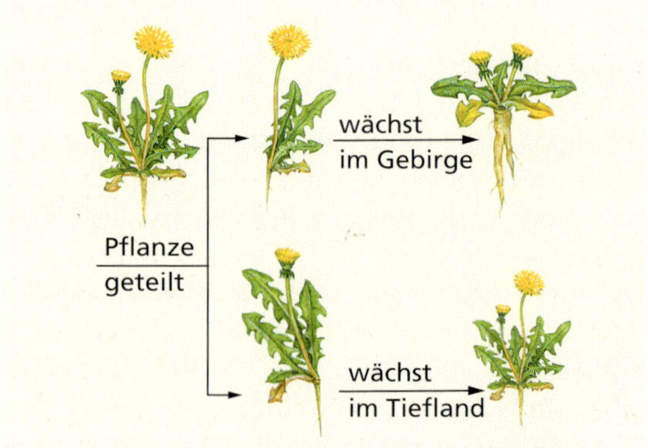

3 Unterschiedliche Wuchsformen einer Löwenzahnpflanze in Abhängigkeit von der Umwelt

Bei Tageslängen unter 16 Stunden, im Frühjahr, entwickeln sich helle Formen der Schmetterlingsart Landkärtchen *(Araschnia levana)*. Im Hochsommer, bei Tageslängen über 16 Stunden, entstehen die dunkleren Sommerformen.
Die unterschiedliche Ernährung weiblicher Bienenlarven bestimmt, ob fruchtbare Königinnen oder unfruchtbare Arbeiterinnen entstehen.
Beim Hermelin wirkt sich der Umweltfaktor Temperatur auf den Phänotyp aus. So zeigt das Tier im Winter bei niedrigen Temperaturen eine weißes Fell, bei höheren Temperaturen im Sommer hingegen ein braunes Fell (↗ Tab.).
Bei dieser Form der Modifikation werden in Abhängigkeit von der Umwelt ab einem bestimmten Umschlagpunkt gegensätzliche Merkmale, wie rot – weiß, weiblich – männlich, hell – dunkel, fruchtbar – unfruchtbar, ausgebildet. Es handelt sich um **umschlagende** Modifikationen.

Art	Modifikation
Chinesische Primel 	Kronblätter rot bei Temperaturen <30 °C Kronblätter weiß bei Temperaturen >30 °C 
Landkärtchen 	helle Frühjahrsform Tageslängen <16 h Licht dunkle Sommerform Tageslängen >16 h Licht
weibliche Honigbienen 	Arbeiterin, unfruchtbar – Larvenfütterung mit Nektar Königin, fruchtbar – Larvenfütterung mit Weiselsaft
Hermelin 	braunes Sommerfell bei höheren Temperaturen weißes Winterfell bei niedrigen Temperaturen 

Variabilität kann in Form der Modifikation auch durch die Umwelt verursacht werden. Fließende und umschlagende Modifikationen werden nicht vererbt. Genotypisch festgelegt ist die Reaktionsnorm, die Fähigkeit zur Modifikation.

Aufgabe

Erläutere die Nutzung der Kenntnisse über die Wirkung von Umwelteinflüssen auf den Phänotyp in der Landwirtschaft.

Durch Kenntnis derjenigen Umweltfaktoren, die bestimmte Modifikationen auslösen, kann der Mensch gezielt Einfluss auf die Ausprägung des Phänotyps nehmen. Das nutzt man u. a. in der Landwirtschaft und im Gartenbau aus.

1 Welches Geschlecht beim Mississippi-Alligator schlüpft hängt von der Bruttemperatur ab.

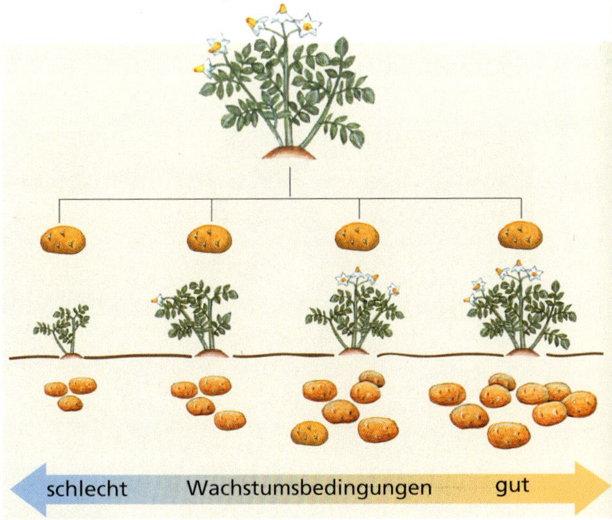

2 Größe und Anzahl der Kartoffelknollen in Abhängigkeit von den Wachstumsbedingungen

Genetisch bedingte Veränderungen – Mutationen

Veränderungen des Genotyps werden als **Mutation** bezeichnet. Sie können unterschiedliche Phänotypen verursachen.
Mutationen rufen beispielsweise bei einer Hautzelle eine dunklere Pigmentierung hervor. Alle Tochterzellen von ihr werden ebenfalls dunkler pigmentiert sein, sodass dunklere Flecken auf der Haut entstehen. Von dieser **Körperzellmutation** sind lediglich die Abkömmlinge der mutierten Zelle betroffen. Auf die nächste Generation kann diese genotypische Änderung nicht vererbt werden. Dazu müssten die Keimzellen betroffen sein.

Bei **Keimzellmutationen** sind je nach Geschlecht die Ei- oder Samenzellen verändert. Sie führen bei den betroffenen Organismen zu keinen phänotypischen Veränderungen. Erst die nächste Generation, bei der aus dem anderen Genotyp der Keimzellen ein neuer Phänotyp entsteht, bildet die Mutation aus. Keimzellmutationen werden **weitervererbt**.

Der Anpassungswert von Mutationen ist unterschiedlich. Ob die Blüten der Japanischen Wunderblume *(Mirabilis jalapa,)* rot, rosa oder weiß sind, hat kaum Auswirkungen auf die Fortpflanzung.

Die fehlende Anlage des zweiten Paares Schneidezähne im Oberkiefer bei uns Menschen spielt für die Existenz und den Fortpflanzungserfolg keine Rolle mehr. Mutationen, die keine Auswirkung auf den Anpassungswert des Phänotyps haben, sind **neutrale** Mutationen.
Die fehlende Pigmentierung bei Albinos ist dagegen eine **negative** Mutation. Die Tarnung ihrer Körperoberfläche und ihr Schutz gegen ultraviolette Strahlung gingen infolge der Mutation verloren. Betroffene Tiere sind weniger gut angepasst und haben eine geringere Vermehrungsrate.

Am wenigsten wahrscheinlich sind **positive** Mutationen. Durch sie wird der Anpassungswert und damit die Vermehrungsrate erhöht. Individuen mit dieser Mutation sind besser an die Umwelt angepasst, die Mutation wird sich in der Population durchsetzen (↗ S. 153).

Variabilität kann durch Mutationen (Veränderungen der Erbanlagen) verursacht sein. Keimzellmutationen werden weitervererbt. Je nach Anpassungswert werden neutrale, negative und positive Mutationen unterschieden.

Aufgabe

Ordne den Mutationsformen und ihren Auswirkungen auf den Organismus jeweils Beispiele zu. Fertige dazu eine Tabelle an.

1 Farbveränderungen bei Weintrauben

2 Farbveränderungen bei Fröschen

Mutationsursachen

Mutationen resultieren häufig aus Fehlern bei molekulargenetischen Prozessen wie der Replikation (↗ S. 99) oder der DNA-Reparatur bzw. Fehlern bei der Chromosomenverteilung während der Zellkernteilung (Mitose, Meiose, ↗ S. 100, 102).
Bei der DNA-Replikation (↗ S. 99) können beispielsweise Fehlpaarungen entstehen, weil von den Stickstoffbasen verschiedene Isomerieformen existieren. Ein nicht erkannter und reparierter Fehler bleibt als Mutation übrig.

Im menschlichen Eierstock verharren die Eizellen seit Beginn der Geschlechtsreife in der 1. Phase der Meiose (↗ S. 102). Es bilden sich homologe Chromosomenpaare. Je älter die Eizellen werden, umso fester haften vermutlich die Chromosomen aneinander und trennen sich beim weiteren Verlauf der Meiose schlechter. Chromosomenfehlverteilungen, eine Mutation, können entstehen. Solchen Mutationen liegen **natürliche Ursachen** zugrunde, sie sind **spontan** verursacht.

Zahlreiche physikalische oder chemische Faktoren können als **Mutagene** wirken und Mutationen auslösen (↗ Abb. 1).
Unter natürlichen Bedingungen sind die Organismen mitunter an ihre Wirkung angepasst. Entweder wird die Aufnahme von Mutagenen vermieden (schmecken z. B. bitter) oder die Organismen tolerieren die Mutagene durch Entwicklung von Abwehrmechanismen (z. B. Pigmentierung gegen UV-Strahlung).

Die Verbreitung der einzelnen Organismenarten in ihren Lebensräumen wird nicht nur durch die Wirkung solcher wichtigen Umweltfaktoren wie Licht, Wasser, Temperatur usw. bestimmt, sondern auch durch das Wirken von Mutagenen. Den Träger des neuen Merkmals nennt man **Mutante.** Durch Mutationen entsteht die Basis für die **erblich bedingte Variabilität der Organismen.** Sie sind somit ein bedeutender Faktor für die Neubildung von Arten und eine Voraussetzung für die Evolution der Organismen (↗ S. 200).

1 Das Gift der Herbst-Zeitlosen kann Genommutationen hervorrufen.

Mutationsformen

Mutationen können ganze Chromosomensätze, einzelne Chromosomen oder die DNA selbst verändern. Entsprechend der betroffenen Struktur werden einzelne Mutationsformen unterschieden, nämlich Genom-, Chromosomen- und Genmutation (↗ Abb. 3, S. 152).

Die **Genommutationen** betreffen den gesamten Chromosomensatz.
Es werden haploide Organismen (besitzen nur einen Chromosomensatz), diploide Organismen (besitzen zwei Chromosomensätze, normal) und polyploide Organismen (besitzen drei und mehr Chromosomensätze) unterschieden (↗ Abb. 1, S. 152).

In der Natur kommt **Polyploidie** bei Pflanzen in gemäßigten und subpolaren Gebieten häufig vor. Offensichtlich besitzen sie unter den bestehenden klimatischen Bedingungen eine verbesserte Angepasstheit.

> Mutationen sind spontane oder durch Mutagene induzierte Veränderungen des Genotyps, die zu Veränderungen im Phänotyp führen können. Nur Keimzellenmutationen sind erblich.

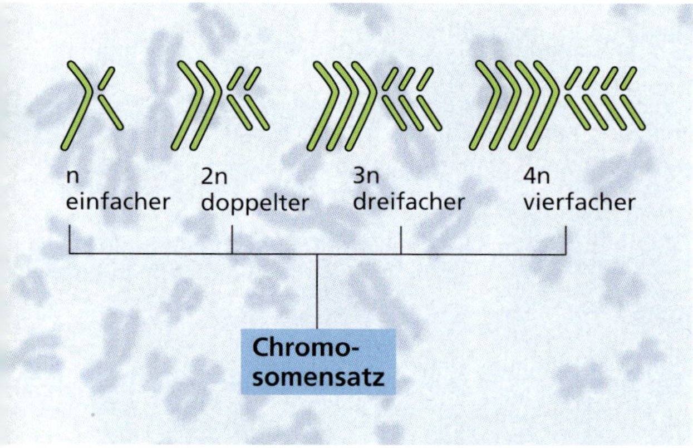

1 Vervielfachung des Chromosomensatzes

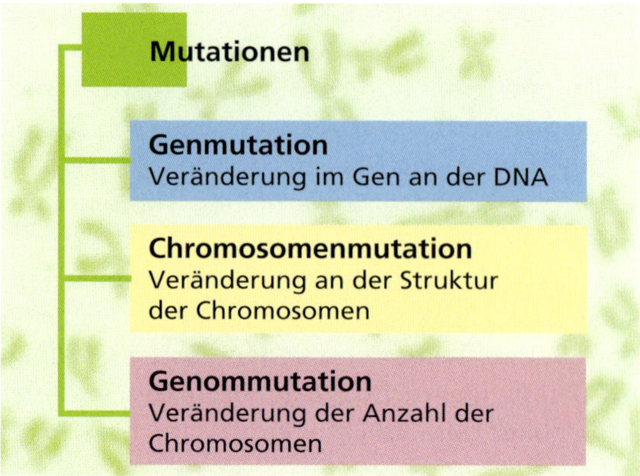

3 Formen der Mutationen

Auch viele unserer heutigen Kulturpflanzen sind polyploid und dadurch ertragsstark.
Im Tierreich kommt Polyploidie nicht so häufig vor. In den meisten Fällen führen jedoch vielfache Chromosomensätze zum Tod. Beispielsweise sind triploide menschliche Embryonen, die durch doppelte Befruchtung entstehen können, nicht lebensfähig.
Die Nichttrennung von homologen Chromosomenpaaren oder Schwesterchromatiden während der Meiose oder Mitose führt zu **Aneuploidien.** Nach der Befruchtung der Keimzellen können so monosome (ein Chromosom zu wenig) oder trisome (ein Chromosom zu viel) befruchtete Eizellen entstehen. Die phänotypischen Auswirkungen sind in der Regel negativ. Betroffene Organismen sind meist nicht oder nur mit schweren Behinderungen lebensfähig (↗ S. 164).

Chromosomenmutationen sind Strukturveränderungen an Chromosomen, die über die Grenze eines einzelnen Gens hinausgehen. In den veränderten Chromosomen kann die Menge des Erbmaterials durch Verlust (Deletion) oder Verdoppelung (Duplikation) bzw. kann die Lage des Erbmaterials durch Umkehrung (Inversion) oder Tausch mit einem anderen Chromosom (Translokation) verändert sein. Lageveränderungen wirken sich meist nur gering auf den Phänotyp aus, lediglich seine Kreuzbarkeit ist erschwert.
Mit zunehmender Größe der betroffenen Stücke ähneln Mengenveränderungen den Aneuploidien.

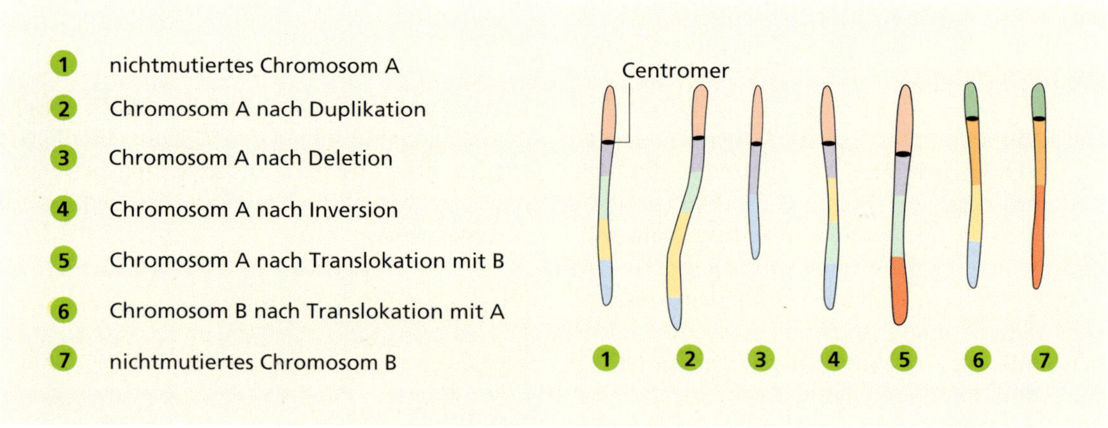

2 Formen von Chromosomenmutationen (gezeigt an 1-Chromatid-Chromosomen)

Die Veränderungen an Genen werden als **Genmutation** bezeichnet.
Sie entstehen zufällig an beliebigen Stellen der Gene bzw. Chromosomen und sind somit im Sinne der Evolution ungerichtet. Erst der nach der Mutation entstandene Phänotyp wird in seiner Umwelt durch Selektion bewertet.
Es können einzelne Basen oder längere Genabschnitte betroffen sein. Je größer die veränderten Abschnitte sind (etwa ab 50000 Basen), umso mehr ähneln die zellbiologischen Auswirkungen Chromosomenmutationen.
Häufig weist der mutierte Organismus andere Proteinstrukturen auf. Durch Genmutationen entstehen neue Allele.

Grundsätzlich werden Basensubstitutionsmutationen und Leserastermutationen unterschieden.
Bei der **Basensubstitution** kommt es zum Austausch von Nucleotiden der DNA.
Das während der Translation (↗ S. 97) gebildete Protein besitzt dann entweder eine andere Aminosäure oder hat sich aufgrund der Redundanz (mehrere Tripletts codieren eine Aminosäure) des genetischen Codes nicht verändert. Es kann auch kleiner sein, da ein zufällig entstandenes Stopp-Codon zum Translationsabbruch führte.
Durch Einfügen (Insertion), Verdoppeln (Duplikation) oder Entfernen (Deletion) von Basen bzw. Genabschnitten verschiebt sich das Leseraster der mRNA am Ribosom. Infolge des Rasterschubs bricht die Translation meist ab, da Stopp-Codone vorzeitig entstehen. Es können auch Proteine mit falscher Aminosäurenfolge entstehen (↗ Abb. 1).

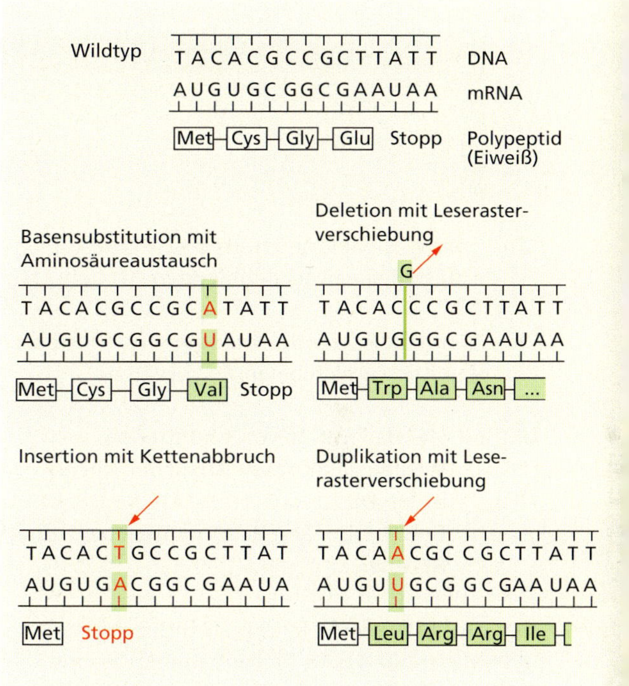

1 Mutationsmöglichkeiten der DNA

Mosaik

Bringen Mutationen immer Nachteile mit sich?

Stummelflügeligkeit bringt für Fliegen in der Regel nur Nachteile mit sich. Eine Ausnahme bildet die stummelflügelige Kerguelen-Fliege, die auf den stürmischen Kerguelen-Inseln im südindischen Ozean lebt. Die Stummelflügeligkeit ist in diesem speziellen Fall eine **vorteilhafte Mutation,** da die Fliege bei starkem Sturm mit Flügeln aufs Meer getrieben werden würde.
Bei der *Drosophila-Fliege* (Fruchtfliege) dagegen ist die Stummelflügeligkeit eine **nachteilige Mutation,** denn die betroffenen Fliegen sind sowohl bei der Nahrungssuche als auch bei der Flucht vor Fressfeinden stark beeinträchtigt.

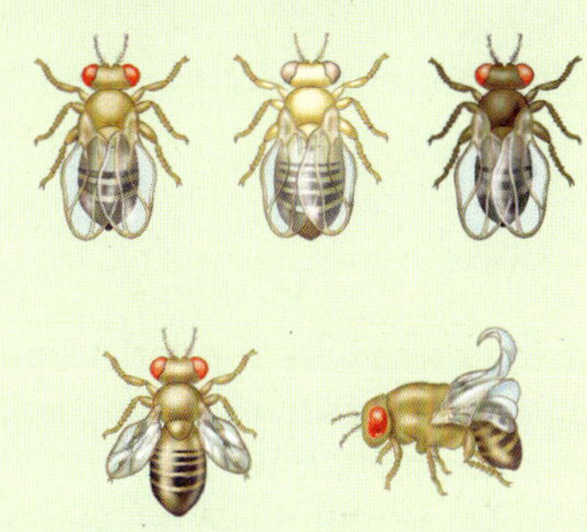

2 Mutanten der Fruchtfliege

Gewusst · Gekonnt

1. Nimm in dein Glossar folgende Begriffe auf: Konstanz, Variabilität, Modifikation, Mutation.

Glossar

Konstanz:

2. Erkläre, inwiefern bereits die Meiose zur Erhöhung der Variabilität einer Art beiträgt.

3. Nenne Beispiele für Mutation und Modifikation und vergleiche beide Vorgänge.

4. a) Nenne Formen von Mutationen. Welche genetischen Ursachen liegen ihnen zugrunde?
   b) Beschreibe für jede Mutationsform ein Beispiel.

5. Ordne folgende Merkmalsänderungen den Mutationen oder Modifikationen zu und begründe deine Zuordnung:
   - unterschiedliche Größe von Bohnensamen einer Sorte
   - Sommer- und Winterfell der Rehe
   - gelbbraune Fellfärbung von Wüstentieren
   - unterschiedliche Größe von Möhren einer Sorte
   - mittelfruchtige und großfruchtige Fleischtomate
   - unterschiedliche Süße von Weintrauben einer Sorte

6. Von allen in unseren Breiten vorkommenden Pilzvergiftungen entfallen 95 % auf den Grünen Knollenblätterpilz *(Amanita phalloides)*. 40 % aller Vergiftungen mit diesem Pilz enden tödlich. Die Amatoxine des Grünen Knollenblätterpilzes hemmen als langsam wirkende Gifte vor allem die RNA-Polymerase (Transkriptions-Enzym) in Zellkernen von Leberzellen. Dadurch wird die Proteinbiosynthese gehemmt. Nutze zur Beantwortung der Aufgaben auch das Internet.
   a) Erkläre, welche Auswirkungen das Gift auf den Organismus hat.
   b) Beschreibe den Ablauf des molekulargenetischen Prozesses, der von der Giftwirkung betroffen ist.

7. Simuliere mithilfe des angegebenen Satzes aus dreibuchstabigen Wörtern Genmutationen (Insertion, Duplikation, Deletion, Basensubstitution): UTA HAT DEN HUT AUF UND MAG EIN EIS.
   Erläutere ihre Auswirkungen auf die Merkmalsbildung eines Organismus.

8. Das 1819 von PELLETIER und CARVENTOU entdeckte Gift der Herbst-Zeitlosen, das Colchicin, hemmt die Mitose. Es behindert den Transport der Chromosomen. Erkläre die Mutationen auslösende Wirkung des Giftes.

9. Recherchiere Beispiele für chemische und physikalische Mutagene. Notiere, welchen Ursprung sie haben.

Konstanz und Variabilität der Arten

Auf der Grundlage der Information eines **Genotyps** kommt es zur Ausprägung von bestimmten Merkmalen und Eigenschaften, die sich im **Phänotyp** widerspiegeln.
Dabei werden arterhaltende Erbinformationen **konstant** von Generation zu Generation vererbt. Dennoch unterscheiden sich die einzelnen Individuen einer Art voneinander. Sie besitzen eine gewisse **Variabilität** in bestimmten Eigenschaften und Merkmalen.

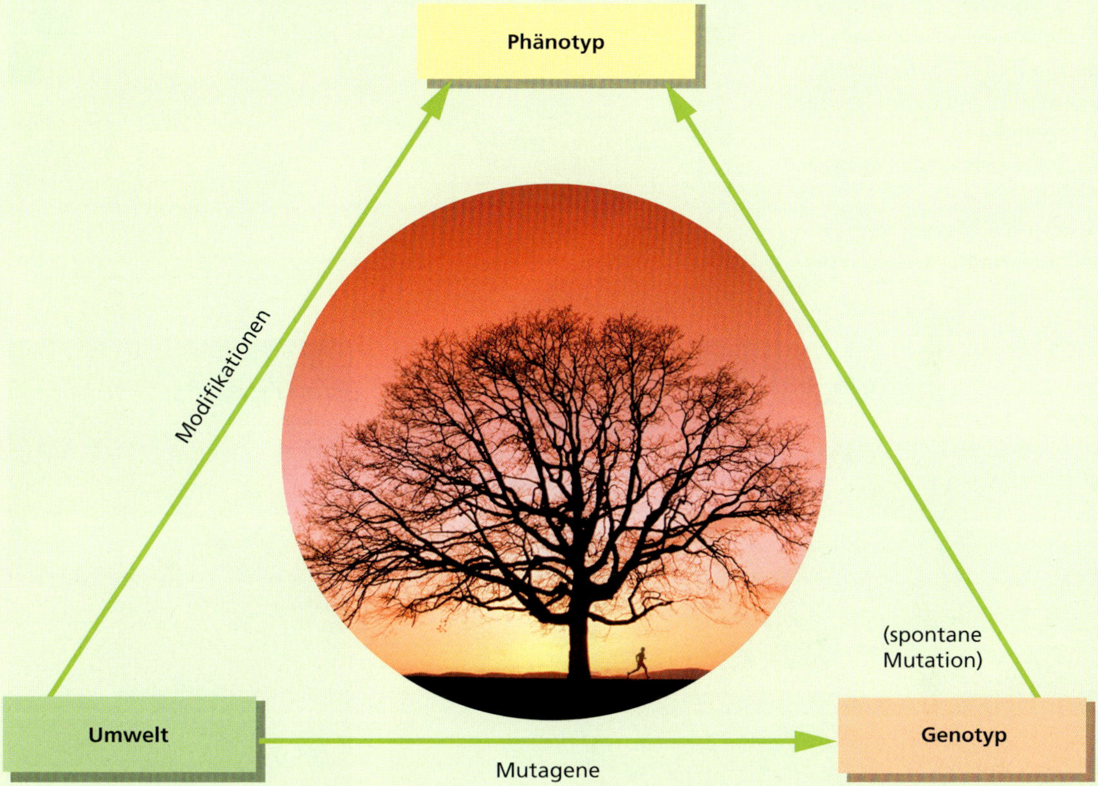

Eine bestimmte Eigenschaft eines Lebewesens, sein Phänotyp, kann von seiner Umwelt verändert – modifiziert – werden. Damit passt sich ein Organismus an seine reale Umwelt an. Das nutzt der Mensch u. a. in der Landwirtschaft und Gartenbau aus. **Modifikationen** werden nicht vererbt.

Mutationen hingegen betreffen den Genotyp eines Individuums. Sie können spontan auftreten oder durch Mutagene hervorgerufen werden. Wenn sie die Keimzellen betreffen, werden Mutationen auch vererbt.

4.2 Vererbung beim Menschen – wie die Eltern so die Kinder?

Ganz die Mutter

Ob die Nase, die Ohren oder die Beine von der Mutter sind, das wird oftmals gleich nach der Geburt versucht zu klären. Ähnlichkeiten werden von den Eltern auf den Sohn oder die Tochter und auf deren Kinder weitergegeben.
Welche Eigenschaften werden vererbt?
Wie ähnlich können sich Urgroßvater und Urenkeltochter noch sein?

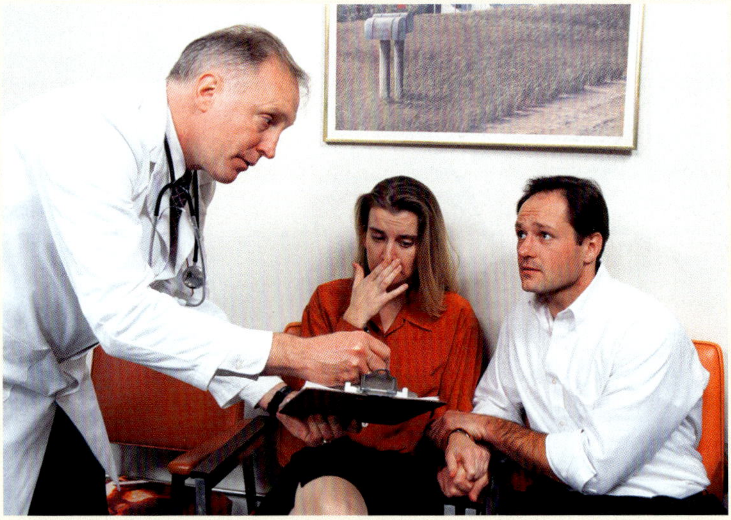

Beratung erbeten

Verschiedenste Faktoren wirken auf die vorgeburtliche Entwicklung des Menschen ein. Einige können schädigenden Einfluss haben und das genetische Material des Ungeborenen verändern. Werdende Eltern, die verunsichert sind, können sich beratende Hilfe suchen.
Sollte sich jeder beraten lassen? Wie läuft eine Beratung ab?

Anders als andere

Beim Vererbungsprozess passieren manchmal Fehler. Dann kommt es zu Veränderungen des Erbmaterials, die Auswirkungen auf das Aussehen und Verhalten des Menschen haben können.
Was bedeutet es, mit einer Erbkrankheit zu leben?

Vererbung beim Menschen

Eine wichtige Eigenschaft des menschlichen Genotyps, der Gesamtheit der Gene, ist seine Variabilität. Keine zwei Personen besitzen den gleichen Genotyp. Jeder Mensch (Ausnahme: eineiige Zwillinge) ist ein **genetisches Unikat.**
Welches Allel eines Gens bzw. welche Anlage nun im Phänotyp des Menschen zur Merkmalsbildung führte, hängt von seiner Vererbung - dominant, rezessiv, intermediär - ab (↗ S. 115).
Die Allele für dunkle Haare sind dominant gegenüber den Allelen für helle Haare. Die Fähigkeit, den bitteren Stoff Phenylthiocarbamid zu schmecken, vererbt sich auch dominant. Etwa 70 % der Europäer besitzen diese Schmeckfähigkeit. Der Herausbildung welliger Haare liegt ein intermediärer Erbgang zugrunde (glattes und lockiges Haar).

1 Die Hautfarbe unterliegt einer polygenen Vererbung

Besonders eindeutig lässt sich auch beim Menschen die Vererbung bestimmter Gene nachweisen, wenn jeweils ein Gen für die Ausbildung eines bestimmten Merkmals verantwortlich ist. Sind mehrere Gene für die Ausbildung eines Merkmals verantwortlich, spricht man von **Polygenie.** In diesem Fall wird es schwieriger, Erbgänge zu analysieren oder Voraussagen über die Vererbung zu machen. Ein Beispiel für Polygenie ist die Vererbung der **Hautfarbe.** Man nimmt an, dass für die Ausprägung der Hautfarbe mehrere Gene (mindestens acht) verantwortlich sind, die jeweils in Allelen „dunkle Pigmentierung" und „helle Pigmentierung" vorkommen können. Bei der Merkmalsausprägung addieren sich die Wirkungen dieser verschiedenen Hautfarbengene, sodass sehr unterschiedliche Abstufungen der Hautfarbe entstehen können (↗ Abb. 1).
Bei **monogenen** Merkmalen (↗ Tab.) lassen sich mithilfe der **mendelschen Vererbungsregeln** auch beim Menschen Erbgänge analysieren und voraussagen. Dies ist von besonderer Bedeutung, wenn es sich um genetisch bedingte Krankheiten handelt.

Beispiele für Merkmale mit mendelscher Vererbung beim Menschen

Beispiel	dominant	rezessiv
Ohrläppchen	freistehend	angewachsen
Daumenreflexion (mit Doppelgelenk)	nach außen biegbar	nicht biegbar
Fähigkeit, Phenylthiocarbamid (PTC) zu schmecken	schmecken	nicht schmecken
Ausscheiden des auffällig riechenden Methylmerkaptans nach Spargelessen	keine Ausscheidung im Harn	Ausscheidung im Harn
Ausscheiden des roten Farbstoffs Betanin nach dem Genuss Roter Bete	keine Ausscheidung im Harn	Ausscheidung im Harn

Vererbung des Geschlechts

Auch die Geschlechtsbestimmung beim Menschen erfolgt entsprechend den **mendelschen Regeln.** Insgesamt befinden sich in jeder Körperzelle des Menschen 46 Chromosomen, nämlich 44 Körperchromosomen (Autosomen) und 2 Geschlechtschromosomen (Gonosomen, ↗ Abb. 3). Das Geschlecht eines Menschen wird durch die Geschlechtschromosomen (X bzw. Y) festgelegt. Die Entscheidung über das Geschlecht erfolgt bereits bei der Befruchtung der Eizelle (↗ Abb. 2). Die Eizelle enthält immer ein X-Chromosom, die Samenzelle ein X- oder ein Y-Chromosom. Das Geschlecht des Menschen wird bei der Befruchtung der Eizelle (↗ S. 176) durch die Kombination der Geschlechtschromosomen bestimmt (XX = weiblich, XY = männlich).

Die **Vererbung des Geschlechts beim Menschen** kann schematisch dargestellt werden (↗ Abb. 3). Theoretisch ist eine Geschlechtsverteilung von 1 : 1 zu erwarten. Praktisch werden aber auf 100 Mädchen 106 Jungen geboren. Die Ursache dafür ist nicht geklärt. Man vermutet, dass Spermien mit Y-Chromosomen leichter und schneller beweglich sind und dadurch eher zur Befruchtung kommen als X-Chromosomen tragende Spermien.

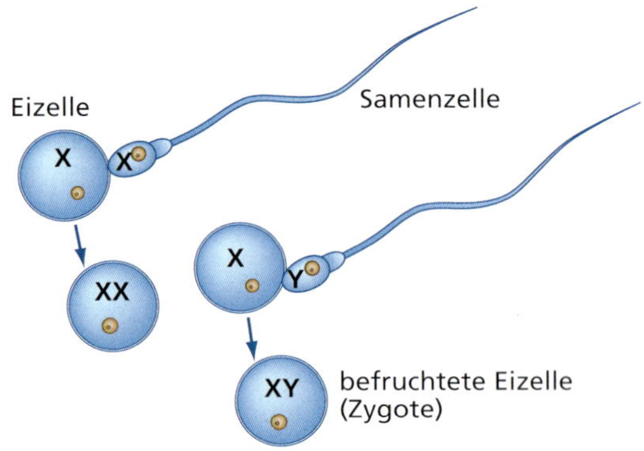

2 Festlegung des Geschlechts bei der Befruchtung der Eizelle

Die **Differenzierung des Geschlechts** beginnt etwa am 35. Tag der Embryonalentwicklung. Bis dahin entwickeln sich die Anlagen für die Keimdrüsen und für die Geschlechtsorgane geschlechtsunabhängig. Hat der Embryo ein Y-Chromosom geerbt, wird dort jetzt ein Gen aktiv, das aus den Keimdrüsenanlagen Hoden entstehen lässt. Diese produzieren das männliche Sexualhormon Testosteron.
Das Hormon aktiviert als Signalstoff dann Gene im gesamten Erbmaterial (Genom), die eine männliche Differenzierung bewirken. Ohne dieses Gen, es ist fast die einzige Erbinformation auf dem Y-Chromosom, entstehen Eierstöcke. Dann entwickelt sich der Embryo weiblich.

1 Junge oder Mädchen? – theoretisch 1 : 1

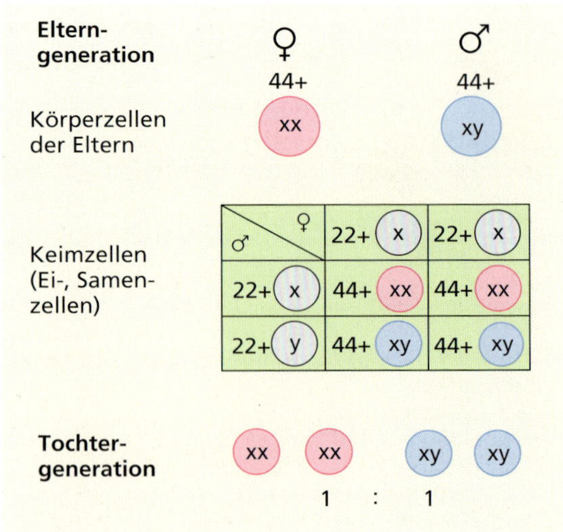

3 Vererbung des Geschlechts beim Menschen

Vererbung der Blutgruppen

Zeit seines Lebens besitzt jeder Mensch eine bestimmte charakteristische Blutgruppe. Auch **Blutgruppen werden vererbt.**

Es werden die Blutgruppen A, B, AB und 0 (Null) unterschieden. Die Vererbung der Blutgruppenmerkmale A, B und 0 erfolgt nach den **mendelschen Regeln.** Bestimmt werden die Blutgruppenmerkmale durch drei Allele, nämlich A, B und 0. Die Allele für die Blutgruppen befinden sich auf dem homologen Chromosomenpaar Nr. 9 (↗ Abb. 2, S. 89). Je zwei der drei möglichen Allele A, B und 0 sind für eine bestimmte Blutgruppe, d. h. die Ausbildung eines bestimmten Antigens auf den roten Blutkörperchen, verantwortlich.

Das Allel 0 ist gegenüber den Allelen A und B rezessiv, während A und B gleich stark vererbt werden.

Die Allelpaare AA und A0 ergeben die Blutgruppe A, die Allelpaare BB und B0 die Blutgruppe B, das Allelpaar AB die Blutgruppe AB. Die Vererbung der Blutgruppen kann in Erbgängen dargestellt werden (↗ Abb. unten).

Die Kinder, deren Eltern die Allele AA und 00 für die Blutgruppen A und 0 haben, können theoretisch nur die Blutgruppe A erhalten. Aus den Gesetzmäßigkeiten der Blutgruppenvererbung kann man von den Eltern auf die Kinder schließen und umgekehrt (↗ Tab.).

Das macht die Zuordnung und den Ausschluss von Vätern möglich. Dabei bleiben aber immer noch Fragen offen. Heute nutzt man für Vaterschaftstests meist den genaueren „genetischen Fingerabdruck", bei dem bestimmte DNA-Sequenzen verglichen werden.

Blutgruppenzuordnung von Eltern und Kindern

Mutter	Kind	mögliche Väter	nicht mögliche Väter
0	0	0, A, B	AB
0	A	A, AB	0, B
0	B	B, AB	0, A
B	B	0, AB, A, B	–
A	A	0, AB, A, B	–
AB	AB	A, B, AB	0
A	0	0, A, B	AB
B	0	0, A, B	AB
AB	B	0, AB, A, B	–

Aufgabe

Zwei Männer mit unterschiedlichen Blutgruppen (0 und AB) stehen für eine mögliche Vaterschaft zur Diskussion. Die Mutter hat die Blutgruppe 0 das Kind B. Überprüfe anhand eines Kreuzungsschemas, wer der Vater ist.

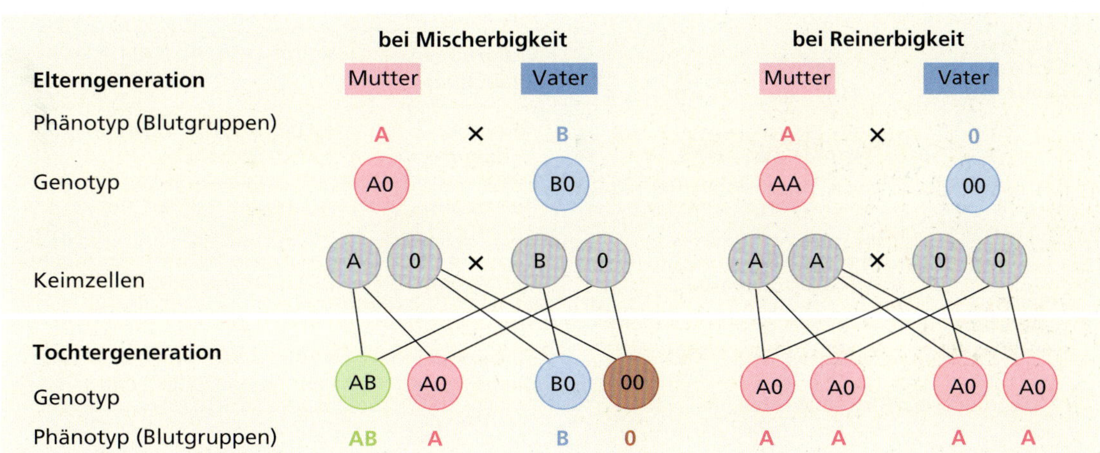

Mosaik

Rh-System und Vererbung des Rh-Faktors (dominanter Erbgang)

Der Wiener Arzt Dr. Karl Landsteiner (1868–1943) erforschte Anfang des 20. Jahrhunderts die Blutgruppen und entdeckte 1940, dass es noch weitere Substanzen auf den Blutkörperchen gibt. Erstmals wurden diese Substanzen an Rhesusaffen entdeckt und nach ihnen benannt.
Wie die Blutgerinnungsantigene A und B ist der Rhesusfaktor (Rh-Faktor) ein **Antigen** auf der Oberfläche der roten Blutkörperchen (Erythrozyten). Menschen, die diese Antigene, also einen Rhesusfaktor besitzen, sind rhesuspositiv (Rh^+). Das betrifft 85 % aller Menschen, entsprechend haben 15 % keinen Rhesusfaktor, sie sind rhesusnegativ (Rh^-).

Das Gen zur Ausprägung des Rh-Faktors liegt auf dem 1. Chromosomenpaar (↗ Abb. 2). Bei der Vererbung des Rhesusfaktors handelt es sich um einen **dominant-rezessiven Erbgang.** Das Vorhandensein eines Rhesusfaktors (Rh^+) wird dominant vererbt und mit „D" gekennzeichnet, Rh^- entsprechend mit „d". Die Vererbung des Rhesusfaktors erfolgt wie die Vererbung der Blutgruppe nach den mendelschen Gesetzen (↗ Abb. 1).
Beide Blutgruppensysteme liegen auf verschiedenen homologen Chromosomen. Das AB0-System auf dem Chromosomenpaar Nr. 9 (↗ S. 89) und das Rh-System auf dem Chromosomenpaar Nr. 1 (↗ Abb. 2). Das bedeutet, dass es viele verschiedene Blutgruppenkombinationen gibt, weil sie **unabhängig** voneinander nach der **3. mendelschen Regel** vererbt werden (↗ Tab.).

Elterngeneration ♀ ♂

	♀	♂
Phänotyp	Rh^-	Rh^+
Genotyp	dd	Dd
Keimzellen	(d) (d)	(D) (d)

Kreuzungsschema

♂ \ ♀	(d)	(d)
(D)	Dd	Dd
(d)	dd	dd

Tochtergeneration

Genotyp	dd	dd	Dd	Dd
Phänotyp	Rh^-	Rh^-	Rh^+	Rh^+

1 Vererbung des Rhesusfaktors

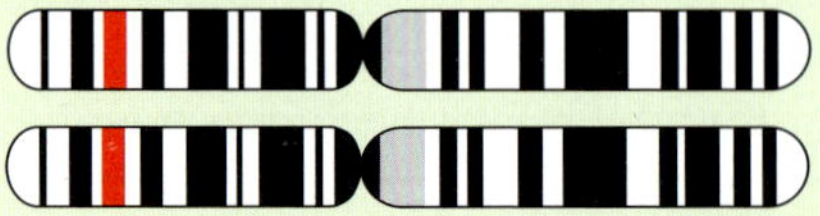

2 Lokalisation der Gene des Rh-Systems

Der Rh-Faktor hat durchaus **klinische Bedeutung.** Wichtig ist die Beachtung des Rhesusfaktors, wenn eine rhesusnegative Mutter ein rhesuspositives Kind erwartet. Gegen die roten Blutzellen des Kindes mit dem Rh^+-Faktor würde die Mutter Antikörper ausbilden. Bei einer erneuten Rh^+-Schwangerschaft werden durch die Abwehrreaktionen der rhesusnegativen Mutter die roten Blutzellen des rhesuspositiven Kindes geschädigt, da die Mutter Antikörper gegen den Rh^+-Faktor gebildet hat.
Um dies zu verhindern, spritzt man der Mutter unmittelbar nach der Geburt des ersten Kindes Antiglobuline. Diese wirken gegen die von ihr gebildeten Rh^+-Antikörper. Damit wird die Bildung des **Antigen-Antikörper-Komplexes** als Immunreaktion gegen die roten Blutzellen des Kindes verhindert.

Außerdem ist die Bestimmung des Rhesusfaktors zusätzlich zur Blutgruppe ein weiteres und wichtiges Merkmal zur Eingrenzung einer möglichen Vaterschaft.

Eltern	**Mutter**	**Vater**
Blutgruppen (Phänotyp)	**A Rh^+**	**B Rh^-**
mögliche Genotypen	AADD, A0DD, AADd, A0Dd	BBdd, B0dd
Keimzellen	AD, 0D, Ad, 0d	Bd, 0d
Genotypen der Kinder	ABDd, A0Dd, B0Dd, B0dd, 00Dd, ABdd, A0dd, 00dd	
Blutgruppen der Kinder	$ABRh^+$, ARh^+, BRh^+, BRh^-, $0Rh^+$, $ABRh^-$, ARh^-, $0Rh^-$	

Familienstammbäume

Der Begriff des Familienstammbaums ist aus der Ahnenforschung bekannt. Mithilfe einer festen Symbolik ist in ihm die Abstammung der Kinder von Vater und Mutter und der weiteren Familienmitglieder in den verschiedenen Generationen dargestellt (↗ Abb. 1).
Anhand der Familienstammbäume kann die Vererbung der Anlagen von Merkmalen über mehrere Generationen analysiert werden. Sie bieten die Möglichkeit, bei auftretenden Erbkrankheiten Aussagen über das Krankheitsrisiko der Kinder abzuleiten. Die Analyse von Stammbäumen erfolgt unter den Gesichtspunkten, ob ein Erbleiden gonosomal (auf Geschlechtschromosomen) oder autosomal (auf Körperchromosomen) vererbt wird und die Allele dominant, rezessiv oder intermediär wirken. Für die Erstellung von Stammbäumen werden bestimmte Symbole benutzt (↗ Abb. 1): Männer werden mit einem Quadrat, Frauen mit einem Kreis symbolisiert. Bei weiblichen bzw. männlichen Merkmalsträgern werden diese Symbole vollständig ausgefüllt.

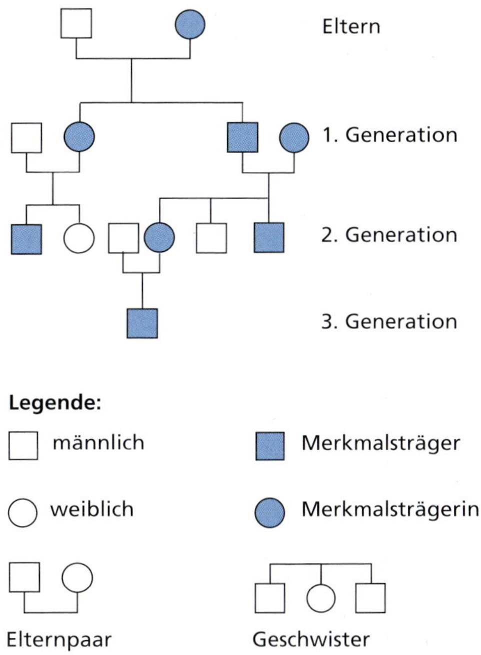

1 Der Familienstammbaum verdeutlicht die Abstammungsverhältnisse der nachkommenden Generation.

Methoden

Interpretationshilfe zur Analyse von Stammbäumen

Stelle Überlegungen zu den beiden folgenden Aspekten an:

1. Werden die Erbanlagen für das Merkmal
   - **dominant** (ein Allel reicht zur Ausbildung des Merkmals; rein- und mischerbig)
     MM Mm – M ist hier das Merkmal bestimmende Allel

   oder

   - **rezessiv** (nur bei Reinerbigkeit Ausprägung des Merkmals)
     mm – m ist hier das Merkmal bestimmende Allel

   vererbt?

2. Wird das Merkmal tragende Allel
   - **autosomal** (Merkmal tragende Allele liegen auf den Körperchromosomen)
     – dominant: MM Mm
     – rezessiv: mm

   oder

   - **gonosomal** (Merkmal tragende Allele liegen auf den Geschlechtschromosomen)
     X-chromosomal:
     – dominant: $X_M X_M$, $X_M X_m$, $X_M Y$
     – rezessiv: $X_m X_m$, $X_m Y$
     Y-chromosomal: XY_M, XY_m
     (Merkmal tragendes Allel liegt auf dem Y-Chromosom, nur Männer sind Merkmalsträger; extrem selten)

   vererbt?

Erst nachdem du diese Fragen geklärt hast, kannst du aus dem Stammbaum die Wahrscheinlichkeit einer Merkmalsausprägung in der nächsten Generation ableiten.

Vererbung der Rot-Grün-Blindheit

Ausschnitt aus einem Brief, den ein Mr. Scott 1777 an seinen Freund schrieb:

„Ich kenne kein Grün in der Welt. Vor einigen Jahren habe ich meine Tochter einem vornehmen Mann vermählt. Am Tage vor der Hochzeit kam er in einem neuen Mantel aus bestem Stoff in mein Haus. Ich war sehr gekränkt, dass er, wie ich glaubte, in Schwarz gekleidet war, der Farbe der Trauer. Ich sagte ihm, er solle gehen und den Mantel wechseln. Aber meine Tochter sagte, dass mich meine Augen trögen. Der Mann trug einen feinen weinroten Mantel. Dieser aber war für meine Augen schwarz. Es handelt sich um ein altes Familienleiden. Mein Vater hatte genau dieselbe Krankheit. Meine Mutter und eine meiner Schwestern konnten fehlerfrei sehen. Meine zweite Schwester war farbuntüchtig wie ich. Sie hatte zwei Söhne, die beide an dieser Krankheit litten. Ihre Tochter war dagegen normalsichtig. Ich selber habe einen Sohn und eine Tochter, die beide alle Farben ohne Ausnahme sehen können. Das Gleiche gilt für meine Frau. Der Bruder meiner Mutter hat denselben Fehler wie ich."

Wird davon ausgegangen, dass Mr. Scotts Frau reinerbig gesund ist, lässt sich aus dem Familienstammbaum erkennen, dass die Rot-Grün-Blindheit gonosomal (X-Chromosom) rezessiv vererbt wird. Sonst müsste Mr. Scotts Tochter ebenfalls erkrankt sein.

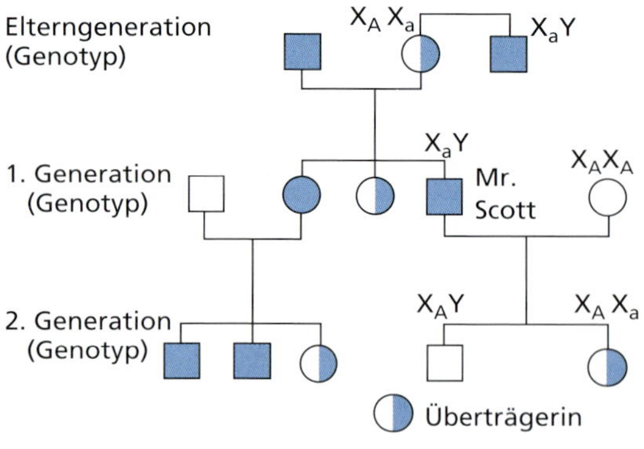

Die geschilderten Verhältnisse lassen sich nur erklären, wenn man annimmt, dass das zur Rot-Grün-Blindheit gehörende Gen auf dem X-Chromosom vererbt wird. Geht man davon aus, so ergibt sich, dass alle Söhne von Mr. Scott nicht an dieser Krankheit leiden werden, weil sie von der Mutter ein gesundes X-Chromosom und vom Vater ein gesundes Y-Chromosom vererbt bekommen. Die Töchter werden aber Konduktorinnen (Überträgerinnen) sein, d.h. sie übertragen zwar die Krankheit, weil sie ein krankes Allel auf einem X-Chromosom besitzen, erkranken aber nicht selbst, weil sie ein gesundes Allel auf dem zweiten X-Chromosom haben und das Erbleiden rezessiv vererbt wird. Hier sehen wir schon, dass wir unsere Aussagen sehr gründlich überprüfen müssen. Lücken in den Stammbäumen, die sich z.B. aus fehlenden Angaben über den Ehepartner ergeben, grenzen mitunter unsere Aussagen stark ein.

Aufgaben

1. Welche Aussagen über die Wahrscheinlichkeit einer Erkrankung für Mr. Scotts Kinder lassen sich unter der Annahme, dass Mr. Scotts Frau eine Konduktorin ist, ableiten?

2. Analysiere den Brief von Mr. Scott. Beschreibe, welche Auswirkungen die Rot-Grün-Blindheit im täglichen Leben hat? Nutze dazu auch die Abbildung.

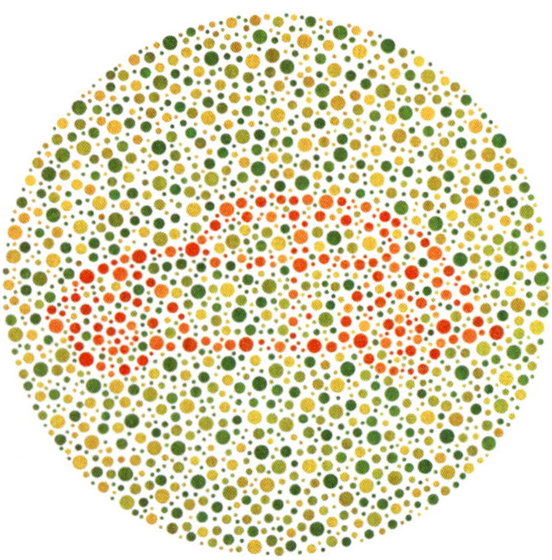

Mosaik

Vererbung von Anlagen für psychische Merkmale und Intelligenz

Oft wird gefragt, ob Anlagen für psychische Merkmale und Intelligenz vererbbar sind. Ein erster Blick auf die Stammbäume berühmter Familien, wie die der HUXLEYS, der WEIZSÄCKERS, der Familien BACH und DARWIN/GALTON (↗ Abb. 1) lässt dies vermuten.
Das gehäufte Auftreten besonders begabter Personen in einigen Familien scheint geradezu ein Indiz dafür zu sein. Eine genetische Interpretation des abgebildeten Stammbaums müsste aber auch zur Annahme führen, dass die Vererbung der Intelligenz geschlechtsgebunden erfolgt. Das Fehlen der Informationen über die Begabung der Ehefrau ist ein Hinweis auf die Bedeutung der Umwelt für die Entfaltung der Begabung. Wäre die Umwelt bedeutungslos, so müssten begabte Frauen in derselben Häufigkeit in den Stammbäumen auftreten wie die Männer.
Zur Beantwortung dieser strittigen Frage wird die Zwillingsforschung ebenfalls herangezogen. Die Problematik ergibt sich daraus, dass es keine allgemein anerkannte Definition für Intelligenz gibt. Um ein Bild zu gewinnen, wird oftmals der sogenannte Intelligenzquotient (IQ) mithilfe eines Intelligenztests anhand von zu lösenden Aufgaben, z.B. Merkfähigkeit, schlussfolgerndes Denken, Abstraktionsvermögen, Ausdrucksleistungen, Zahlenverständnis und räumliches Vorstellungsvermögen, ermittelt. Eigenschaften wie Ausdauer, Konzentrationsvermögen, Willensstärke werden z.B. von dem Test nicht erfasst. Trotz dieser Einschränkungen wird deutlich, dass das, was durch den Intelligenztest gemessen wird, weitgehend erbbedingt ist. Schätzungen besagen, dass etwa 70 % der Intelligenz vererbt und 30 % erworben werden. Intelligenz ist aber auch hier das Resultat einer komplexen Wechselbeziehung von Erbe und Umwelt. Erblich fixiert sind die Voraussetzungen, einen bestimmten IQ zu erreichen. Die Umweltbedingungen entscheiden aber darüber, ob dieser Intelligenzgrad tatsächlich erreicht wird.
Die Wirkung der Umwelt auf die Ausbildung der Intelligenz lässt sich durch den Vergleich der IQ-Übereinstimmung bei gemeinsam und getrennt aufgewachsenen Zwillingspaaren erschließen. Die positiven Auswirkungen intensiver Betreuung und Förderung der Kinder in den ersten drei Lebensjahren auf die Entwicklung der Intelligenz und den Schulerfolg sind unbestritten. Da durch die Zwillingsforschung vergleichsweise nur wenig Daten zur Verfügung stehen, muss ihr wissenschaftlicher Aussagewert stets genau geprüft werden (↗ Abb. 2).

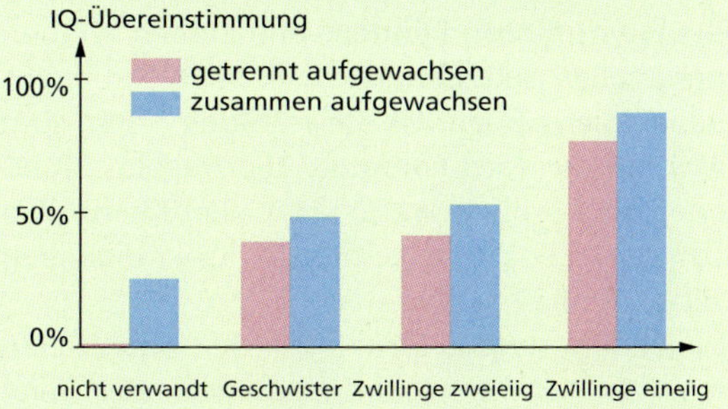

2 IQ-Übereinstimmung

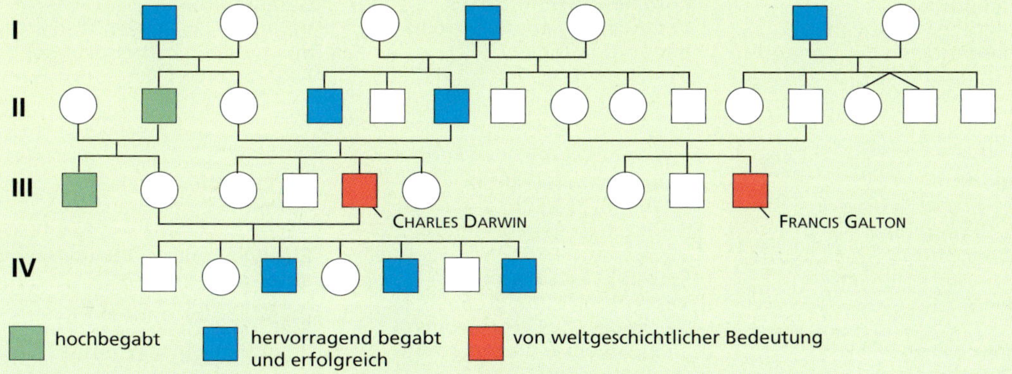

1 Familienstammbaum von C. DARWIN und F. GALTON

Genetisch bedingte Krankheiten beim Menschen

Mutationen sind Veränderungen des Erbmaterials, die zu Änderungen im Erscheinungsbild (Phänotyp) führen können. Mutationen können Körperzellen betreffen, wie z. B. beim Hautkrebs infolge übermäßiger UV-Bestrahlung. Diese sind nicht auf die Nachkommen übertragbar. Mutationen sind erblich, wenn sie in den Keimzellen vorliegen, z.B. Phenylketonurie. Erbkrankheiten sind noch nicht heilbar.

Je nachdem welche Strukturen des genetischen Materials betroffen sind, unterscheidet man Gen-, Chromosomen- und Genommutationen (↗ Abb. 1).

> Genetisch bedingte Krankheiten beruhen auf Veränderungen der Erbsubstanz. Sie sind noch nicht heilbar.

Je größer die Veränderung im Genotyp ist, umso schwerwiegender sind in der Regel die Krankheitsbilder und umso geringer ist die Lebenserwartung. Diese nüchterne biologische Aussage macht unsere Verantwortung als Menschen sehr deutlich. Nach Möglichkeit sollte das Leiden an den Symptomen der Krankheiten soweit wie möglich reduziert werden. Eine wesentliche Aufgabe besteht darin, erkrankte Menschen in die Gesellschaft zu integrieren, sowie die betroffenen Familien durch die Gesellschaft zu unterstützen.

Trisomie 21 – eine Genommutation

Eine genetisch bedingte Erkrankung, die durch eine Genommutation hervorgerufen wird, ist die Trisomie 21.

Die Fehlverteilung der Chromosomen erfolgt während der Meiose der Keimzellen. Meist wird während der ersten Reifeteilung (↗ S. 103) das Chromosomenpaar 21 nicht getrennt und kommt somit in einer Keimzelle mit zwei Chromosomen vor. In der befruchteten Eizelle befinden sich dann drei Chromosomen mit der Nummer 21.

Etwa ein von 700 Neugeborenen besitzt das 21. Chromosom dreimal und damit 47 Chromosomen.

Dieses Erbleiden wurde erstmals 1866 durch den englischen Kinderarzt JOHN LANGDON DOWN (1828–1896) beschrieben und aus phänotypischer Sicht (Krankheitsbild) nach ihm als DOWN-Syndrom benannt. Aus genotypischer Sicht ist die Trisomie 21 eine Fehlverteilung der Chromosomen (↗ Abb. 2, S. 165).

Ursachen der Erbkrankheiten

Genommutation Veränderung der Anzahl der Chromosomen des Genoms	**Chromosomenmutation** Veränderung an der Struktur der Chromosomen	**Genmutation** Veränderung im Gen an der DNA durch Einfügen, Verlust oder Austausch von Nucleotidbasen
z. B. **Trisomie 18** dreifaches Vorhandensein des 18. Chromosoms (EDWARDS-Syndrom) **Trisomie 21** dreifaches Vorhandensein des 21. Chromosoms (DOWN-Syndrom)	z. B. **Katzenschrei-Syndrom** fehlendes Stück an einem der 5. Chromosomen (Deletion) **Translokationstrisomie 21** Verknüpfen eines großen Stücks des 21. Chromosoms an ein anderes Chromosom (Translokation)	z. B. **Huntington-Krankheit** autosomal, dominant **Phenylketonurie, Mukoviszidose** autosomal, rezessiv **Bluterkrankheit** X-chromosomal, rezessiv

1 Bei den Erbkrankheiten können alle Vererbungs- und Mutationsformen auftreten.

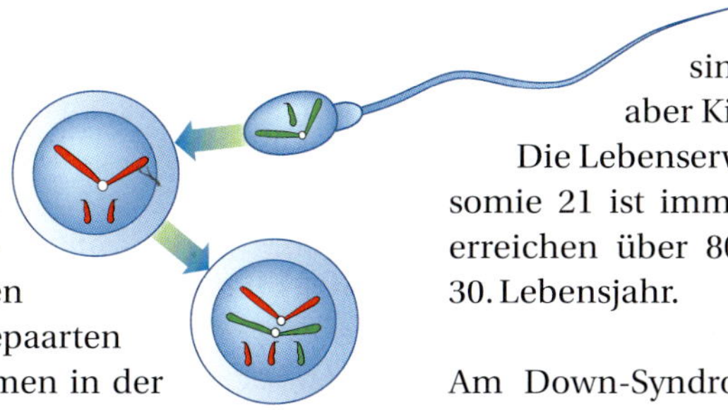

Besonders die Eizellen sind von Fehlverteilungen der Chromosomen gefährdet. Mit Beginn der Geschlechtsreife bei Frauen verharren sie mit gepaarten homologen Chromosomen in der ersten Phase der Meiose. Es wird angenommen, dass die Chromosomenpaare sich mit dem steigenden Alter der Frau immer schlechter voneinander trennen und somit diese Fehlverteilungen in den Eizellen auftreten können. Statistisch kann diese Aussage für die Trisomie 21 belegt werden, z. B. bei 20-Jährigen beträgt die Häufigkeit 1 : 2300, bei 45-Jährigen schon 1 : 46 pro Geburtenzahl.

Phänotypisch ist das Down-Syndrom mit einigen Auffälligkeiten im Kopf- und Gesichtsbereich gekennnzeichnet (↗ Abb. 1). Die Kopfform ist weniger oval, die Ohren sitzen niedrig und die Nase ist flach. Die Augenlider bilden eine Lidfalte. Aufgrund der Lidfalte wurde die Krankheit früher auch als Mongolismus bezeichnet, weil die Augen asiatisch aussehen. Innere Organe, vor allem das Herz, weisen häufig Fehlbildungen auf. Männer sind unfruchtbar, Frauen können aber Kinder bekommen.

Die Lebenserwartung von Menschen mit Trisomie 21 ist immer noch eingeschränkt. Heute erreichen über 80 Prozent der Erkrankten das 30. Lebensjahr.

Am Down-Syndrom erkrankte Menschen sind geistig behindert. Je nach Mutationsform sowie ihrer Ausprägung und vor allem der gezielten frühzeitigen Förderung kranker Kinder können sie je nach Lernfähigkeit ein hohes Maß an Selbstständigkeit erreichen.
Kinder mit Trisomie 21 sind sehr anhänglich und liebebedürftig. Wenn sie schon als Kleinkinder viel Zuneigung erfahren, wirkt sich dies sehr positiv auf ihre weitere Entwicklung aus.

Aufgaben

1. Interpretiere das Karyogramm der Trisomie 21 (↗ Abb. 2).

2. Die gesellschaftliche Integration von Menschen mit genetisch bedingten Erkrankungen ist sehr wichtig.
   Begründe diese Aussage.

1 Seifenblasen pusten macht Spaß.

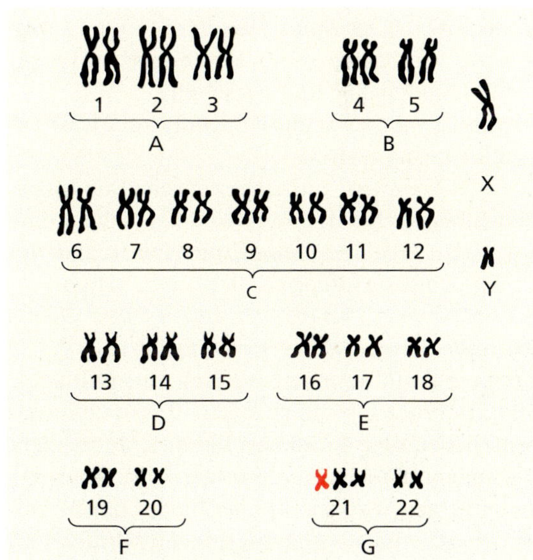

2 Karyogramm bei Trisomie 21

Humangenetische Beratung und ethische Probleme

Von 100 Neugeborenen weisen rein statistisch vier bis sechs genetische Defekte auf. Nach heutigem Kenntnisstand sind genetische Faktoren bei weit mehr als 2000 Krankheiten beteiligt. Deshalb gewinnt die Berücksichtigung genetischer Aspekte bei der Erkennung, Ursachenanalyse, Prophylaxe und Therapie von vielen Krankheiten zunehmend an Bedeutung. In zahlreichen Fällen besteht bereits die Möglichkeit, exakte Aussagen und Prognosen über das Auftreten von Risiken und möglichen genetischen Defekten zu machen.
Auch bestimmte Einflüsse während der Schwangerschaft, z. B. eine Infektion mit Rötelviren sowie Medikamenten-, Alkohol- und Drogenmissbrauch, können zu Schäden führen.

Elternpaare, die befürchten ein erbkrankes Kind zu bekommen, können sich an eine **humangenetische Beratungsstelle** wenden. Anzeichen für eine solche Befürchtung können u. a. sein:
- wenn bei einem der Partner oder in dessen Familie ein Erbleiden vorhanden ist oder der Verdacht besteht;
- wenn bei der Mutterschaftsvorsorge Anhaltspunkte für ein genetisch bedingtes Risiko bestehen (z. B. erhöhtes Alter der Mutter, Geburt eines vorangegangenen Kindes mit Erbkrankheit, Auffälligkeit im Ultraschall);
- wenn zwei oder mehr Fehlgeburten in der Familie bekannt sind.

Eltern können eine humangenetische Beratungsstelle aber auch aufsuchen, wenn sie allgemeine Fragen zur Familienplanung und zu humangenetischen Untersuchungsmöglichkeiten haben.

Wie läuft eine genetische Beratung ab?
In einem einführenden Gespräch muss zunächst geklärt werden, ob es sich tatsächlich um eine genetisch bedingte Krankheit handelt, denn nicht alle angeborenen Behinderungen sind Erbkrankheiten. Dazu wird die Vorgeschichte der betreffenden Krankheit (Anamnese) der Partner und deren Familien aufgenommen und ein **Familienstammbaum** angefertigt.

Der Familienstammbaum sollte über drei Generationen, also bis zu den Großeltern, reichen. Mit ihm wird die spezifische familiäre Belastung ermittelt, und zwar auf der Basis der Vererbungsregeln. Allerdings sind auch Grenzen vorhanden. Bei einigen vererbten Krankheiten kann man einen Gesunden nicht von einem Überträger unterscheiden.

Wenn alle erforderlichen Daten vorliegen, werden Ursache und Auswirkung der vorhandenen genetischen Erkrankung verständlich vermittelt und erläutert.
Für die Abklärung der genetischen Ursachen und des Erbverhaltens einer Krankheit kann der Humangenetiker auf verschiedene Möglichkeiten zurückgreifen (↗ Abb. 1). Dazu gehören u. a. der **Bluttest** bei den Eltern zur Erkennung von mischerbigen gesunden Anlagenträgern.

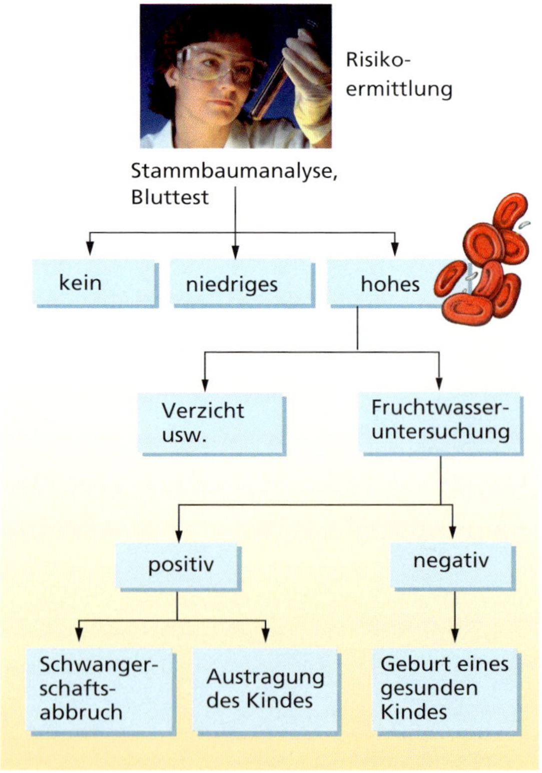

1 Möglichkeiten und Konsequenzen genetischer Familienberatung

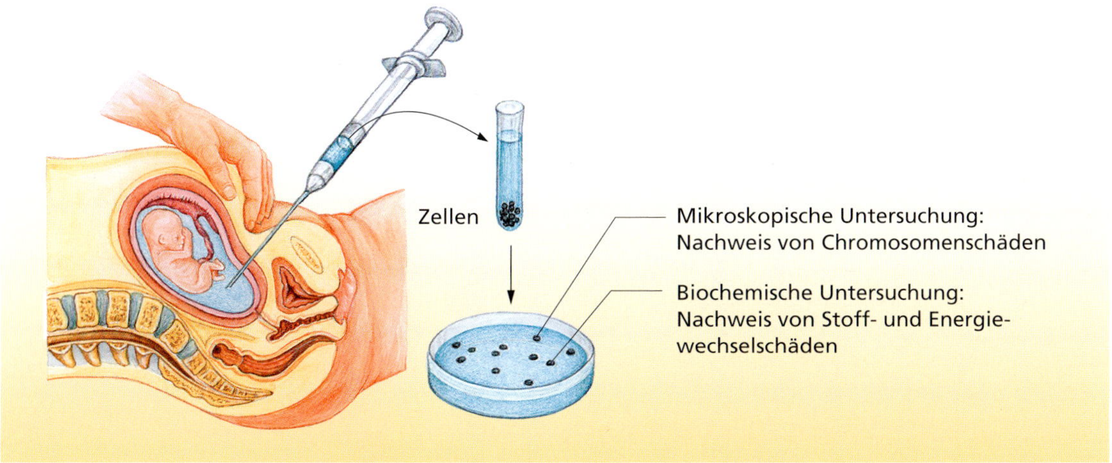

1 Fruchtwasseruntersuchung (Amniozentese) – ein Verfahren zur vorgeburtlichen Diagnostik

Mit einem **Heterozygotentest** kann festgestellt werden, ob eine phänotypisch gesunde Person Träger rezessiver Allele für eine Krankheit ist oder nicht, z. B. bei Rot-Grün-Blindheit und Sichelzellenanämie. Er deckt also eine mögliche Weitergabe der Veranlagung von Krankheiten an ein gemeinsames Kind auf.

Des Weiteren ist die **Fruchtwasseruntersuchung** ein Verfahren, um mögliche genetische Defekte bereits beim Embryo zu erkennen. Sie wird in der 15. bis 18. Schwangerschaftswoche durchgeführt. Wegen des Risikos, eine Frühgeburt auszulösen, sollte diese vorgeburtliche Diagnostik nur in begründeten Fällen vorgenommen werden. Gründe für eine Fruchtwasseruntersuchung sind u.a.:

- Bei einem Elternteil ist eine Chromosomenanomalie bekannt.
- Es wurde bereits ein Kind mit einer Chromosomenveränderung geboren.
- Die Mutter ist über 35 Jahre alt.
- Die Mutter ist während der Schwangerschaft erkrankt, dadurch besteht das Risiko einer gestörten Embryonalentwicklung.

Die Rat suchenden Paare können selbst entscheiden, ob sie eine Fruchtwasseruntersuchung durchführen lassen, um weitere Gewissheit zu erlangen. Bei positiven Resultaten ist zu entscheiden, ob man die in § 218 geregelte Möglichkeit zum Schwangerschaftsabbruch (↗ S. 182) nutzen oder das prognostizierte Risiko mit all seinen Konsequenzen akzeptieren will.
Das Ziel einer humangenetischen Beratung besteht u. a. darin, die Partner durch die umfassende Information auf der Basis vollständiger und aktueller Kenntnisse der medizinischen und genetischen Fakten zu befähigen, für sich eine angemessene Entscheidung zu treffen.

Erbkranke Kinder bedürfen vonseiten der Eltern, Geschwister und aller anderen Personen einer besonderen Zuneigung, Unterstützung und Hilfe. Verständnis und Mitgefühl sind vonnöten, denn Menschen mit erbbedingten Krankheiten sind in vielerlei Hinsicht „anders“. Bei geistiger Behinderung können sie beispielsweise Gefahren nicht richtig einschätzen. Oft sind sie anderen gegenüber gutgläubig und unbekümmert.
Wenn erbkranke Kinder eine Sonderschule besuchen, lernen sie vor allem, wie sie selbstständig werden und ihr Leben gestalten können. Manche lernen lesen und schreiben, manche entfalten musikalische bzw. handwerkliche Talente.
Die **Integration Erbkranker** in das schulische bzw. berufliche Leben einer Gemeinschaft ist für beide Seiten von besonderer Wichtigkeit.
Es ist entscheidend, die Talente erbkranker Kinder zu fördern. So gibt es zahlreiche Betriebe und Werkstätten, in denen Erbkranke arbeiten.

Gewusst · Gekonnt

1. Ergänze dein Glossar durch folgende Begriffe: Familienstammbaum, autosomale Vererbung, gonosomale Vererbung, Genommutation, Trisomie 21, genetische Beratung.

Glossar

autosomale Vererbung:

2. In der Rechtsmedizin dient bzw. diente das Wissen zur Vererbung der einzelnen Blutgruppenallele zum Nachweis strittiger Vaterschaften.

Blutgruppe Mutter	A	AB	0	B
Blutgruppe Kind	B	AB	0	AB

a) Gib von den Müttern und Kindern die möglichen Genotypen der Blutgruppen an.
b) Ermittle die Genotypen und die Blutgruppen (Phänotypen) möglicher Väter.
c) Schließe Väter mit nicht möglichen Blutgruppen aus.

3. Phenylalanin und Phenylbrenztraubensäure können die Plazenta durchdringen.
a) Informiere dich über die Erbkrankheit Phenylketonurie (PKU). Verwende dazu entsprechende Fachliteratur oder das Internet.
b) Erkläre die Probleme, die sich bei einer an PKU erkrankten Schwangeren ergeben.
c) Welche Gegenmaßnahme kann ergriffen werden?

4. Der Familienstammbaum verdeutlicht die Abstammung der Kinder väterlicherseits und mütterlicherseits (↗ Abb. oben)

a) Was verstehst du unter einem Familienstammbaum?

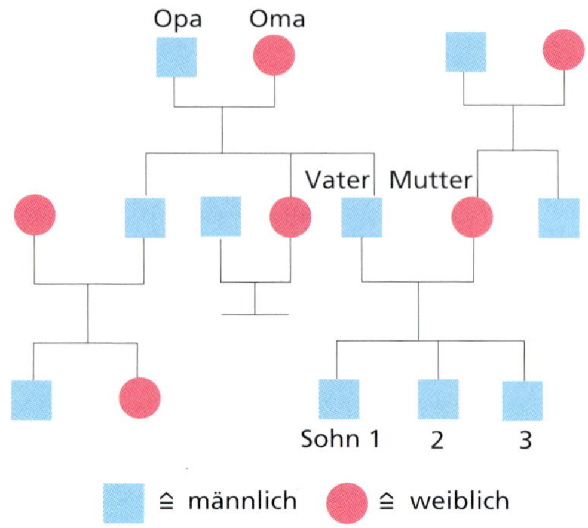

b) Anlagen für bestimmte Merkmale werden von Generation zu Generation vererbt, z. B. Ohrläppchen angewachsen oder freistehend, Daumenreflexion vorhanden oder nicht. Erstelle selbstständig mithilfe der obigen Abbildung einen Familienstammbaum, der die Weitergabe der Erbanlage für die Ausbildung eines der genannten Merkmale verdeutlicht.

5. Vergleiche Erbkrankheiten und Infektionskrankheiten in Bezug auf Ursache, Therapie, Bekämpfung und Heilung miteinander. Fertige dazu eine Tabelle an.

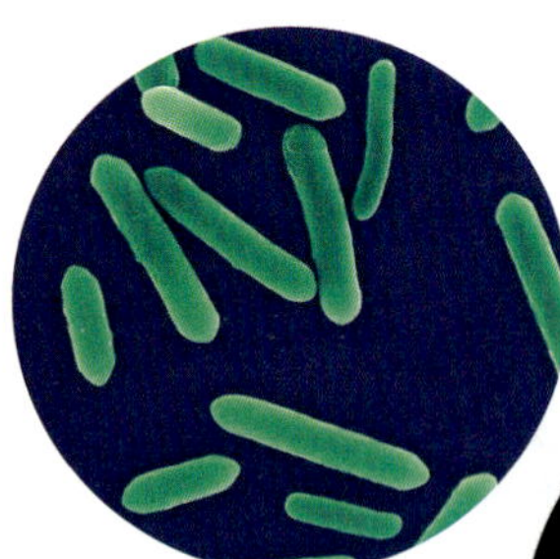

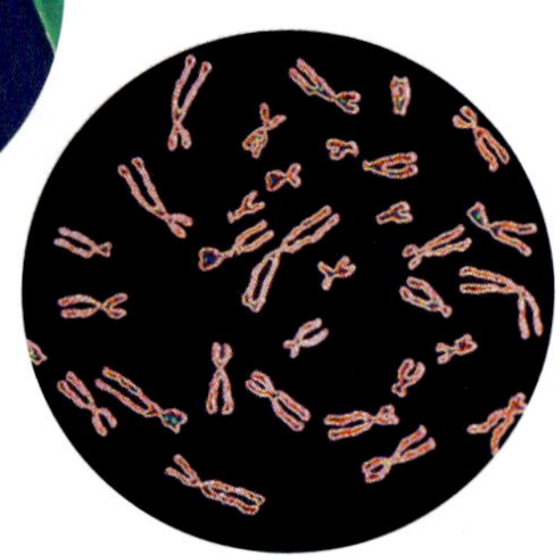

6. Die Inuit (Eskimos) ernähren sich anders als Europäer. Ihre Nahrung ist fast ausschließlich tierisch. Untersuchungen ergaben, dass in Alaska und Grönland etwa 9 % der einheimischen Bevölkerung eine Unverträglichkeit für Rohrzucker aufweisen. Sie besitzen zu wenig Saccharase, ein Enzym, das Rohrzucker im Darm spaltet.

a) Welche Erklärung könnte es für das relativ häufige Auftreten dieser Krankheit bei den Inuit geben?

b) Begründe die mögliche Vererbungsform, die aus dem unten abgebildeten Stammbaum hervorgeht. Gib die möglichen Genotypen an.

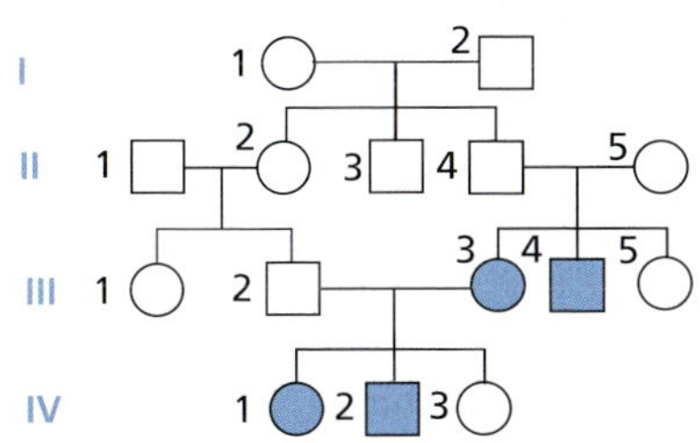

c) Die Kinder nahe verwandter Eltern besitzen ein höheres Risiko zur Ausbildung von Erbkrankheiten. Begründe.

7. Die weitaus meisten Formen des Albinismus werden durch ein rezessives mutiertes Allel vererbt. Der oben rechts abgebildete Stammbaum stellt die Vererbung einer sehr seltenen Albinismusform dar. Hinzukommende Partner sind keine genotypischen Merkmalsträger. Begründe die mögliche Vererbungsform, die aus dem abgebildeten Stammbaum hervorgeht. Gib die möglichen Genotypen an.

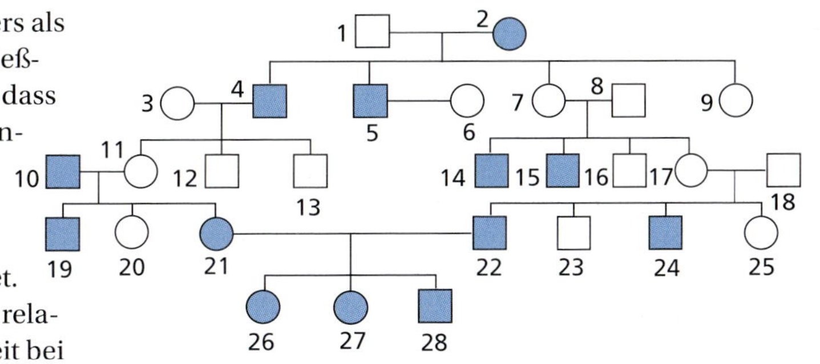

8. Das Karyogramm stellt die genetische Ursache einer der häufigsten Erbkrankheiten des Menschen dar. Vermutlich werden 6/7 aller Erkrankungen durch die Mutter verursacht.

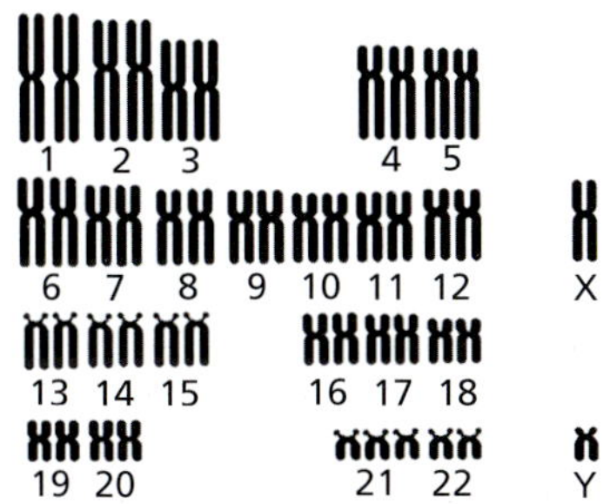

a) Benenne die Erbkrankheit. Beschreibe die Ursachen und Folgen der genetischen Veränderung.

b) Warum sind Männer ungleich weniger häufig die Verursacher der Krankheit?

c) Die Tabelle stellt den Zusammenhang zwischen der Anzahl der erkrankten Kinder und dem Alter ihrer Mütter dar. Leite daraus Schlussfolgerungen zur Vorsorge ab.

d) Erstelle aus der Tabelle ein sinnvolles Diagramm und diskutiere es mit einem Mitschüler.

Alter der Mutter (in Jahren)	**Erkrankte Kinder** (relative Häufigkeit)	**Alter der Mutter** (in Jahren)	**Erkrankte Kinder** (relative Häufigkeit)
20–24	0,06 %	35–39	0,33 %
25–29	0,08 %	40–44	1,00 %
30–34	0,11 %	>45	2,17 %

Vererbung von Merkmalen

Entsprechend der mendelschen Regeln erfolgt auch beim Menschen die Vererbung der Anlagen zur Ausprägung von Merkmalen.

Erbkrankheiten des Menschen

Erbkrankheiten sind durch Veränderungen der Erbsubstanz (Mutationen) in den Keimzellen verursachte Erkrankungen des Menschen. Sie sind noch nicht heilbar.

Mithilfe von Familienstammbäumen, Bluttests und Fruchtwasseruntersuchungen kann man feststellen, ob ein genetischer Defekt vorliegt.
Menschen mit einer genetisch bedingten Krankheit bedürfen besonderer Zuneigung und Hilfe.

Humangenetische Familienberatung ist für Eltern sinnvoll, die sich unklar darüber sind, ob bei ihren Kindern mit dem Auftreten einer erblich bedingten Krankheit zu rechnen ist.

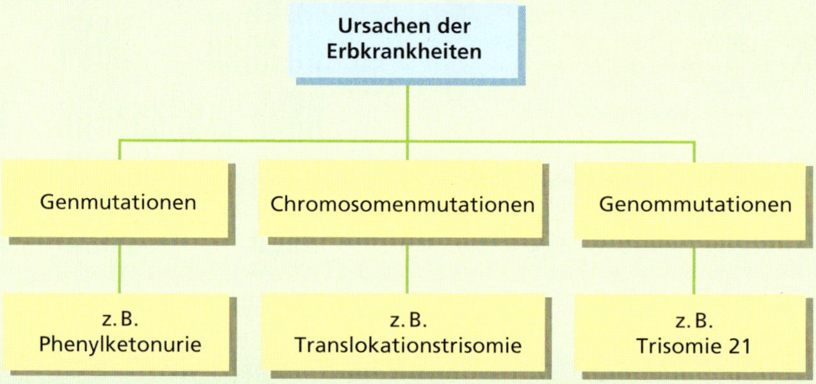

W

Vererbung – und weiter?

Wahlbereich: Krebs – wirklich unheilbar?

Nach Angaben der WHO (Weltgesundheitsorganisation) starben im Jahr 2005 weltweit 6,2 Millionen Menschen an **Krebs.** Das waren 12,6 % aller Todesfälle, mehr als durch AIDS, Tuberkulose und Malaria zusammen. In Deutschland ist Krebs nach Herz-Kreislauf-Erkrankungen die **zweithäufigste Todesursache.** Rund 400 000 Menschen sterben hier jährlich an dieser Krankheit. Besonders betroffen sind Menschen über 60 Jahre, aber auch bei jüngeren nehmen Krebserkrankungen zu. Frauen und Männer sind zu gleichen Anteilen davon betroffen. Bei Frauen treten vor allem Brust- und Darmkrebs auf, bei Männern Prostata-, Darm- und Lungenkrebs (↗ Abb. 1).

Allgemein beschreibt man Krebs als eine **Krankheit des Erbguts,** die zur Entwicklung unkontrolliert wachsender und sich vermehrender Tumore führt. Im Gegensatz zu „gutartigen" Geschwüren, die nicht in umgebendes Gewebe eindringen, nennt man solche Tumore auch „bösartig". Dabei können fast alle Organe befallen werden. Mehr als 100 Formen mit unterschiedlichsten Verläufen werden heute unter dem Namen Krebs geführt. Trotz aller Unterschiede entstehen Krebsgeschwüre meist nach einem sehr ähnlichen Prinzip.

Im Erbgut einer jeden menschlichen Zelle befinden sich **Kontrollgene,** die für die Regulierung des Zellwachstums verantwortlich sind. Sie beeinflussen den Zeitpunkt einer Zellteilung und kontrollieren die korrekte Abfolge der Basenpaare in der DNA nach jeder Verdopplung. Bei vorliegenden Schäden oder Veränderungen (Mutationen) bewirken sie die notwendigen Reparaturen oder, wenn diese keinen Erfolg haben, den Zelltod. Sind diese Gene jedoch selbst von Schäden oder Mutationen betroffen, gerät der Zellzyklus außer Kontrolle. Zellen behalten ihren veränderten genetischen Code, teilen sich unreguliert und sterben nicht mehr ab. Das ist der Beginn der Tumorbildung. Er liegt meist Jahrzehnte vor der eigentlichen Diagnose „Krebs".

Krebsneuerkrankungen pro Jahr

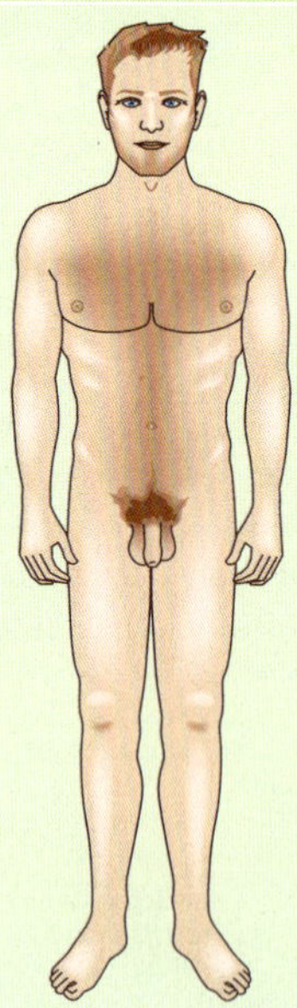

218 250	**insgesamt**	**206 000**
7800	Mundhöhle/Rachen	2600
3700	Speiseröhre	1050
11 200	Magen	8250
35 600	Darm	35 800
6050	Bauchspeicheldrüse	6600
2800	Kehlkopf	450
32 550	Lunge	12 450
6000	Haut	7700
18 850	Harnblase	7100
10 300	Niere	6400
1300	Schilddrüse	2800
6750	Lymphdrüse / Lymphsystem	7100
5500	Leukämien	4750

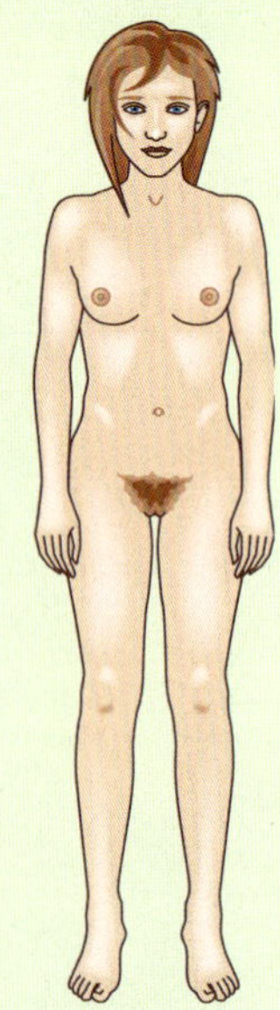

1 Krebserkrankungen in Deutschland im Jahr 2002

Der schlimmste Verlauf einer Krebserkrankung ist die Bildung von **Metastasen.** Das bedeutet, Krebszellen lösen sich aus ihrem Verband, werden über das Lymph- und Blutgefäßsystem verbreitet und siedeln sich in anderen Organen an. Dort entstehen weitere Tumore, zerstören gesunde Gewebe und beeinträchtigen deren Funktionen.
Krebszellen haben meist eine große Ähnlichkeit mit körpereigenen, gesunden Zellen. Deshalb werden sie vom **Immunsystem** nicht ausreichend erkannt und bekämpft und können sich so im Körper entwickeln und ausbreiten.

Nur selten ist Krebs erblich bedingt. Vererbt wird allerdings manchmal die **Veranlagung** Krebs auszubilden. So steigt das Risiko an Brustkrebs zu erkranken, wenn in der Familie diese Erkrankung bereits aufgetreten ist.

Es gibt jedoch etliche Einflüsse, die Mutationen des Erbguts unterstützen, d. h. krebsfördernd sind. Zu diesen **Krebserregern** gehören bestimmte Chemikalien, Strahlen, Viren und Bakterien. Eine anhaltend zu hohe Sonnen-, d. h. UV-Bestrahlung ist z. B. für die Ausbildung von Hauttumoren verantwortlich. Zu hohe Dosen **radioaktiver Strahlen** verursachen Blutkrebs (Leukämie). **Viren** können für Leber- und Gebärmutterhalskrebs verantwortlich sein, das **Bakterium** *Helicobacter pylori* für Krebsgeschwüre im Magen. Der größte Anteil an Krebserkrankungen lässt sich auf **chemische Substanzen** zurückführen. Das Einatmen von Asbest- oder Kohlestaub kann z. B. Lungenkrebs verursachen, der Kontakt zu Imprägniermitteln oder Teer Hautkrebs. Schimmelpilzgifte zählen zu den stärksten Krebsauslösern überhaupt. Verschimmelte Lebensmittel sollten deshalb auf keinen Fall gegessen werden.

Ein besonders häufiger Krebsauslöser ist der **Tabakrauch.** Er ist für die meisten Lungenkrebserkrankungen und für 5-10 % aller Krebserkrankungen bei Frauen bzw. 20-30 % aller Krebserkrankungen bei Männern verantwortlich. Tabakrauch besteht aus einer Vielzahl gefährlicher Stoffe. Ihre Wirkung wird durch Alkohol noch verstärkt und kann damit z. B. Auslöser für Speiseröhren-, Rachen- oder Kehlkopfkrebs sein.

Nicht immer kann man sich vor Krebs schützen. Dazu ist noch zu wenig über die konkreten Auslöser bekannt. Manchen schädlichen Umwelteinflüssen kann man sich im Alltag kaum entziehen, so z. B. dem Einatmen von Abgasen. Doch die Beachtung einiger **Regeln** kann helfen, das eigene Risiko zu verringern.

Regeln

1. Nicht rauchen.
2. Keinen Alkohol trinken.
3. Vor übermäßiger Sonneneinstrahlung und Sonnenbrand schützen, Solariumbesuche einschränken.
4. Sicherheitsbestimmungen beim Umgang mit krebserregenden Substanzen einhalten.
5. Auf gesunde Ernährung achten.
6. Warnzeichen erkennen und Untersuchungsangebote zur Früherkennung wahrnehmen.

Wird Krebs in einem frühen Stadium erkannt und behandelt, sind die Heilungs- und Überlebenschancen wesentlich besser. Deshalb sollten die Untersuchungen zur Früherkennung unbedingt wahrgenommen werden. Sie beginnen für Frauen im 20. Lebensjahr mit der Kontrolle des Gebärmutterhalses. Später kommen Untersuchungen der Brust und der Haut hinzu. Bei Männern ist neben der Haut vor allem die Kontrolle der Prostata ab dem 45. Lebensjahr wichtig.
Nicht jeder Krebs kann durch diese Programme erkannt werden, bei einigen ist eine Untersuchung ohne Verdacht nicht sinnvoll. Deshalb ist es wichtig, selbst auf seinen Körper zu achten und ein **Gespür** für Veränderungen zu entwickeln.

Behandlungsmöglichkeiten

Hat der Arzt ein Krebsgeschwür festgestellt, sollte es sofort behandelt werden. Dabei können folgende Methoden angewandt werden:
- operative Entfernung der Tumore,
- Zerstörung von Krebszellen durch Bestrahlung,
- Verhinderung ihrer Vermehrung durch Medikamente (Chemotherapie)
- Verminderung des Krebswachstums durch Hormontherapie (z. B. Prostatakrebs)
- Therapie zur Stärkung der Immunabwehr.

Daneben versucht man die allgemeine Lebensqualität (z. B. durch Gabe von Schmerzmitteln, Atemtherapien) zu verbessern.

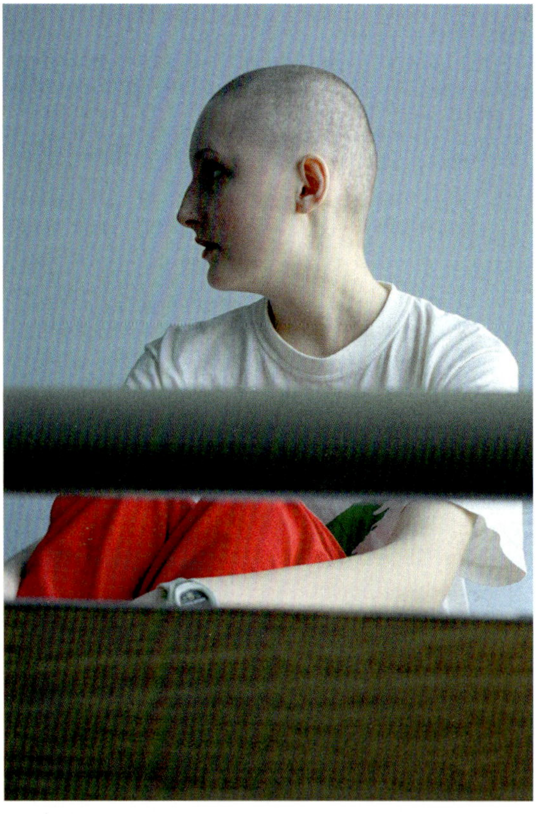

1 Die Medikamente der Chemotherapie greifen sich schnell teilende Zellen an, z. B. Haarwurzelzellen. Diese Behandlung führt deshalb häufig zum Haarausfall.

Die **Heilungschancen** sind von vielen Faktoren abhängig, u. a. von der Art und dem Stadium der Erkrankung. Sie sind umso besser, je früher der Krebs erkannt wird und je geringer die Bildung von Metastasen ist. Früherkennung ist also eine wesentliche Maßnahme zur erfolgreichen Behandlung von Krebs.
Schlechte Heilungsraten und Nebenwirkungen lösen oft Ängste und Verzweiflung aus. Viele Betroffene suchen dann Hilfe bei **alternativen Methoden.** Deren Wirksamkeit ist meist kaum erwiesen und oft umstritten. Dennoch eignen sich Mistelpräparate, homöopathische Mittel und spezielle Diäten häufig zur begleitenden Behandlung, z. B. bei der Chemotherapie. Sie können Nebenwirkungen verringern und das Allgemeinbefinden verbessern.
Eine Art von Krebs ist **Leukämie,** eine Krebserkrankung des Blutes. Bei ihr kommt es durch genetische Veränderungen vor allem zu einer unkontrollierten Bildung der funktionslosen Vorstufen **weißer Blutkörperchen** im Knochenmark. Die Ausbreitung dieser Zellen stört die normale Blutbildung und verdrängt gesunde **Knochenmarkszellen.** Gelangen die Krebszellen in den Blutkreislauf und dadurch in lebenswichtige Organe, wie Leber und Milz, können sie auch deren Funktion stören. Eine Leukämie führt zu **Symptomen** wie häufigen Infektionen, Müdigkeit, Kopfschmerzen, Blässe und Blutungsneigung.
Leukämie tritt in unterschiedlichen Formen verstärkt im Kindesalter und bei älteren Menschen auf. Die **Ursachen** sind im Einzelnen noch nicht geklärt. Auslösende Faktoren könnten jedoch sein: Chemikalien wie Benzol, vorangegangene Chemotherapien, ionisierende Strahlung oder genetische Vorbelastung.
Die **Behandlung** erfolgt meist durch Chemotherapie. Die verabreichten Medikamente greifen sich teilende Zellen und somit vor allem die Tumorzellen an. Ist das Knochenmark bereits zu stark geschädigt, kann nur die Spende neuer Knochenmarkszellen helfen. Dabei müssen die Blutgruppen und Gewebeeigenschaften von Spender und Empfänger übereinstimmen, damit es zu keiner Abwehrreaktion des (neuen) Immunsystems gegen den Körper des Empfängers kommt.

Nicht jeder Tumor ist ein Krebs

Der Begriff Tumor bezeichnet die durch eine genetische Fehlregulation ausgelöste Neubildung von Gewebe. Nach ihrer Gefährlichkeit für den Menschen unterscheidet man gut- und bösartige Tumore. Krebsgeschwüre sind bösartig. Krebszellen wachsen und teilen sich sehr schnell und zerstören die befallenen Gewebe. Ihre Mutationsrate ist sehr hoch. Oft besitzen sie im Vergleich zum Ausgangsgewebe völlig neue Eigenschaften.

1. *Überlege dir anhand der Eigenschaften eines bösartigen Tumors, woran man einen gutartigen Tumor erkennen könnte und wie man ihn behandeln würde.*
   Diskutiert die Unterschiede in der Klasse und erstellt eine Tabelle zu den Punkten: Wachstum, Mutationsrate, Abänderung von Zelleigenschaften, Einfluss auf gesundes Gewebe, Bildung von Metastasen, Abgrenzbarkeit von gesundem Gewebe, Behandlungswege.

2. *Wähle dir neben Leukämie ein weiteres Beispiel für Krebserkrankungen. Informiere dich in der Bibliothek, im Internet oder durch einen Besuch beim Arzt über Krankheitsverlauf, Probleme, Behandlungswege, Heilungschancen und aktuelle Zahlen. Notiere die wichtigsten Punkte und halte einen Kurzvortrag.*

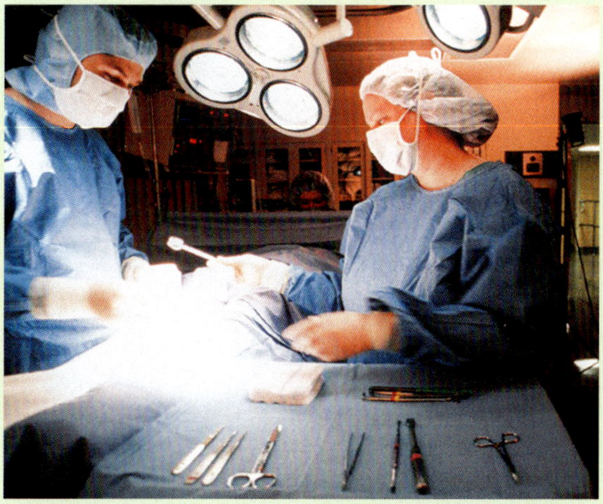

1 Gutartig oder bösartig? Eine Gewebeprobe bringt Klarheit.

Rauchen – ein Auslöser von Lungenkrebs

Die Ursache dafür, an Lungenkrebs erkrankt zu sein, liegt bei Männern zu 90 % am aktiven Rauchen, bei Frauen zu 60 %. Die Überlebensraten für Lungenkrebs sind relativ gering: Nur 12 % der Männer und 14 % der Frauen können von dieser Krankheit geheilt werden.

1. *Welche gefährlichen Inhaltsstoffe sind im Tabakrauch enthalten?*
   a) *Nenne die wesentlichen Inhaltsstoffe im Tabakrauch und ihre gesundheitsschädliche Wirkung.*
   b) *Welche Stoffe sind besonders krebserregend und warum?*

2. *Informiert euch im Internet, in der Bibliothek oder bei einem Arzt zu folgenden Fragen: Was ist Lungenkrebs? Warum ist er so gefährlich und warum sind die Heilungsraten so gering?*

3. *Selbsthilfegruppen können Betroffenen und Angehörigen sehr oft mit Rat und Unterstützung zur Seite stehen.*
   a) *Nehmt mithilfe eures Lehrers Kontakt zu einer Lungenkrebs-Selbsthilfegruppe auf.*
   b) *Organisiert eine Gesprächsrunde zum Thema individuelle Erfahrungen im Kampf gegen Lungenkrebs. Bereitet das Gespräch mit eurem Lehrer gut vor. Überlegt und notiert euch entsprechende Fragen.*
   c) *Listet mit dem erworbenen Wissen Meinungen für und gegen das Rauchen auf und diskutiert die Ergebnisse.*
   d) *Ziehe Schlussfolgerungen für dein eigenes Verhalten.*

Wahlbereich: Entwicklung des Menschen – von der Befruchtung bis zum Tod

Befruchtung – Individualität des Lebens

Das Leben jedes Menschen beginnt mit der **Befruchtung.** Dies ist der Augenblick, wenn der haploide Kern einer **Samenzelle** mit dem haploiden Kern einer **Eizelle** verschmilzt. In diesem Moment ist die genetische Ausstattung des heranwachsenden Menschen festgelegt und damit die Ausbildung seiner individuellen Merkmale. Doch wie kommt es zu all den unterschiedlichen Menschen?
Schon während der Meiose wird durch Neukombination und unterschiedliche Verteilung des Erbguts auf die Tochterzellen die genetische Individualität jeder Keimzelle erreicht (↗ S. 103). Beim Geschlechtsverkehr hängt es vom Zufall ab, welche der Millionen Samenzellen die Eizelle im Eileiter erreicht und befruchtet. Aus diesem genetischen Zufallsprodukt entwickelt sich ein Individuum, das genetisch einmalig ist. Nur eineiige Zwillinge besitzen exakt die gleichen Erbanlagen. Die Befruchtung findet im **Eileiter** (↗ S. 178) der Frau statt. Dort kann jeden Monat eine reife Eizelle befruchtet werden. Der Mann dagegen produziert ständig Millionen von Samenzellen. Sie sind wesentlich kleiner als die Eizelle, zudem mit einer beweglichen Geißel (Schwanzteil) ausgestattet. Damit sind sie fähig, die Gebärmutter und den Eileiter bis zur Eizelle zu durchschwimmen.
Sobald eine Samenzelle mit der Eizelle verschmolzen ist, verstärkt sich die Eizellhülle, sodass keine weitere Samenzelle mehr eindringen kann. Die befruchtete Eizelle, die **Zygote,** ist durch die Verschmelzung zweier haploider Zellkerne zu einer diploiden Zelle geworden.
Nun beginnt die **Keimesentwicklung,** ein Mensch wächst heran.

Mosaik

Schwangerschaftstest

Das Ausbleiben der Regel und morgendliche Übelkeit können erste Symptome einer Schwangerschaft sein. Gewissheit kann dann schon wenige Tage nach Aussetzen der Menstruation ein Schwangerschaftstest verschaffen, vorausgesetzt der Zyklus ist regelmäßig. Eine Schwangerschaft kann durch einen **Urintest** (Stäbchentest), eine **Blutentnahme** oder eine **Ultraschalluntersuchung** nachgewiesen werden.
Der Stäbchentest ist in Apotheken erhältlich und kann zu Hause durchgeführt werden. Dabei wird der Morgenurin auf das schwangerschaftserhaltende Hormon **HCG** (**H**umanes **C**horion**g**onadotropin) getestet, das bei gesunden Frauen bis zur 12. Schwangerschaftswoche gebildet wird. Ab etwa 10 Tagen nach der Befruchtung kann durch einen Schwangerschaftstest mit ca. 98 %iger Sicherheit die Schwangerschaft bestätigt oder ausgeschlossen werden. Er beruht auf einer **Antigen-Antikörper-Reaktion.** Antigen ist das HCG, Antikörper stammen aus dem Serum von Mäusen oder anderen Säugetieren. Die Antikörper verbinden sich mit dem im Urin enthaltenen HCG, wodurch auf dem Teststreifen eine Farbreaktion ausgelöst wird. (Vorsicht: Bestimmte Erkrankungen können zu falschen Ergebnissen führen.)

Genauer sind vom Arzt durchzuführende Blutuntersuchungen. Letzte Gewissheit bringt eine ab der 6. Schwangerschaftswoche mögliche Ultraschalluntersuchung (↗ Abb. 1).

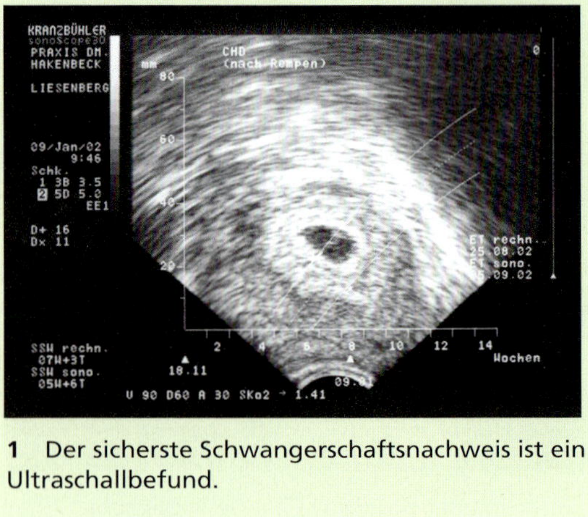

1 Der sicherste Schwangerschaftsnachweis ist ein Ultraschallbefund.

Fortpflanzung

Viele Lebewesen pflanzen sich geschlechtlich fort. Das bedeutet meist, es existieren männliche und weibliche Organismen. Die männlichen Organismen bilden männliche Keimzellen (Samenzellen) aus und die weiblichen Organismen weibliche Keimzellen (Eizellen). Verschmelzen eine männliche und eine weibliche Keimzelle, nennt man diesen Vorgang Befruchtung. Aus der befruchteten Eizelle entwickelt sich ein neuer Organismus, der die neu zusammengestellten Erbanlagen von Vater und Mutter enthält. Durch eine Neukombination des Erbmaterials entstehen Individuen mit unterschiedlichen Merkmalen.

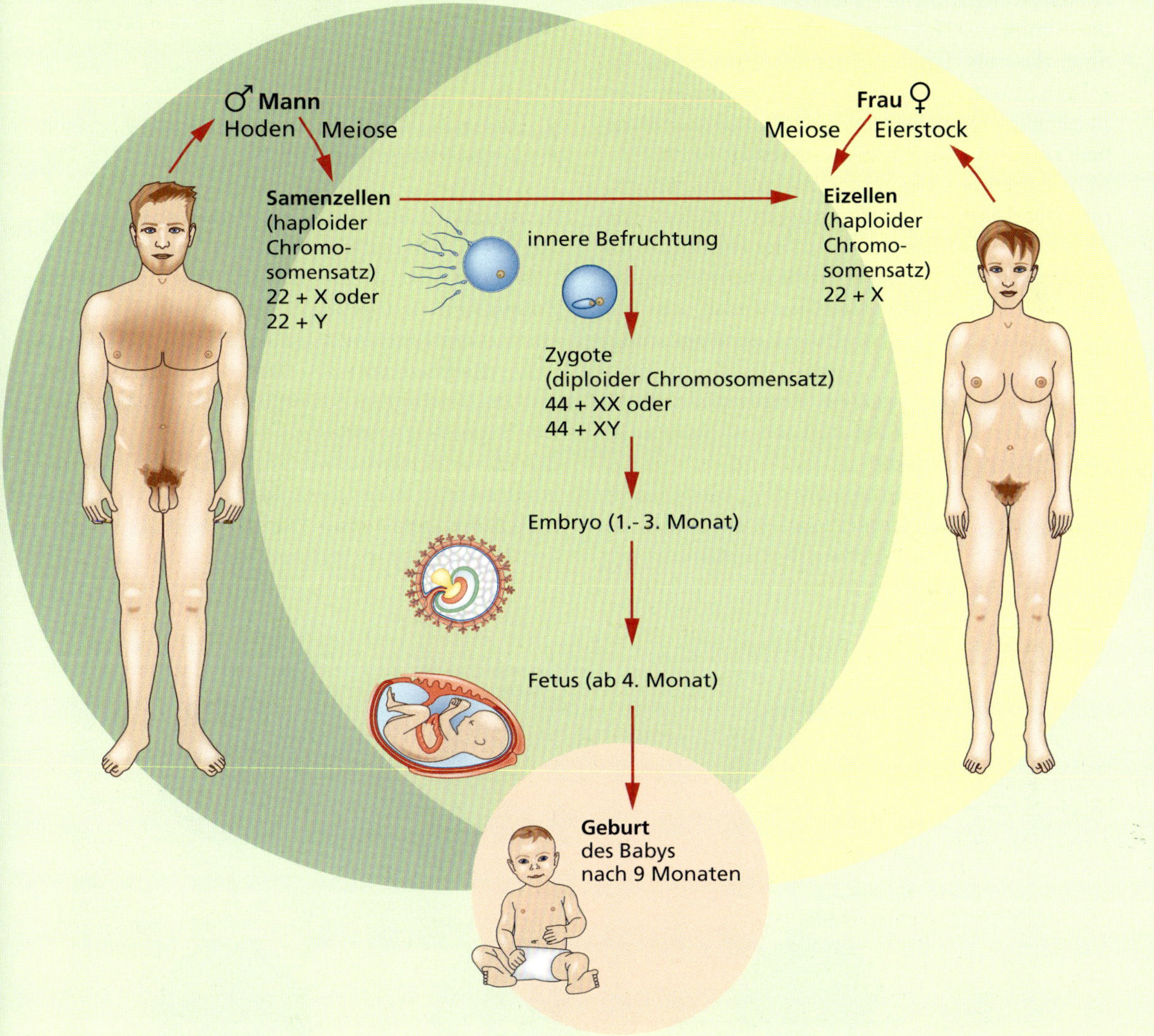

Bei Pflanzen existiert ebenfalls die geschlechtliche Fortpflanzung. Welche Vorteile hat die geschlechtliche gegenüber der ungeschlechtlichen Fortpflanzung aus biologischer Sicht?

Phasen der vorgeburtlichen Entwicklung

Jeder Mensch durchläuft in seiner Entwicklung feste, aufeinanderfolgende Phasen. Diese sind individuell geprägt, unterliegen aber immer dem gleichen Grundmuster von der Befruchtung bis zum Tod.
Nach der Befruchtung teilt sich die **Zygote** auf dem Weg zur Gebärmutter durch Einfurchung in zunächst zwei, dann vier Zellen und so weiter. Durch die Teilungen erhöht sich zuerst nur die Zellzahl, ohne dass die Zygote wächst. Es entsteht ein kugeliger, zusammenhängender Zellhaufen, der Ähnlichkeit mit einer Maulbeere hat und als **Maulbeerkeim (Morula)** bezeichnet wird (↗ Abb. 1).
Ab dem vierten Tag entwickelt sich aus der Morula der **Blasenkeim (Blastozyste),** indem sich im Inneren ein flüssigkeitsgefüllter Hohlraum bildet. Dabei kommt es zu einer Differenzierung der Zellen in eine äußere einzellige Zellschicht und einen inneren Zellverband, der **Keimlingsanlage (Embryoblast).** Aus ihr entwickelt sich der **Embryo.** Die äußere Zellschicht (Trophoblast) ist für seine spätere Ernährung und seinen Schutz (Eihautbildung) zuständig.
Schon vor der Befruchtung hat sich, wie in jedem Zyklus, die Gebärmutter durch Verdickung der Schleimhaut auf eine eventuelle Einnistung eines befruchteten Eis eingestellt. Etwa am sechsten Tag lagert sich der Blasenkeim an die Gebärmutterschleimhaut an. Der **Trophoblast** bildet feine Zotten, die sich in die Schleimhaut einsenken. Daraus entsteht der scheibenförmige Mutterkuchen, die **Plazenta** (↗ S. 180). Sie ist für den Halt und die Versorgung des Embryos mit Nährstoffen und Sauerstoff zuständig.
Die Entwicklung der befruchteten Eizelle bis zum geburtsreifen Baby im Bauch der Mutter nennt man **Schwangerschaft.** Sie dauert durchschnittlich 267 Tage, ca. 40 Wochen bzw. 9 Monate.

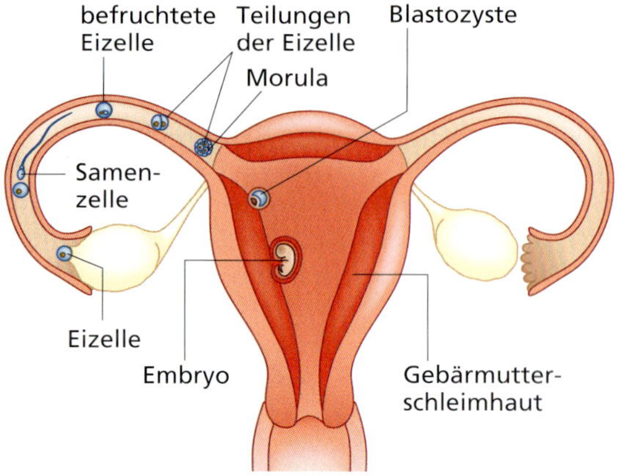

2 Weg der befruchteten Eizelle und Einnistung in die Gebärmutterschleimhaut

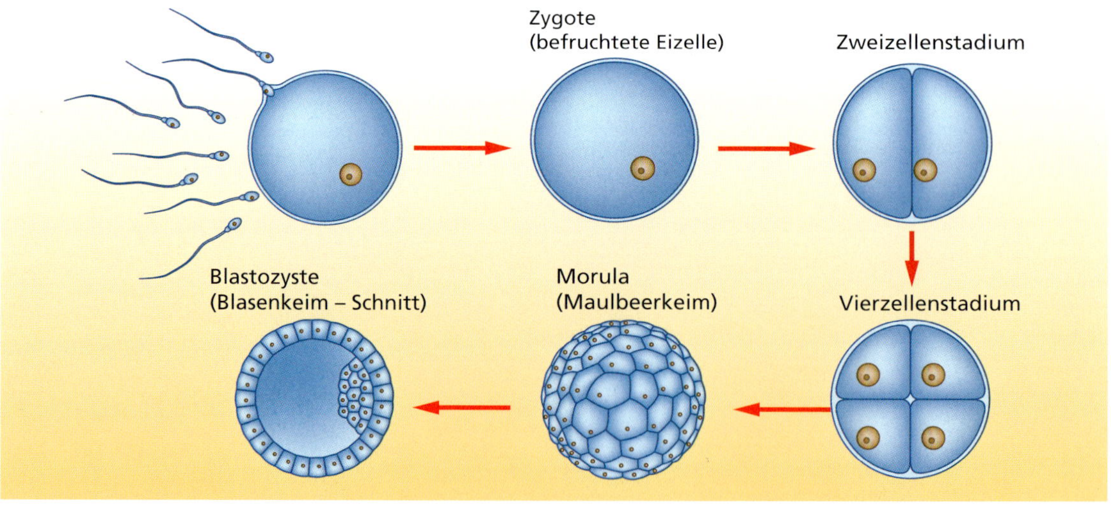

1 Teilungsstadien der befruchteten Eizelle

In der Gebärmutter differenzieren sich die Zellen der Keimlingsanlage, der **Embryo** wächst heran. Bereits nach fünf Wochen kann man deutlich die Anlagen von Kopf, Rumpf, Gliedmaßen und Herz erkennen. Auch die Plazenta vergrößert sich. Mit ihr ist der Embryo anfangs über einen Haftstiel verbunden, der später zur **Nabelschnur** wird. Der Embryo liegt gut geschützt in einer flüssigkeitsgefüllten **Fruchtblase** (↗ Abb. 2). Ein primitives Herz, das noch nicht in Vorhöfe und Kammern unterteilt ist, schlägt bereits. Damit setzt die Versorgung des Embryos über ein zunächst einfach strukturiertes Kreislaufsystem ein.

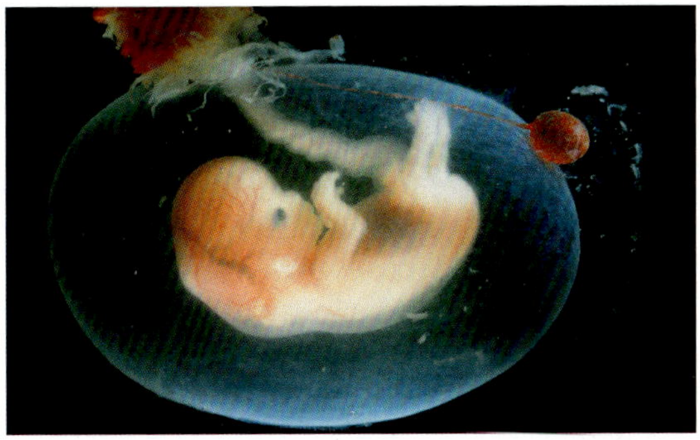

2 Embryo in der Fruchtblase, ca. 8 Wochen alt

In der 7. Woche beginnt sich das Gehirn in seine fünf Abschnitte zu gliedern und nimmt seine Tätigkeit auf. Zwischen der 9. und 12. Woche wächst der Embryo stark, Gesicht und erste Bewegungen werden erkennbar. Die Finger und Zehen, die anfangs noch durch „Schwimmhäute" verbunden sind, trennen sich. Die Organe werden immer mehr ausgebildet, bis sie ihre Tätigkeiten aufnehmen können. In den ersten drei Monaten hat jedes Organ in seiner Entwicklung eine „sensible Phase", in der Störungen besonders starke Schädigungen bewirken können.

Ab der 13. Woche ist die Embryonalentwicklung abgeschlossen, das heißt, alle Körperstrukturen und Organe sind angelegt. Man spricht jetzt vom **Fetus.** Er ist jetzt etwa 20 cm groß und hat deutlich menschliche Gestalt. Am gesamten Körper, außer an Fußsohlen und Handflächen, wächst zum Schutz des Fetus eine Fetalbehaarung (Lanugo), die kurz vor der Geburt wieder verschwindet. Im 6. Monat kann das Ungeborene bereits die Augen öffnen, hören und am Daumen nuckeln.

Am Ende des 7. Monats ist die Organ-, Knochen- und Muskelentwicklung fast abgeschlossen. Mit etwa 35 cm Größe und 1 300 g Gewicht hat das Kind gute Überlebenschancen bei einer Frühgeburt.

Ab jetzt gewinnt das Kind hauptsächlich an Größe und Gewicht. Es „reift aus", lagert Fettpolster an, wird kräftiger. Es liegt nun in der Regel mit dem Kopf nach unten, die richtige Lage für die Geburt.

Aufgaben

1. Trage Daten zur vorgeburtlichen Kindesentwicklung in Abhängigkeit des Schwangerschaftsmonats in einer Übersicht zusammen. Nutze auch Fachliteratur und Internet.

2. Die vorgeburtliche Entwicklung wird in Embryonal- und Fetalentwicklung eingeteilt.
   Definiere diese beiden Phasen.

Originalgrößen

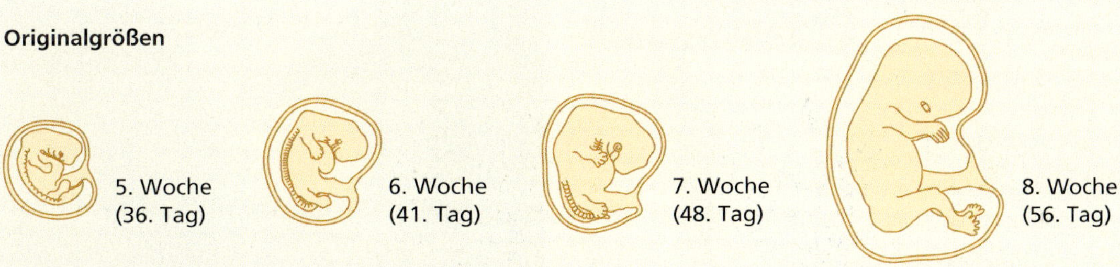

1 Embryonalentwicklung 5. bis 8. Woche

Plazenta – Bindeglied zwischen Mutter und Kind

Mit der Einnistung des Blasenkeims in die Gebärmutterschleimhaut beginnt die Entwicklung der **Plazenta,** dem Versorgungsorgan des Embryos. Die äußere Zellschicht des Blasenkeims bildet fingerartige **Zotten** aus, die in die Schleimhaut einwachsen. Damit wird nicht nur eine gute Haftung, sondern auch eine große Oberfläche zwischen mütterlicher und kindlicher Seite hergestellt, um einen effizienten Stoffaustausch zu erreichen.

Auf der mütterlichen Seite entstehen blutgefüllte Hohlräume, in die immer mehr Zotten einwachsen. Diese sind mit einem Blutkapillarnetz ausgestattet (↗ Abb. 1). Die **Gefäßmembran der Kapillaren** trennt mütterliches und kindliches Blut und wirkt als Filter, der nur bestimmte Stoffe durchlässt. Man nennt dies **Plazentaschranke**. Diese Barriere hält einige Schadstoffe und Krankheitserreger vom Embryo fern, jedoch nicht alle. Der Stoffaustausch über die Membran erfolgt über Diffusion und aktiven Transport. Das Ungeborene erhält Sauerstoff und Nährstoffe aus dem Blut der Mutter. Gleichzeitig gibt es Kohlenstoffdioxid und weitere Stoffwechselendprodukte aus dem kindlichen Stoffwechsel ins mütterliche Blut ab.

Neben wichtigen Hormonen gelangen auch bestimmte Antikörper über die Plazentaschranke zum Kind. Sie schützen es, bis sein eigenes Immunsystem mit 6 - 8 Lebensmonaten ausreichend Antikörper bilden kann.

Mit dem Heranwachsen des Embryos wächst auch die **Nabelschnur,** die den Stoffaustausch zwischen Plazenta und Kind gewährleistet. Bis zur Geburt erreicht sie eine Länge von ca. 60 cm. Sie enthält drei Gefäße, zwei Arterien, die sauerstoffarmes Blut zur Plazenta führen, und eine Vene, die sauerstoffreiches Blut zum Kind transportiert.

Die Plazenta ist nicht nur ein Versorgungs- und Filterorgan, sondern produziert auch Hormone, die die einzelnen Schwangerschaftsabschnitte steuern.

Der intensive Stoffaustausch zwischen kindlichem und mütterlichem Stoffwechsel verpflichtet die Mutter zur gesunden Lebensführung, denn viele Schadstoffe und Krankheitserreger können die Plazentaschranke überwinden.

Über Plazenta und Nabelschnur erfolgt der lebensnotwendige Stoffaustausch zwischen Mutter und Kind. So können neben Nährstoffen auch Schadstoffe zum Kind gelangen.

Aufgabe

Informiere dich über traditionelle Bräuche rund um die Plazenta.

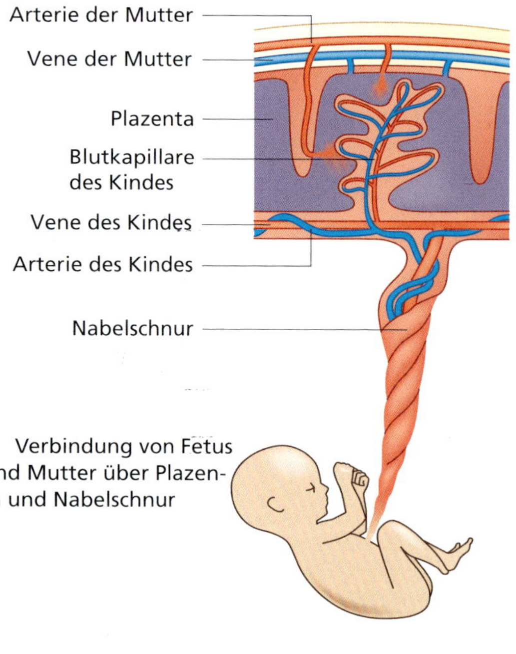

1 Verbindung von Fetus und Mutter über Plazenta und Nabelschnur

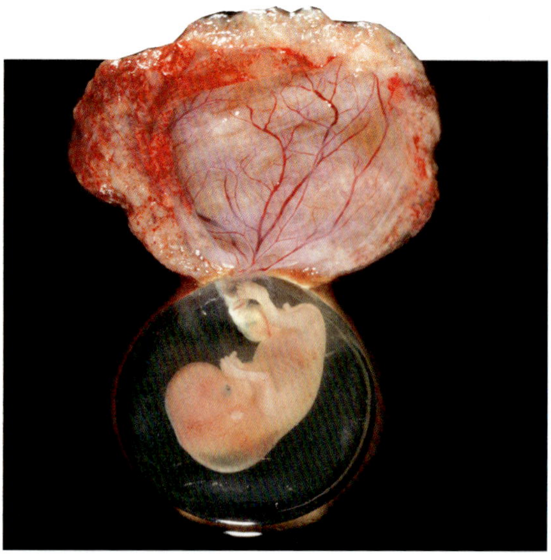

2 Keimling mit scheibenförmiger Plazenta

Einfluss von Drogen auf die vorgeburtliche Entwicklung

Spätestens seitdem das Medikament Contergan in den 1960er-Jahren zu erheblichen Missbildungen bei Neugeborenen geführt hat, weiß man, dass die **Plazentaschranke** kein ausreichender Schutz für das Ungeborene ist. Denn viele Substanzen, wie Medikamente, Drogen, Nikotin und Alkohol, können sie überwinden. Dazu kommt, dass dem Kind im Mutterleib z.B. die Enzyme zum Alkoholabbau fehlen. So reichern sich die Giftstoffe im kindlichen Organismus an und können schwere Schädigungen oder sogar Totgeburten verursachen.
Das **fetale Alkoholsyndrom** ist eine der häufigsten Behinderungen von Neugeborenen, deren Mütter wiederholt in der Schwangerschaft Alkohol konsumiert haben.

Raucht die Mutter eine **Zigarette,** erhält das Kind einen ganzen Cocktail an Giftstoffen, wie Kohlenstoffmonooxid, Nikotin, Arsen, Benzol, Cadmium, Blausäure usw. Schon eine Zigarette erhöht beim Ungeborenen den Herzschlag. Zusätzlich verengen sich die Blutgefäße, so auch die der Plazenta. Dies führt zur Minderdurchblutung und damit zu einer unzureichenden Versorgung des Kindes. Bei dauerhaftem Konsum kann eine vorzeitige Plazentaablösung den Tod des Kindes verursachen. Rauchende Mütter haben 3-mal so häufig Fehlgeburten und doppelt so viele Totgeburten.

Fehl- und Frühgeburten, Missbildungen, Minderwuchs, geistige und körperliche Entwicklungsstörungen und plötzlicher Kindstod sind nur einige der möglichen Folgen für die Kinder von Drogen konsumierenden, rauchenden oder Alkohol trinkenden Müttern.
Die betroffenen Kinder können schon im Mutterleib „drogensüchtig“ werden und kämpfen nach der Geburt mit schweren Entzugserscheinungen, wie Zittern, Krampfanfällen, Schlafstörungen, hektisches, ineffektives Saugen, Erbrechen, exzessives Schreien usw. In der Schule und im späteren Leben leiden sie oft an Konzentrationsstörungen, sind hyperaktiv. Ihre sozialen und geistigen Fähigkeiten sind beeinträchtigt. Weiterhin ist ein erhöhtes Infektions-, Asthma-, Leukämie- sowie Krebsrisiko erwiesen.

Nur die schwangere Mutter kann die schädlichen Einflüsse von Drogen, wie z.B. Cannabis, Ecstasy, Kokain, Speed, Heroin, Alkohol, Nikotin und Zigarettenrauch sowie von Medikamenten, auf das heranwachsende Kind vermeiden. Medikamente dürfen während der Schwangerschaft nur in Absprache mit dem Arzt eingenommen werden, da ihre Wirkung auf das ungeborene Kind oft nicht geklärt ist.
Daher ist eine gesunde Lebensweise der Mutter wichtig. Der Partner und das gesamte Umfeld der Schwangeren spielen dabei eine große Rolle.

Der Konsum von Drogen, aber auch von Medikamenten, kann die Entwicklung des Kindes im Mutterleib stören und zu schwerwiegenden Schädigungen bis hin zum Tod führen.

Aufgaben

1. Informiere dich über das fetale Alkoholsyndrom (FAS), auch Alkoholembryopathie genannt. Nutze dazu Fachliteratur und Internet.

2. Das Beruhigungsmittel Contergan hat in den 1960er-Jahren zu Missbildungen bei Neugeborenen geführt. Berichte in einem kurzen Vortrag darüber.

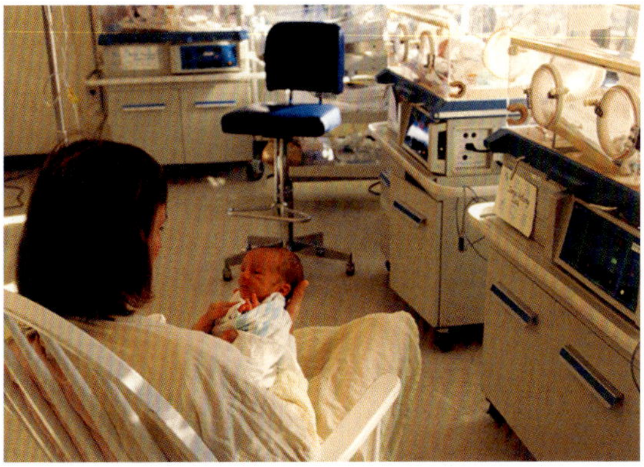

1 Intensivstation für „Frühchen“

Verantwortung für das ungeborene Kind

Die Mutter hat die Verantwortung während der Schwangerschaft, sich und das Kind bestmöglich vor Gefahren zu schützen. Dazu gehört der Verzicht auf Drogen und die Vermeidung von Erkrankungen durch regelmäßige Vorsorgeuntersuchungen sowie eine **gesunde Ernährung.**

Ausreichend Flüssigkeit sowie vitaminreiches Obst und Gemüse sollten an erster Stelle auf dem Speiseplan der Schwangeren stehen. Vorsicht: Pestizide können die Plazentaschranke passieren, daher sollte behandeltes Obst gründlich gewaschen oder geschält werden. Meiden sollte die Schwangere rohes Fleisch oder rohen Fisch sowie dessen Produkte, da sie Keime übertragen können, die für das Kind schädlich sind.

Mosaik

Schwangerschaftsabbruch

Die rechtlichen Grundlagen für einen Schwangerschaftsabbruch werden im deutschen Strafgesetzbuch in den Paragrafen 218 und 219 geregelt. Demnach ist der Abbruch einer Schwangerschaft straffrei, wenn er innerhalb der ersten 12 Wochen nach Empfängnis durchgeführt wird, eine Schwangerenkonfliktberatung erfolgte und drei Tage zwischen Beratung und Abbruch liegen.

Keine Beratungspflicht besteht, wenn:
- die Schwangerschaft z. B. Folge einer Vergewaltigung ist **(kriminologische Indikation).**
- die Fortsetzung der Schwangerschaft das Leben bzw. die körperliche und seelische Gesundheit der Frau gefährdet oder eine Schädigung des Kindes zu befürchten ist **(medizinische Indikation).** Dann ist ein Schwangerschaftsabbruch sogar nach der 12. Woche möglich.

Die Entscheidung eines Schwangerschaftsabbruchs liegt letztlich bei der Frau. Es sollten immer der Schutz des ungeborenen Lebens und die Perspektiven von Mutter und Kind im Mittelpunkt stehen.

Ein Schwangerschaftsabbruch ist definitiv kein Mittel zur Empfängnisregulation!

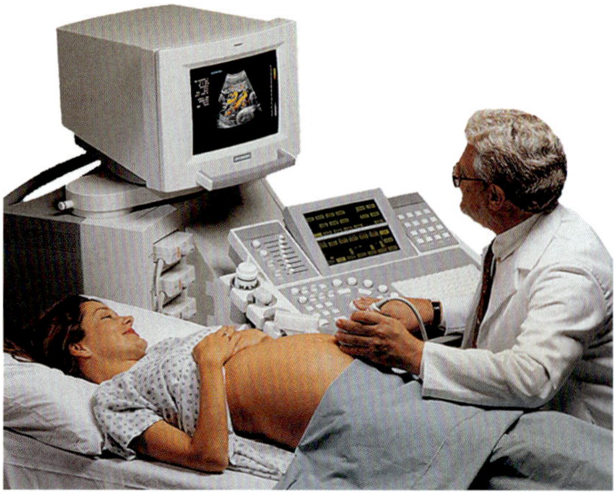

1 Kontrolle mithilfe des Ultraschallgerätes

Der Körper der Frau wird während der Schwangerschaft stärker belastet als normal. Er hat u. a. einen erhöhten Bedarf an bestimmten Stoffen, wie z. B. Calcium (Knochenaufbau), Folsäure und Eisen (Blutbildung). Eventuelle Mangelerscheinungen kann der Arzt bei den **regelmäßigen Vorsorgeuntersuchungen** feststellen.
Zudem kontrolliert er über **Ultraschall** (↗ Abb. 1) und mit weiteren Untersuchungstechniken die Entwicklung des Kindes und kann bei Störungen frühzeitig die notwendigen Maßnahmen ergreifen. Alle Untersuchungsergebnisse werden im Mutterpass festgehalten, den die Schwangere immer mit sich führen sollte.

Ist die Mutter genetisch vorbelastet oder über 35 Jahre alt, rät der Arzt zu einer **Fruchtwasseruntersuchung** (Amniozentese), die zwar nicht ganz risikolos ist, mit der er jedoch eine eventuelle Chromosomenstörung beim Kind feststellen kann. Liegt diese vor, kann die Mutter entscheiden, ob sie das Kind austragen möchte oder einen Schwangerschaftsabbruch in Erwägung zieht.

Aufgabe

Die Möglichkeit zum Schwangerschaftsabbruch wird sehr unterschiedlich beurteilt. Setzt euch in der Gruppe mit diesem Thema auseinander. Sammelt Argumente zu den jeweiligen Standpunkten.

Berufstätige schwangere oder stillende Frauen dürfen Tätigkeiten, die das Kind gefährden können, nicht mehr ausüben. Dazu gehört u. a. der Umgang mit gesundheitsschädlichen Strahlungen (z. B. Röntgenstrahlung) und Gefahrstoffen. Dies ist in den gesetzlich festgelegten **Arbeitsschutzmaßnahmen** geregelt, die der Arbeitgeber sofort, nachdem ihm die Schwangerschaft mitgeteilt wurde, einzuleiten hat.
Auch zu Hause gilt für die Schwangere **Vermeidung aller Gefahrstoffe.** Polyurethan-Lacke, Farben auf Ölbasis, Terpentin, Reinigungsmittel, aber auch Duft- und Insektensprays können schädliche Stoffe enthalten. **Medikamente** dürfen **nur in Absprache mit dem Arzt** eingenommen werden. Auch Röntgen ist nur in dringenden Fällen anzuraten, da die Strahlung die Entwicklung des Kindes negativ beeinflussen kann.
Schweres Heben ist bei fortgeschrittener Schwangerschaft zu unterlassen.
Obwohl eine regelmäßige Bewegung in der Schwangerschaft das Wohlbefinden fördert, sind Sportarten mit abrupten Bewegungsabläufen wie Volleyball oder Badminton, Inline-Skating und andere **Sportarten mit hoher Verletzungsgefahr** zu **vermeiden.** Was sich die Schwangere letztendlich körperlich zumutet, liegt in ihrer Entscheidung.
Bei Zweifeln kann stets der Arzt oder die Hebamme um Rat gefragt werden.

Gerade für Erstgebärende ist die **Hebamme** eine fachkundige und einfühlsame Begleiterin. Sie betreut die werdende Mutter von der Schwangerschaft über die Geburt bis in die Stillzeit, auch zu Hause. Dabei führt sie Untersuchungen durch und berät bei Fragen zu Schwangerschaftsbeschwerden, zur Ernährung, zur pränatalen Diagnostik, zur Wahl der Geburtstechnik und des Geburtsorts.
Nach der Geburt kontrolliert die Hebamme die Rückbildung der Gebärmutter, die Entwicklung des Kindes, hilft bei Stillproblemen und steht der Mutter bei kleineren Problemen mit wertvollen Tipps zu schonenden Behandlungsmethoden zur Seite. Sie weiß aber auch genau, wann Komplikationen auftreten und sie die Schwangere zum Arzt schicken muss. Der Arzt bzw. die Ärztin müssen bei einer Geburt nur dann dabei sein, wenn Schwierigkeiten erwartet werden oder Komplikationen eingetreten sind.

1 Schwangere und Partner bereiten sich gemeinsam auf die Geburt vor.

Gemeinsam mit der Hebamme sollte die Schwangere den Geburtsort (Klinik, Hausgeburt oder Geburtshaus) und die Geburtstechnik (z. B. Wassergeburt) frühzeitig auswählen, um optimal auf die Geburt vorbereitet zu sein.

Zur **Geburtsvorbereitung** stehen der werdenden Mutter verschiedene Kurse, wie Schwangerschaftsgymnastik, Erlernen von Entspannungs- und Atemtechniken usw., zur Verfügung. Wenn möglich sollte auch der Partner miteinbezogen werden, um zu lernen, wie er bei der Entbindung und danach helfen kann. So kann auch der Partner schon vor der Geburt eine Beziehung zum Kind aufbauen.

Aufgaben

1. Informiere dich über Maßnahmen und Einrichtungen zur Betreuung der werdenden Mutter während der Schwangerschaft. Sprich darüber mit deiner Mutter.

2. Informiere dich über grundsätzliche Arbeitsschutzmaßnahmen in Deutschland während der Schwangerschaft und Stillzeit.

Geburt – ein besonderes Ereignis

Die vorgeburtliche Entwicklung dauert normalerweise 40 Wochen, das entspricht neun Kalendermonaten. Das Kind liegt dann in der Regel mit dem Kopf nach unten in der Gebärmutter und ist etwa 50 - 52 cm groß und 2 800 bis 3 400 g schwer. Durch das **Platzen der Fruchtblase (Blasensprung)** oder einsetzende Wehen beginnt die spontane Geburt.

Die ersten krampfartigen Kontraktionen der Gebärmutter **(Wehen)** führen zur Öffnung des Muttermunds und damit des Geburtskanals (**Eröffnungsphase,** ↗ Abb. 1 a). Werden die Wehen stärker und erfolgen in immer kürzeren Abständen, wird das Kind mit dem Kopf zuerst herausgepresst (**Austreibungsphase,** ↗ Abb. 1 b).
Liegt das Kind bei der Geburt mit dem Gesäß nach unten, wird von einer Steißlage gesprochen. Dann ist meist ein Kaiserschnitt notwendig, um das Kind auf die Welt zu bringen.

Die Nabelschnur hört bereits wenige Sekunden nach der Geburt auf, Blut von der Mutter zum Kind zu transportieren. Sie kann jetzt abgebunden und durchtrennt werden. Da keine Sauerstoffversorgung über die Nabelschnur mehr erfolgt, steigt der Kohlenstoffdioxidgehalt im Blut des Kindes an. Das reizt das Atemzentrum im Gehirn und löst den ersten Atemzug aus, der oft mit dem ersten Schrei verbunden ist. Damit öffnen und entfalten sich die Lungenbläschen. Da die eigene **Lunge** ab jetzt für die Versorgung mit Sauerstoff zuständig ist, muss auch der gesamte **Blutkreislauf** des Neugeborenen umgestellt werden. Körper- und Lungenkreislauf werden voneinander getrennt.

Durch das Saugen an der Mutterbrust trinkt das Kind die besonders leicht verdauliche Vormilch, die den **Verdauungstrakt** anregt und den ersten Stuhlgang (Kindspech) fördert.
Auch alle anderen Organe des Neugeborenen werden auf die neue Lebenssituation eingestellt.

Die funktionslos gewordene Plazenta löst sich etwa eine Stunde nach der Geburt von der Gebärmutterwand ab und wird ausgestoßen **(Nachgeburtsphase).**

Mit der Geburt beginnt die nachgeburtliche Entwicklungsphase.

> Mit der Geburt endet die vorgeburtliche Entwicklung. Das Kind ist unabhängig von der Versorgung durch den mütterlichen Organismus.

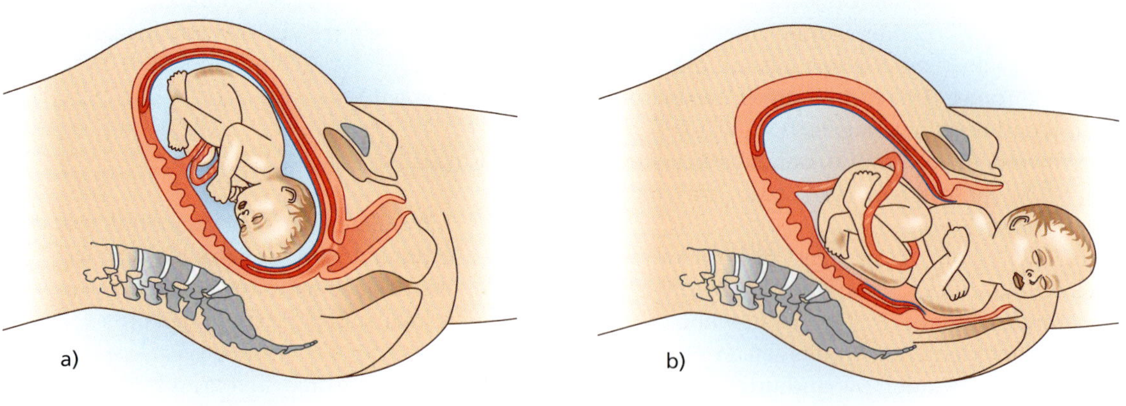

1 Das Kind wird a) zum Gebärmutterausgang gedrückt, b) aus dem Körper gepresst.

Nachgeburtliche Entwicklung

Säuglingsalter (1. Lebensjahr)

Mit der Geburt ist der Säugling mit lebenserhaltenden **Reflexen** ausgestattet. Der Saugreflex gewährleistet die Ernährung. Wird das Kind gestillt, erhält es über die Muttermilch nicht nur die optimale Nährstoffzusammensetzung, sondern auch schützende Antikörper. Mit kräftigem Schreien zeigt der Säugling Hunger oder Unwohlsein an. Der Klammer- und Greifreflex sowie die typische Hock-Spreiz-Stellung der Beine, die der Säugling einnimmt, wenn er an den Armen hochgehoben wird, sind Anpassungen an das Getragenwerden. Daher wird der Säugling biologisch zu den Traglingen gerechnet, bis er selbstständig den Kontakt zur Bezugsperson halten kann.
Der Säugling hat ein ausgeprägtes Bedürfnis nach **Körperkontakt.** Dabei prägt er sich den Geruch und die Stimme der Mutter ein und erkennt sie so. Die Sehschärfe entwickelt sich in den ersten Monaten und liegt zunächst nur bei maximal 20 cm. Das entspricht z. B. dem Mutter-Kind-Abstand beim Stillen.
Neben den **Pflegemaßnahmen,** wie Wickeln, Waschen und Füttern, ist eine intensive Beschäftigung mit dem Kind wichtig. Die Stimulation der Sinnesorgane (Hören, Fühlen, Riechen, Sehen) und der Muskulatur führt über die Bildung und Vernetzung von Nervenzellen zu einer optimalen **Hirnentwicklung.**
Bis Ende des 3. Monats kann das Baby aus der Bauchlage den Kopf heben, nach Gegenständen greifen, erkennt seine Bezugspersonen, lacht, quietscht, betrachtet und hört zu.
Mit dem 6. Monat ist es in der Lage sich vom Rücken auf den Bauch zu drehen, der Kopf kann kontrolliert bewegt werden und es kann mit Hilfe sitzen. Es spielt mit seiner Sprache und wiederholt **erste Spielmuster** (schütteln/schlagen). Die Armbewegungen werden zielgerichteter.
Angetrieben durch die natürliche Neugier beginnt das Baby mit etwa neun Monaten zu **Krabbeln,** kann sich allein zum **Sitzen** hochziehen und gezielt Dinge zwischen Daumen und Zeigefinger nehmen (Pinzettengriff).

1 Säuglinge sind auf intensive Betreuung angewiesen.

Mit dem 12. Monat hat sich ein einfaches Wenn-Dann-Denken entwickelt. Das Baby erkennt Aufforderungen und Verbote, **agiert durch Nachahmung** und **spricht erste Worte** nach. Zum **Stehen** zieht es sich nun selbstständig hoch und übt, an der Hand gehalten, erste **Laufschritte.**

Durch regelmäßige Untersuchungen beim Arzt wird die körperliche und geistige Entwicklung des Kindes fortwährend kontrolliert.

Aufgaben

1. Welche Maßnahmen fördern die Entwicklung des Säuglings? Nutze Fachliteratur und Internet.

2. Beschreibe die körperliche und geistige Entwicklung vom 1. bis 12. Monat in einer Übersicht. Frage dazu auch deine Mutter.

Kleinkindalter (2. - 6. Lebensjahr)

Durch Ertasten und Fühlen beginnt das **Kleinkind** seine Umwelt weiter zu „begreifen", gleichzeitig trainiert es **verschiedenste Bewegungsabläufe** und entwickelt so ein **Gespür für Raum und Form.** Das **Lernen erfolgt spielerisch** durch Erkunden, Ausprobieren und Nachahmen. Dadurch steigert sich das kindliche Wahrnehmungsvermögen, die Grundlage zum planenden und logischen Denken. Es beginnt in **Sätzen zu sprechen,** nach dem „Warum" zu fragen und erprobt die Auswirkungen seines Handelns auf die Umwelt. Im Spiel und der Auseinandersetzung mit anderen Kindern wird das **Sozialverhalten** geschult.

Schulalter

Zu Beginn vollzieht sich der **erste Gestaltwandel,** gekennzeichnet durch ein Streckungswachstum, vor allem der Extremitäten, und einer deutlichen Teilung des Rumpfs in Brust und Bauch (Taille). Dabei erhält die Wirbelsäule ihre S-Form und die Bewegungen werden flüssiger. Das Milchgebiss wechselt zum Dauergebiss. Die Wortsprache wird verfeinert und **das logische Denken reift.** Das Kind bezweifelt und hinterfragt Dinge, beginnt zu diskutieren und entwickelt eine **eigene Identität.**

1 Gemeinsam die Welt erkunden

Jugendalter (mit Pubertät)

In der **Pubertät** findet ein **zweiter Gestaltwandel** statt mit einem starken Wachstumsschub, der Ausbildung der sekundären Geschlechtsmerkmale und Erreichen der Geschlechtsreife. Gleichzeitig ändern sich die Interessen, Eltern und andere Erwachsene werden kritisiert, **erste Partnerschaften** entwickeln sich, es beginnt ein **Streben nach Selbstständigkeit.**

Erwachsenenalter

Mit ca. 20 Jahren ist der Mensch biologisch gesehen erwachsen. Alle Körpermerkmale sind entsprechend der Erbanlagen und äußeren Einflüsse ausgebildet. Bis ca. zum 40. Lebensjahr befindet er sich in seinem Leistungshoch, die beste Voraussetzung für eine **Familiengründung,** gleichzeitig findet eine **berufliche und gesellschaftliche Einordnung** statt. Mit der Festigung einer eigenen Wertevorstellung schwinden oftmals Toleranz und Verständnis für die jüngeren Generationen (Generationskonflikt).

Lebensabend und Tod

Mit zunehmendem Alter nimmt die Leistungsfähigkeit ab. **Nachlassende Regenerationsfähigkeit von Geweben und Organen** führt zu typischen Altersbeschwerden, wie Altersweitsichtigkeit, Schwerhörigkeit – insbesondere für hohe Töne – geringere Gelenkigkeit und nachlassende Gedächtnisleistung. Kreislauf- und Gefäßerkrankungen sowie Rückenbeschwerden nehmen zu, ebenso die Anfälligkeit für bestimmte Infektionskrankheiten.

Durch medizinischen Fortschritt und gesündere Lebensweise hat sich die **Lebenserwartung** gegenüber früheren Zeiten jedoch sehr **vergrößert.** Der Lebensabschnitt, der früher als „Greisenalter" bezeichnet wurde, ist zum längsten Lebensabschnitt geworden. Viele alte Menschen nehmen noch sehr rege und aktiv am Leben teil. Es ist jedoch eine wichtige Aufgabe der Gesellschaft, auch kranken und hilfsbedürftigen Alten ein würdevolles Leben und Sterben zu ermöglichen.

5 Evolution

5.1 Evolutionstheorien und ihre Indizien

Entstehung des Lebens – ein Rätsel?

Viele Wissenschaftler haben sich bemüht, die Entstehung des Lebens und die Existenz der Vielfalt der Arten aus z. T. sehr unterschiedlichen Ansätzen heraus zu erklären. Auch die in der Bibel abgebildete Schöpfungsgeschichte stellt eine Art Deutung dar. Die Evolutionstheorie versucht die Abstammung der Organismen und ihre Entwicklung als natürlichen Prozess zu erklären.

Wie entwickelte sich der Evolutionsgedanke? Welche namhaften Persönlichkeiten begründeten die heute verbreitete Evolutionstheorie? Sind Evolutionsforschung und Religion unvereinbar?

Charles Darwin – Begründer der Evolutionstheorie

Die Abstammungslehre prägt in vielen Bereichen unser Weltbild. Erst vor ca. 150 Jahren wurden die theoretischen Grundlagen für diese Evolutionstheorie gelegt. In diesem Zusammenhang hört man oft den Namen CHARLES DARWIN.

Wer war CHARLES DARWIN? Worin bestand seine Leistung?

Züchtung – ein Ausleseverfahren?

Züchtung ist ein Ausleseverfahren, mit dem die Menschen gezielt in die Evolution eingreifen, um gewünschte Merkmale in der Nachfolgegeneration zu vermehren. Nicht immer sind die gezüchteten Organismen unter natürlichen Bedingungen konkurrenzfähig.

Welche Faktoren sind es, die die Evolution voranbringen? Wer oder was übernimmt die Funktion des Auslesens?

Evolutionstheorien und ihre Grundlagen

Fast in allen Kulturkreisen und in allen Religionen hat man mythische Vorstellungen über die Entstehung der Welt und insbesondere über die Schöpfung der Lebewesen einschließlich des Menschen entwickelt.
Im Alten Testament der **Bibel** wird die Erschaffung der Welt mit Lebewesen und Menschen relativ detailliert beschrieben (↗ Abb. 1). Diese biblische Schöpfungsgeschichte gilt auch Muslimen und Juden als göttliche Offenbarung. Im wörtlichen Sinne widersprechen diese Darstellungen den heutigen naturwissenschaftlichen Erkenntnissen. Konflikte entstehen deshalb immer dann, wenn wörtliche Bibelauslegungen naturwissenschaftlichen, d. h. durch Erfahrung und Experiment gewonnenen Erkenntnissen widersprechen oder zu widersprechen scheinen. Dies gilt z. B. für naturwissenschaftlich begründete Vorstellungen über die Entstehung der Welt, des Sonnensystems und der Erde mit ihren Lebewesen. Als **Kreationisten** werden Gläubige bezeichnet, die die Schöpfungsgeschichte der Bibel in einem sehr engen wörtlichen Sinne für „wahr“ halten und deshalb viele auf naturwissenschaftlichen Erkenntnissen beruhende Vorstellungen ablehnen.

Das Zeitalter der Entdeckungsreisen

Auf der Suche nach wertvollen Rohstoffen wie Gewürzen, Edelmetallen und landwirtschaftlichen Produkten unternahmen die Europäer ab dem 15. Jahrhundert ausgedehnte Entdeckungsreisen in alle Teile der Erde. Zunehmend wurden solche Reisen auch von Naturwissenschaftlern begleitet und dabei wurde vor allem im 17. und 18. Jahrhundert eine große Menge an Daten über die unterschiedlichsten Lebewesen zusammengetragen. Diese große Fülle neu entdeckter Lebewesen führte dazu, dass sich Naturwissenschaftler zunehmend mit der Frage nach ihrer Entstehung beschäftigten.

1 „Die Schöpfungsgeschichte“ von Lucas Cranach d. Ä. (1472–1553)

Mosaik

Darwins Reise mit der Beagle

„Die Reise mit der Beagle ist das bei weitem bedeutendste Ereignis in meinem Leben gewesen und hat meine ganze Karriere bestimmt“, sagte CHARLES ROBERT DARWIN (1809–1881) selbst am Ende seines Lebens. Schon als 22-Jähriger bekam er die Gelegenheit, als Naturforscher an der erdumspannenden Forschungsreise des Erkundungsschiffes Beagle („Spürhund“) unter Kapitän FITZROY teilzunehmen. Er hatte gerade ein Theologiestudium abgeschlossen, aber sein Hauptinteresse galt schon während seiner Studienzeit den Naturwissenschaften. So hatte er Vorlesungen in Botanik, Zoologie und Geologie belegt. Der Botanikprofessor JOHN STEVENS HENSLOW (1796–1861) schlug ihn für die Reise vor, da er ihn als besonders wissensdurstigen und für alle Fragen offenen Studenten kennengelernt hatte.

Die Reise begann am 27. Dezember 1831 und endete – fast fünf Jahre später – am 2. Oktober 1836.

Die vielen Beobachtungen, die er auf dieser Reise machen konnte, bewirkten, dass er schon am Ende der Reise davon überzeugt war, dass alle Lebewesen auf einen gemeinsamen Ursprung zurückgehen. Besonders wichtig für diese Überzeugung seien – so DARWIN – die völlig eigenständigen Tier- und Pflanzenarten auf abgelegenen Inseln gewesen, oder auch die Reste riesiger ausgestorbener Säugetiere, die er in Patagonien gefunden hatte.

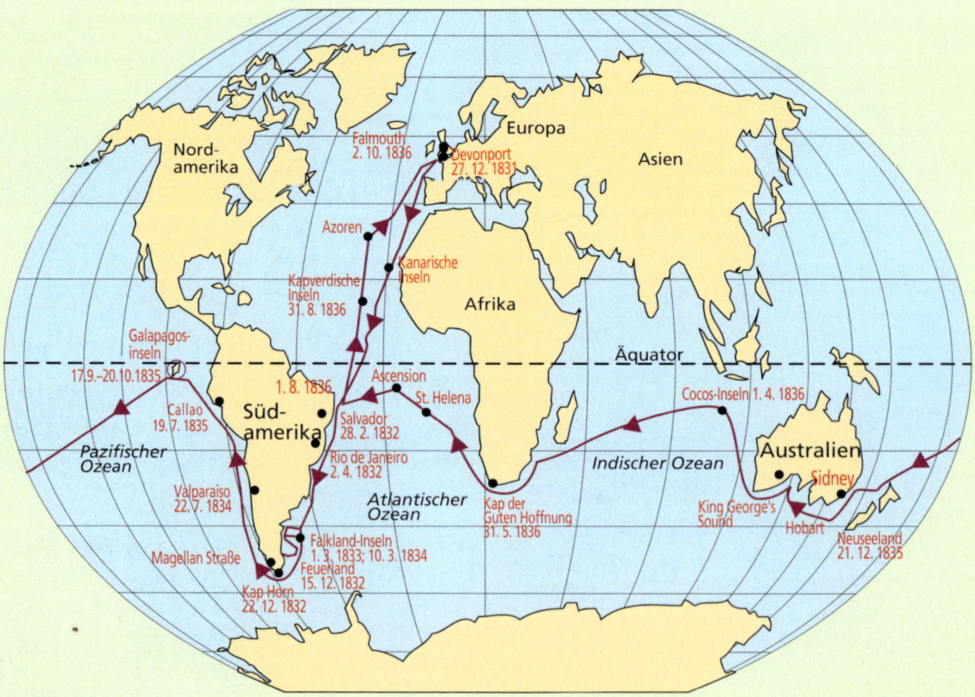

1 Reiseroute der „Beagle“ (1831 bis 1836)

Evolutionstheorien vor Darwin

JEAN-BAPTISTE DE LAMARCK (1744 - 1829, ↗ Abb. 1), ein französischer Naturforscher, hatte einen sehr guten Überblick über die Ende des 18. Jahrhunderts bekannte Vielfalt der Lebewesen. Seine Kenntnisse ließen ihn an der damals allgemein angenommenen „Konstanz der Arten" zweifeln. In seiner 1808 veröffentlichten **Evolutionslehre** ging er von folgenden Annahmen aus:

- Die mehr oder weniger große Ähnlichkeit von Organismen ist ein Maß für ihre reale Verwandtschaft. Die heute lebenden Arten sind aus mehr oder weniger weit zurückliegenden Vorfahren entstanden.
- Organismen sind in ihrem Bau und in ihrer Funktion und in der Funktion ihrer Organe gut an ihre Umwelt angepasst.
- Organismen können sich im Laufe ihres Lebens aktiv und individuell an Umweltsituationen anpassen und dabei ihre Eigenschaften verändern.

Diese Annahmen haben bis heute Gültigkeit. So ist es unbestritten, dass Organe oder Strukturen durch Gebrauch oder Nichtgebrauch während des individuellen Lebens verändert werden können. Muskeln können z. B. durch ein Fitnessprogramm verstärkt werden.

Um die stammesgeschichtliche Veränderung zu erklären, nahm LAMARCK jedoch an, dass die von Lebewesen im Laufe ihres Lebens erworbenen Eigenschaften auch vererbt werden können. Danach wäre die Anpassung der Lebewesen an ihre Umwelt ein aktiver Vorgang. Schon innerhalb einer Generation würde eine bessere Anpassung der Nachkommen erreicht werden. Heute versteht man unter **Lamarckismus** im Allgemeinen diese „Vererbung erworbener Eigenschaften".

Etwas später als LAMARCK wirkte GEORGE BARON DE CUVIER (1779 - 1832, ↗ Abb. 2). Er beschäftigte sich vor allem mit **Fossilien** und gilt deshalb als einer der Begründer der **Paläontologie** (griech.: *palaios* = das Alte, *ontos* = das Seiende). Dabei fiel ihm auf, dass viele fossile Arten Übereinstimmungen, aber auch deutliche Unterschiede zu heute lebenden Arten zeigen. Seine **„Katastrophentheorie"** ist eine Mischung aus naturwissenschaftlichen Erkenntnissen und biblischer Schöpfungsgeschichte. Die Schöpfung, wie sie in der Bibel dargestellt wird, wurde von CUVIER dahingehend modifiziert, dass frühere Erdzeitalter jeweils durch Leben vernichtende Katastrophen endeten und anschließend eine Neuschöpfung stattfand.

Aufgabe

Nenne Beispiele für im Laufe der Individualentwicklung erworbene Eigenschaften bei Menschen und Tieren. Überlege, was man in diesem Zusammenhang unter „Veranlagung" oder „Begabung" versteht.

1 JEAN-BAPTISTE DE LAMARCK (1744 – 1829)

2 GEORGE BARON DE CUVIER (1779 – 1832)

3 Ein Vulkanausbruch – eine Leben vernichtende Katastrophe

Begründung der Abstammungslehre durch Darwin und Wallace

Den Durchbruch brachte die erst 1858 gemeinsam veröffentlichte **Evolutionstheorie** von CHARLES R. DARWIN (1809 - 1882, ↗ Abb. 1) und ALFRED R. WALLACE (1823 - 1913, ↗ Abb. 2), insbesondere aber die Veröffentlichung von DARWINS Buch „Die Entstehung der Arten durch natürliche Zuchtwahl" (*„The origine of species by means of natural selection"*, 1859). DARWIN erklärte in diesem Werk - wie vor ihm schon LAMARCK -, dass alle Lebewesen auf einen gemeinsamen Ursprung zurückgehen würden und dass zwischen ihnen eine echte Verwandtschaft bestehe. Als Ursache für den Wandel und die Aufspaltung der Arten sahen er und WALLACE jedoch im Gegensatz zu LAMARCK die „natürliche Auslese" (Selektion, ↗ S. 200) an. Aus diesem Grunde wird DARWINS Theorie häufig auch als **Selektionstheorie** bezeichnet.

Bei den Überlegungen, die zur Entwicklung der Selektionstheorie führten, ging DARWIN auch von Beobachtungen aus, die er als Taubenzüchter gewonnen hatte. Jeder, der Haustiere züchtete, wusste auch zur damaligen Zeit schon, dass es unter den Nachkommen von Zuchttieren immer auch solche mit besonders starken oder schwachen Ausbildungen von Merkmalen gibt. Teilweise treten sogar vollständig neue Merkmale auf, die bei den Eltern nicht beobachtet werden

1 CHARLES R. DARWIN (1809 – 1882)

2 ALFRED R. WALLACE (1823 – 1913)

3 Zuchtformen der Taube

können. Durch die entsprechende Auswahl der Elterntiere für die Weiterzucht kann man im Laufe der Zeit Individuen erhalten, die von den Ausgangsformen erheblich abweichen (↗ Abb. 3). DARWIN nahm an, dass in der Natur eine ähnliche Auswahl getroffen wird, die er im Gegensatz zur künstlichen Auswahl des Züchters als **natürliche Auslese** oder **natürliche Selektion** bezeichnete.

Dabei ging DARWIN von folgenden Grundannahmen aus:

- Alle Lebewesen produzieren wesentlich mehr Nachkommen als wieder zur Vermehrung kommen können.
- Diese Nachkommen unterscheiden sich in ihren Merkmalen und diese Unterschiede sind auch erblich.
- Diejenigen der Organismen, die am besten an ihre Umwelt angepasst sind, werden die meisten Nachkommen haben (natürliche Selektion).

Aufgabe

Der Sozialdarwinismus übertrug die Selektionslehre auf die menschliche Gesellschaft und rechtfertigte damit die Vorherrschaft der „Starken" über die „Schwachen". Informiere dich auch im Internet und nimm Stellung dazu.

Im Gegensatz zur vorangehenden Theorie und insbesondere zum Lamarckismus gaben DARWIN und WALLACE eine mit Beobachtungen gut übereinstimmende Erklärung für die Ursachen der Evolution. Während sich die Vererbung erworbener Eigenschaften in vielen Fällen nicht beobachten ließ, war die ungerichtete Variabilität insbesondere aus der Tier- und Pflanzenzucht eine wohlbekannte Erscheinung (↗ S. 121).

DARWIN vertrat die Ansicht, dass die Evolutionsfaktoren in der Gegenwart gleich wirksam sind wie sie es in der Vergangenheit waren. Damit übernahm er das **Aktualitätsprinzip,** das der Geologe CHARLES LYELL (1797 - 1875) auf erdgeschichtliche Vorgänge angewandt hatte.

In Übereinstimmung mit LAMARCK nahm DARWIN an, dass alle Arten veränderlich sind und dass die heutigen Organismen sich im Laufe langer Zeiträume aus anderen Arten entwickelt haben, wobei es auch zu einer Aufspaltung von Stammarten in mehrere neue Arten kommen konnte.

Aufgaben

1. Vergleiche LAMARCKS und DARWINS Theorien am Beispiel des langen Halses der Giraffen mithilfe der Abbildung 1.

2. Nenne einige Beispiele für Haustiere und Kulturpflanzen und ihre „wilden" Ursprungsarten.

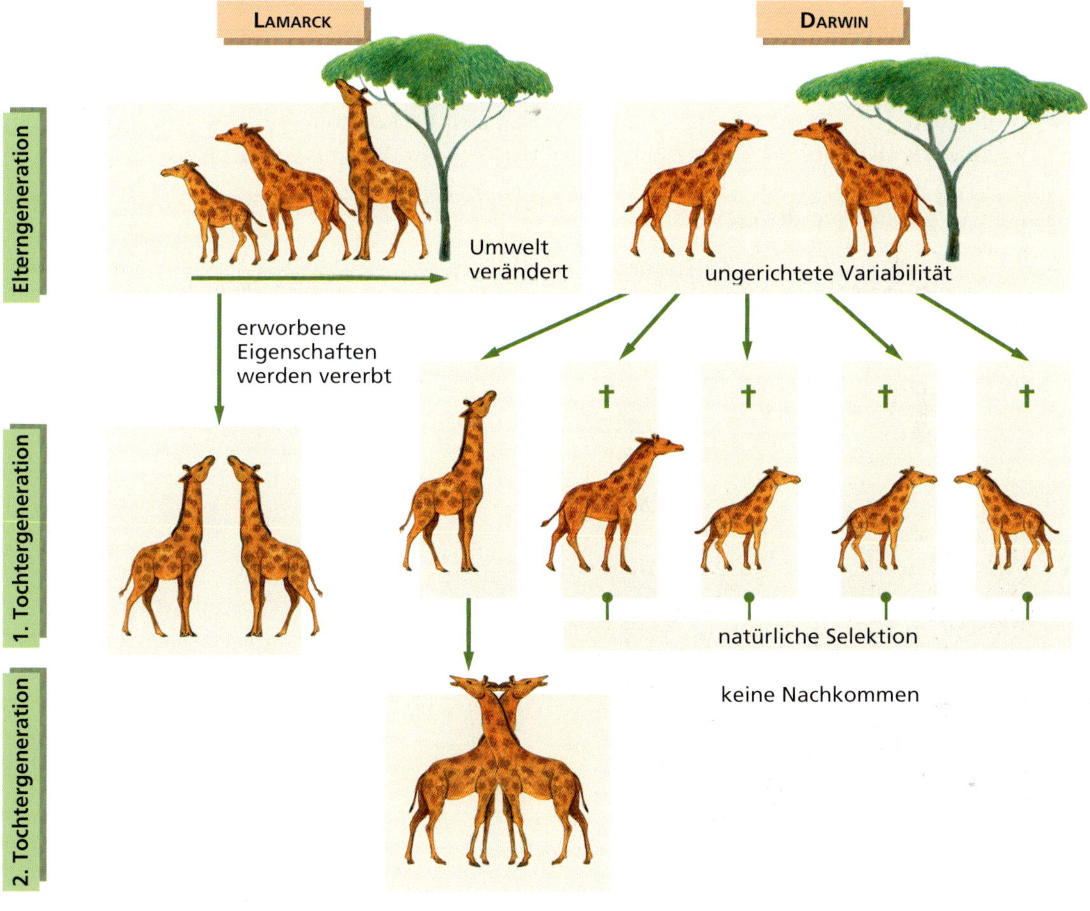

1 Lamarckismus und Darwinismus

Entstehung und Bedeutung der Fossilien

Fossilien (lat.: *fossilis* = ausgegraben) sind Lebensspuren aus der Vergangenheit: Organismen, Teile von ihnen oder Spuren ihres Lebens, z. B. Kriechspuren oder Wohnbauten. Sie geben uns Hinweise über das Leben und die Umwelt auf der Erde vor unserer Zeit. Oft erhalten sich Hartteile wie Panzer, Schalen oder Holz, aber auch Weichteile können fossile Spuren hinterlassen. **Fossilfunde** sind oft dem Zufall zu verdanken, z. B. wenn Bauarbeiten mit Grabungen oder Erdbewegungen verbunden sind. Hat man auf solche Weise eine Lagerstätte entdeckt, kann man durch gezielte Grabungen weitere Funde zutage fördern.

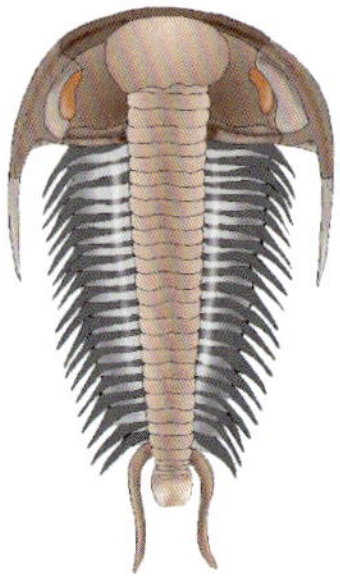

Die Art der **Fossilisation (Bildung von Fossilien)** und die Umstände ihrer Entstehung sind unterschiedlich (↗ Tab.). So findet man von den Wirbeltieren z. B. meist Knochen, Zähne oder Hornstrukturen. Von Weichteilen findet man meist allenfalls Abdrücke.

Besonders ergiebige Fossilienlagerstätten in Deutschland sind z. B. die Hunsrück-Schiefer, die Solnhofener Jurakalke, die Grube Messel bei Frankfurt oder das Geiseltal bei Halle. Vor allem in Sedimentations- oder Absatzgesteinen, die durch Ablagerungen von im Wasser gelösten oder schwebenden Bestandteilen entstanden sind, z. B. in Halbstein- oder Sandsteinsedimenten, finden sich häufig Fossilien.
Sehr wesentlich für die Fossilisation sind auch die Bedingungen zu dem Zeitpunkt, als die Abdrücke oder Spuren entstanden bzw. die Organismen gestorben sind. In der Regel ist es wesentlich, wie schnell die Organismen oder ihre Spuren in den Untergrund eingebettet und gegen den Luftsauerstoff abgeschlossen wurden.

Fossilien werden oft durch Gesteinsverschiebungen (Verwerfungen), Auswaschung durch Wasser oder Vulkanismus zerstört.

Formen und Entstehung von Fossilien

Abdruck	Versteinerung	Inkohlung
Einbettung in ein Sediment (Ton, Schlamm), Zerstörung des Körpers, Abdruck bleibt übrig, z. B. Saurierfährte, Urvögel, Pflanzen	Ersatz der organischen Substanz durch anorganische (echte Versteinerung) oder Ausfüllung (mit Kalk oder Kieselsäure) von durch Zersetzung entstandenen Hohlräumen (Steinkern)	Umbildung organischer Stoffe zu Kohle unter bestimmten Temperaturbedingungen und Luftabschluss, langsame Zersetzung, Kohlenstoff bleibt übrig, z. B. Steinkohlenfarne
 Abdruck eines Baumfarns aus dem Unterperm	 Steinkern eines Seeigels aus dem Jura	 Samenfarnwedelrest aus dem Oberkarbon

Die Wissenschaft, die sich mit der Erforschung der Lebewesen vergangener Zeiten beschäftigt, wird als **Paläontologie** bezeichnet.

Ein wesentlicher Arbeitsschritt nach der Bergung der Fossilien ist die zeitliche Einordnung (Datierung) des Fundes.
Diese Bestimmung kann auf verschiedene Weise erfolgen. Findet man ein Fossil in einer Gesteinsschicht, deren Alter schon bekannt ist, so kann man dem Fund das gleiche Alter zuordnen. Diese Form der Altersbestimmung wird als **relative Altersbestimmung** bezeichnet.

Umgekehrt ist es aber auch möglich, der Gesteinsschicht ein Alter zuzuordnen, wenn man in ihr ein Fossil findet, das schon datiert ist.
Solche Fossilien, die für einen bestimmten Zeitabschnitt typisch sind und somit häufig in einer bestimmten Gesteinsschicht vorkommen, werden **Leitfossilien** genannt. Von Fossilien und ihrer Altersbestimmung ausgehend, ist es möglich, die Erdgeschichte in verschiedene **Zeitalter** mit dazugehörigen Unterzeitaltern zu unterteilen (↗ S. 227, Abb. 1).

Weitere Datierungsmöglichkeiten, die mehr oder weniger aufwendiger Messungen oder Rechnungen bedürfen, beruhen auf dem radioaktiven Zerfall bestimmter Atome, z. B. **Radiokarbonmethode,** oft auch als C-14-Methode bezeichnet. Diese Methode wird neben anderen meist physikalischen Methoden zu denen gezählt, die eine **absolute Altersbestimmung** ermöglichen. Da diese Altersbestimmung mit radioaktivem Kohlenstoff nicht weit zurückreicht, müssen bei Millionen Jahre alten Funden andere Elemente herangezogen werden, z. B. Uran, Helium, Thorium, Strontium oder Rubidium.

> Unter Fossilisation versteht man die vielfältigen Formen der Bildung von Fossilien unter verschiedensten Entstehungsbedingungen.

Formen und Entstehung von Fossilien

Hartteile	Einschluss	Mumifizierung
Erhaltung von Strukturen des Körpers aus anorganischen Substanzen, z. B. Knochenreste, Weichtierschalen, Gehäuse, Zähne	Luftdichter Einschluss in Harz, Salz oder Eis, z. B. Insekten in Bernstein, Mammut im Eis	Einbettung in Moor, Eis oder Dauerfrostboden, z. B. Tiere und Menschen aus der Eiszeit oder Nacheiszeit
	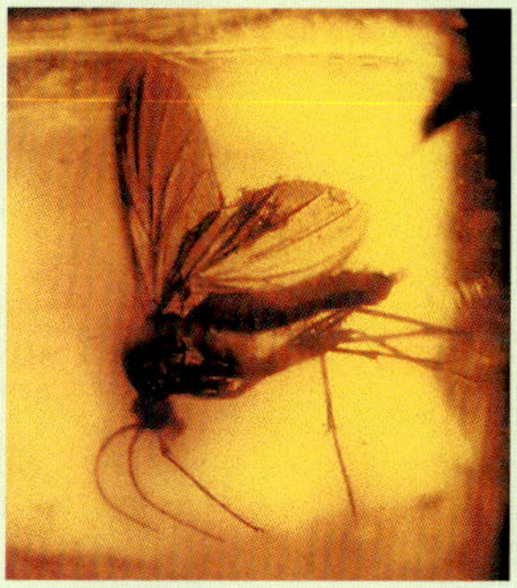	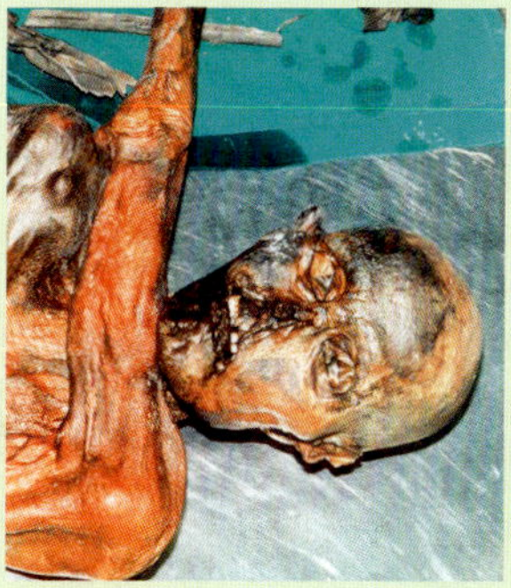
Wirbel des Waldelefanten aus dem Pleistozän	Einschluss eines Insekts in Bernstein aus dem Tertiär	rund 5 000 Jahre alte Gletschermumie „Ötzi“

„Fossilien“ – selbst gemacht

Es existieren verschiedene Formen von Fossilien: Erhalt der Hartteile (Haifischzähne, Knochenreste), Abdruck (z. B. Muschel- und Ammonitenschalen, auch Weichteile), Versteinerung (Ersatz der organischen Substanz durch anorganische), Steinkern (Ausguss einer Hohlform), Einschluss (Insekt in Bernstein), Inkohlung (Farnwedel in Kohleflöz), Mumifizierung (z. B. Mumie „Ötzi“)

Oft hält man eine Versteinerung in den Händen und hätte sie selbst gern behalten. Mit Gips und Frischhaltefolie kann man von einem kleinen Original eine Kopie herstellen.

Stelle eine Kopie einer Versteinerung her.

Materialien:
Gips, Frischhaltefolie, Gipstopf und Spachtel

Durchführung:
1. Rühre Gips in einem Gipstopf an. Drücke anschließend das Original in die Masse. Die Frischhaltefolie dient als Trennschicht.
2. Lege Frischhaltefolie über das Original.

3. Nach dem Trocknen wird der gesamte Gipsklotz aus dem Gipstopf gestürzt. Nimm nun das Original heraus.
4. Die Form für den Abdruck ist fertig.

5. Lege über die Form erneut Frischhaltefolie.
6. Fülle diese Form wiederum mit frisch angerührtem Gips auf.

7. Ist der Gips trocken, kann das „Fossil“ aus der Form genommen werden. Klopfe dazu leicht mit einem harten Gegenstand auf die Rückseite des Gipsklotzes.
8. Der Abguss ist fertig und kann bemalt werden.

Auswertung:
Erläutere am Beispiel eines „versteinerten“ Gehirns und einer „versteinerten“ Qualle, wie im Laufe der Erdgeschichte richtige Fossilien entstehen konnten.

„versteinertes“ Gehirn

„versteinerte“ Qualle

Rückbildung und rudimentäre Organe – Zeugnisse der Abstammung

Bei verschiedenen Echsenarten (↗Abb. 1) ist beispielsweise eine abgestufte **Rückbildung der Gliedmaßen** zu beobachten. Die Zauneidechse (a) besitzt vier voll ausgebildete Beine, mit denen sie sich vorwärtsbewegt. Die Beine der Erzschleiche (b) sind stark verkürzt und schwach. Bei der Blindschleiche (c) sind äußerlich keine Beine zu erkennen, nur am Skelett einige Knochen.
Bei einigen Organismen sind Rückbildungen an äußeren Strukturen so weit fortgeschritten, dass sie äußerlich nicht mehr sichtbar sind. Vielfach gibt es aber noch Hinweise darauf, dass diese Strukturen im Bauplan ursprünglich, d. h. bei den stammesgeschichtlichen Vorfahren, vorhanden waren. Oft ist mit der erfolgten Reduktion auch ein Funktionswechsel verbunden. Solche **rückgebildeten Strukturen** werden als **Rudimente** oder **rudimentäre Organe** bezeichnet. Bekannte Beispiele sind die **Reste der Beckenknochen** bei Walen, die darauf hinweisen, dass die stammesgeschichtlichen Vorfahren wohl noch Hintergliedmaßen besessen haben. Jetzt dienen die rudimentären Beckenknochen nur noch als Ansatzstellen für Penis- und Aftermuskeln (↗Abb. 2). Bei einigen Riesenschlangen (Gruppe Schlangen) und der heimischen Blindschleiche (Gruppe Echsen) findet man ebenfalls noch Reste von Beckenknochen.

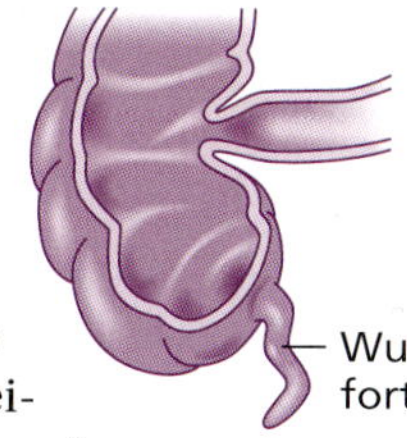

Auch Menschen weisen Rudimente auf. Ein Beispiel ist der Wurmfortsatz, der oft als Blinddarm bezeichnet wird, aber eigentlich nur den Anhang eines Blinddarms darstellt. Weitere Beispiele sind das Steißbein und die oft verkümmerten Weisheitszähne.
Eine ganz andere Form der Rückbildung tritt bei Bandwürmern auf, die als Parasiten im Darm von verschiedenen Endwirten (Hund, Schwein, Mensch) leben. Sie haben keinen Darm, da sie verdaute Nahrung über die gesamte Körperoberfläche aufnehmen. Diese zu den Plattwürmern zählenden Tiere haben im Laufe der Evolution den Darm vollständig reduziert. Sie besitzen aber eine besondere Struktur im Kopfbereich, mit der sie sich im Darm der Endwirte verankern. Die Bandwürmer sind also an ihre parasitische Lebensweise gut angepasst.
Auch bei Pflanzen gibt es Rückbildungen, z. B. das Fehlen von Laubblättern bei einigen Kakteen.

> Unter rudimentären Organen (Rudimenten) versteht man rückgebildete, vielfach äußerlich nicht mehr sichtbare Organe (Strukturen), die bei den stammesgeschichtlichen Vorfahren noch voll ausgebildet waren. Sie haben im Verlauf der Evolution ihre Funktion teilweise oder vollständig verloren. Sie geben aber Hinweise auf den Bauplan der Vorfahren.

1 Rückbildung von Gliedmaßen

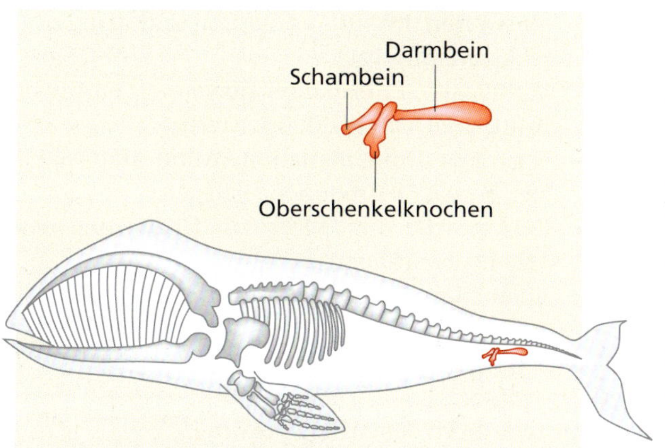

2 Rudimentäre Organe beim Wal

Leittext-Methode

Oftmals erhält man im Unterricht die Aufgabe, sich Wissen über einen bestimmten Inhalt selbstständig anzueignen und darüber einen mehr oder weniger umfangreichen Text auszuarbeiten, eventuell auch zu präsentieren (↗ S. 140).
Dabei kommt es darauf an, seinen Arbeitsablauf entsprechend der Aufgabenstellung effektiv zu gestalten. Du kannst folgendermaßen vorgehen:

Aufgabenstellung
Beschreibe die Entstehung verschiedener Formen des Birkenspanners aufgrund des Zusammenwirkens verschiedener Evolutionsfaktoren.

1. Schritt

Information über die Aufgabenstellung
Welcher Umfang wird erwartet?
In welcher Form sollen die Ergebnisse dokumentiert werden?
In welcher Form können die Ergebnisse präsentiert werden?

2. Schritt

Erstellen eines Arbeitsplans (Ablaufplan)
- Zeitumfang (festlegen oder Vorgabe beachten);
- über Bewertungskriterien informieren bzw. festlegen
- Wesentliche Inhalte (Evolutionsfaktoren, die eine Rolle spielen und ihre Auswirkungen, Auftreten der Mutanten, Vielfalt und Angepasstheit, Zusammenhang zwischen Verhaltensweisen, Evolutionsfaktoren und dem Fortpflanzungserfolg)
- Verfügbare Informationsquellen (Lehrbuch, Arbeitsheft, CD-ROM, Internet)
- Form der Dokumentation (Mind-Map, Skizzen, Texte), Definitionen festlegen
- Rücksprache mit Lehrer zur Umsetzung des Arbeitsplans halten
- Ablaufplan endgültig festlegen

3. Schritt

Durchführen der Arbeitsschritte
- Erarbeiten der Kenntnisse entsprechend dem Ablaufplan

4. Schritt

Kontrollieren der Ergebnisse
- Rücksprache mit Lehrer
- Diskussion mit Mitschülern
- Aufgaben zum Thema lösen
- Präsentieren der Ergebnisse vor der Klasse

5. Schritt

Bewerten der Ergebnisse
- Selbstbewertung (Ziel erreicht? Was muss künftig besser werden?)
- Fremdbewertung (Ergebnisse von Mitschülern sachlich bewerten); Bewertung (durch Mitschüler, Lehrer)

Aufgabe
Erarbeite entsprechend den Text auf den Seiten 214/215.

Ursachen der Evolution (Evolutionsfaktoren)

Die naturwissenschaftliche **Evolutionsforschung** nimmt an, dass die Evolution der Lebewesen in ihrem Verlauf nicht vorherbestimmt ist und dass sie auch nicht von außen, d.h. von Bedingungen, die außerhalb des Gesamtsystems liegen, beeinflusst wird. Vielmehr ist dieser Verlauf abhängig von den Wechselwirkungen zwischen Umwelt und Organismus. Dabei sind jedoch nicht alle Umwelteinflüsse gleich wichtig.

Demgegenüber gibt es die von den meisten Naturwissenschaftlern heftig bekämpfte Vorstellung, dass der Ablauf der Evolution von einer göttlichen Kraft beeinflusst und gelenkt wird („Intelligent Design", ID).

Arten bestehen in der Regel aus sehr vielen Individuen, die in einem engen Bereich zusammenleben **(Populationen).** Individuen einer Art können sich miteinander geschlechtlich fortpflanzen, sind jedoch von Individuen anderer Populationen reproduktiv getrennt.

Die Frage nach den **Evolutionsfaktoren** ist neben zufälligen Veränderungen des Erbmaterials auch eine Frage nach der Wechselwirkung dieser Populationen mit ihrer Umgebung. Dazu gehören alle lebenden und nicht lebenden Bestandteile ihrer Umwelt. Alle Individuen einer Population haben bestimmte **Erbanlagen (Gene),** die wiederum für **Merkmale (Phäne)** verantwortlich sind. In der Regel unterscheiden sich diese Gene von Individuum zu Individuum. Jedes Individuum hat ein eigenes **Erbbild (Genotyp).** Dieser Genotyp wiederum beeinflusst das **Erscheinungsbild (Phänotyp).** Die Verschiedenheit der Individuen fällt uns vor allem bei unserer eigenen Art – beim Menschen – auf (↗ Abb. 1, S. 219).
Die vielen verschiedenen Gene aller Genotypen einer Population bezeichnet man insgesamt als ihren **Genpool** (↗ Abb. 1). Allerdings wird das Erscheinungsbild eines Individuums nicht nur von seinem Genotyp, sondern auch von verschiedenen Aktivitäten und Umwelteinflüssen geprägt. Menschen, die viel Krafttraining machen, haben z.B. eine größere Muskelmasse als untrainierte. Solche nicht erblichen Veränderungen bezeichnet man als **Modifikation.** DARWIN nannte sie milieubedingte Variationen. Sie haben für die Evolution allenfalls indirekte Bedeutung, indem diese Variabilität an sich ein Vorteil für ihre Träger sein kann.

Wesentliche Evolutionsfaktoren sind:
- zufällige Veränderungen des Genotyps (Mutationen und Neukombinationen von Erbanlagen, ↗ S. 200),
- natürliche Auslese (Selektion, ↗ S. 200),
- Isolation (Auftrennung von Populationen in Teilpopulationen, ↗ S. 201).

G1 bis G6: Individuelle Genotypen einer Population

1 Genotypen (G 1 - G 6) eines Genpools

Mutationen und Neukombinationen

Alle natürlichen Mutationen (Veränderungen der Erbanlagen) erfolgen richtungslos, d. h. **zufällig.** Durch Mutationen erhöht sich die Vielfalt der Genotypen und der einzelnen Gene in einer Population (↗ Abb. 1). Dabei dürfte die Neukombination (Rekombination) der Erbanlagen verschiedener Individuen bei der geschlechtlichen Fortpflanzung für die genetische Vielfalt wichtiger sein als Mutationen.
Insbesondere bei kernlosen Lebewesen (Bakterien, Archäen) spielt auch die Übertragung von Genen zwischen verschiedenen Individuen eine wichtige Rolle **(Horizontaler Gentransfer,** ↗ S. 132).

Natürliche Auslese

Ein weiterer Evolutionsfaktor ist die **natürliche Auslese** oder **Selektion.** Voraussetzung dafür ist, dass es immer einen Überschuss an Nachkommen gibt, die nicht alle wieder zur Fortpflanzung kommen oder die sich unterschiedlich stark vermehren. Die Wirkung der Selektion besteht darin, dass die Häufigkeit von bestimmten Genotypen in einer Population verändert wird. Einmal kann dies in enger Anpassung an bestimmte Umweltbedingungen geschehen (**Anpassungsselektion,** ↗ Abb. 1). Auf diese Art und Weise werden Populationen an ihre Umgebung **„angepasst".** Zum anderen spielt aber auch der Zufall bei der Auslese eine wichtige Rolle (**Zufallsselektion, Gendrift,** ↗ Abb. 1), und zwar umso mehr, je kleiner eine Population ist. Besonders deutlich ist dies z. B. bei der Wirkung geologischer Vorgänge und Katastrophen wie Gebirgsbildungen, Vulkanausbrüchen, Überschwemmungen, Wirbelstürmen u. ä.
Aber auch bei der Entscheidung, welche Keimzellen aus der großen Zahl gebildeter Keimzellen schließlich zu einer Befruchtung kommen, dürfte der Zufall eine entscheidende Rolle spielen.

> Durch Mutation, Rekombination und natürliche Auslese werden die Genpools von Populationen verändert.

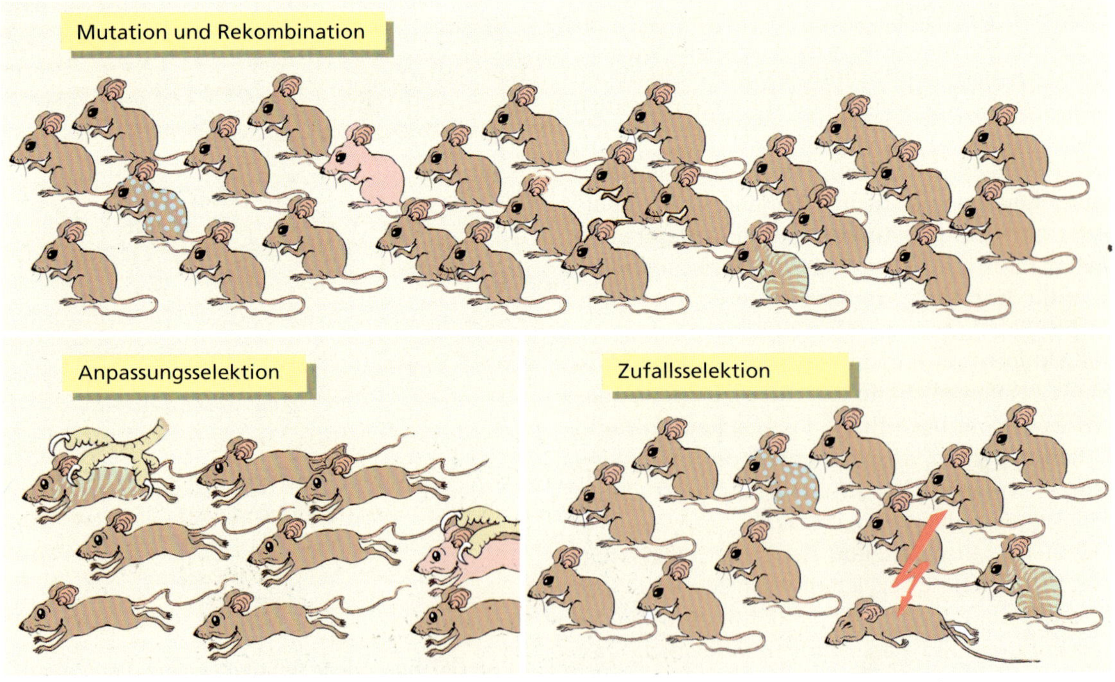

1 Mutation, Rekombination, Anpassungsselektion und Zufallsselektion als Evolutionsfaktoren

Isolation

Eine wichtige Eigenschaft von Populationen ist es, dass alle ihre Individuen miteinander fortpflanzungsfähig sind. Auf diese Art und Weise kommt es über einen längeren, viele Generationen umfassenden Zeitraum zu einem ständigen Genaustausch. Wird dieser Austausch von Erbanlagen unterbrochen, spricht man von **Isolation.**
Die Wirkungsweise dieses Evolutionsfaktors (↗ Abb. 1) kann man sich besonders gut am Beispiel von Inseln verdeutlichen. Wenn Inseln neu entstehen, werden sie mit der Zeit von Arten benachbarter Festländer besiedelt. Sind die Inseln weit genug vom Festland entfernt, so wird es in der Zukunft nur selten zu einem Genaustausch zwischen der Ursprungsart und der Inselpopulation kommen. Auf diese Art und Weise kommt es im Laufe der Jahrtausende und Jahrmillionen im Wechselspiel zwischen neuer Umwelt und eingewanderten Individuen zu einer starken Veränderung des gesamten Genpools der Inselpopulation. Gleichzeitig spielt bei dieser Art der Isolation auch die **zufällige Selektion (Gendrift)** eine wichtige Rolle, da die neuen Populationen zunächst sehr klein sind.

Als Paradebeispiel für Artbildung durch Isolation gelten die bereits von DARWIN beobachteten Grundfinken-Arten der Galapagosinseln (↗ Abb. 2). Wie man heute weiß, stammen sie alle von einer Ursprungsart des südamerikanischen Festlands ab. Die Galapagosinseln, die etwa 1 000 km vor der Küste Ecuadors im Pazifik liegen, beherbergen eine große Zahl verschiedener solcher Grundfinken. Sie konnten sich auf den Galapagosinseln entwickeln, da sie praktisch keine Konkurrenz hatten. So besiedelten sie allmählich ganz unterschiedliche Lebensräume, die jeweils in bestimmter Weise auf die Teilpopulationen einwirkten. Die Umwelt wurde gewissermaßen in verschiedene Bereiche aufgeteilt, in denen die Umweltbedingungen in Wechselwirkung mit den Teilpopulationen zu verschiedenen Erbanlagen und damit auch zu verschiedenen Merkmalen führten. Die Darwin-Finken – wie diese Galapagos-Grundfinken auch genannt werden – unterscheiden sich besonders deutlich in der Form ihrer Schnäbel (↗ Abb. 2).

2 Auf den Galapagosinseln lebende Finkenarten

> Isolation ist eine Voraussetzung für die Entstehung neuer Arten.

1 Isolation als Evolutionsfaktor

Vielfalt und Angepasstheit

Mutationen und eine zufällige Verteilung der genetischen Information bei der geschlechtlichen Fortpflanzung sorgen für eine große **Vielfalt** der Nachkommen. Erst die **Wechselwirkungen** zwischen den Lebewesen und ihrer Umwelt zeigen, ob die entsprechenden Formen die notwendige **Angepasstheit** an den Lebensraum besitzen. Darüber können schon **Bau und Funktion** eines einzigen Körpermerkmals oder eine Verhaltensweise entscheiden. Die vorteilhaften Formen überleben und können sich erfolgreicher fortpflanzen als die weniger angepassten (natürliche Selektion). Dadurch verändert sich die Art.
Tiere sind zum Schutz vor Fressfeinden oft mit **Schutztrachten** ausgestattet.

Tarntracht

Farbanpassungen an die Umgebung, z. T. sogar Farbwechsel bei einigen Chamäleonarten (↗ Abb.)

Warntracht

Auffällige Färbung giftiger Tiere, z. B. beim Feuersalamander (↗ Abb.) oder beim Pfeilgiftfrosch

Nachahmungstarntracht (Mimese)

Nachahmen von Gegenständen ihres Lebensraums in Farbe, Gestalt oder Haltung, z. B. bei Schnarrheuschrecken (↗ Abb.) oder Birkenspanner (↗ S. 203)

Nachahmungssignaltracht (Mimikry)

Nachahmen von giftigen, ungenießbaren bzw. wehrhaften Tieren, z. B. bei Schwebfliegen, die Wespen nachahmen (↗ Abb.)

Erläutere, welche Rolle die natürliche Auslese (Selektion) und wechselseitige Angepasstheit bei der Entstehung von Schutztrachten gespielt haben könnte. Nimm dafür auch die Seite 203 zu Hilfe.

Mosaik

Vielfalt und Angepasstheit am Beispiel der Wirkung von Evolutionsfaktoren

Am Beispiel des Birkenspanners *(Biston betularia,* ↗ Abb. 1) konnte das Wirken von Evolutionsfaktoren nachgewiesen werden. Von ihm existieren zwei Formen: eine hell gefärbte Form und eine dunkel gefärbte Form. Beide Schmetterlingsformen sitzen häufig auf Stämmen und Ästen von Birken und anderen Laubbäumen, die durch Flechtenbewuchs in der Regel relativ hell gefärbt sind. Sie unterscheiden sich durch **Mutationen** an Genen, die für die Produktion des Farbstoffs **Melanin** zuständig sind.

Auf hellem Untergrund ist die helle Mutante schwer auszumachen, während sie auf dunklem Untergrund leicht zu erkennen ist und für Feinde eine leichte Beute darstellt (↗ Abb. 2). Je nachdem, welche Gebiete man untersuchte, wurden unterschiedlich viele der einen bzw. anderen Form gefunden.

In Gebieten mit hoher Industrialisierung und damit in der Regel stärkerer Luftverschmutzung findet man vorwiegend Bäume, die kaum oder keinen Flechtenbewuchs zeigen und darüber hinaus durch Ruß- und Staubablagerungen eher dunkel gefärbt sind. In solchen Gebieten fand man ein deutlich stärkeres Auftreten der dunkleren Form und ein geringeres Vorkommen der hellen Form des Birkenspanners.

Demgegenüber ist die Verteilung in gering oder unbelasteten Gebieten eher umgekehrt. Die hell gefärbten Flechten bedecken normalerweise die Baumrinde und sind ein sogenannter Bioindikator für saubere Luft.

Offensichtlich wird jeweils die Mutante durch Fressfeinde, in der Regel Vögel, reduziert, die sich deutlich vom Untergrund abhebt, während die andere durch die gute Tarnung eher übersehen wird und somit überlebt. Die überlebenden Tiere können sich dann fortpflanzen. So kommt es dazu, dass in der nächsten Generation mehr Tiere der Form da sind, die sich als besser an die Umwelt angepasst zeigt.

Aufgabe

Lies den Text gründlich durch. Beschreibe im Anschluss daran die mögliche Entstehung verschiedener Formen des Birkenspanners unter Einbeziehung des Wirkens der Evolutionsfaktoren.

1 Birkenspanner

2 Helle und dunkle Form des Birkenspanners

Gewusst · Gekonnt

1. Ergänze dein Glossar um folgende Begriffe: Evolutionstheorien, Lamarckismus, Darwinismus, Evolutionsfaktoren, Population, Genpool, Mutation, Rekombination, Art, Selektion, Isolation.

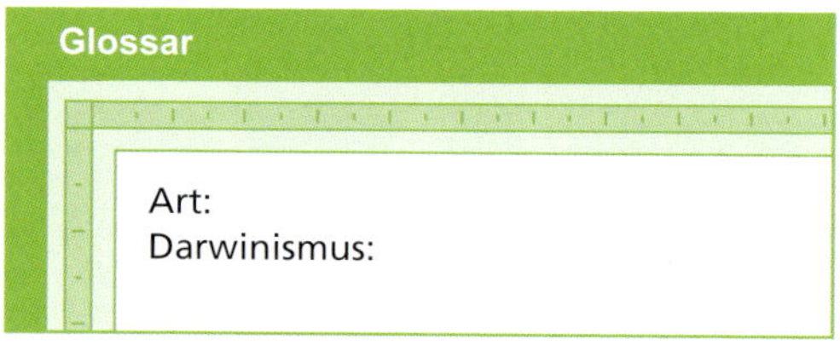

2. Erkläre die Entstehung langbeiniger Schreitvögel, z. B. Reiher oder Störche, aus der Sicht der Evolutionstheorien von LAMARCK und von DARWIN.

3. Bereite einen Vortrag über den Verlauf der Reise von DARWIN auf der „Beagle“ vor. Gehe dabei auch auf Erkenntnisse ein, die DARWIN während der Reise gewonnen hat. Nutze dazu auch Fachliteratur und das Internet.

4. Erkläre mithilfe der darwinschen Evolutionstheorie folgende Erscheinungen: die Vielfalt, die Verwandtschaft und die Angepasstheit der Arten.

5. Wie wird durch Isolation das Evolutionsgeschehen beeinflusst?

6. In englischen Industriegebieten fand man fast nur die dunkle Form des Birkenspanners und nur wenige Vertreter der hellen Form. Begründe diesen Sachverhalt.

7. Bei einer Form der Rot-Buche, die „Blut-Buche“ genannt wird, ist in den Laubblättern das Chlorophyll durch den im Zellsaft gelösten rotvioletten Farbstoff Anthocyan überlagert. Ist die Blut-Buche ein Beispiel für eine Mutation oder eine Modifikation? Begründe deine Meinung.

8. Mutationen und Neukombinationen von Genotypen bei der geschlechtlichen Fortpflanzung sind wesentliche Evolutionsfaktoren. Begründe diese Aussage.

9. Was verstehst du unter Auslese? Erläutere, worin sich natürliche und künstliche Auslese unterscheiden.

10. Die Besiedlung von vulkanischen Inseln (z. B. Galapagosinseln) mit Organismen wird von Wissenschaftlern besonders untersucht. Warum können solche Untersuchungen für die Evolutionstheorie bedeutsame Ergebnisse liefern?

11. Auf isoliert liegenden kleinen Inseln findet man flügellose Arten von Organismengruppen (z. B. Fliegen), die sonst immer geflügelt sind. Gib eine mögliche Erklärung.

12. Erkläre, wie sich die verschiedenen Grundfinken-Arten („Darwin-Finken“) auf den Galapagosinseln aus einer Ursprungsart entwickelt haben könnten.

Katastrophentheorie (nach G. de Cuvier)

Immer wieder vernichteten Weltkatastrophen alle Lebewesen. Danach kam es jeweils zu einer erneuten Schöpfung andersgearteter Organismen.

Lamarckismus (nach J.-B. de Lamarck)

In Anpassung an Umweltbedingungen verändern sich die Eigenschaften von Lebewesen (z. B. durch Gebrauch oder Nichtgebrauch von bestimmten Strukturen oder Organen). Die veränderten Eigenschaften werden an die Nachkommen vererbt (Vererbung erworbener Eigenschaften).

Darwinismus (nach C. R. Darwin)

Alle Arten von Lebewesen erzeugen einen Überschuss an Nachkommen, die sich in ihren Merkmalen unterscheiden. Nur die am besten zur Umwelt passenden können sich wieder fortpflanzen. Dies führt zur Veränderung der Arten und zur Angepasstheit der Arten an die Umweltbedingungen.
Die Erkenntnisse der modernen Genetik haben zu einer Weiterentwicklung von DARWINS Theorie geführt.

Evolutionsfaktoren

Die Evolutionsfaktoren wirken zwar auf einzelne Individuen, ihre Bedeutung für die Evolution wird aber erst in der Auswirkung auf Individuengruppen (Populationen) deutlich.
Durch Mutationen und Neukombinationen von Erbanlagen wird die individuelle Vielfalt bereitgestellt, auf die die Selektion wirken kann. Die Isolation ist für die Aufspaltung von Arten in Tochterarten verantwortlich. Durch künstliche Auslese hat der Mensch die Erbanlagen und das Erscheinungsbild von Haustieren und Kulturpflanzen nach seinen Wünschen verändert.

Evolutionsfaktoren

Mutation und Rekombination

Veränderung und Neukombination der Erbanlagen (genetische Vielfalt)

Natürliche Auslese (Selektion)

Nur die am besten angepassten Individuen einer Population pflanzen sich fort; richtunggebende Kraft der Evolution; insbesondere bei kleinen Populationen spielt auch die zufällige Auslese eine wichtige Rolle.

Isolation

Trennung in Teilpopulationen verhindert die Paarung zwischen Individuen dieser Teilgruppen und führt über genetische Differenzierung zur Bildung neuer Arten.

5.2 Evolution des Menschen – auf der Suche nach unseren Vorfahren

Spuren führen nach Afrika

1924 wurden in einem südafrikanischen Steinbruch die Überreste eines 2,5 Millionen Jahre alten Schädels freigelegt. DARWINS Theorie von der Entstehung des Menschen als Nachfahr des Affen schien belegbar. 1974 entdeckte man „Lucy“ in Äthiopien; sie war 3,2 Millionen Jahre alt und wies Merkmale von Menschen und Affen auf. Im Oktober 2000 fand man in Kenia die Überreste des bisher ältesten Hominiden, des sogenannten „Millennium-Mannes“.
Woher kommt der moderne Mensch?

Der Mensch – ein Primat

Schon vor mehr als 250 Jahren ordnete der schwedische Naturforscher CARL VON LINNÉ in seiner Schrift *„Systema naturae“* den Menschen gemeinsam mit den Affen in die Ordnung der Primaten ein.
Wie menschlich sind Menschenaffen und welche Eigenschaften haben wir mit ihnen gemeinsam?

Hypothesen für den Ursprung des Menschen

Wissenschaftler diskutieren hauptsächlich die Frage, wann und wie der heutige moderne Mensch die Welt besiedelte. Fossilien allein reichen nicht aus, um die Entwicklung des Menschen nachzuvollziehen. Sie müssen durch genetische und verhaltensbiologische Untersuchungen ergänzt werden.
Hat der Homo sapiens seinen Ursprung ausschließlich in Afrika oder aber parallel in verschiedenen Teilen der Welt?

Woher kommt der Mensch?

Die Frage nach unserer Herkunft gehört zu den großen Rätseln der Menschheit:
Woher kommen wir? Wann hat der Prozess der Menschwerdung denn eigentlich begonnen? Welche Faktoren waren dafür verantwortlich? Wie sind wir geworden, was wir sind?
Für die gesamte Stammesgeschichte der Primaten gilt, dass jeder neue Fossilienfund ein sehr großer Zufall ist, ein kleines Puzzlestück in einem kaum überschaubaren Riesenpuzzle oder die sogenannte Nadel im Heuhaufen. Es gibt noch sehr viele Lücken und selbst die einleuchtendste Hypothese erscheint nur so lange sinnvoll, bis ein neuer Fund sie widerlegt.
Die Auswertung zahlreicher fossiler Funde und die Ergebnisse genetischer Forschung weisen darauf hin, dass wir von affenähnlichen Vorfahren abstammen. Der Ursprung aller heutigen Menschen liegt mit großer Wahrscheinlichkeit in Afrika. Von dort aus besiedelten unsere Vorfahren die Kontinente (↗ Abb., S. 210).

Wieso waren die Menschen so erfolgreich?

Eine entscheidende Veränderung wird der Übergang zur aufrechten Fortbewegung auf zwei Beinen gewesen sein. Der aufrechte Gang ermöglichte z. B. eine bessere Übersicht in der Graslandschaft der Savannen und den Gebrauch der Hände zur Verwendung von Werkzeugen bzw. Waffen (↗ Abb. 1). Die Vergrößerung und Differenzierung des Gehirns erhöhte die Fähigkeiten zur Abstraktion. Die Menschen entwickelten eine Sprache, die sie z. B. bei der Jagd nutzten, um sich über den Jagdablauf zu verständigen (↗ Abb. 3). So war es ihnen möglich, viel größere und stärkere Beutetiere zu erlegen und ausreichend Nahrung zu beschaffen. Schritt für Schritt gelang es unseren Vorfahren, die Umwelt nach ihren Vorstellungen zu verändern. Trotzdem bleiben wir immer ein Bestandteil von ihr, weil wir auf die natürlichen Ressourcen angewiesen sind. Je umfangreicher unsere Fähigkeiten zur Veränderung der Lebensräume werden, umso größer wird auch unsere Verantwortung für den Erhalt des Lebens auf der Erde.

1 Werkzeuge aus der Eisenzeit …

2 Werkzeuge heute …

3 Kommunikation damals …

4 Kommunikation heute …

Mit wem sind wir am engsten verwandt?

Menschen sind Säugetiere. In Körperbau und Verhalten zeigen sich vor allem mit den Menschenaffen große Übereinstimmungen. Die äußere Körpergliederung ist gleich, den Menschen fehlt aber ein Fell. Durch den Verlust des Fells kann die überschüssige Körperwärme beim Schwitzen besser abgegeben werden.
Anzahl und Anordnung der Knochen sind beim Menschenaffen und Menschen gleich. Unterschiede gibt es z. B. bei der Form der Wirbelsäule und dem Längenverhältnis von Armen und Beinen.

Wir besitzen die gleichen inneren Organe wie die meisten Säugetiere. Wir atmen durch Lungen, unser Blut fließt durch einen doppelten Kreislauf, unsere Verdauungsorgane zersetzen die Nahrung in kleinste Bestandteile. Unsere Nachkommen werden lebend geboren und mit Muttermilch gesäugt. Im Laufe der Evolution haben sich aber in Anpassung an bestimmte Lebensweisen deutliche Unterschiede herausgebildet. Pflanzenfresser, z. B. Rinder, besitzen lange Blinddärme oder zusätzliche Mägen, um die schwer verdauliche Nahrung zu zersetzen.
Um 1960 zeigten Untersuchungen an Serumproteinen, dass auch bei den Menschenaffen die gleichen Blut- und Serumgruppen wie beim Menschen vorkommen. Unser Hämoglobin (roter Blutfarbstoff) ist mit dem des Schimpansen identisch. Die **DNA des Menschen** stimmt nach derzeitigen Erkenntnissen zu 98,7 % mit der DNA des **Schimpansen** und zu ca. 98,4 % mit der DNA des **Gorillas** überein.
Viele Gemeinsamkeiten lassen sich auch im Verhalten finden. Alle jungen Säugetiere sind neugierig und verspielt. Sie lernen und erkunden ihre Umwelt. Säugetiere drücken Stimmungen, wie z. B. Angst und Aggression, über eine arttypische Körpersprache aus.
Auch hinsichtlich der Verhaltensmerkmale sind die Ähnlichkeiten zwischen Affen und Menschen am größten.

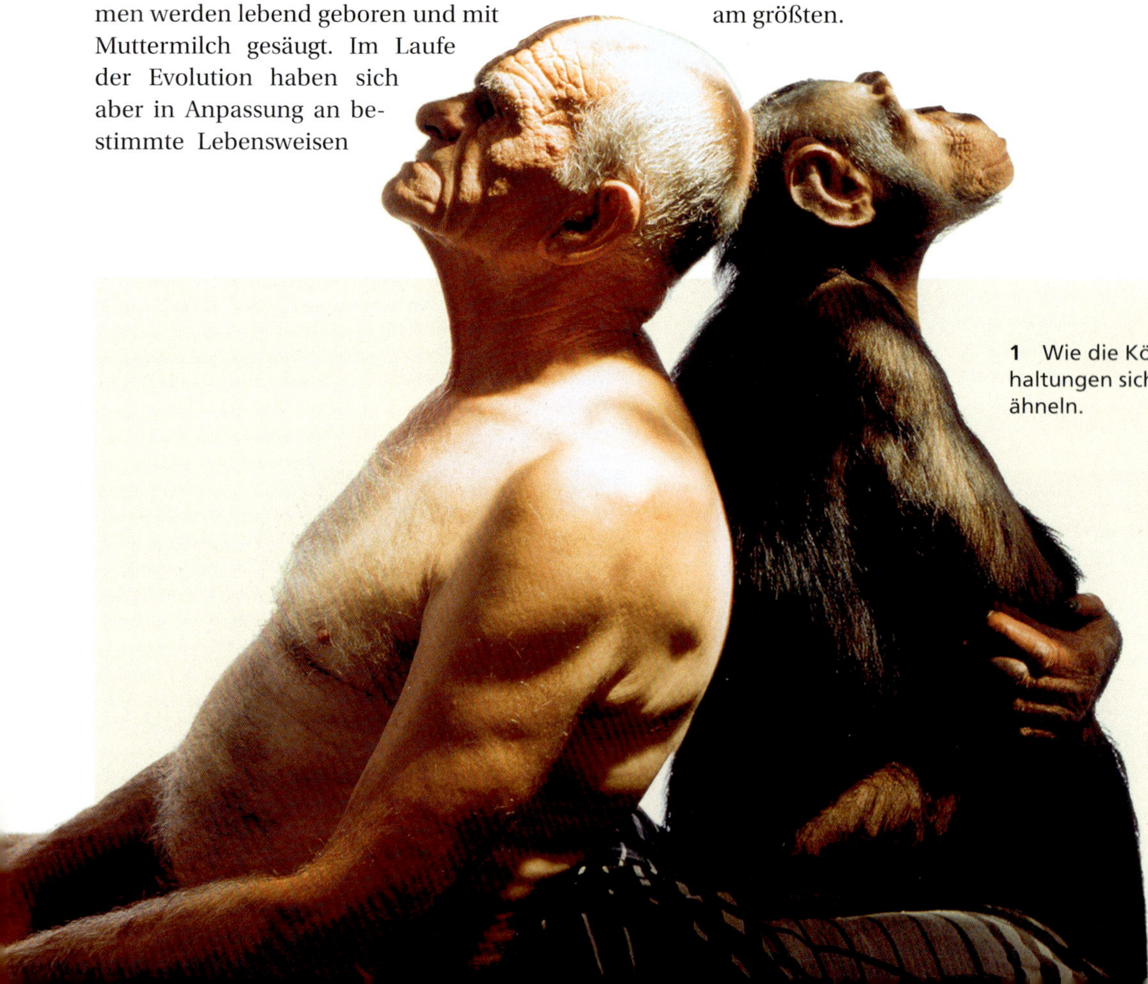

1 Wie die Körperhaltungen sich ähneln.

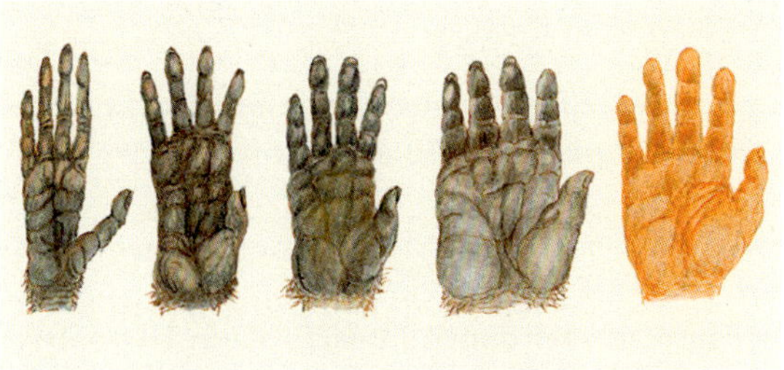

1 Der Vergleich der Hände von Gibbon, Orang-Utan, Schimpanse, Gorilla und Mensch (von links nach rechts) zeigt die Ähnlichkeiten.

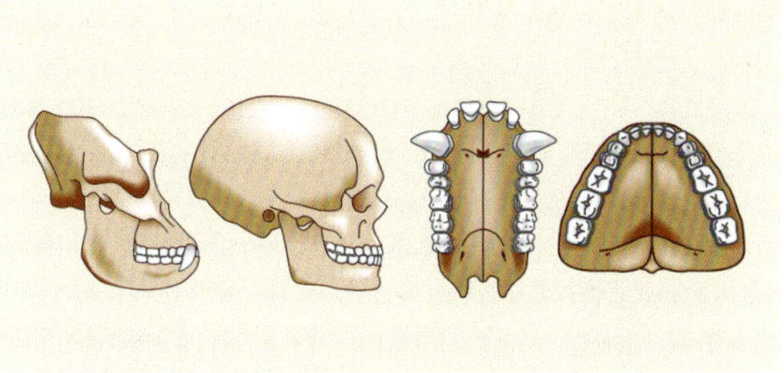

3 Der Vergleich der Schädelformen und des Oberkiefers von Gorilla und Mensch zeigt viele charakteristische Unterschiede.

Viele unserer Verhaltensweisen haben ihre Wurzeln im Tierreich. Menschenaffen sind wie wir in der Lage, Stimmungen und Gefühle über ihre Mimik zu zeigen. Lautäußerungen unterstützen das. Durch bewusstes Handeln, von unserer Erziehung beeinflusst, werden die Verhaltensweisen aber z. T. stark überlagert, sodass sie uns als etwas völlig Neues erscheinen.

Aufgaben

1. Kläre die folgenden Begriffe mit einem geeigneten Nachschlagewerk: fossil, Genetik, Abstraktion, Mimik.

2. Beschreibe verschiedene Verhaltensweisen von Säugetieren. Sind diese auch beim Menschen zu finden?

3. Fertige eine Tabelle an, in der du Gemeinsamkeiten und Unterschiede im Körperbau von Mensch und Gorilla zusammenträgst.

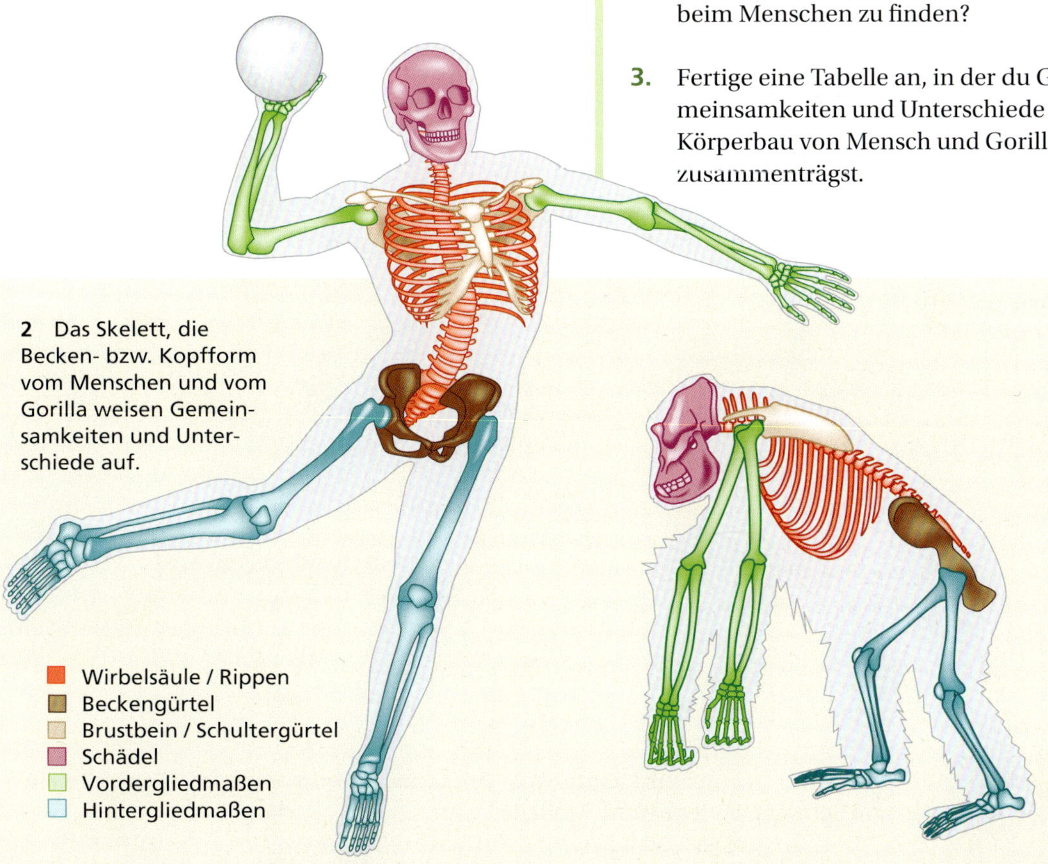

2 Das Skelett, die Becken- bzw. Kopfform vom Menschen und vom Gorilla weisen Gemeinsamkeiten und Unterschiede auf.

Entwicklung

Lebende Systeme verändern sich in Abhängigkeit von der Zeit. Sie sind also durch **Entwicklung** gekennzeichnet. Man unterscheidet dabei die Individualentwicklung und die evolutionäre bzw. stammesgeschichtliche Entwicklung.
Während in der **Out-of-Africa-Hypothese** formuliert wird, dass sich alle modernen Menschen aus den afrikanischen Nachfahren des *Homo erectus* im Zuge einer zweiten großen Wanderungswelle – vor etwa 100 000 Jahren von Afrika aus – entwickelten, nehmen die Vertreter der **multiregionalen Hypothese** an, dass der moderne Mensch in den verschiedenen Regionen der Erde aus regionalen Abkömmlingen des *Homo erectus* hervorging, der sich bereits vor ein bis zwei Millionen Jahren von Afrika her ausbreitete.

Die Entwicklung des anatomisch modernen Menschen

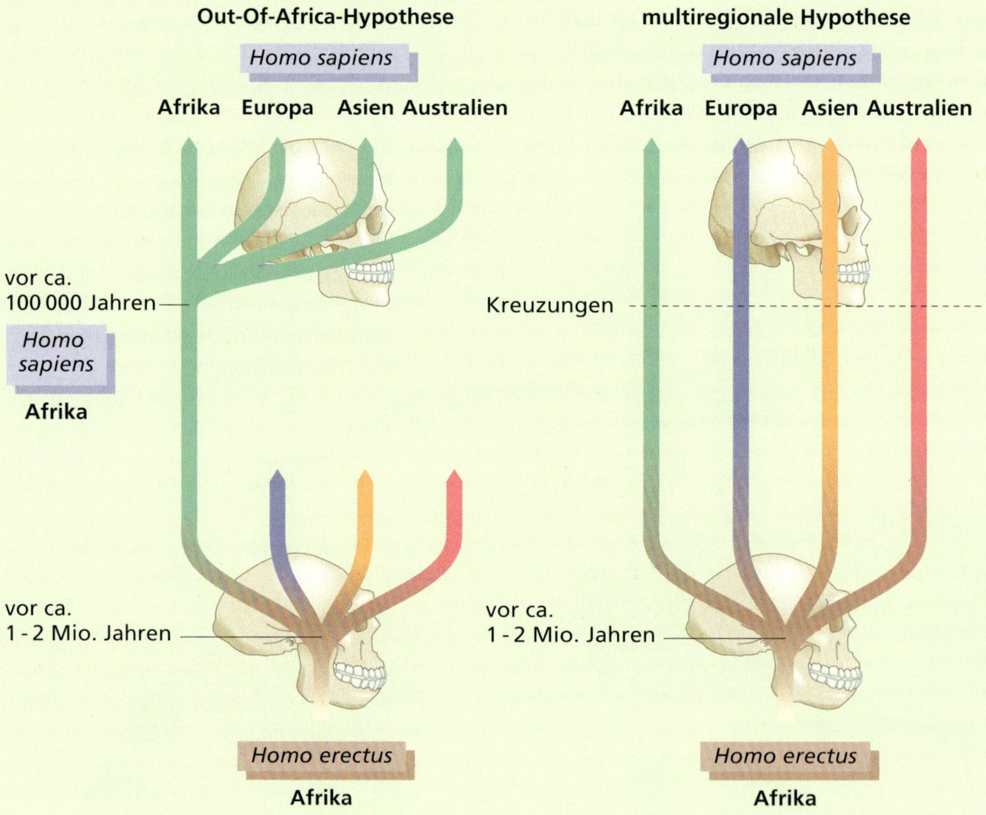

Beide Hypothesen gehen von einem Ursprung in Afrika aus. Worin unterscheiden sie sich? Nenne Stärken und Schwächen der beiden Modelle.

Ursprung des Menschen

Bei der Frage wann und wo der moderne Mensch ursprünglich entstand, werden vor allem zwei Hypothesen diskutiert (↗ S. 210):
Sowohl in der **Out-of-Africa-Hypothese** als auch in der **multiregionalen Hypothese** gehen die Wissenschaftler davon aus, dass der Ursprung des anatomisch modernen Menschen in Afrika liegt. Unklar ist, ob seine Abstammung ausschließlich auf die afrikanischen Nachfahren des *Homo erectus* zurückzuführen ist und alle anderen regionalen Abkömmlinge ausstarben ohne Einfluss auf den heutigen Genpool zu haben. Es besteht auch die Möglichkeit, dass die große genetische Ähnlichkeit aller modernen Menschen das Ergebnis gelegentlicher Kreuzungen (Genfluss) zwischen benachbarten Populationen darstellt.

Auch das Nebeneinander verschiedener Menschenformen konnte belegt werden: In Europa z. B. lebten Neandertaler, die europäischen Nachfahren des *Homo erectus* und Jetztmenschen für mindestens 10 000 Jahre zeitgleich nebeneinander, vielleicht sogar miteinander. 2003 fanden Forscher auf der indonesischen Insel Flores fossile Überreste zwergwüchsiger Menschen, vermutlich Nachfahren des *Homo erectus,* die erst vor ca. 12 000 Jahren ausstarben. Zu diesem Zeitpunkt war diese Insel vom *Homo sapiens* aber schon besiedelt.
Der **Stammbaum der Menschen** wird in den nächsten Jahren sicher noch oft verändert, da jeder neue Fossilienfund die bisherigen Erkenntnisse wieder auf den Prüfstand stellt.
Erst mit der Kenntnis über die Genetik und den technischen Möglichkeiten für DNA-Analysen können Verwandtschaften zweifelsfrei nachgewiesen werden.

Der italienische Evolutionsbiologe und Genetiker LUIGI LUCA CAVALLI-SFORZA (*1922) veröffentlichte zusammen mit seinen Mitarbeitern 1994 den abgebildeten genetischen Stammbaum des **Jetztmenschen** (↗ Abb. 1). Er wurde auf der Basis von weltweiten DNA-Tests erstellt. Dabei wurden jeweils bei Vertretern aus 42 Eingeborenenpopulationen die gleichen 110 Gene untersucht.

Aus dem Stammbaum wird ersichtlich, dass sich die anfangs einheitliche Linie in zwei Hauptlinien trennte. Dies bestätigt die Hypothese vom gemeinsamen Ursprung aller Menschen. Dass diese Wurzeln in Afrika liegen, wird vor allem durch die zahlreichen Fossilienfunde bestätigt. Es gibt keine Funde fossiler Menschen außerhalb Afrikas, die älter als 200 000 Jahre sind. Alle älteren Funde hat man nur auf dem afrikanischen Kontinent entdeckt.
Während die eine der beiden neuen Linien auf dem direkten Weg zu den heutigen Afrikanern führt, spaltet sich die andere Linie in zwei Gruppen auf: Zu der einen Gruppe gehören u. a. die Ureinwohner Südasiens, Australiens, Neuguineas und der pazifischen Inseln. Zu der anderen Gruppe die Ureinwohner Nordasiens, die Indianer und die Europäer. Eine Stellung zwischen den beiden Gruppen nehmen die Ureinwohner Ostasiens ein.
Anhand dieser genetischen Untersuchungen lassen sich die Wanderungsbewegungen unserer Vorfahren ableiten. Der Weg aus Afrika führte eine Gruppe über Südostasien bis nach Australien. Die andere Gruppe bewegte sich über den Kaukasus nach Nordasien, von wo aus sowohl die Besiedlung Europas als auch der amerikanischen Kontinente erfolgte.

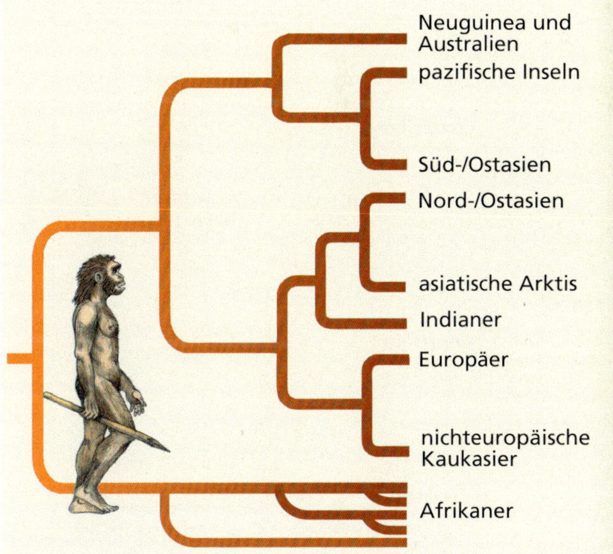

1 Genetischer Stammbaum des Menschen

Mosaik

Der lange Weg zum modernen Menschen – Stammbusch statt Stammbaum

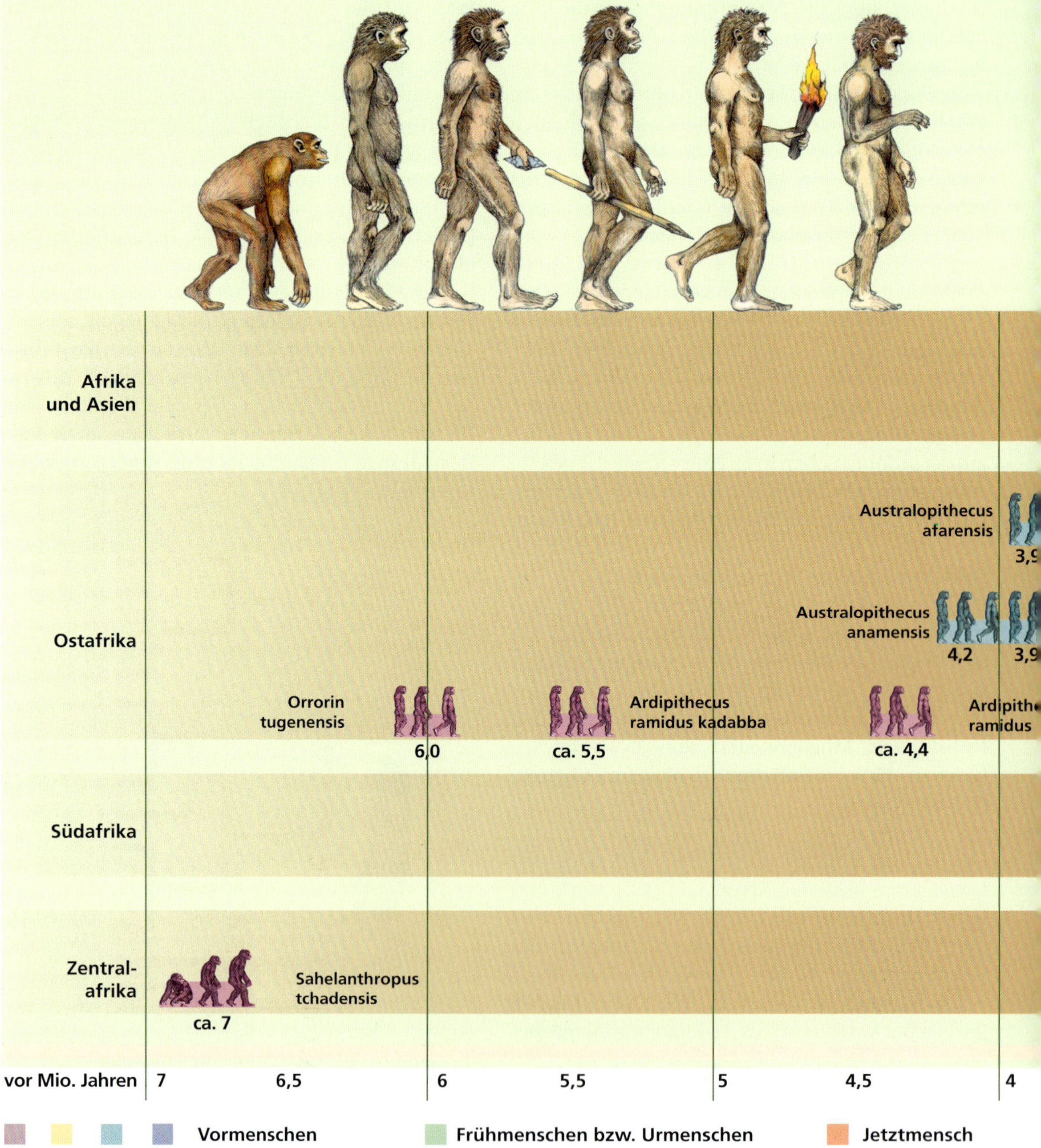

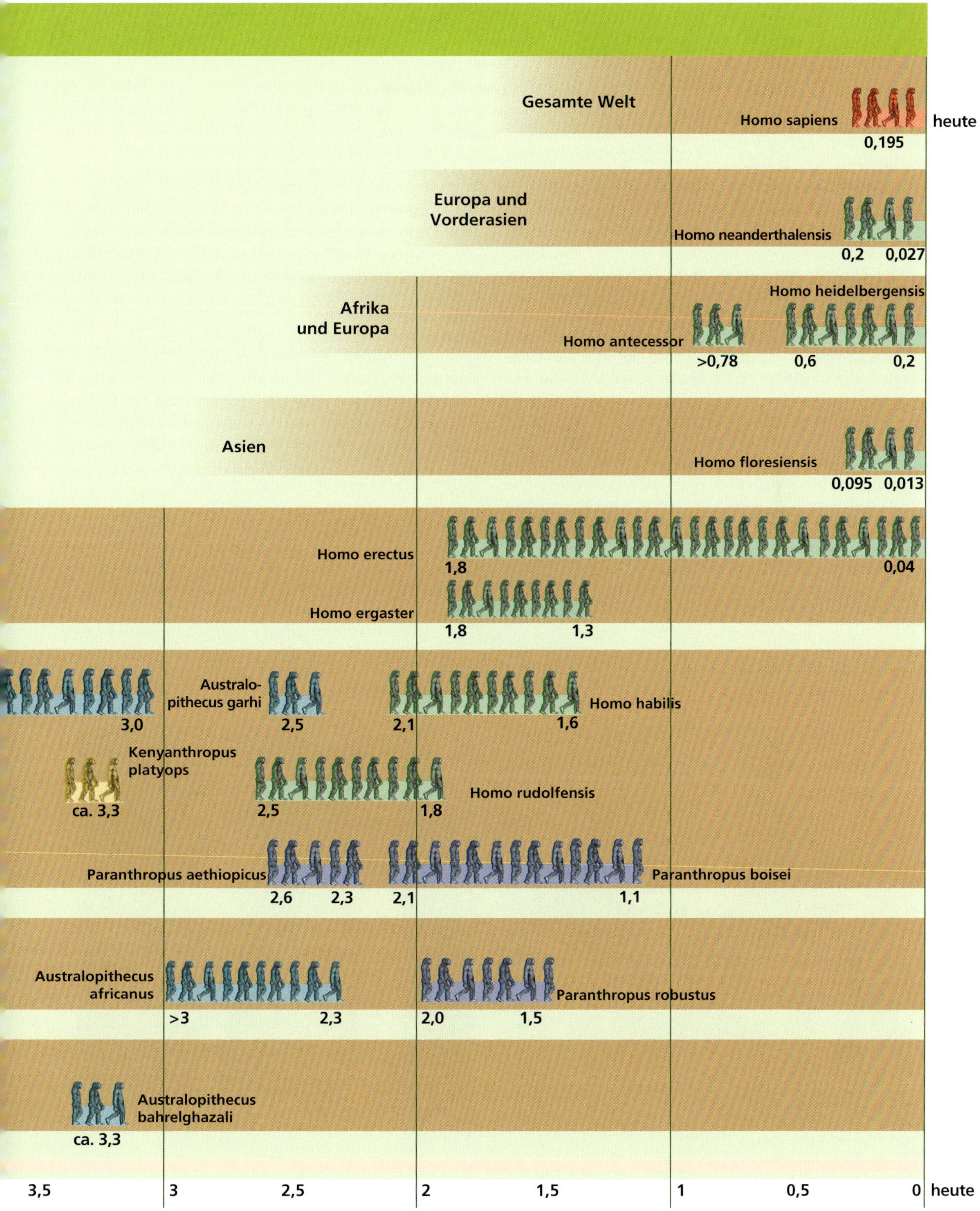
Gesamte Welt
Homo sapiens
heute
0,195
Europa und Vorderasien
Homo neanderthalensis
0,2
0,027
Afrika und Europa
Homo heidelbergensis
Homo antecessor
>0,78
0,6
0,2
Asien
Homo floresiensis
0,095
0,013
Homo erectus
1,8
0,04
Homo ergaster
1,8
1,3
3,0
Australopithecus garhi
2,5
2,1
1,6
Homo habilis
Kenyanthropus platyops
ca. 3,3
2,5
1,8
Homo rudolfensis
Paranthropus aethiopicus
2,6
2,3
2,1
1,1
Paranthropus boisei
Australopithecus africanus
>3
2,3
2,0
1,5
Paranthropus robustus
Australopithecus bahrelghazali
ca. 3,3
3,5
3
2,5
2
1,5
1
0,5
0 heute

Mosaik

Klimatische Auslese

Die Unterschiede der Menschen stecken vor allem in den Genen, die für die Gestaltung der Körperoberfläche verantwortlich sind. Hier wirkt die Auslese durch Klimafaktoren. Sichtbare Unterschiede zwischen den Menschen sind demnach die Folge der Evolution des Menschen in unterschiedlichen klimatischen Regionen. Da die Besiedlung der Lebensräume über lange Zeiträume erfolgte, hatten die neuen Varianten die nötige Zeit, um sich durchzusetzen.
In den **kalten asiatischen Steppen** z. B. bildeten sich kompakte, abgerundete Körper, die der Kälte und dem eisigen Wind wenig Angriffsfläche boten.
Im Verhältnis zum Volumen wird die Körperoberfläche verringert. Dadurch treten weniger Wärmeverluste auf. Kleine Nasen und schmale Atemwege verhindern Erfrierungen der Atemwege. Die Augen werden durch fettverstärkte Augenlider vor der Kälte isoliert und die Lidfalten bewirken zusätzlich einen Schutz vor dem Wind bzw. aufgewedeltem Staub. Die Pigmentierung (Färbung) der Haut gewährleistet einen ausreichenden UV-Schutz, lässt aber noch genügend UV-Anteile hindurch, um Vitamin D zu bilden.
Anders sehen die Verhältnisse im **tropischen Regenwald** aus. Bei einer Luftfeuchtigkeit von fast 100 % und Temperaturen von 20 bis 30 °C entsteht das Problem, dass der Schweiß kaum noch für Abkühlung sorgen kann, da zu wenig verdunstet.
In den afrikanischen Regenwäldern leben die kleinwüchsigen Pygmäen. Mit kleinen Körpern steigt das Verhältnis von Oberfläche zu Volumen zugunsten der Oberfläche. Über die größere Körperoberfläche kann mehr Wärme an die Umgebung abgegeben werden. Weiterhin müssen kleine Menschen zur Fortbewegung weniger Energie aufbringen, da sie leichter sind. Die Muskulatur ist weniger belastet, wodurch auch weniger Wärme an die Umgebung abgegeben werden muss. Die Nasen der Pygmäen sind breit und haben große Atemöffnungen, dadurch kann die bereits warme und feuchte Atemluft besser eindringen. Die dunkel gefärbte Haut absorbiert die intensive UV-Strahlung und verhindert Schädigungen der tieferen Hautschichten.

Die Vorfahren der heutigen Schimpansen dagegen blieben in ihren ursprünglichen Lebensräumen. Dadurch fand keine vergleichbare **klimatische Auslese** innerhalb der Schimpansenpopulationen statt.
Die Unterschiede im Erbgut von Schimpansen betreffen deshalb kaum solche Gene, die Informationen für die Gestaltung der Körperoberfläche enthalten.

1 Inuit (Eskimos)

2 Pygmäe

Mosaik

Sexuelle Auslese

Bei der Wahl unserer Partner lassen wir uns sehr stark vom Aussehen leiten. Wir reagieren unbewusst auf **Schlüsselreize,** die uns Informationen über den potenziellen Partner liefern. Insbesondere Haut, Haar und Körperproportionen werden bewertet, da deren Aussehen über den gesundheitlichen Zustand (indirekt auch über den Genbestand) Auskunft gibt.
Aber auch andere Sinne liefern Informationen. Bei Tests mit Mäusen hat man z. B. herausgefunden, dass der **Körpergeruch** verrät, inwieweit ein Tier als Partner infrage kommt. Je näher verwandt die Tiere miteinander sind, desto ähnlicher ist ihr Geruch. Mäuse mit einem attraktiven Geruch werden bei der Partnerwahl Geschwistern gegenüber immer vorgezogen.

Auch beim **Menschen** übermittelt der Geruch **Signale,** die wir unbewusst wahrnehmen. So verändert sich z. B. das Geruchsempfinden der Frauen während der fruchtbaren Tage. In dieser Zeit werden Gerüche von männlichem Schweiß (allerdings nicht von jedem Mann) als attraktiv empfunden, während man sonst darüber sicher die Nase rümpft.
„Jemanden nicht riechen können" bedeutet also biologisch gesehen, dass dieser von seinen Genen her nicht zu einem passt.

Damit ist gewährleistet, dass die Erbanlagen der Nachkommen viele Genvarianten beinhalten und neu kombiniert sind. Die Überlebenschancen der Nachkommen steigen auf diese Weise.

Unsere persönlichen Vorstellungen darüber, wie unser „Wunschpartner" aussehen soll, werden sehr stark von den Menschen geprägt, die uns in der Kindheit umgeben. Deshalb wählt man meist Partner aus einer bestimmten Population (z. B. Hautfarbe, Gesichtszüge).
Die **sexuelle Auslese** führt dazu, dass einzelne Merkmale bei der Wahl des Fortpflanzungspartners besonders beachtet werden und deren Träger einen höheren Fortpflanzungserfolg haben. Dadurch können diese Merkmale in der nächsten Generation verstärkt auftreten.

In der Werbung werden genau diese Schlüsselreize zur Überbringung einer Botschaft genutzt, z. B. durchtrainierter muskulöser Mann, der Getränke bringt.
Schlüsselreize, z. B. Körperrundungen bei Frauen oder lange Beine, unterliegen aber auch dem Zeitgeist.

Die sexuelle Auslese ist eine weitere Ursache für die Entstehung verschiedener Menschengruppen.

1 Körperproportionen als Schlüsselreize

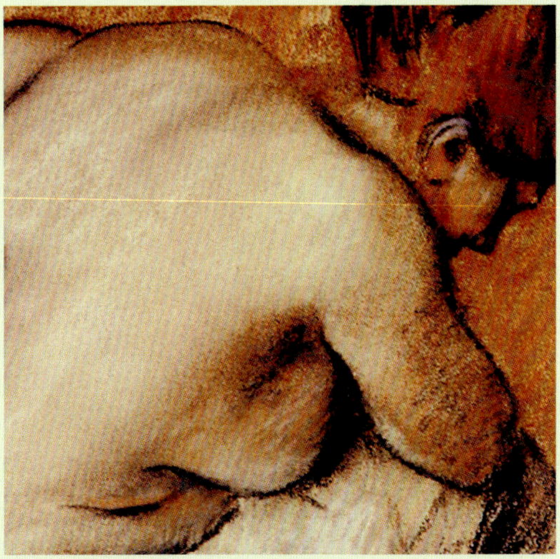

2 Schönheitsideale unterliegen dem Zeitgeist.

Kulturelle Evolution

Die **Stammesgeschichte des Menschen** und der Menschenaffen trennte sich vor ca. 6 bis 7 Millionen Jahren. Ungefähr 4 Millionen Jahre lang besiedelten dann die frühen Formen des Menschen die afrikanischen Lebensräume, ohne Werkzeuge oder künstlerische Spuren zu hinterlassen.
Erst vor ca. 2 Millionen Jahren entwickelten sich Menschenarten, die sich durch ein vergrößertes Gehirn von den bis dahin auftretenden Arten unterschieden. Das vergrößerte Hirnvolumen war u.a. die Voraussetzung für die Entwicklung einer Sprache. Man geht heute davon aus, dass vor allem die Entwicklung der Sprache die **kulturelle Entwicklung** des Menschen vorangetrieben hat.

Die ältesten Spuren gezielter Handwerkskunst des **Jetztmenschen** wurden in Südafrika gefunden. Man schätzt die Knochenwerkzeuge, kunstvoll behauene Steinspitzen und Symbolzeichnungen in Ocker auf ungefähr 70 000 Jahre. Ähnliche Funde kannte man bis dahin nur aus Europa. Diese hatten allerdings nur ein Alter von bis zu 32 000 Jahren. Der Faustkeil ist ein Beleg der handwerklichen Fertigkeiten (↗ Abb.).

Ältere Funde in Australien (vor etwa 62 000 Jahren) belegen, dass schon der aus Afrika auswandernde Jetztmensch Fertigkeiten in der Werkzeug- und Waffenherstellung sowie kulturelle Fähigkeiten besaß.

Vor ungefähr 40 000 Jahren begann eine bis dahin in Umfang und Geschwindigkeit beispiellose technische und kulturelle Entwicklung der Menschen. In Europa hat man viele modern aussehende Gegenstände eiszeitlicher Menschen gefunden. Man fand sehr fein gearbeitete Klingen und Werkzeuge aus Stein und Knochen sowie zahlreiche Skulpturen von Tieren und Menschen aus den verschiedensten Materialien.
Höhlenmalereien aus dieser Zeit belegen die künstlerischen Fertigkeiten der damaligen Menschen. Eine Ursache dieser Entwicklung sehen Wissenschaftler in der Konkurrenz zwischen unseren Vorfahren und dem *Neandertaler.* Auch von den *Neandertalern* sind hochwertige Werkzeuge und Gebrauchsgegenstände aus dieser Zeit gefunden worden.
Durch die allmähliche Zunahme der Bevölkerungsdichte in Europa waren beide Menschengruppen, sowohl die eingesessenen *Neandertaler* als auch die Neuankömmlinge aus Afrika, gezwungen, ihre Arbeitstechniken weiterzuentwickeln.

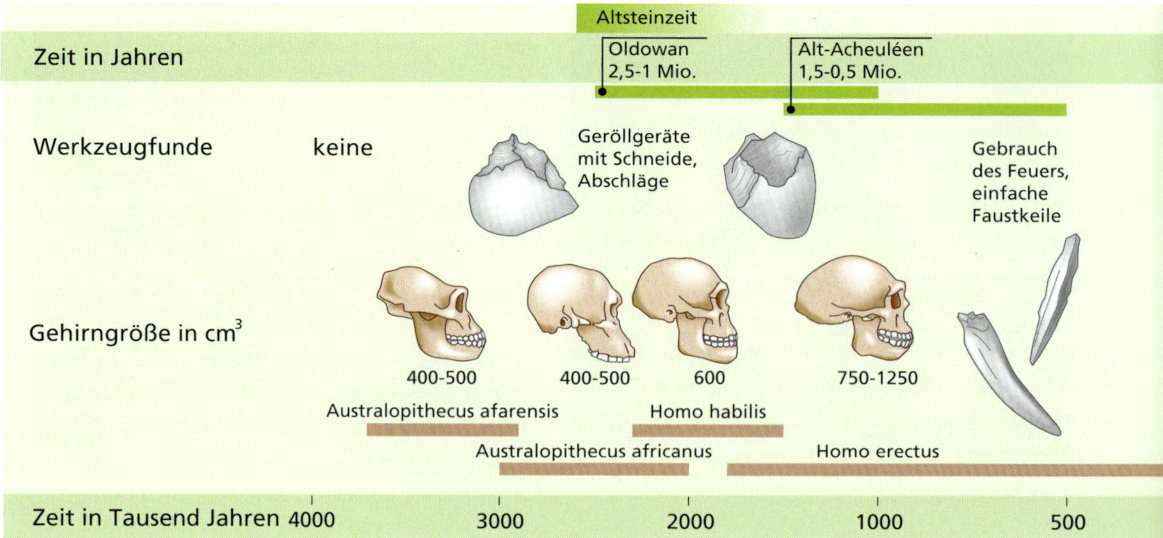

Gleichzeitig mussten die sozialen Verbindungen innerhalb der Gruppen gestärkt werden, wobei kulturelle Rituale und Traditionen einen wichtigen Beitrag leisteten. Durch den Gebrauch einer immer komplexeren Sprache waren unsere Vorfahren in diesem Wettbewerb wahrscheinlich im Vorteil. Sie konnten die vorhandenen Ressourcen der Umwelt besser nutzen als die *Neandertaler*, da sie Erfahrungen differenzierter austauschen und Verbesserungen schneller umsetzen konnten. Hinzu kamen eine geringere Säuglingssterblichkeit, die höhere Lebenserwartung und eine höhere Fruchtbarkeit im Vergleich zu den *Neandertalern.*

Unsere Vorfahren konnten sich daher viel stärker vermehren als die *Neandertaler,* die wahrscheinlich in ungünstigere Lebensräume abgedrängt wurden.

Diesem Druck waren die *Neandertaler* auf Dauer nicht gewachsen. Nachdem sie Zehntausende Jahre den Eiszeiten und klimatischen Verhältnissen getrotzt hatten, verschwanden die *Neandertaler* vor ca. 35 000 Jahren aus Europa. Ihre Lebensräume wurden vom **Jetztmenschen** übernommen. Diese folgten in kleinen Gemeinschaften als Nomaden den wandernden Tierherden und wichen dem immer wieder vordringenden Eis nach Süden aus.

Vor ca. 20 000 Jahren zwang ein Gletschervorstoß der letzten Eiszeit unsere Vorfahren, sich für 5 000 Jahre in den Mittelmeerraum zurückzuziehen.

Die eingeschränkten Jagdmöglichkeiten führten wahrscheinlich zu einer weiteren Verbesserung der Jagd- und Werkzeugtechniken.

Zahlreiche Funde von Schmuck und Kunstgegenständen dieser Periode belegen, dass der Lebensstandard der Menschen für damalige Verhältnisse hoch war. Nach dem Zurückweichen des Eises erfolgte die endgültige Besiedlung Europas.

Mit dem Übergang von der Lebensweise des Jagens und Sammelns zum sesshaften Ackerbau wurde die biologische Evolution verlangsamt und die kulturelle Evolution weiter beschleunigt. Die Himmelsscheibe von Nebra ist ein Beleg aus der Bronzezeit mit Goldapplikationen (↗ Abb. oben). Sie gilt als älteste konkrete Sternenabbildung der Menschheitsgeschichte.

Eine gezielte Nutzung und Züchtung von Pflanzen und Tieren verschaffte dem Menschen ausreichend Nahrung am selben Ort.

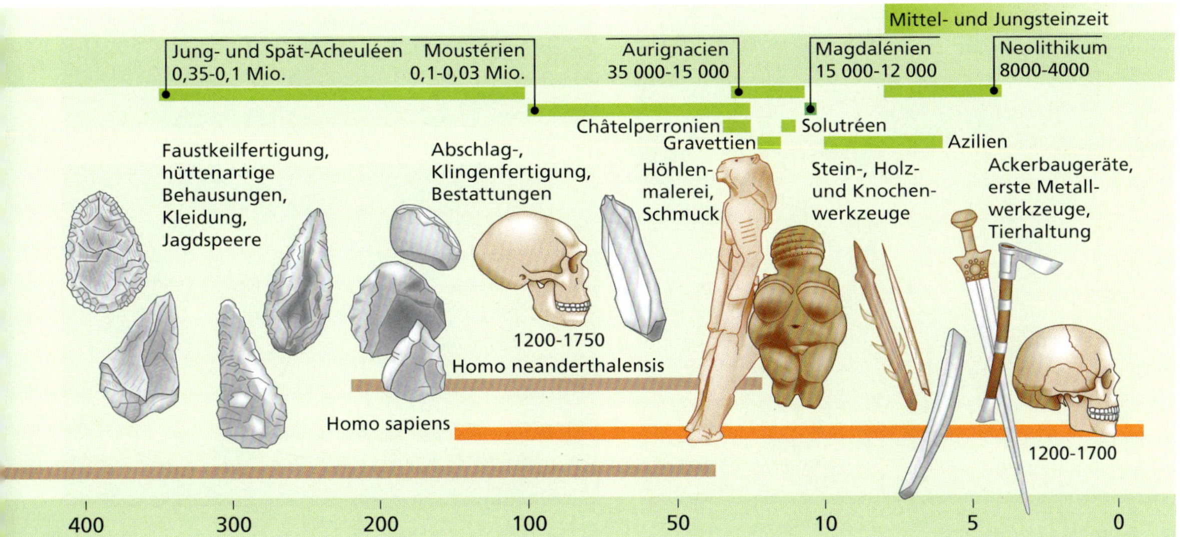

Es kam zu einem beschleunigten Bevölkerungswachstum in den Anbaugebieten, die ständig vergrößert werden mussten, was schließlich zur Herausbildung von Städten und Stadtstaaten führte.
In diesen existierte der alte Stammesverband von maximal 200 Menschen nicht mehr, sodass neue Führungsstrukturen entstanden, um im Kampf um die Ressourcen zu bestehen und die Menschen lenken zu können. Nur so konnten sich einheitliche kulturelle Vorstellungen entwickeln. Begleitet von einem tief greifenden Wandel der ursprünglichen Lebensweise ging damit auch eine weitere Aufteilung der Menschen in Gruppen einher. Der Besitz von materiellen und kulturellen Werten bedeutete dabei hohes Ansehen. Anstelle der sozial gleichgestellten Jäger und Sammler unterteilte sich die Bevölkerung immer mehr in Besitzende und Besitzlose.
In den Städten entwickelten sich verschiedene Religionen und Kultrituale, wobei Feste, Kunst und Handwerk die Verehrung der jeweiligen Gottheiten förderten und andererseits das Regieren u. a. ermöglichten.
Mit dem Entstehen der **Stadtstaaten** nahm die Häufigkeit und Härte der Konflikte zwischen Menschengruppen zu. Konnte man sich zur Zeit der Jäger und Sammler noch ausweichen, war dies kaum noch möglich, da die beanspruchten Gebiete immer größer wurden. Es kam zu Kriegen um Land und Vormachtstellungen. Um die Bevölkerung auf diese Konflikte einzuschwören, war es nötig, sich vom Konkurrenten eindeutig abzugrenzen. Neben religiösen Motiven wurden dabei auch immer äußere Merkmale der Menschen herangezogen.
Der Begriff **Rasse** wird in unserem Sprachgebrauch sehr häufig in unterschiedlichem Sinne verwendet. Dabei kommt es zur Vermengung biologischer und kulturell geschichtlicher Inhalte.
Von Rassen spricht man vor allem im Zusammenhang mit Pflanzen- und Tierzüchtungen (z. B. Hunderassen).

1 Religiöse Verehrung

2 Hütten und Paläste in Südafrika

1 Menschen unterschiedlicher geografischer Herkunft

2 Kinderarbeit ist in den Ländern der Dritten Welt an der Tagesordnung.

Alle Individuen einer Art werden dabei bestimmten Gruppen zugeteilt und voneinander abgegrenzt. Die Abgrenzung erfolgt meist anhand sichtbarer, genetisch bedingter Merkmale. Dabei ist die Wahl der Merkmale willkürlich, es kommt also darauf an, **wer** die Auswahl trifft.
Die Einteilung von Hunderassen ist z. B. weltweit uneinheitlich, da weder die Einteilung nach der Aufgabe der Hunde (z. B. Hütehunde) noch die Einteilung nach der Gestalt immer eine klare Abtrennung ermöglichen. Die Standards für Rassen sind außerdem in jedem Land anders.

Menschen bilden keine aus Züchtung hervorgegangenen Gruppen. Zwischen ihnen kam es von jeher zu genetischen Vermischungen, sodass die genetischen Unterschiede zwischen zwei Menschen gleicher Hautfarbe größer sein können als die zwischen zwei Menschen unterschiedlicher Hautfarbe.

An und für sich wäre die Einteilung in geografisch verschiedene Gruppen beim Menschen nicht problematisch, wenn nicht unzulässigerweise Unterschiede im Aussehen eng mit entsprechenden kulturellen Fähigkeiten verknüpft würden. Daraus wird dann häufig eine Überlegenheit der eigenen „Rasse“ abgeleitet, die biologisch in keiner Weise begründbar ist.

Überlegenheiten einzelner Gruppierungen im Verlauf der Menschheitsgeschichte waren meist das Ergebnis von günstigen natürlichen und gesellschaftlichen Bedingungen. Da diese Bedingungen nicht auf Dauer vorhanden waren, ging auch die erlangte Vormachtstellung dieser Gruppen wieder verloren.
Im Verlauf der Geschichte konnte man beobachten, dass viele Weltreiche entstanden und zerfallen sind. Sie waren der kulturellen Auslese nicht mehr gewachsen.

Wohin führt die Entwicklung?

Die **Evolution der Menschen** im stammesgeschichtlichen Sinn ist weltweit praktisch nicht mehr vorhanden. Reisemöglichkeiten und medizinischer Fortschritt sind nur zwei Gründe dafür, dass die **Evolutionsfaktoren Auslese** und **Isolation** (↗ S. 200) auf Menschen keine artbildende Wirkung mehr haben.
Während die Menschheit Hunderttausende von Jahren benötigte, um etwa im Jahr 1500 n. Chr. ein Anwachsen der Erdbevölkerung auf eine halbe Milliarde Menschen zu erreichen, dauerte es bis zur ersten Milliarde um 1800 nur noch 300 Jahre, für die zweite Milliarde 123 Jahre und für die weiteren 4 Milliarden bis zum heutigen Zeitpunkt sogar nur noch ca. 70 Jahre. Im Augenblick nimmt die Erdbevölkerung pro Jahr um rund 80 Millionen Menschen zu. Setzt sich dieser Trend fort, steigt die Zahl bis zum Ende dieses Jahrhunderts auf ca. 11 Milliarden Menschen.
Da die höchste Bevölkerungszunahme in den strukturell wenig entwickelten Ländern Afrikas, Lateinamerikas und Asiens zu beobachten ist, kann man davon ausgehen, dass eine bessere Ausbildung sowie eine Verbesserung der Gesundheits- und Sozialsysteme sowie der Einkommensverhältnisse in diesen Ländern zu einer Stabilisierung der Zahl der Weltbevölkerung beitragen könnten. Für die **nachhaltige Entwicklung der Umwelt** ist eine solche Stabilisierung auf nicht zu hohem Niveau unbedingt erforderlich. Die Tragfähigkeit der Erde wird u.a. durch die Menge an verfügbarer Nahrung, nutzbaren Energieressourcen und die Möglichkeiten der Schadstoffbeseitigung begrenzt.
Entscheidend für die Menge an Menschen, die die Erde besiedeln können, ist deren **Pro-Kopf-Ressourcenverbrauch.** Zurzeit gibt es hinsichtlich der Nutzung verfügbarer Ressourcen ein starkes Nord-Süd-Gefälle. Etwa 20 % der Weltbevölkerung leben in wirtschaftlich entwickelten Ländern und verbrauchen 80 % aller verfügbaren Ressourcen. Mit deutschen Pro-Kopf-Verbrauchsraten, die gut 15-mal so hoch sind wie die indischen, ist die gesamte Umweltbelastung von 80 Millionen Deutschen höher als die von über einer Milliarde Indern. In Zukunft werden die Ressourcen auf der Erde immer knapper. Deshalb ist eine nachhaltige Lebensweise der Menschen in allen Ländern der Welt erforderlich.

Nachhaltige Entwicklung erfordert eine Organisation des Lebens und Produzierens, die nicht auf Kosten der Natur, anderer Menschen, anderer Regionen und anderer Generationen erfolgt. Insbesondere muss sich bei den Menschen in den industriell entwickelten Ländern die Erkenntnis durchsetzen, dass die sozialen, ökonomischen, politischen Probleme der Entwicklungsländer globale Probleme sind. Gelingt es nicht, diese durch internationale Hilfen und Unterstützung zu bewältigen, werden sich die bis dahin regionalen Konflikte in den Krisenregionen ausweiten.

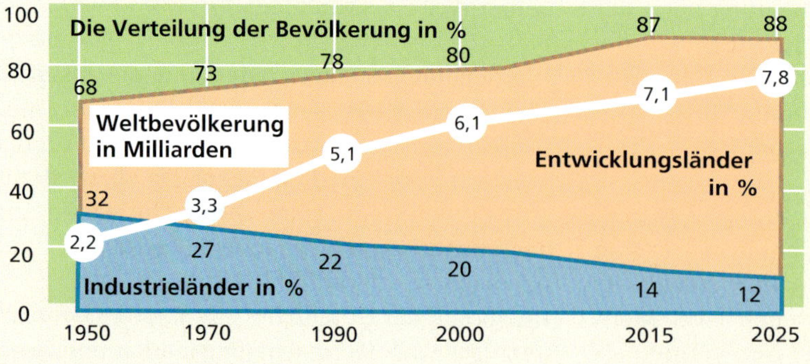

1 Entwicklung der Weltbevölkerung

Gewusst · Gekonnt

1. Ergänze dein Glossar um folgende Begriffe: Menschenaffe, Jetztmensch, kulturelle Evolution, Rasse.

2. Menschen gehören zur Klasse der Säugetiere, d. h., wesentliche Merkmale stimmen mit denen der meisten Säugetiere überein.

a) Vergleiche die Körperbedeckung und das Skelett bei Mensch und Schimpanse.

b) Nenne Verhaltensweisen, die bei Menschen und Säugetieren zu finden sind.

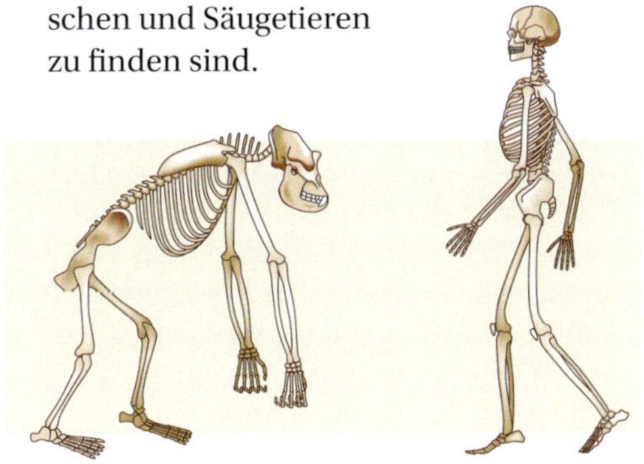

3. Insbesondere die Körperoberfläche von Lebewesen wird durch klimatische Auslese verändert. Auch beim Menschen findet man die meisten Unterschiede zwischen den Populationen in den Genen, die für die Körperoberfläche verantwortlich sind. Interpretiere diese Aussagen.

4. Fossilienfunde und genetische Analysen belegen, dass es im Verlauf der Stammesentwicklung mehrere Menschenarten gab.

a) Erläutere die Bedeutung von Fossilien für die Abstammungslehre.

b) Stelle nach selbst gewählten Kriterien eine Übersicht fossiler Menschenarten zusammen.

c) Nenne Gründe, warum einige Wissenschaftler die *Australopithecinen* als Übergangsform bezeichnen.

5. Die *Neandertaler* und unsere Vorfahren lebten für viele Jahrtausende zusammen in Europa. Dann starben die *Neandertaler* vor ungefähr 35 000 Jahren aus.

a) Vergleiche *Neandertaler* und eiszeitliche *Jetztmenschen* hinsichtlich Körperbau und Lebensweise.

b) Beschreibe, welche Auswirkungen die Entstehung einer Wort- und Zeichensprache auf die Lebensweise unserer Vorfahren hatte.

c) Nenne Gründe, die zum Aussterben der *Neandertaler* geführt haben könnten.

6. Mit dem Ende der Eiszeiten vor ca. 10 000 Jahren veränderten die Menschen ihre Lebensgewohnheiten grundlegend. Sie gingen zur sesshaften Lebensweise der Ackerbauern und Viehzüchter über.

a) Nenne Vor- und Nachteile dieser Umstellung.

b) Erläutere den Zusammenhang zwischen der Umstellung der Lebensweise und der ständigen Zunahme der Weltbevölkerung.

c) Begründe, warum die biologische Evolution des Menschen praktisch kaum noch stattfindet.

7. Die große Zahl an Menschen auf der Erde ist eine der Ursachen für viele unserer heutigen Probleme. Dabei ist nicht die eigentliche Anzahl das Problem, sondern u. a. die unüberbrückbaren Gegensätze zwischen verschiedenen Menschengruppen.

a) Nenne globale Probleme der Menschheit und ihre Ursachen.

b) Bei Konflikten werden sehr häufig die Unterschiede zwischen den Menschengruppen als Argumente verwendet. Erkläre.

c) Begründe, warum die Verwendung des „Rassenbegriffs“ auf Menschen genetisch nicht gerechtfertigt ist.

Evolution des Menschen

Während der stammesgeschichtlichen Entwicklung des Menschen gab es enge Wechselbeziehungen zwischen der biologischen und der kulturellen Evolution.

Komponenten der biologischen Evolution

- aufrechter Gang und aufrechte Körperhaltung
- Vergrößerung und Differenzierung des Gehirns
- Zunahme geistiger Fähigkeiten

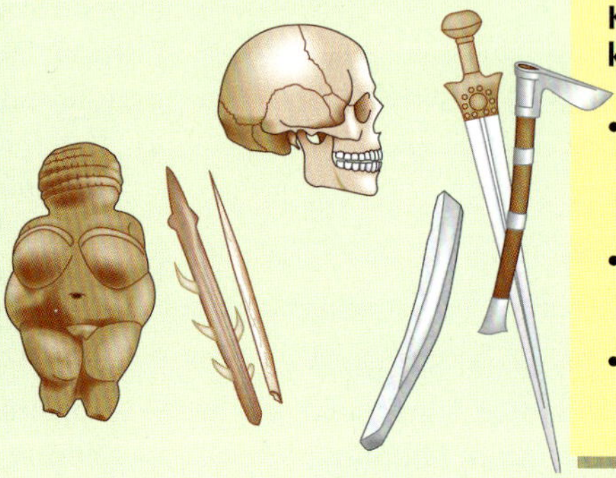

Komponenten der kulturellen Evolution

- planvolle Herstellung von Werkzeugen und deren Gebrauch
- Erzeugung und Gebrauch des Feuers
- Entwicklung der Sprache und der Schrift

Biologische Evolution des Menschen

Menschenaffe und Jetztmensch weisen viele ähnliche und übereinstimmende Merkmale auf. Dies lässt auf eine enge Verwandtschaft schließen und deutet auf gemeinsame affenähnliche Vorfahren hin.

Neue Fossilienfunde belegen außerdem, dass nicht nur eine Art von kleinhirnigen Vormenschen in Afrika lebte, sondern dass es sehr viele Arten gewesen sind. Die einzige Art, die sich schließlich durchsetzte, war der *Homo sapiens.* Wer tatsächlich aus wem entstanden ist, kann aufgrund der insgesamt wenigen Funde nicht eindeutig zugeordnet werden, jeder neue Fossilienfund kann das bestehende Bild schlagartig verändern. Deshalb verzichten viele Paläoanthropologen mittlerweile im Stammbaum auf mögliche Abstammungslinien.

Variabilität der Menschen in unterschiedlichen Kulturkreisen der Erde

Alle heute auf der Erde lebenden Menschen gehören zur gleichen Art bzw. Unterart *Homo sapiens.* Vertreter aller Kulturgruppen des Menschen sind zu hohen Leistungen befähigt. Die Vielfalt der Menschen zeigt sich vor allem innerhalb der Gruppen. Die Gruppen unterscheiden sich genetisch nur geringfügig. Die äußerlich auffälligen Merkmale (z. B. Hautfarbe) entwickelten sich in Anpassung an bestimmte Umwelt- und Klimabedingungen.

W

Evolution

Wahlbereich: Entstehung der Erde und des Lebens – wie alles begann

Vom Urknall zu den Sternen

Im Gegensatz zu dem in der Bibel errechenbaren Alter der Welt liegt der Ursprung nach heutigen Erkenntnissen eine unvorstellbar lange Zeit zurück. Kosmologen und Astronomen gehen davon aus, dass dieser Beginn, wegen seines dramatischen Verlaufs auch **„Urknall"** oder **„Big Bang"** genannt, vor etwa 15 Milliarden Jahren lag. Die Frage, was davor war, ist aus unserer Vorstellung nicht zu beantworten, weil Zeit und Raum erst beim Urknall entstanden sind.

Beim Urknall wandelte sich teilweise Energie in Materie um. Dadurch konnten zuerst sogenannte Elementarteilchen, etwas später Atome und Moleküle entstehen, aus denen sich die Sterne zusammensetzen. **Sterne** sind die Zusammenballung von Materie. Sie entwickeln sich aus Gas- und Staubwolken (↗ Abb. 1) unter Einwirkung der Schwerkraft. Je dichter sich die Materie aufgrund der Schwerkraft zusammenballt, desto häufiger stoßen die Materieteilchen zusammen und desto heißer wird die Materie.
Dabei kommt es zu Kernreaktionen: Atomkerne zerfallen und bilden sich neu durch Kernverschmelzungen. Bei diesen Kernreaktionen wird ein Teil der Materie wieder in Energie umgewandelt. Das führt zu einer weiteren Temperaturerhöhung. So kann ein relativ stabiler Zustand entstehen, bei dem sich die Schwerkraft und der Gasdruck der enorm aufgeheizten Materie die Waage halten. Dies trifft auf unsere Sonne zu, die einen relativ konstanten Durchmesser hat. Gleichzeitig leuchten die Sterne, d. h., sie geben einen Teil der Energie in den Weltraum ab.
Sterne werden nicht unendlich alt. Sie haben eine Geschichte. Je nachdem, wie massereich ein Stern ist, wie viel Materie sich also bei seiner Entstehung zusammengeballt hat, verläuft diese Geschichte unterschiedlich. Aus großen Sternen entstehen „Schwarze Löcher" aus kleineren „Weiße Zwerge".
Unter bestimmten Bedingungen, z. B. bei großen Sternen von mindestens acht Sonnenmassen, kann am Ende der Sternentwicklung eine gewaltige Explosion stehen, die mit der Abgabe von sehr viel Licht verbunden ist. Bei einer solchen Supernova (↗ Abb. 2) wird auch sehr viel Materie in den Weltraum geschleudert. Auf diese Weise entstehen Staub- und Gaswolken, die das Material für neue Sternengenerationen bilden.

1 Sterne entstehen aus Gas- und Staubwolken.

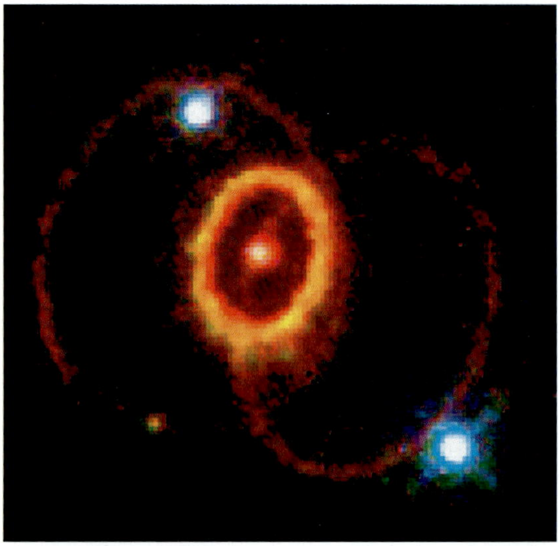

2 Eine Supernova

Das Sonnensystem, die Erde und das Leben

Auch unser **Sonnensystem** ist vor etwa fünf Milliarden Jahren aus solch einer Materiewolke entstanden, die aus Sternenexplosionen stammte. Die meiste Materie ballte sich im Zentralgestirn zusammen. Aber Unregelmäßigkeiten in der Materiedichte führten zu weiteren „Klumpenbildungen". So entstanden nicht nur die Planeten, sondern auch Monde und Materie-Ringe, Kometen und Asteroiden (Kleinplaneten).

Das **Leben auf der Erde** ist vermutlich vor knapp vier Milliarden Jahren entstanden. Entscheidend für seine Entwicklung war das Vorhandensein relativ kompliziert gebauter Moleküle, deren Grundgerüst aus Kohlenstoffatomen besteht. Die Vielfalt resultiert u. a. aus der Vierbindigkeit der Kohlenstoffatome. Sie sind Bestandteil von Kohlenwasserstoffen, Kohlenhydraten, Aminosäuren und den daraus zusammengesetzten Peptiden, Nucleinsäuren und Lipiden (Fetten).

Es ist bis heute strittig, inwieweit die „chemische Evolution", die zur Bildung solcher Moleküle führte, schon in kosmischen Materiewolken oder erst auf der Urerde stattgefunden hat. Ebenfalls ungeklärt ist, wie es schließlich zu der entscheidenden „Kooperation" zwischen Proteinen und Nucleinsäuren gekommen ist, die für alles irdische Leben so charakteristisch ist. Nach einer Hypothese des britischen Astronomen FRED HOYLE (1915 – 2001) wäre auch eine außerirdische Entstehung einfacher Lebewesen in kosmischen Nebeln denkbar. Die bakterienähnlichen Keime in diesen Nebeln würden dann verhältnismäßig schnell zu „Infektionen" geeigneter Himmelskörper führen.
Aber es kann auch auf der Erde unter den „Urerdebedingungen" zur anorganischen Bildung aller wichtigen Lebensmoleküle gekommen sein. Diese Hypothese ließ sich jedenfalls durch zahlreiche Laborexperimente erhärten. Als eines der ersten wurde das wohl bekannteste Experiment 1953 von den US-Amerikanern STANLEY MILLER (*1930) und HAROLD UREY (1893 – 1981) durchgeführt.

Mosaik

Experimentieranordnung nach Miller

Ein besonders bekannt gewordenes Experiment zur Frage nach der Lebensentstehung wurde 1953 von STANLEY L. MILLER (*1930) durchgeführt.
MILLER ging von den damals bekannten Vorstellungen der auf der Urerde herrschenden physikalischen und chemischen Bedingungen aus. Er versuchte, diese Bedingungen in einer Experimentieranordnung nachzustellen. Dazu füllte er eine Glasapparatur mit einem Gasgemisch aus Wasserstoff, Ammoniak, Methan und Wasserdampf, das auch die **Uratmosphäre der Erde** bildete. Durch Heizung und Kühlung erreichte er einen durch Wasserverdampfung und Kondensation in Gang gesetzten Kreislauf. Auf das Gasgemisch ließ er über eingefügte Kohleelektroden elektrische Entladungen einwirken, die den Blitzen in der Uratmosphäre entsprechen sollten. Diese Anordnung ließ MILLER einige Stunden laufen. Anschließend konnte er in dem kondensierten Wasser 20 verschiedene organische Verbindungen wie Essigsäure und Harnstoff und sogar Aminosäuren, die Bausteine der Proteine, nachweisen. In der Folge konnte durch vielfältige Modifizierungen dieser Versuchsanordnung eine Vielzahl organischer Moleküle produziert werden.

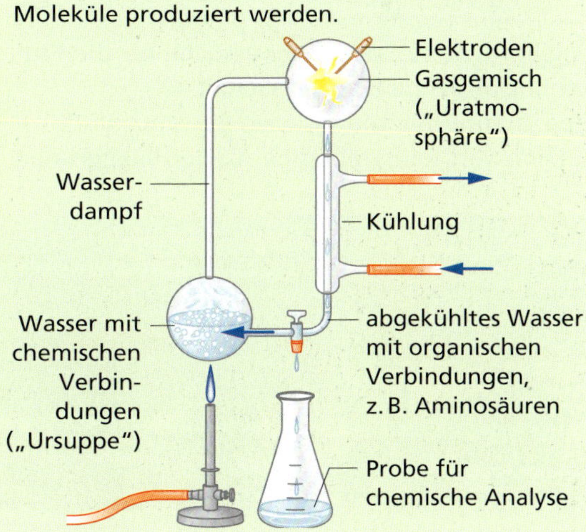

Die Entwicklung der Lebewesen auf der Erde

Schon ein ganz einfach gebautes erstes Lebewesen musste folgende Eigenschaften aufweisen:

- Fähigkeit, sich zu vermehren (Selbstreproduktion),
- Fähigkeit zum Stoff- und Energiewechsel,
- Fähigkeit, Reize aus der Umgebung aufzunehmen und darauf zu reagieren,
- Fähigkeit zur Evolution.

Voraussetzung für dieses Funktionsgefüge ist, dass die einzelnen Lebewesen gegen die Umwelt abgegrenzt sind und dass sie auch in ihrem Inneren gegeneinander abgegrenzte Reaktionsräume enthalten (↗ Abb. rechts).

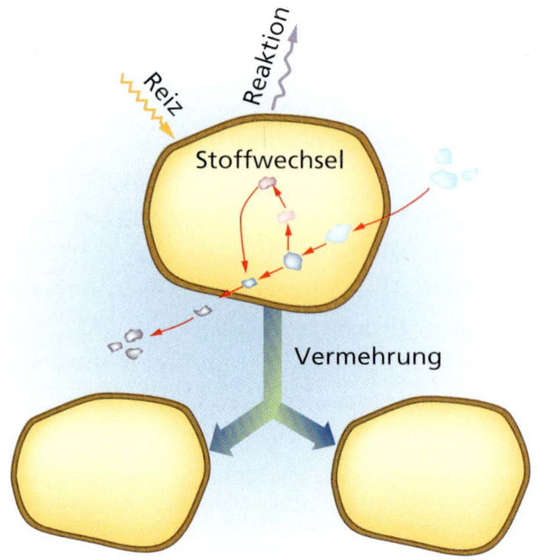

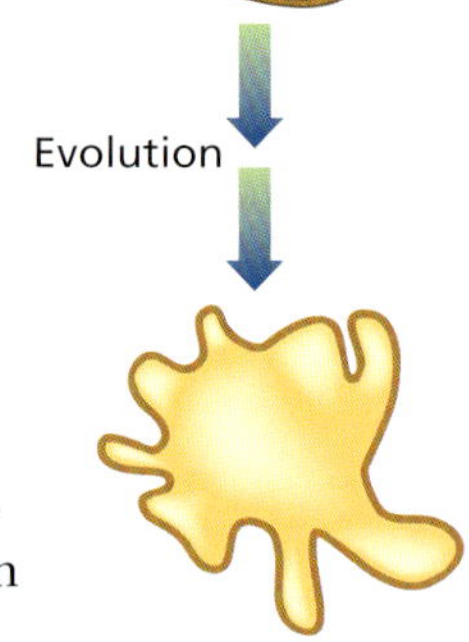

Die ersten **Lebewesen** lebten **im Wasser** und waren verhältnismäßig einfach aufgebaute, sehr kleine Einzeller ohne Zellkern. Sie sind vergleichbar mit den heute lebenden Archäen (Urbakterien) und Bakterien.

Es dauerte mehr als zwei Milliarden Jahre, bis sich die ersten kernhaltigen Einzeller entwickelten und schließlich auch vielzellige Lebewesen entstanden. Erst vor etwa 550 Millionen Jahren, zu Beginn der erdgeschichtlichen Periode, die Kambrium genannt wird, entwickelten sich innerhalb einer relativ kurzen Zeitspanne die meisten der bis heute bekannten Tierstämme und viele verschiedene Algengruppen.

Es gibt mehrere Erklärungsversuche für die Entstehung dieser plötzlichen Vielfalt.

Eine Theorie nimmt an, dass die Sauerstoffproduktion von fotosynthetisch aktiven blaugrünen Bakterien und Algen erst zum Ende des Präkambriums einen so hohen Sauerstoffgehalt in den Meeren bewirkt hatte, dass dadurch die Voraussetzungen für die Entwicklung von vielzelligen Tieren gegeben waren.

Andere Theorien machen den gestiegenen Calciumgehalt in den Meeren oder auch den herabgesetzten Nährstoffgehalt in den Ozeanen für die Bildung neuer Lebensformen verantwortlich (↗ S. 231).

Eine entscheidende Etappe in der Evolution begann vor etwa 430 Millionen Jahren im Silur und Devon. Die Lebewesen entwickelten vielfältige Strukturen, die ihnen ein Leben auf dem Land möglich machten (↗ S. 232).

1 Vor über 430 Millionen Jahren begann die Besiedlung vom Land.

Chronologische Einordnung verschiedener Lebensformen

Zeitalter	Periode	vor Mio. Jahren	Bedeutende Ereignisse in der Geschichte des Lebens auf der Erde
Erdneuzeit	Neogen	23,03	Auftreten und Entwicklung des Menschen, der Pflanzen und Tiere der Gegenwart
	Paläogen	65,5-23,03	Entwicklung und Ausbreitung der Säugetiere; Entwicklung der Affen und Menschenaffen; Ausbreitung von Gräsern; Entfaltung der Vögel
Erdmittelzeit	Kreide	145,5-65,5	letzte Saurier; erste Affen; erste Bedecktsamer (Samen- bzw. Blütenpflanzen); erste Vögel
	Jura	199,6-145,5	Vorherrschaft der Saurier; Urvögel; Nacktsamer (Nadelgehölze, Palmfarne, Ginkgoverwandte)
	Trias	251,0-199,6	erste Säugetiere; Vielfalt von Reptilien; Samen- bzw. Blütenpflanzen (Nacktsamer vorherrschend)
Erdaltzeit	Perm	299,0-251,0	Vielfalt von Reptilien und Insekten; Samen- bzw. Blütenpflanzen werden zahlreicher, Farnpflanzen gehen zurück
	Karbon	359,2-299,0	erste Reptilien; zahlreiche Amphibien; ausgedehnte Feuchtwälder aus Farnpflanzen (Bärlappe, Schachtelhalme, Echte Farne), erste Samen- bzw. Blütenpflanzen
	Devon	416,0-359,2	erste Amphibien, erste Insekten; Vielfalt von Fischen; Quastenflosser; Farnpflanzen (vor allem Urfarne)
	Silur	443,7-416,0	erste Landpflanzen (Moose, Urfarne), Ausbreitung der Fische
	Ordovizium	488,3-443,7	erste Fische; Meeres- und Süßwasseralgen
	Kambrium	542-488,3	Wirbellose im Meer (Schwämme, Hohltiere, Würmer, Gliederfüßer, Stachelhäuter), Algen
Erdfrühzeit und Erdurzeit	Präkambrium	542 2500 3500 3800 4600	Wirbellose mit weichem Körper; Algen Sauerstoffgehalt der Atmosphäre mehr als 1 % des heutigen Wertes älteste Fossilien von Bakterien erste Spuren von Leben Entstehung der Erde

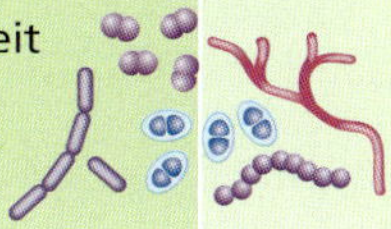

Wahlbereich: Stammesentwicklung – Arten verändern sich

Darstellung von Verwandtschaftsbeziehungen mittels Stammbäumen

Die Gruppe der Wirbeltiere besitzt als wesentliches gemeinsames Merkmal eine Wirbelsäule. Deshalb werden diese Tiere zu einer Gruppe zusammengefasst: den **Wirbeltieren.**
Die Zuordnung der Organismen zu unterschiedlichen Gruppen (z. B. Arten zu Gattungen, Gattungen zu Familien) erfolgt auf der Grundlage **verwandtschaftlicher Beziehungen.** Diesem Ziel dient die **Stammbaumforschung.**

Das Wesentliche an einem Stammbaum ist – analog zu einem Baum im botanischen Sinne –, dass alles von einem Stamm ausgeht. Der Stamm bildet Äste und diese verzweigen sich weiter und weiter in unterschiedliche Richtungen. So entwickelt sich aus einem Ursprung eine weitverzweigte Struktur.

Die Stammbaumforschung bezieht sich auch auf Organismen, die ausgestorben sind. Über Bauplanmerkmale werden wesentliche Gemeinsamkeiten gefunden, die eine nahe Verwandtschaft belegen, und auch Unterschiede, die eine Abgrenzung ermöglichen. Hierbei passieren zwangsläufig auch Fehler, die in der Folge immer wieder zu Veränderungen in der Einschätzung der Verwandtschaftsverhältnisse führen.

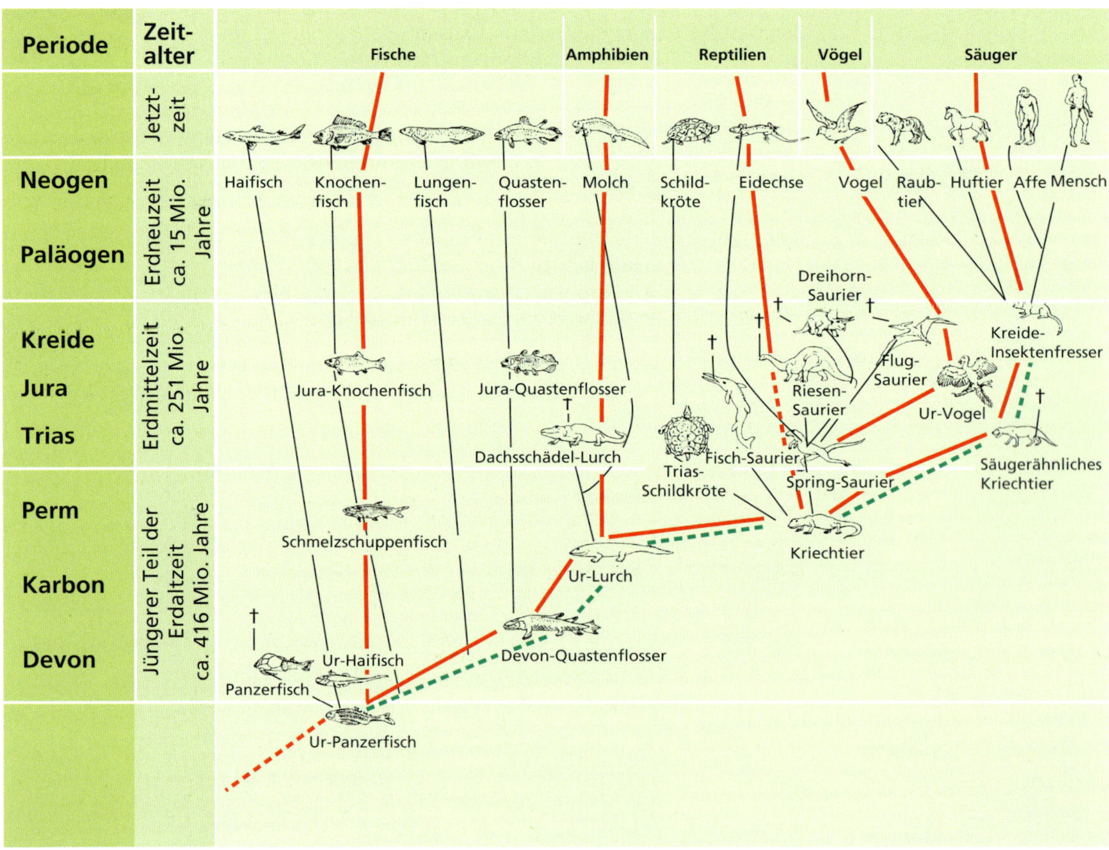

1 Vereinfachter Stammbaum der Wirbeltiere: Hauptlinien der fünf Klassen (———), hypothetische Verzweigungen (- - - -), Verzweigungen innerhalb der Klassen (———)

Am Beispiel des **Stammbaums der Wirbeltiere** kann man die einzelnen Verwandtschaftsbeziehungen nachvollziehen (↗ Abb. 1, S. 228).

Die **ersten Wirbeltiere** entstanden vor etwa 500 Millionen Jahren. Diese Organismen waren im Wasser lebende Tiere, die wir heute in die Gruppe ursprünglicher Fische einordnen würden. Aufgrund der Fossilienfunde und vergleichender Untersuchungen an fossilen und heute lebenden (rezenten) Wirbeltieren lässt sich der Stammbaum der Wirbeltiere aufstellen, dessen Ordnungskriterium die Verwandtschaft der Organismengruppen untereinander ist. Diese Betrachtung soll die **„Stammesentwicklung“** (Phylogenese) der Wirbeltiere wiedergeben (↗ Abb. 1, S. 228).

Vielfach findet man auch Stammbaumdarstellungen, bei denen versucht wird, andere Informationen in ein Stammbaumschema einzubringen.

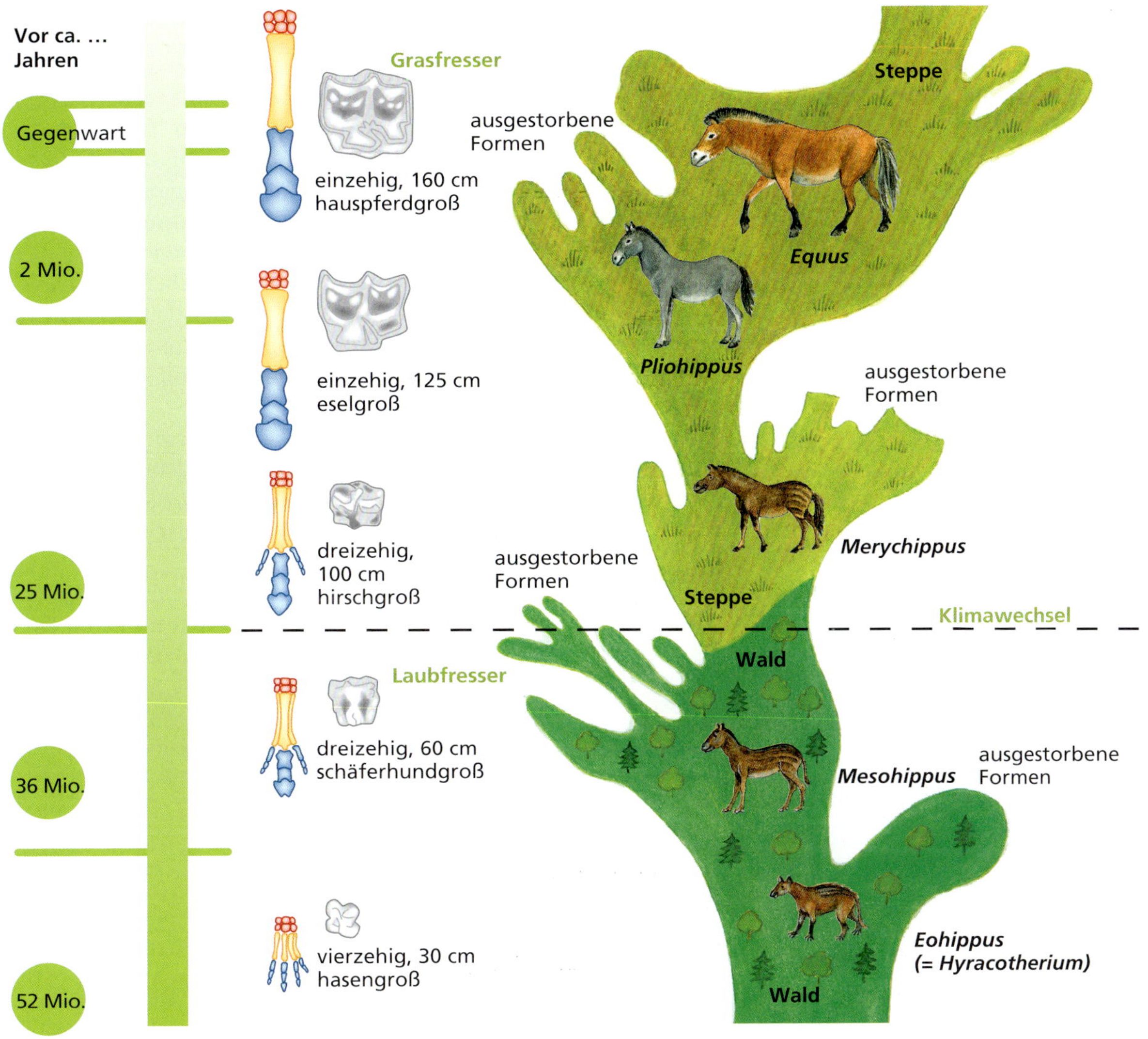

1 Die Evolution des Pferdes lässt sich heute durch Fossilienfunde fast vollständig belegen, dadurch konnte ein Stammbaum entwickelt werden.

Hierbei entstehen Schemata, die weniger die Artspaltungsprozesse und Verwandtschaftsverhältnisse in den Mittelpunkt der Betrachtungen stellen, sondern eher einen Überblick meist über zeitliche Abläufe, Entwicklungstendenzen usw. verschaffen sollen.

Ein Beispiel hierfür ist der dargestellte **„Pferdestammbaum“** (↗ Abb. 1, S. 229), der mehr die Evolutionstendenzen zusammenfassend beschreibt als die Verwandtschaftsbeziehungen zwischen den einzelnen Organismengruppen, z. B. den verschiedenen „Pferdearten“.

Die Urpferde, Vorfahren unserer Hauspferde, lebten in Herden und waren offensichtlich gut an das Leben in der Steppe angepasst. Schon vor hundert Jahren entdeckte man unter den **recht zahlreichen Funden fossiler Pferde,** z. B. in der Grube Messel bei Darmstadt und in Nordamerika, auch dreizehige, später sogar vierzehige Exemplare.

Der russische Forscher WLADIMIR O. KOWALEWSKI (1840–1909) beschäftigte sich Ende des 19. Jahrhunderts intensiv mit den Fossilien von Pferden. Er stellte die Hypothese auf, dass die ersten nur weniger als hasengroßen pferdeartigen Organismen *(Eohippus)* in Waldgebieten lebten und Laub fraßen.

Er schloss dies aus der geringen Körpergröße und den kurzkronigen Zähnen, mit denen sie keine widerstandsfähigen Gräser, sondern nur saftige Blätter, Beeren und Ähnliches zerquetschen konnten (↗ Abb. 1, S. 229).

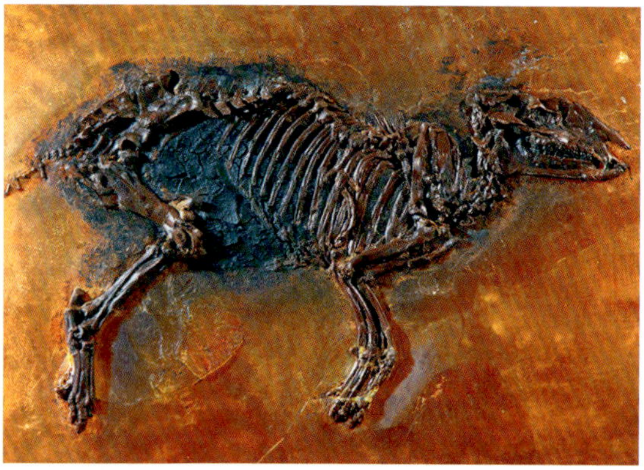

1 Skelett vom Fohlen des großen Urpferds aus der Grube Messel bei Darmstadt (ca. 50 Mio. Jahre alt)

2 Stute und Fohlen der heutigen Zeit

Die Entwicklung des Pferdes vom hasengroßen, laubfressenden Urpferd der Wälder über grasfressende schnelle Urahnen der Steppe zum heutigen Pferd dauerte über 50 Millionen Jahre.

Entgegen vielen älteren Darstellungen verlief die Evolution der Pferdeverwandten aber nicht gradlinig. Es gab eine große Formenvielfalt, die jedoch bis auf die unmittelbaren Vorfahren der domestizierten Hauspferde, Wildesel und Zebra-Arten alle ausgestorben sind.

An diesem Beispiel zeigt sich, dass klimatische Veränderungen und damit einhergehende Veränderungen der Vegetation ebenso wie Kontinentalverschiebungen für die Evolution entscheidend waren.

Auch für alle anderen Organismengruppen einschließlich des Menschen wurden im Laufe der Zeit zahlreiche Stammbaumschemata aufgestellt.

> Die Stammbaumforschung versucht, anhand wesentlicher Merkmale Verwandtschaftsbeziehungen zwischen Organismengruppen und Organismen aufzudecken und sie schematisch in Stammbäumen darzustellen.

Aufgabe

✱ Versuche einmal selbst, für einen kleinen Ausschnitt der systematischen Einteilung des Tierreichs einen Stammbaum aufzustellen.

Die Entwicklung der Organismen

Man nimmt an, dass sich unser Sonnensystem vor ca. 4,6 bis 5 Mrd. Jahren aus Gas- und Staubpartikeln explodierter Sonnen zu entwickeln begann. Der Großteil dieser Partikel verdichtete sich zu unserer Sonne, nur etwa ein Prozent davon bildete die heutigen Planeten.

Von den Planeten wiederum hatte wahrscheinlich nur die Erde günstige Voraussetzungen für die Entstehung des Lebens. Sie besitzt z. B. die richtige Größe, um eine Atmosphäre halten zu können. Die Atmosphäre schützt die Lebewesen vor lebensbedrohlicher Strahlung aus dem All. Der Abstand der Erde von der Sonne gewährleistet, dass Wasser in flüssiger Form und nicht als Eis auftritt, verhindert aber auch, dass alles Wasser verdampft. Leben setzt die Verfügbarkeit von flüssigem Wasser voraus. Viele weitere astronomische, geologische und chemische Faktoren kommen noch dazu.

Entwicklung im Wasser

Trotz des Zusammentreffens dieser günstigen Bedingungen ging die Entwicklung der Lebewesen nicht kontinuierlich vor sich. Phasen, in denen sich scheinbar keine Entwicklung vollzog, wurden von Phasen abgelöst, in denen massenhaft neue Arten der Lebewesen entstanden. So eine „Artenexplosion" fand z. B. beim Übergang vom **Präkambrium** zum **Kambrium** (↗ S. 227) statt. Bis zum Beginn des Kambriums waren die Ozeane und Gewässer Milliarden von Jahren von sehr einfach aufgebauten, lange Zeit sogar nur einzelligen Lebewesen bevölkert. Aus diesen Vorstufen entwickelten sich zu Beginn des Kambriums in relativ kurzer Zeitspanne die meisten bis heute bekannten Tierstämme und viele verschiedene Algengruppen (↗ Abb. 1).

Wie ist diese plötzliche Vielfalt zu erklären?
Es gibt mehrere Erklärungsversuche: Eine Theorie nimmt an, dass die Sauerstoffproduktion von fotosynthetisch aktiven blaugrünen Bakterien und Algen zum Ende des Präkambriums einen

1 Vielfältiges Leben in den Ozeanen im Kambrium

so hohen Sauerstoffgehalt in den Meeren bewirkt hatte, dass dadurch erst die Voraussetzungen für die Entwicklung von vielzelligen Tieren gegeben waren. Der Sauerstoff ist für fast alle höheren Lebewesen eine Grundbedingung für die Energieumwandlung (Atmung, biologische Oxidation).

Eine andere Theorie geht davon aus, dass durch anhaltende Erosion der Calciumgehalt im Meer immer höher geworden war und nun langsam zu einem Problem für die Lebewesen wurde. Die Abscheidung von schwer löslichem Kalk in Form von Panzern, Schalen und Skelettelementen war zunächst ein Schutz gegen eine Anhäufung dieses Elements im Organismus, dann aber eine wichtige Voraussetzung für die Stabilisierung größerer Vielzeller.

Weitere Theorien machen die zunehmende Verknappung von Nährmineralien in den Ozeanen für einen starken „Evolutionsdruck" verantwortlich. Dieser Mineralienmangel könnte ebenfalls zur Bildung vieler neuer Formen geführt haben.

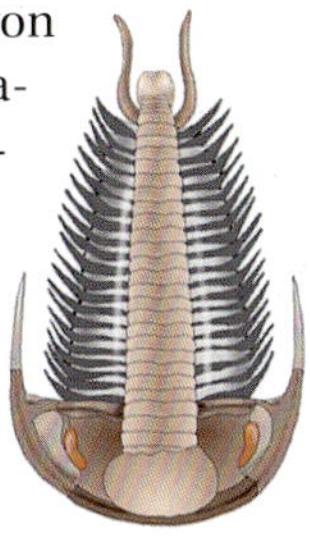

Übergang vom Wasser zum Land

Eine weitere entscheidende Etappe in der Evolution der Lebewesen war die **Besiedlung der Landflächen** im Silur und Devon, beginnend vor etwa 430 Millionen Jahren. Entscheidend für die Fähigkeit, auch außerhalb des Wassers zu leben, waren neue Strukturen und Funktionen. An Land müssen Lebewesen gegen Verdunstung von Wasser geschützt sein. Durch den fehlenden Auftrieb des Wassers im Luftraum werden Lebewesen schwerer: Sie benötigen deshalb stabilere Bauelemente wie Skelette und Panzer oder verholzte Zellwände.
Die Fortpflanzung muss sich so verändern, dass sie auch außerhalb der Gewässer möglich ist. Auch der notwendige Gasaustausch, insbesondere die Sauerstoffaufnahme aber auch die Kohlenstoffdioxidaufnahme für fotosynthetisch aktive Lebewesen, muss stattfinden können.
Schließlich müssen die Landbewohner auch einen stärkeren Temperaturwechsel zwischen Tag und Nacht und warmen und kalten Jahreszeiten aushalten.

Belege für den komplizierten Wechsel der Lebensräume liefern sogenannte **Übergangsformen** (oft auch als **Zwischenformen** oder **Brückentiere** bezeichnet). Diese Lebewesen besitzen Merkmalskombinationen aus stammesgeschichtlich älteren und jüngeren Gruppen der Lebewesen. Damit sind sie Bindeglieder zwischen diesen Gruppen und lassen Aussagen über den Verlauf der Evolution zu.

1 Lebermoose: Brückenpflanzen zwischen Algen und Pflanzen

Als **Vorfahren der Amphibien** sehen Wissenschaftler eine ausgestorbene Fischgruppe, die **Quastenflosser** (↗Abb. unten) an. Ihren Namen erhielten die Quastenflosser aufgrund der Beschaffenheit ihrer Flossen. Die paarigen Flossen auf der Bauchseite waren ähnlich wie ein Quast (breiter Pinsel) gestielt. Diese Flossenstiele besaßen eine von Schuppen bedeckte Haut und waren muskulös. Ähnlich aufgebaut waren auch die zweite Rückenflosse und die Schwanzflosse.
Man nimmt an, dass diese Fische in der Lage waren, sich mithilfe der gliedmaßenähnlichen paarigen Flossen auf dem Meeresgrund zu bewegen. Hinzu kommt, dass bei einigen Quastenflossern die Schwimmblasen so umgebildet waren, dass diese vorübergehend für die Atmung Sauerstoff aufnehmen konnten. Die im **Devon** lebenden Quastenflosser besaßen also **Fisch- und einige Amphibienmerkmale** und bilden somit die Verbindung zwischen den beiden Wirbeltierklassen.

Mosaik

Ausgestorbener Quastenflosser (Eusthenopteron; Länge ca. 60 cm)

Im Oberen Devon (Erdaltzeit; vor etwa 400 Mio. Jahren) entstanden aus Quastenflossern die frühesten Landwirbeltiere.
Quastenflosser der Erdaltzeit werden als direkte Vorfahren der ersten Vierfüßer angesehen. Ihre stärkste Verbreitung hatte diese Tiergruppe im Devon.

1 Ausgewachsener fossiler Quastenflosser

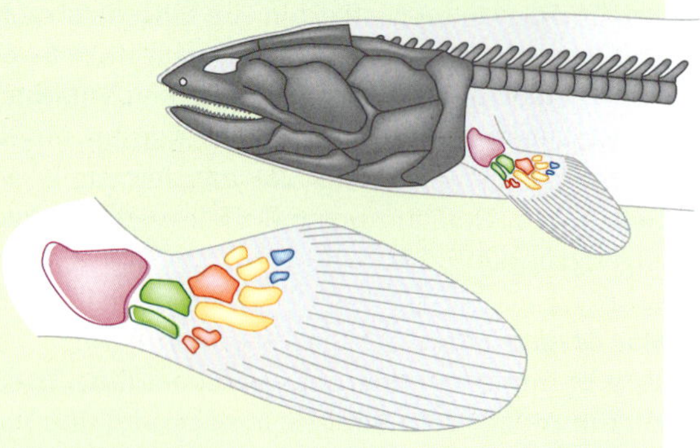

2 Schädel und Flossenskelett

1 Lebende Fossilien:
a) Quastenflosser (Latimeria chalumnae) b) Nautilus c) Ginkgoblatt

Die in der heutigen Zeit gefangenen, noch lebenden (rezenten) Quastenflosser (↗ Abb. 1a) sind zwar ähnlich gebaut wie ihre ausgestorbenen Verwandten, sie gehören aber zu der Gruppe der Quastenflosser, die weiter im Wasser lebt und nicht das Land „eroberte“. Sie blieben weiter an das Leben im Wasser angepasst.
Wegen ihrer zahlreichen ursprünglichen Merkmalskombinationen bezeichnet man sie auch als **„lebende Fossilien“.** Auch ihre isolierte Stellung im System und das lange Überleben der Art oder der systematischen Gruppe macht die Definition eines lebenden Fossils aus. Weitere Beispiele sind z. B. der Tintenfisch Nautilus und der Ginkgobaum (↗ Abb. 1b, c).

Die Evolution der Landwirbeltiere

Die **Entwicklung der Landwirbeltiere** wird überwiegend auf einen „Urtyp“ zurückgeführt, den **Urlurch** (*Ichthyostega).* Begründet wird dies durch die gefundenen Übereinstimmungen zwischen den Schädelmerkmalen, Zahnanlagen und Strukturen der Vordergliedmaßen beim Urlurch und den heutigen Landwirbeltieren.
Damit stellt auch dieses Tier eine Verbindung zwischen den Fischen und den Amphibien her. Im Vergleich zu vielen Quastenflossern war der Urlurch jedoch schon in der Lage, Sauerstoff durch einfache Lungen und die feuchte Haut aufzunehmen.
Mit der **Spezialisierung der Atmungsorgane** auf den Gasaustausch an Land war ein entscheidender Schritt zur dauerhaften Besiedlung des Festlands durch die Wirbeltiere erfolgt. Allerdings blieben die **Amphibien (Lurche)** an eine feuchte Umgebung gebunden **(Feuchtlufttiere),** da nur so ihr Gasaustausch und ihre Fortpflanzung funktionieren. Um eine größtmögliche Unabhängigkeit vom Wasser zu erlangen, waren weitere Veränderungen nötig.

Vom **Trias** bis in die **Kreide** (↗ S. 227) dominierte eine neue Wirbeltierklasse die Erde, die **Reptilien (Kriechtiere).** Ihre Hautoberfläche wurde von trockenen Hornschuppen vor dem Austrocknen geschützt. Mehrfach gekammerte Lungen vergrößerten die Fläche für den Gasaustausch und ermöglichten eine höhere Leistungsfähigkeit im Vergleich zu den Amphibien.
Im Gegensatz zu diesen konnten Reptilien auch in Trockengebieten leben **(Trockenlufttiere),** da sich auch ihre Fortpflanzung vom Wasser löste. Reptilien legen Eier, die so aufgebaut sind, dass sie sich auch in trockener Umgebung entwickeln können, ohne dass die Embryonen austrocknen. Diese Veränderungen stellen einen entscheidenden Schritt **(Progression)** bei der Evolution der Landwirbeltiere dar.

Aufgabe

Vor der Entwicklung der Tiere an Land mussten Landpflanzen entstehen. Begründe diese Aussage.

2 Der Urlurch *(Ichthyostega)* ist eine Übergangsform zu den auf dem Land lebenden Vierfüßern.

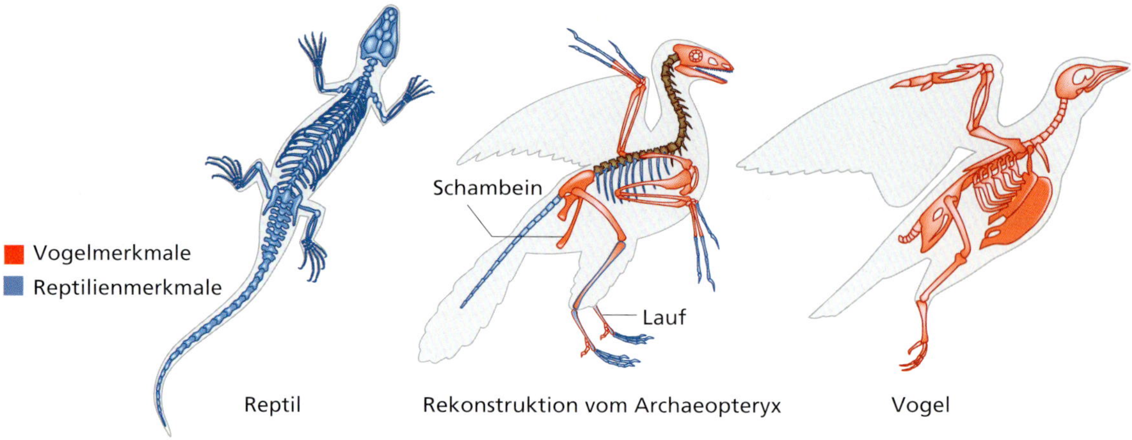

1 Der Urvogel – Übergangsform zwischen Reptil und Vogel

Von **Progression** wird immer dann gesprochen, wenn durch eine stärkere **Differenzierung** von Körpermerkmalen oder Verhaltensweisen ein Zuwachs an Leistungsfähigkeit und Unabhängigkeit von der Umwelt erzielt wird.

Die Dinosaurier, eine Gruppe der Reptilien, beherrschten ungefähr 140 Mio. Jahre lang die Erde. Spezialisierte Formen der Dinosaurier hatten alle Lebensräume besiedelt. So eroberten Flugsaurier wie *Pteranodon* den Luftraum. Dieses ca. 3 m lange Tier wog etwa 17 kg und hatte Flügel mit lederartigen Schwingen von bis zu 7,5 m Spannweite. Sein Körperbau und seine Verhaltensweise waren auf das Leben in der Luft spezialisiert.
Er ließ sich von Aufwinden über das offene Meer treiben und war in der Lage, eigenständig durch Flügelschlag zu fliegen. So gut er an den Luftraum angepasst war, so hilflos war er am Boden. Mit seinen kleinen Hintergliedmaßen konnte er nur langsam laufen und wurde dort eine leichte Beute für Räuber.
Die **Spezialisierung** auf den Lebensraum Luft führte zu Nachteilen in anderen Lebensräumen. Von Spezialisierung spricht man, wenn durch eine extreme Angepasstheit an ganz bestimmte Umweltbedingungen die Leistungsfähigkeit erhöht wird. Dabei wird in Kauf genommen, dass die Lebewesen von diesen speziellen Umweltbedingungen abhängig sind. Nur so lange diese gegeben sind, stellt die Spezialisierung einen Vorteil dar.

In der Zeit, in der *Pteranodon* an den Küsten lebte, entwickelten sich in den Wäldern die ersten Vogelformen.

2 Übergang der Tiere vom Wasser auf das Land

1 Urvogel-Rekonstruktion

2 Schnabeltier

Der Urvogel (*Archaeopteryx lithographica*, ↗ Abb. 1) gilt als **Übergangsform zwischen Reptilien und Vögeln.** Er steht den Vorfahren der heutigen Vögel sehr nahe. Der **Urvogel** besaß sowohl Merkmale der heutigen Vögel als auch heutiger Reptilien.
Der ungefähr taubengroße Urvogel war kein so guter Flieger wie die Flugsaurier. Dazu fehlten ihm u. a. die kräftigen Flugmuskeln und die hohlen Knochen der heutigen Vögel. Er besaß aber ein Gefieder, das nicht so leicht zerstört wurde wie Flughäute und den Körper warm hielt. Am Boden war er nicht hilflos, sondern konnte mit angelegten Flügeln schnell laufen. Das war möglicherweise einer der Gründe dafür, dass der Urvogel und seine Nachfahren sich gegen die Konkurrenz der Flugsaurier behaupten konnten und damals nicht ausstarben.

Eines der großen Rätsel der Wissenschaft ist das Verschwinden der Saurier, der bis dahin erfolgreichsten Tiergruppe, vor ungefähr 65 Mio. Jahren. Bis heute kann keine Theorie dieses Aussterben eindeutig erklären, die Meteoriten-Theorie erscheint jedoch am wahrscheinlichsten.
Die Vorfahren der heutigen **Säugetiere** lebten schon vor 200 Mio. Jahren neben den Dinosauriern. Sie besetzten ökologische Nischen in den Regenwäldern, wodurch sie einer Konfrontation mit den Sauriern aus dem Wege gingen. Die etwa rattengroßen Tiere waren zumeist nachtaktiv und ernährten sich von Insekten und Früchten. Ihre geringe Größe führte zur positiven Auslese der Arten, die ein Fell entwickelten und ihre Körpertemperatur aktiv regeln konnten (gleichwarm).

Vor ungefähr 100 Mio. Jahren wurden die Säugetiere in die heute noch vorhandenen Gruppen der Eier legenden Säugetiere, Beuteltiere und Säugetiere mit Plazenta (Mutterkuchen) aufgespalten.
Das heute lebende, Eier legende **Schnabeltier** (↗ Abb. 2) besitzt noch einige Merkmale der ursprünglichen Säugetiere. Man kann es als **Übergangsform zwischen Reptilien und Säugetieren** bezeichnen.
Reptilienmerkmale sind z. B., dass es weichschalige Eier legt, mit einem Schnabel nach Nahrung sucht und einen gemeinsamen Ausgang für Darm, Harn- und Geschlechtsorgane hat (Kloake). Daneben besitzt das Schnabeltier die für Säugetiere charakteristischen Merkmale wie Milchdrüsen auf der Bauchseite, eine gleichwarme Körpertemperatur und ein Fell.

> Progression und Spezialisierung werden als Erscheinungen der Evolution bezeichnet. Beide Vorgänge führen zu einer besseren Bewältigung der Umweltbedingungen.

Es kam aber auch zu rückläufigen Entwicklungen (Rückbildungen). Beispielsweise war der Vorfahr des Wals eine landlebende Huftierart. Sie lebte u. a. an Küsten. Aus ihr entwickelten sich Wale mit Beinen und später der heutige Wal.

Facharbeit und Portfolio – wie mache ich das?

Als Leistungsnachweis oder andere Prüfungsform neben der mündlichen Prüfung in der 10. Klasse (↗ S. 239) ist es auch möglich, z. B. eine Facharbeit zu erarbeiten oder ein Portfolio anzulegen.

Bei einem **Portfolio** handelt es sich um eine Sammelmappe. Für künstlerische Bereiche ist sie bereits üblich, da darin eine Auswahl eigener Arbeiten zusammengestellt wird (Vorzeigeportfolio). Aber auch für den naturwissenschaftlichen Bereich können mit dieser Mappe die eigene Leistungsfähigkeit und Entwicklung dokumentiert werden (Entwicklungsportfolio). Für eine Prüfung werden dazu über einen definierten Zeitraum (z. B. Projektdauer) gezielt Arbeiten zu grundlegenden Lernzielen gesammelt und selber bewertet (Prüfungsportfolio).

Bei einer **Facharbeit** handelt es sich um eine umfangreiche schriftliche Arbeit. Dabei musst du dich mit einem selbst gewählten Thema möglichst fachübergreifend auseinandersetzen.
Du kannst dabei wie folgt vorgehen:

1. Schritt

Thema auswählen
Wähle ein Fachgebiet aus, das dich besonders interessiert. Suche ein Thema, worüber du mehr erfahren willst und formuliere daraus eine konkrete Aufgabenstellung.

2. Schritt

Arbeitsplan erstellen
Plane deine zur Verfügung stehende Zeit und fertige einen Ablaufplan an. Schaffe dir dafür kontrollierbare Zwischenetappen.

3. Schritt

Material auswählen
Suche geeignete Informationsquellen (↗ S. 136) aus und analysiere das Material z. B mithilfe der Leittext-Methode (↗ S. 198).

4. Schritt

Erstellen des Textes
Eine Facharbeit unterteilt sich in die Abschnitte:
- Einleitung (führt auf das Wesentliche der Arbeit hin, erläutert die Vorgehensweise)
- Durchführungsteil mit Kapiteln und Unterkapiteln (entspricht der Inhaltsgliederung) und Grafiken, Tabellen, Abbildungen
  Achte bei der Erarbeitung darauf, dass du Zusammenhänge und Ursachen kritisch hinterfragst, und Zitate, Quellenangaben u. a. richtig darstellst.
- Schlussteil (Ergebnisse kurz auf den Punkt bringen, eigene Schlussfolgerung ziehen)
- Literaturverzeichnis (Angabe der verwendetetn Quellen)

Facharbeit bzw. Portfolio werden dann im Rahmen einer mündlichen **Präsentation** (↗ S. 140) z. B. vor einer Prüfungskommission verteidigt.

Z Ziel erreicht

Vorbereitung auf Prüfungen

Prüfungen sind eine besondere Herausforderung, da sie einen entscheidenden Einfluss auf die Benotung im Fach haben.

Deshalb ist es wichtig, sich so auf die Prüfungen vorzubereiten, dass man mit einem guten „Bauchgefühl" in die Prüfungen gehen kann.
Bei der Vorbereitung auf schriftliche bzw. mündliche Prüfungen gibt es einige Unterschiede.

Schriftliche Prüfung

1. Schritt

Vorbereiten auf die Prüfung
- Zeitig mit der Vorbereitung anfangen
- Inhaltliche Prüfungsschwerpunkte vom Lehrer geben lassen
- Lernstoff in „Portionen" gliedern und öfter wiederholen
- Jemanden zum Zuhören und Abfragen „engagieren"

2. Schritt

Ablauf der schriftlichen Prüfung
- Aufgaben erst durchlesen, nicht sofort mit dem Schreiben beginnen
- Eigene Rangfolge festlegen, nach der man die Aufgaben abarbeitet (Umfang, Schwierigkeitsgrad, Bewertungseinheiten)
- Bearbeiten der Aufgabe
  - Genau durchlesen (die Einleitungstexte der Aufgaben enthalten oft Hinweise für die Beantwortung)
  - Wonach ist gefragt?
  - Welche Tätigkeit ist gefordert? (Nennen, Beschreiben, Erklären ...)
  - Stichpunkte notieren (Schmierzettel)
  - Antwort formulieren
  - Gelöste Aufgabe auf dem Aufgabenzettel abhaken
- Wenn die Lösung einer Aufgabe nicht sofort möglich ist, nicht zu lange „festbeißen", zwischenzeitlich eine andere Aufgabe lösen; ungelöste Aufgabe am Schluss nochmals bearbeiten. Immer eine Lösung versuchen, mitunter denkt man richtig, ist sich nur nicht sicher.
- Regelmäßige Pausen einlegen
- Bei mehrstündigen Prüfungen ab und zu etwas essen (nicht zu viel, das macht träge) und das Trinken nicht vergessen

3. Schritt

Kontrollieren der Ergebnisse
Wenn man meint, fertig zu sein, nochmals alles in Ruhe durchgehen und dabei prüfen, ob
- alle Aufgaben bearbeitet wurden,
- alles lesbar ist,
- alle notwendigen Fehlerkorrekturen vorgenommen wurden.

Mündliche Prüfung und andere Prüfungsformen

Neben den schriftlichen Prüfungen muss noch eine weitere Prüfung abgelegt werden. Das kann eine mündliche Prüfung, die Verteidigung einer Facharbeit oder die Präsentation eines Portfolios (↗ S. 236) oder einer Projektarbeit sein.

Mündliche Prüfung

Bei mündlichen Prüfungen bekommt man vom Lehrer seine Prüfungsfragen. Nachdem man den Text der Aufgabe durchgelesen hat, geht man in den Vorbereitungsraum. Dort hat man Zeit, die Lösung zu erarbeiten und Stichpunkte zu machen. Hier sollte man sich genau überlegen,
- was alles zum Thema gehört und
- wie man das Thema gliedert.

Ablauf der Prüfung
Nach der Vorbereitungszeit wird man in den Prüfungsraum geholt. Der Ablauf ist dann folgender:
- Nennen des Themas
- Angeben der Vortragsgliederung
- Beantworten der Aufgabenstellung entsprechend der Gliederung
- Beenden des Vortrags mit kurzer und knapper Zusammenfassung zu den wichtigsten Aussagen

Andere Prüfungsformen

Ein Prüfungsausschuss entscheidet, ob die konkrete fachübergreifende Arbeit - eine Fachabeit, ein Portfolio oder eine Projektarbeit - als Prüfungsform zugelassen wird.

Präsentation
Die in der Arbeit erzielten Ergebnisse werden in einem zusammenhängenden Vortrag dargestellt, und Experimente o. a. präsentiert.

Tipp: Beim Vortrag sollte man versuchen so verständlich wie möglich zu sprechen. Rollbilder, Modelle, Präparate und Skizzen an der Tafel helfen, den Vortrag anschaulich zu gestalten.

Neben der inhaltlichen Seite wird auch die Art und Weise des Vortrags bewertet. Deshalb ist es gut, wenn man als Prüfungsvorbereitung vor einer „Person seines Vertrauens" Vorträge zu verschiedenen Themen übt. Dabei hilft es, wenn man eine Abfolge beherrscht, die man auf jedes Thema anwenden kann (↗ S. 140).

An den Vortrag wird sich meist noch ein Gespräch anschließen. Hierbei ist es wichtig, genau auf die Fragen zu achten und bei Unklarheiten nachzufragen.

Ziel erreicht?

Mit Fachwissen umgehen

1. Zellen sind die Grundbausteine aller Lebewesen. Trotz der Vielfalt an Formen und Größen zeigen alle Zellen grundlegende Übereinstimmungen im Aufbau.

a) Vergleiche die dargestellten Zellen hinsichtlich ihrer Zellbestandteile. Fertige dazu eine Tabelle an.
Ordne die einzelligen Lebewesen den tierischen bzw. den pflanzlichen Zellen oder den Bakterien zu. Welches sind entscheidende Merkmale für eine eindeutige Zuordnung?

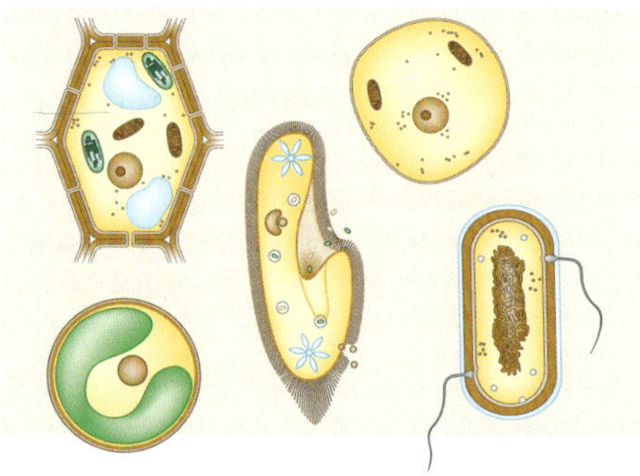

b) Pflanzliche und tierische Zellen ernähren sich unterschiedlich. Beschreibe beide Ernährungsformen.

c) Stelle die Wortgleichung und die Reaktionsgleichung für die Fotosynthese auf und nenne die Bedingungen, die für diesen biochemischen Prozess vorhanden sein müssen.

d) Notiere die Reaktionsgleichung für die Zellatmung. Gib den Zellbestandteil an, in dem sie stattfindet. Beschreibe seinen Bau und stelle einen Zusammenhang zur Funktion her.

e) Ohne die Fotosynthese der Pflanzen gäbe es für die heterotroph lebenden Organismen (z. B. Menschen, Tiere, Bakterien, Pilze) bald keine Nahrung mehr auf der Erde. Erkläre diesen Sachverhalt.

2. Wasser ist für alle Organismen lebensnotwendig. Pflanzen nehmen Wasser mit den Wurzeln auf. Innerhalb der Pflanze wird es entgegen der Schwerkraft zu den Blättern transportiert. Ein Teil des Wassers wird über die Spaltöffnungen an die Umgebung abgegeben.

a) Erläutere die Wasseraufnahme in der Wurzel anhand eines Modells. Zeige am Beispiel der Wurzel den Zusammenhang zwischen Struktur und Funktion auf.

b) Erkläre, wie das Wasser in der Sprossachse von unten nach oben transportiert werden kann.

c) Beschreibe die Funktionsweise der Spaltöffnungen. Stelle physikalische Grundlagen dar, die bei der Wasserabgabe eine Rolle spielen.

d) Schildere an einem Beispiel die Anpassung pflanzlicher Organe an ihren Standort.

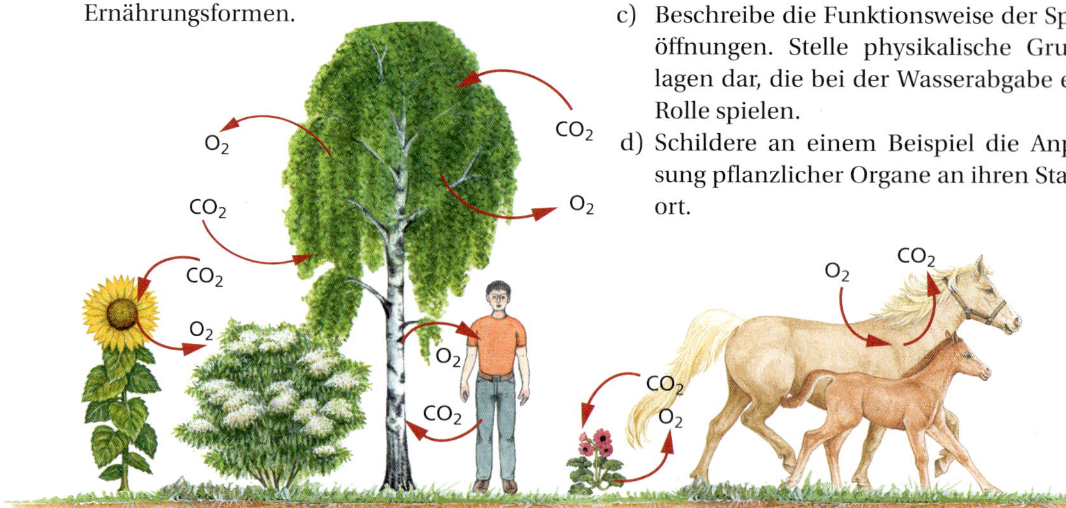

3. Eine Kartoffelknolle kann man geteilt oder ungeteilt in den Erdboden legen. Aus der Kartoffelknolle oder ihren Teilen entwickeln sich neue Kartoffelpflanzen.

a) Welche Art der Fortpflanzung liegt vor? Begründe.

b) Wie werden die Nachkommen der Kartoffelpflanze genetisch bezeichnet?

c) Beschreibe eine weitere Möglichkeit der Fortpflanzung der Kartoffelpflanze.

d) Eine Kartoffelpflanze hat einen diploiden Chromosomensatz mit insgesamt 48 Chromosomen. Vergleiche den Chromosomensatz einer Knollenzelle mit dem einer Pollenzelle.

4. Proteine sind aus Aminosäuren aufgebaut. Nicht alle Aminosäuren kann der Körper selbst produzieren.

a) Überlege, ob eine stark einseitige Ernährung Einfluss auf die körpereigene Proteinbiosynthese haben kann.

b) Laut einer Studie übertragen Vegetarier zunehmend ihre ethischen und gesundheitlichen Überlegungen auf ihre Hunde, die wie wir Allesfresser sind. Infolge des Ernährungswechsels zeigt sich bei den Hunden zunächst eine deutlich erhöhte Infektionsanfälligkeit. Erkläre den Zusammenhang.

5. In einem Kreuzungsexperiment wurden Tiere des Seidenspinners *(Bombyx mori)* aus zwei reinerbigen Rassen gekreuzt.

Rasse A = Raupen gestreift, Kokons rein weiß
Rasse B = Raupen einfarbig weiß, Kokons gelb

In der F_1-Generation traten einheitlich gestreifte Raupen auf, die gelbe Kokons bildeten. Als Ergebnis der Kreuzung der Organismen der F_1-Generation konnten unter anderem 2112 Individuen mit den Merkmalen „gestreifte Raupen und weiße Kokons“ und 702 Individuen mit den Merkmalen „einfarbige Raupen und weiße Kokons“ festgestellt werden.

a) Nenne die zur Anwendung kommenden mendelschen Regeln. Begründe den vorliegenden Erbgang.

b) Stelle ein Kreuzungsschema von der P- bis zur F_2-Generation auf und ermittle, in welchem Zahlenverhältnis die verschiedenen phänotypischen Kombinationen auftreten.

6. Die Besiedlung von Inseln mit Organismen wird von Wissenschaftlern besonders untersucht, da sie Aufschlüsse über die Evolution geben kann.

a) Madeira ist eine Insel im Mittelatlantik, über die fast ständig stärkere Winde wehen. DARWIN fand auf dieser Insel viele Käferarten, deren Flügel verkümmert waren. Erkläre die Entstehung dieser Käferarten.

b) Die Tierwelt vieler Inseln ist individuenreich, aber artenarm. Diskutiere diese Aussage. Welche Folgerungen könnten sich daraus für die Evolution ergeben?

c) Erkläre das Wirken von Auslese und Isolation am Beispiel der Darwin-Finken.

Methoden der Biologie nutzen

1. Die Sprossachsen vieler krautiger Pflanzen weisen Strukturen auf, die zur Festigung des Gewebes dienen.

   a) Wähle mithilfe dir zur Verfügung stehender Bestimmungsliteratur ein Lippenblütengewächs aus deiner Umgebung aus und bestimme seine Art.
   b) Fertige einen Steckbrief der Art an, der die Verwandtschaftsverhältnisse, die typischen Merkmale wie den Blütenbau, Umweltansprüche und die Bedeutung für den Menschen beinhaltet.

   c) Fertige ein Frischpräparat der Sprossachse des Lippenblütengewächses an. (Ein repräsentatives dünnes Segment der Sprossachse genügt.)
   Färbe dein Objekt, um verholzte Strukturen sichtbar zu machen (z. B. mit Safranin-Lichtgrün). Stelle den Ausschnitt in einer mikroskopischen Zeichnung dar.
   d) Beschreibe die Angepasstheit der vierkantigen Sprossachse zum Transport von Nährstoffen, Wasser und Mineralien sowie zur Festigung des pflanzlichen Habitus (Gestalt).

2. Die gezielte Messung von Umweltfaktoren ist eine Voraussetzung für die Einschätzung der Qualität von Lebensräumen.
   a) Ermittle für einen selbst gewählten Standort eine Woche lang die Messwerte (je nach vorhandenen Messgeräten) für verschiedene Umweltfaktoren (z. B. Temperatur, Lichteinfall, Luftfeuchtigkeit, pH-Wert).
   b) Stelle deine Messwerte in geeigneter Form dar.
   c) Leite aus den Messwerten Aussagen über die Qualität des Standorts als Lebensraum für Pflanzen und Tiere ab.

3. In unseren Nahrungsmitteln sind Kohlenhydrate, Fette und Proteine als wichtige Nährstoffe in sehr unterschiedlichen Mengen enthalten.
   a) Weise in Nahrungsmitteln wie Kartoffeln, Weintrauben, Gurken, Milch, Eiern und Nüssen das Vorhandensein von reduzierenden Zuckern (z. B. Glucose), Stärke, Proteinen und Fetten nach.
   Fertige ein ausführliches Protokoll an, in dem du die Durchführung der Untersuchungen beschreibst, die Beobachtungsergebnisse notierst und die Auswertung vornimmst.
   b) Nenne die wichtigsten Funktionen der drei Nährstoffgruppen Fette, Kohlenhydrate, Proteine.
   c) Beschreibe mithilfe von Modellen den Abbau der Nährstoffe im Verdauungssystem des Menschen. Zeige an deinem Beispiel den Vorteil von Modellen und ihre Grenzen auf.
   d) Vergleiche die Ernährungsweise von heterotrophen und autotrophen Organismen. Ordne beide Organismengruppen in den Stoffkreislauf in einem Ökosystem ein. Wie würdest du den Stoffkreislauf veranschaulichen?

Informationen erschließen und austauschen

1.

Name der Aminosäure	Abkürzung	Name der Aminosäure	Abkürzung
Alanin	Ala	Leucin	Leu
Arginin	Arg	Lysin	Lys
Asparagin	Asn	Methionin	Met
Asparaginsäure	Asp	Phenylalanin	Phe
Cystein	Cys	Prolin	Pro
Glutamin	Gln	Serin	Ser
Glutaminsäure	Glu	Threonin	Thr
Glycin	Gly	Tryptophan	Trp
Histidin	His	Tyrosin	Tyr
Isoleucin	Ile	Valin	Val

Proteine bestehen aus Aminosäureketten. Ein Ausschnitt der Aminosäurenreihenfolge des Wachstumshormons wird mit international üblichen Abkürzungen so dargestellt: ... Gln-Gln-Glu-Met-Met-Phe-Ser-Trp ...

a) Ermittle die Namen der abgekürzt angegebenen Aminosäuren.

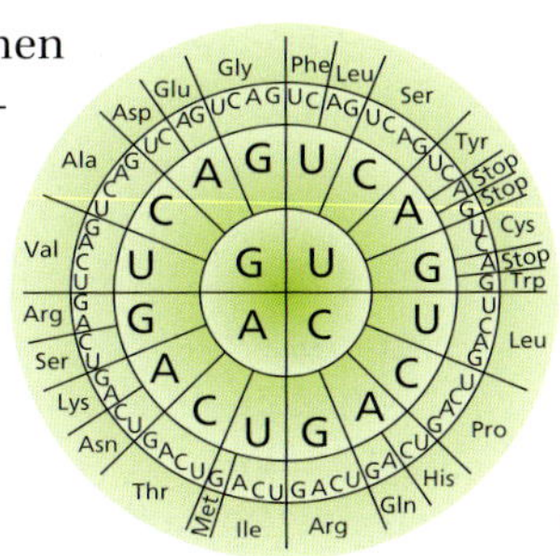

b) Gib mithilfe der Code-Sonne die mögliche Nucleotidreihenfolge der mRNA und DNA an.

c) Erkläre, weshalb es nicht immer möglich ist, von einer Aminosäure auf eine Basenfolge der mRNA zu schließen, aber umgekehrt von einer Basenfolge der mRNA auf eine Aminosäure schon.

2. Die genetische Information liegt verschlüsselt in den Nucleinsäuren der DNA.

a) Erkläre mithilfe dieses Modells die Codierung der Erbinformation, ihre Übersetzung und Realisierung.

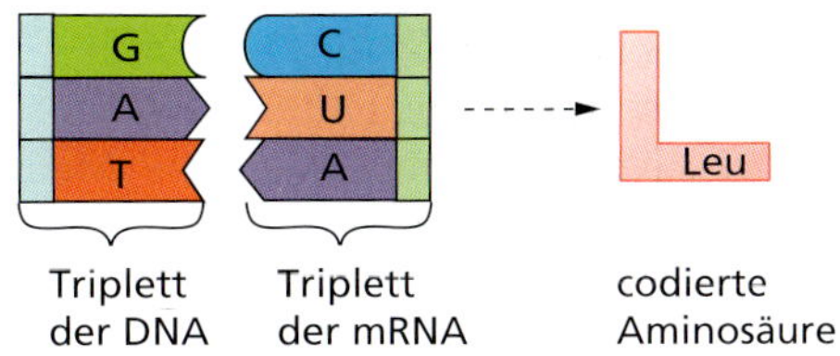

b) Bei 64 Möglichkeiten der Verschlüsselung können alle proteinbildende Aminosäuren durch mehrere Basentripletts codiert werden.
Entscheide, ob diese Aussage richtig ist.

3. Das Risiko für eine Frau, ein Kind mit Trisomie 21 zu gebären, steigt zwischen dem 34. und 41. Lebensjahr auf das Siebenfache an.

a) Diskutiere mögliche Gründe, die zu solch einem Anstieg des Risikos führen.

b) Informiere dich über weitere Fakten zu dieser Krankheit.

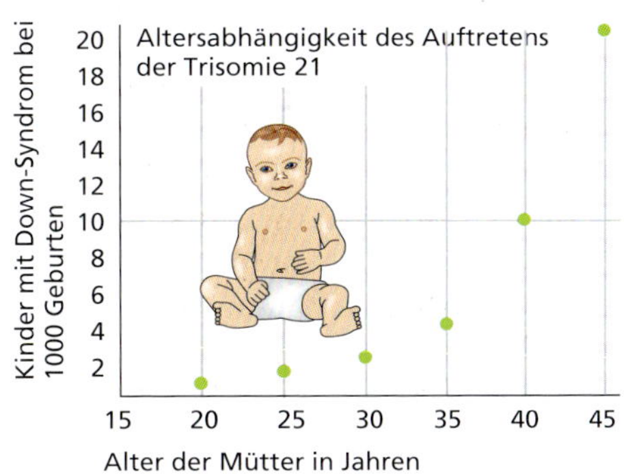

4. Der Begriff „Mongolismus“ ist vom englischen Kinderarzt JOHN LANGDON DOWN geprägt worden. Er bezog sich dabei auf Ähnlichkeiten im Aussehen mit mongolischen Volksstämmen.
Recherchiere die Entwicklung des Begriffs und setze dich mit den Ansichten von J. L. DOWN auseinander und beziehe Stellung dazu.

Sachverhalte erkennen und bewerten

1. Die Energiegewinnung der Menschen durch die Verbrennung von Kohlenstoffverbindungen führt zur Emission von Kohlenstoffdioxid in die Atmosphäre. Dies führt zum Treibhauseffekt (↗ Abb.).
Je nach Kulturkreis, Klimazone oder Lebensstandard usw. differieren die Mengen der CO_2-Emissionen pro Kopf der Bevölkerung sehr stark (↗ Tab., Zahlen von 2004).

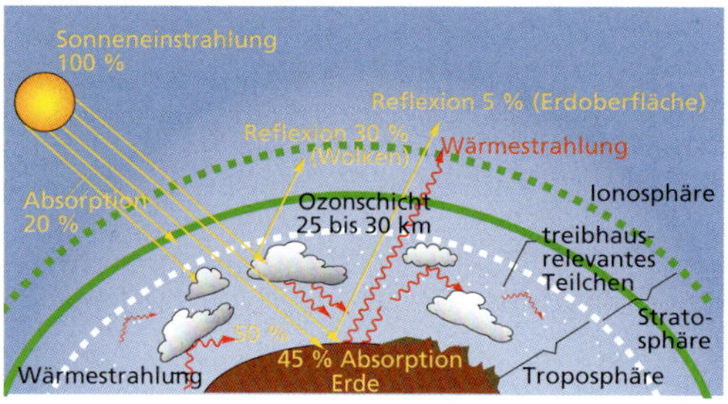

Region	CO_2-Emissionen pro Kopf pro Jahr
Deutschland	10,5 t
Großbritannien	9,2 t
Frankreich	6,7 t
Texas (USA)	35,6 t
Afrika	0,3 t

a) Werte die Tabelle aus, nenne Ursachen für die angegebene Menge der CO_2-Emissionen in den Regionen.
Ziehe Schlussfolgerungen bezüglich der globalen Erwärmung durch den Treibhauseffekt.

b) Stelle mögliche Maßnahmen zur Reduktion der CO_2-Emission in Deutschland, deiner Schule und deiner Familie zusammen. Bewerte die Maßnahmen hinsichtlich ihrer Umsetzbarkeit und Wirksamkeit.

c) Der Anteil klimaschädigender Gase am globalen Treibhauseffekt ist unterschiedlich. Werte die folgende Grafik aus.

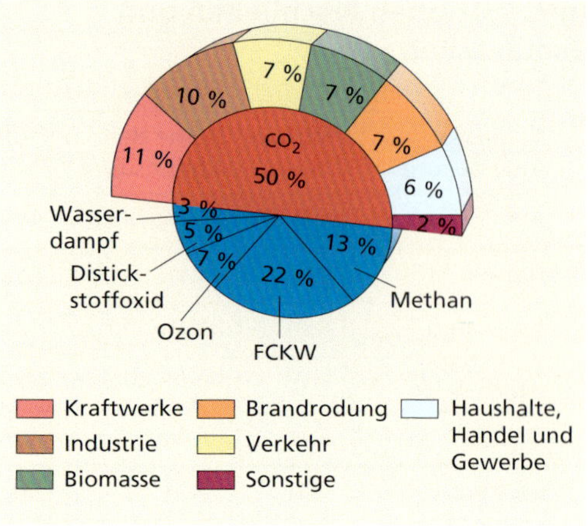

d) Nenne die Positionen des Kyoto-Protokolls von 1997 zum Klimaschutz. Bewerte die Stellung der dem Protokoll zustimmenden und ablehnenden Staaten.

2. Eingriffe des Menschen in die natürlichen Stoff- und Energiekreisläufe haben z. T. dramatische Auswirkungen auf die betroffenen Ökosysteme.

a) Beschreibe positive und negative Einwirkungen des Menschen auf Ökosysteme. Hat der Mensch das Recht, in Ökosysteme einzugreifen? Lege deinen Standpunkt dar.

b) Erörtere die folgende Aussage aus ökologischer und wirtschaftlicher Sichtweise: „Die Nutzung fossiler Energieträger und der Kernenergie ist auch in den nächsten Jahrzehnten unverzichtbar."

3. Embryonale Stammzellen besitzen im Gegensatz zu den spezialisierten Zellen die Fähigkeit, alle Zellformen eines Lebewesens zu bilden.
Diese Tatsache macht die Stammzellen für die gentechnische Forschung besonders interessant.
Stelle Pro- und Kontra-Argumente der Verwendung von embryonalen Stammzellen in einer Tabelle gegenüber.
Welchen Standpunkt vertrittst du? Begründe deine Auffassung.

Anhang

Die Hominiden – eine erstaunlich große Vielfalt

Die Entwicklungsgeschichte der Hominiden begann vor ca. 7 Millionen Jahren, als die Menschenaffen anfingen, aufrecht zu gehen. Neue Fossilienfunde belegen, dass nicht nur **eine Art** von kleinhirnigen **Vormenschen** in jener Zeit in Afrika lebte, sondern dass es sehr viele Arten gewesen sind. Nur eine von ihnen entwickelte sich zum **Urmenschen** weiter, auch hier gab es eine Vielzahl von Vertretern. Die einzige Art, die sich letztendlich durchsetzte, war der ***Homo sapiens.***
Wer tatsächlich aus wem entstanden ist, kann aufgrund der wenigen Funde nicht genau belegt werden, deshalb wird in dem Stammbaum bzw. Stammbusch (↗ S. 212/213) auf mögliche Abstammungslinien verzichtet.

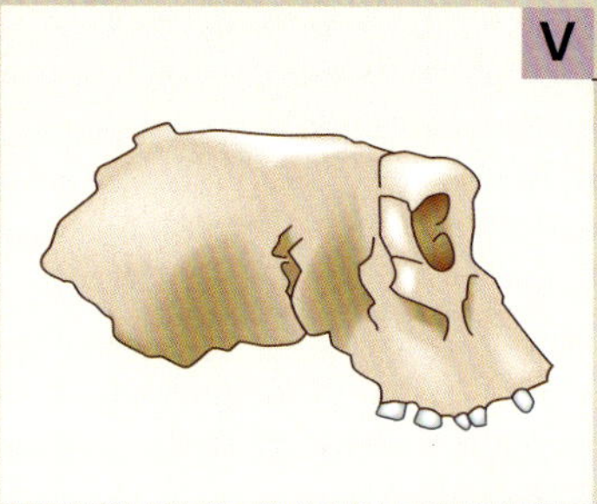

V

Sahelanthropus tchadensis (entdeckt: 2001)

Alter:	7 Millionen Jahre (nur ein Fund)
Hirnvolumen:	350 cm^3
Körpergröße:	ca. 150 cm
Vorkommen:	Zentralafrika (Tschad)
Lebensraum:	lebte an Flüssen, Seen, in Grasland, Wäldern
Besonderheiten:	bislang ältester Beleg, vermutlich aufrecht gehender Vormensch (nicht gesichert), kurze Schnauze, dicker Zahnschmelz, kleine Eckzähne

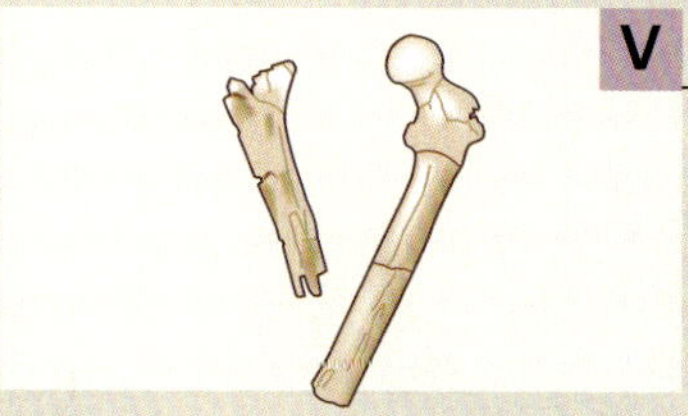

V

Orrorin tugenensis (entdeckt: 2000)

Alter:	6 Millionen Jahre
Körpergröße:	ca. 130 cm
Vorkommen:	Ostafrika (Kenia)
Lebensraum:	lebte im offenen Waldland und in der Savanne
Besonderheiten:	Allesfresser, aufrecht gehender Vormensch

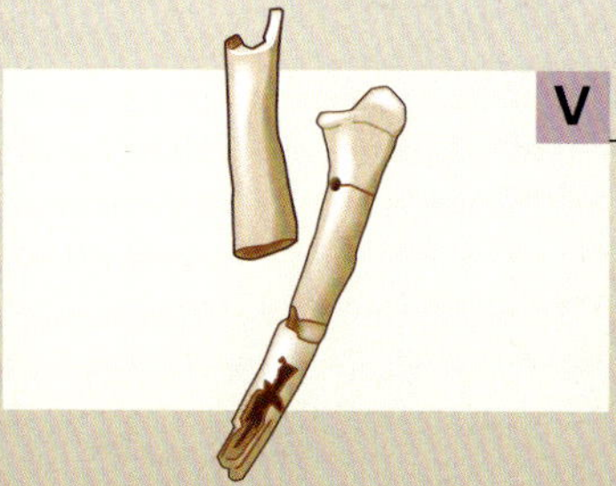

V

Ardipithecus ramidus kadabba (entdeckt: 1997-2001)

Alter:	5,5 Millionen Jahre
Körpergröße:	ca. 150 cm
Vorkommen:	Ostafrika (Äthiopien)
Lebensraum:	lebte in feuchten, bewaldeten Gebieten
Besonderheiten:	ernährte sich v. a. von faserreicher Nahrung

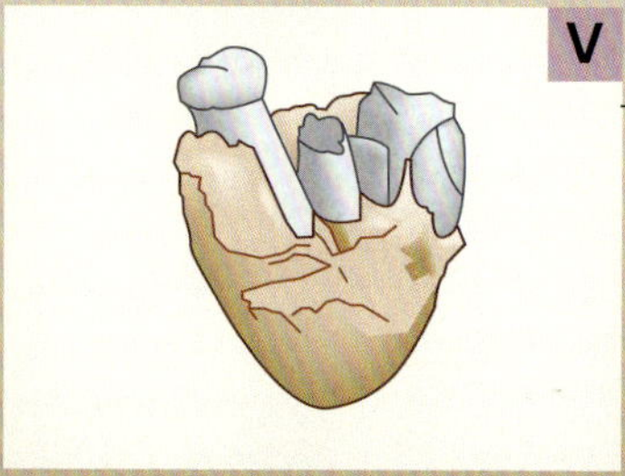

V

Ardipithecus ramidus „Bodenaffe von der Wurzel" (entdeckt: 1992-1993)

Alter:	4,4 Millionen Jahre
Körpergröße:	ca. 120 cm
Vorkommen:	Ostafrika (Äthiopien)
Lebensraum:	lebte in Wäldern
Besonderheiten:	ernährte sich von Waldfrüchten, Knospen, Blättern, aufrechter Gang

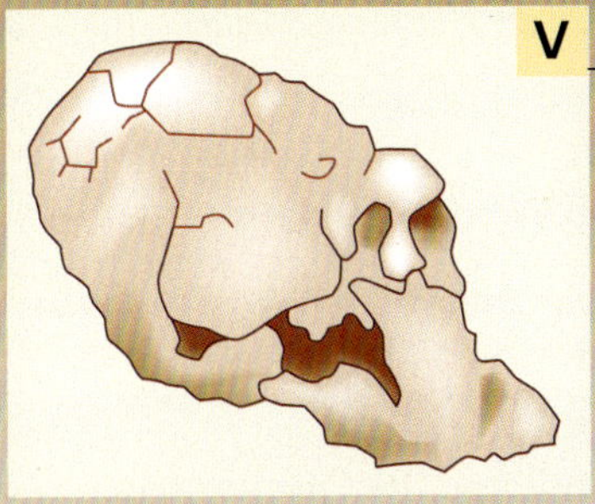

Kenyanthropus platyops (entdeckt: 1999)

Alter:	3,3 Millionen Jahre
Hirnvolumen:	bis 550 cm^3
Vorkommen:	Ostafrika (Kenia)
Lebensraum:	lebte an Seerandgebieten, Überflutungsebenen, im Wald- und Grasland
Besonderheiten:	hat gemeinsame Merkmale mit der Gattung Australopithecus

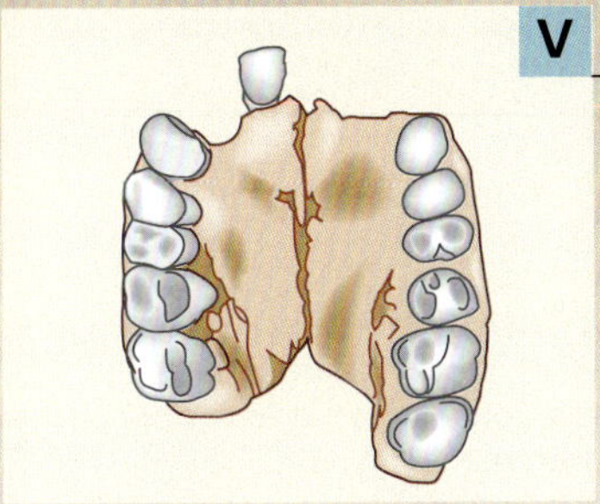

Australopithecus anamensis „erster Südaffe"
(entdeckt: 1994)

Alter:	4,2 bis 3,9 Millionen Jahre
Körpergröße:	bis 120 cm
Körpergewicht:	35-55 kg
Vorkommen:	Ostafrika (Turkanasee)
Lebensraum:	lebte in Galeriewäldern und offener, trockener Landschaft (Savanne)
Besonderheiten:	guter Kletterer, aufrechter Gang, menschenähnlicher Oberarmknochen

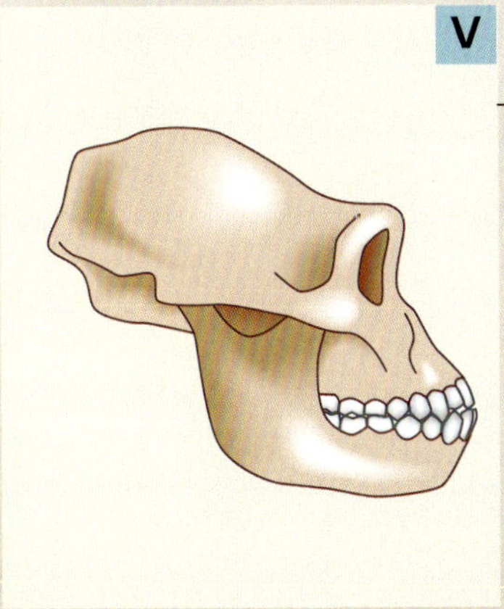

Australopithecus afarensis „Südaffe aus Afar"
(entdeckt: 1974)

Alter:	3,9 bis 3,0 Millionen Jahre
Hirnvolumen:	300-550 cm^3
Körpergröße:	100-150 cm
Körpergewicht:	30-70 kg
Vorkommen:	Ostafrika (Äthiopien, Kenia, Tansania)
Lebensraum:	lebte in bewaldeten Graslandschaften und Seerandgebieten
Besonderheiten:	hielt sich häufig (v. a. nachts) auf Bäumen auf, aufrechter watschelnder Gang, kleine Eckzähne, niedrige Stirn, Knochenwulst über den Augen, flache Nase, vorstehender Kiefer, kein Kinn

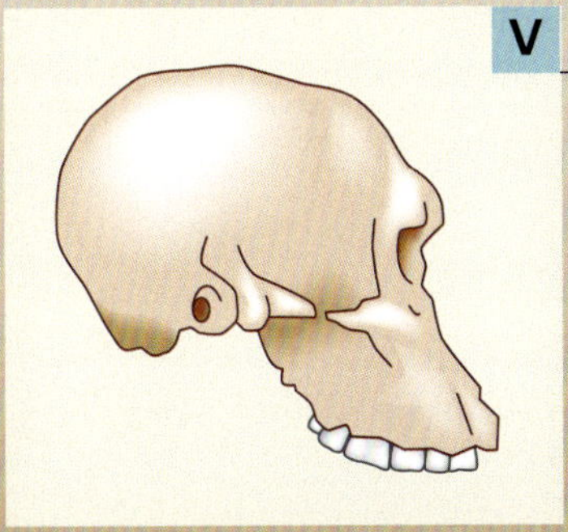

Australopithecus africanus „afrikanischer Südaffe"
(entdeckt: 1924)

Alter:	> 3,0 bis 2,3 Millionen Jahre
Hirnvolumen:	420-500 cm^3
Körpergröße:	bis 140 cm
Körpergewicht:	30-60 kg
Vorkommen:	Südafrika
Lebensraum:	bewohnte trockenes Waldland, Grasland und lichte Wälder
Besonderheiten:	ernährte sich von gemischter Kost, menschenähnlicher als die anderen Südaffen, aufrechter Gang, schwach ausgeprägter Überaugenwulst

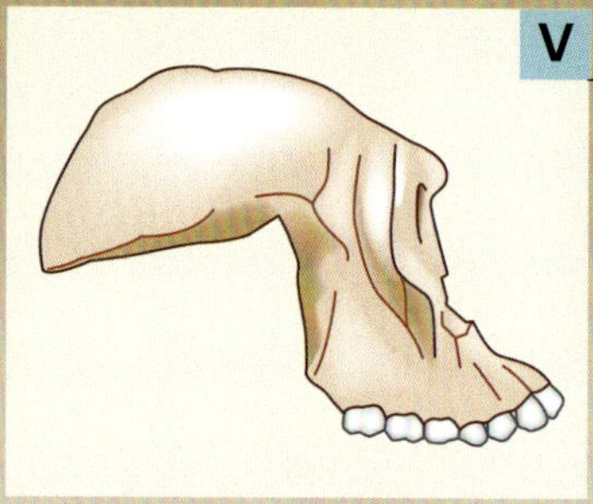

Australopithecus garhi (entdeckt: 1997)

Alter:	2,5 Millionen Jahre
Vorkommen:	Ostafrika (Äthiopien)
Lebensraum:	lebte in gemischtem, offenem Waldgebiet
Besonderheiten:	unterscheidet sich von früheren Australopithecinen durch die Kombination seiner Merkmale; extrem große Zähne, menschenähnliche Proportionen von Oberarm- und Oberschenkelknochen, affenähnliche Proportionen von Oberarm- und Unterarmknochen; aufrechter Gang

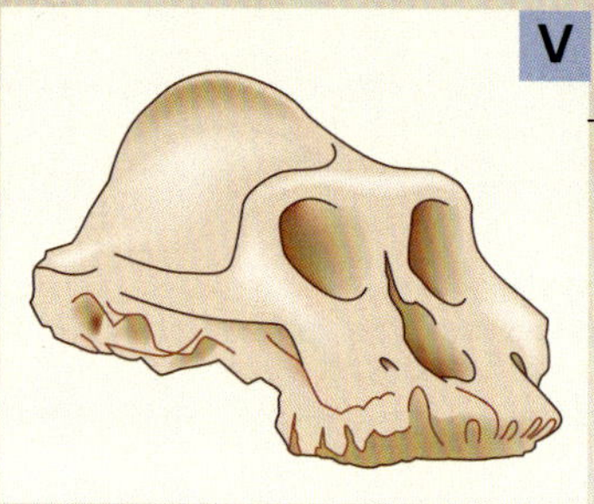

Paranthropus aethiopicus „Äthiopischer Nebenmensch" (entdeckt: 1985)

Alter:	2,6 bis 2,3 Millionen Jahre
Hirnvolumen:	420 cm^3
Vorkommen:	Ostafrika (Kenia, Äthiopien)
Besonderheiten:	entwickelte sich aus Australopithecus, Knochenkamm auf dem Schädel; starke Kaumuskeln, große Zähne, riesiges Gebiss, vermutlich reiner Pflanzenfresser, aufrechter Gang

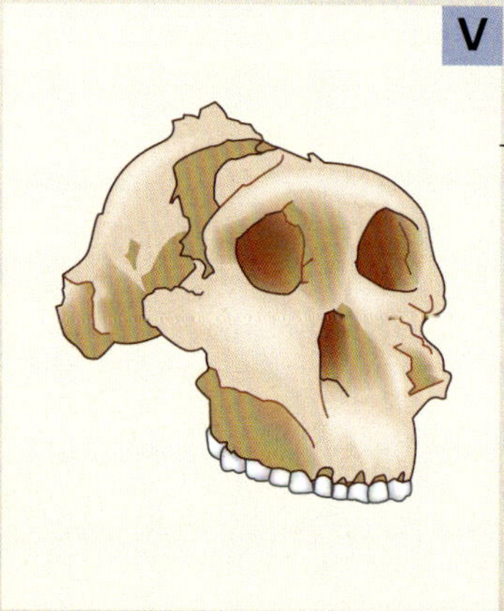

Paranthropus boisei „Nussknackermensch"
(entdeckt: 1959)
(ursprünglich Zinjanthropus boisei genannt)

Alter:	2,1 bis 1,1 Millionen Jahre
Hirnvolumen:	450 - 545 cm^3
Körpergröße:	bis ca. 140 cm
Körpergewicht:	35 - 50 kg
Vorkommen:	Ostafrika
Lebensraum:	lebte im Wald-, Busch- und Grasland
Besonderheiten:	riesige Backenzähne, kleines Gehirn; Pflanzenfresser; Schädel mit stark ausgeprägtem Scheitelkamm, an dem gewaltige Kaumuskeln verankert waren, kräftiger Kiefer

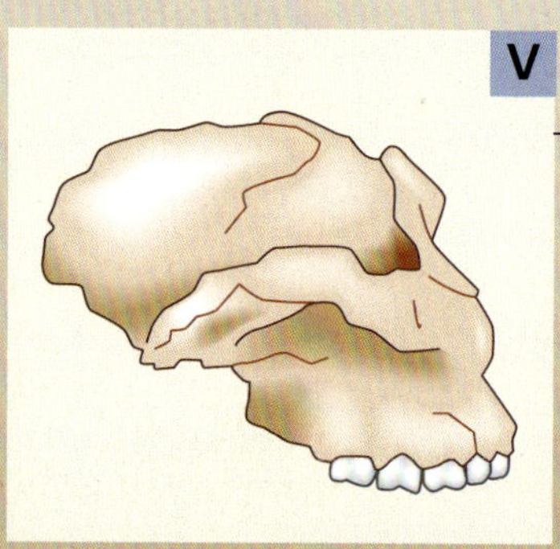

Paranthropus robustus (entdeckt: 1938)

Alter:	2,0 bis 1,5 Millionen Jahre
Hirnvolumen:	475 - 530 cm^3
Körpergröße:	110 - 130 cm
Körpergewicht:	30 - 65 kg
Vorkommen:	Südafrika
Lebensraum:	bewohnte Busch- und Grasland
Besonderheiten:	riesige Zähne; fraß faserreiche Pflanzen, Wurzeln, Knollen; kleines Gehirn

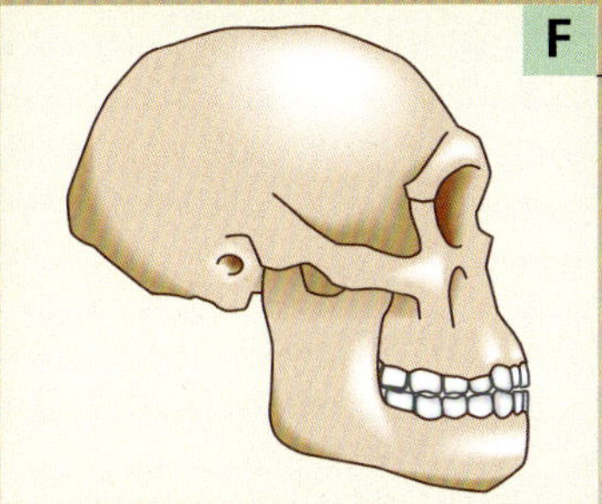

Homo habilis „Geschickter Mensch" (entdeckt: 1960)

Alter: 2,1 bis 1,6 Millionen Jahre
Hirnvolumen: 500-650 cm^3
Körpergröße: 130-145 cm
Körpergewicht: 25-45 kg
Vorkommen: Ostafrika
Lebensraum: in offener Savanne, teilweise baumlebend
Besonderheiten: benutzte Steinwerkzeuge, wird neben dem zeitgleich lebenden Homo rudolfensis als Stammvater des modernen Menschen angesehen

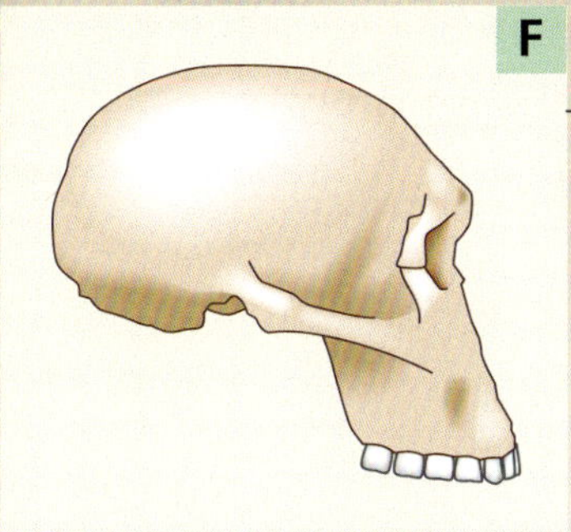

Homo rudolfensis „Mensch vom Rudolfsee" (heute: Turkanasee) (entdeckt: 1972)

Alter: 2,5 bis 1,8 Millionen Jahre
Hirnvolumen: 600-800 cm^3
Körpergröße: 155 cm
Körpergewicht: ca. 45 kg
Vorkommen: Ostafrika
Besonderheiten: entwickelte sich aus Kenyanthropus oder Australopithecus; nutzte primitive Steinwerkzeuge; der erste unbestrittene Vertreter der Gattung Homo, sehr menschenähnlich

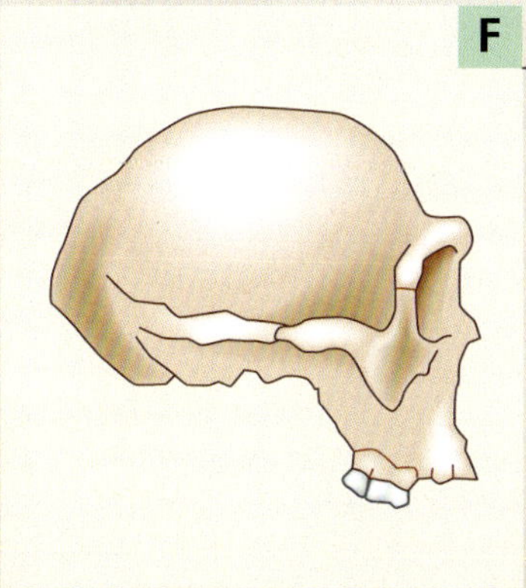

Homo ergaster „Handwerker" (entdeckt: 1975)

Alter: 1,8 bis 1,3 Millionen Jahre
Hirnvolumen: 900 cm^3
Körpergröße: bis 185 cm
Körpergewicht: 50-70 kg
Vorkommen: Afrika und Asien
Besonderheiten: Nachfahre von Homo habilis oder Homo rudolfensis, wird auch „früher afrikanischer Homo erectus" genannt; erfand den Faustkeil vor mehr als 1,4 Mio. Jahren, nutzte das Feuer, anfangs Aasfresser, später wahrscheinlich Jäger und Sammler

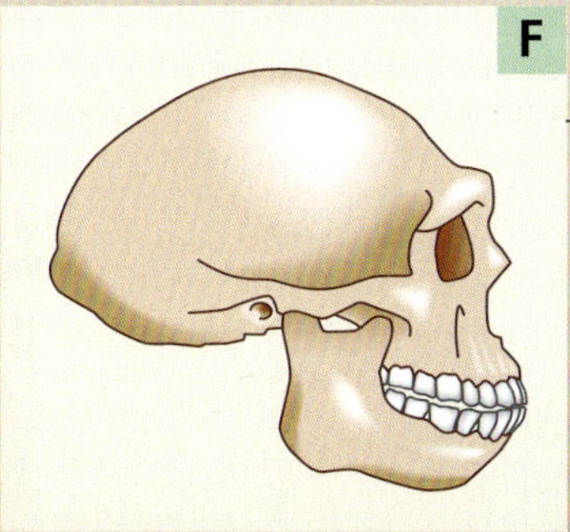

Homo erectus „Aufrecht gehender Mensch" (entdeckt: 1891, 1927, 1984)

Alter: 1,8 Millionen Jahre bis 40 000 Jahre
Hirnvolumen: 750-1 250 cm^3
Körpergröße: bis 165 cm
Körpergewicht: bis 65 kg
Vorkommen: Afrika, Asien, Europa
Besonderheiten: auch Java- und Peking-Mensch, nutzte das Feuer, anfangs Aasfresser, später Jäger und Sammler, verließ vermutlich als erster Hominide Afrika, verbreitete sich über die ganze Welt

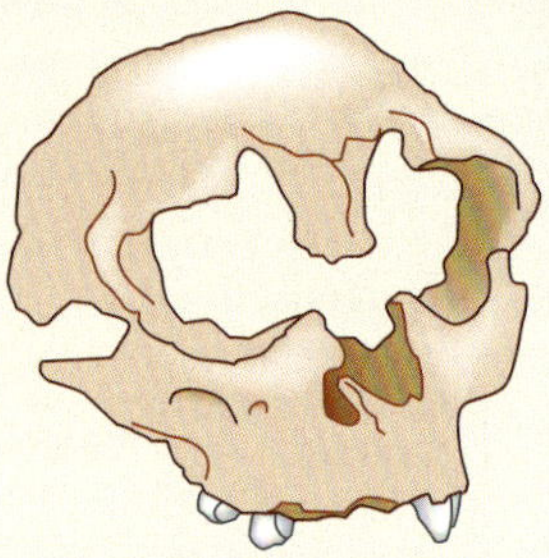

F

Homo antecessor „Vorgänger-Mensch“
(entdeckt: 1994)

Alter:	> 780 000 Jahre
Hirnvolumen:	ca. 1 100 cm^3
Körpergröße:	bis 170 cm
Körpergewicht:	bis 65 kg
Vorkommen:	Afrika und Europa
Besonderheiten:	der erste Europäer; muskulös, vermutlich Aasfresser und Jäger; Nachfahre von Homo erectus; die Einordnung als eigene Art ist immer noch umstritten, diese Fossilien werden alternativ auch dem Homo erectus oder aber dem frühen Homo heidelbergensis zugeordnet

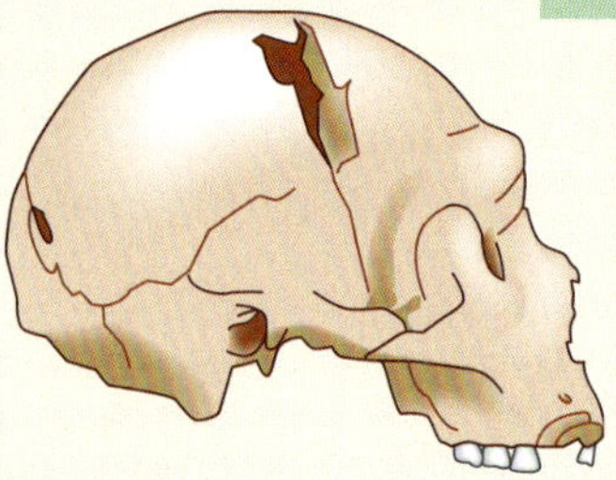

F

Homo heidelbergensis (entdeckt: 1907)

Alter:	600 000 bis 200 000 Jahre
Hirnvolumen:	ca. 1 200 cm^3
Körpergröße:	140-180 cm
Körpergewicht:	60-75 kg
Vorkommen:	Afrika und Europa
Besonderheiten:	entwickelte sich entweder in Europa aus Homo antecessor oder in Afrika aus Homo erectus; vermutlich Jäger und Sammler; früher wurde er zum Teil auch als archaischer Homo sapiens bezeichnet

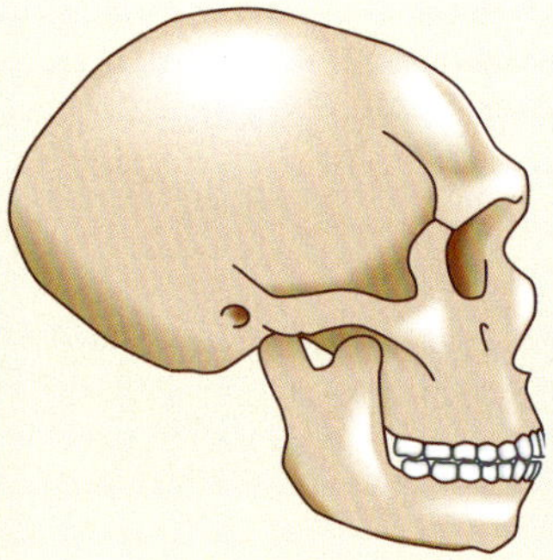

F

Homo neanderthalensis „Neandertaler“
(entdeckt: 1859)

Alter:	200 000 bis 27 000 Jahre
Hirnvolumen:	1 200-1 750 cm^3
Körpergröße:	166 cm
Körpergewicht:	80 kg
Vorkommen:	Europa und Vorderasien
Besonderheiten:	entwickelte sich in Europa aus Homo heidelbergensis; hauptsächlich Jäger; abgeflachter, lang gezogener Schädel, stark ausgeprägte Überaugenwülste, fliehendes Kinn, kräftiger Knochenbau; stellte Stein- und Holzwerkzeuge her; trug Fellkleidung, baute sich Hütten, beherrschte das Feuer und bestattete seine Toten in Gräbern; lebte in einigen Regionen über 10 000 Jahre zeitgleich mit Homo sapiens; Vermischungen sind nicht ausgeschlossen (S. 211); bisher ist nicht geklärt, ob der Neandertaler als eigene Art (Homo neanderthalensis) oder als biologische Unterart des modernen Menschen (Homo sapiens neanderthalensis) einzuordnen ist

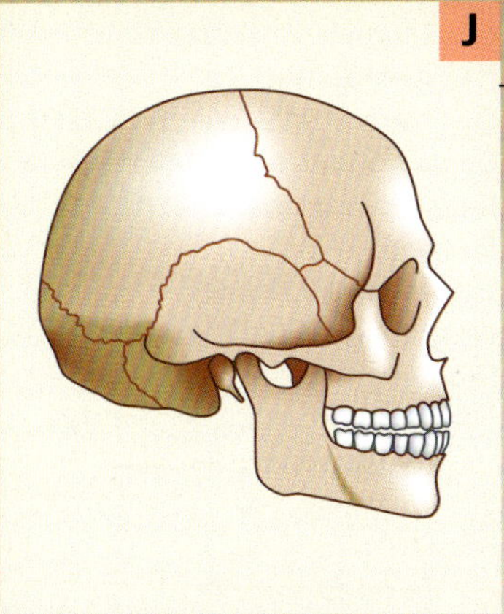

Homo sapiens „Vernunftbegabter Mensch"
(entdeckt: 1868)

Alter:	195 000 Jahre bis heute
Hirnvolumen:	ca. 1 400 cm^3 (im Durchschnitt)
Körpergröße:	150-185 cm
Körpergewicht:	60 kg
Vorkommen:	gesamte Welt
Besonderheiten:	entwickelte sich vermutlich aus afrikanischen Populationen von Homo erectus, breitete sich vor ca. 100 000 Jahren in den Nahen Osten und über die gesamte Erde aus; verdrängte alle älteren Menschenformen; Jäger und Sammler, seit ca. 12 000 Jahren Ackerbau und Viehzucht; im Verhältnis zur Körpergröße größtes Gehirn; seit ca. 40 000 Jahren in Europa

Mosaik

Die Zwergenfrau von Flores (Homo floresiensis)

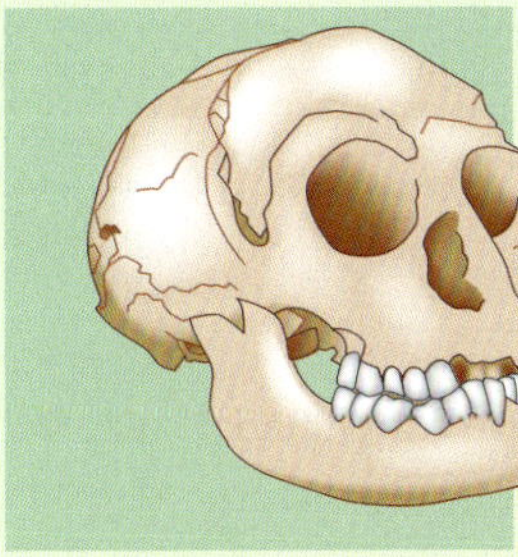

Auf der indonesischen Insel Flores in der Liang-Bua-Höhle haben australische Forscher im September 2003 Überreste einer bisher unbekannten zwergwüchsigen Art der Gattung *Homo* gefunden. Die „Flores-Frau" war nur etwa 1 m groß, ihr Kopf war nicht größer als eine Pampelmuse und hatte ein Hirnvolumen von nur 380 cm^3.

Das Gehirn des Homo erectus, der erstmalig vor 1,8 Mio. Jahren auf der Nachbarinsel Java auftauchte, war doppelt bis viermal so groß.

Da am Fundort Überreste von sechs weiteren Zwergenmenschen gefunden wurden, wird eine einmalige Missbildung ausgeschlossen. Die Datierung der Funde ergab, dass die Flores-Frau vor etwa 18 000 Jahren lebte, für die anderen Überreste stellte man ein Alter zwischen 95 000 und 13 000 Jahren fest.

An der Ausgrabungsstätte fand man außerdem Klingen und Keile, Feuerstellen, verkohlte Knochen, Überreste eines Komodo-Warans und einen Zwergelefanten-Schädel. Deshalb gehen die Entdecker davon aus, dass der Zwergenmensch trotz seines kleinen Gehirns Werkzeuge herstellte, auf die Jagd ging und seine Beutetiere in der Höhle zerlegt und gebraten hat. Sie benannten die Art nach dem Fundort *Homo floresiensis* und vermuten, dass es sich um eine durch Isolation auf der Insel kleinwüchsig gewordene Population aus der *Homo-erectus*-Verwandtschaft handelt.

Ein Vulkanausbruch vor 12 000 Jahren bedeutete vermutlich das Ende der Flores-Menschen. Da bereits seit 40 000 Jahren auch *Homo sapiens* in der Region nachgewiesen ist, wäre aber auch denkbar, dass er für das Verschwinden des Zwergenmenschen verantwortlich ist.

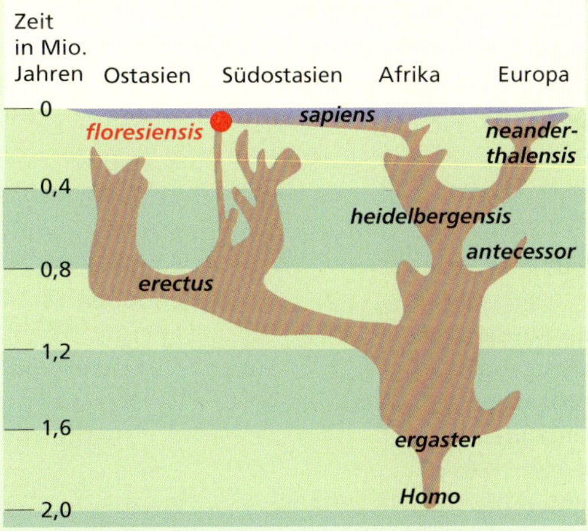

1 Zeitliche Einordnung der Zwergenfrau

Register

A

Adenosindiphosphat (ADP) 47
Adenosintriphosphat (ATP) 47
Adhäsion 65, 84
Aggression 208
Aktualitätsprinzip 193
Allele 113, 120, 157, 159
Altersbestimmung
- absolute 195
- Radiocarbonmethode 195
Anpassung
- an bestimmte Lebensweisen 202, 203, 208
Antikörper 160, 180, 185
Art 199, 201
Atemwege 214
Atmung 44, 46, 47
Auslese 205, 220
- klimatische 214
- kulturelle 219
- natürliche 200
Autosom 89, 158
autotroph 20

B

Bakterien 133, 134, 173
Befruchtung 158, 176, 177, 178
Bevölkerungszunahme 220
Bildungsgewebe 59, 63, 64, 67
Blasenkeim (Blastozyste) 178
Blasensprung 184
Blatt 68
Blutgruppenvererbung 159
Blutkörperchen, weiße 174
Bluttest 166, 170

C

Cavalli-Sforza, Luigi Luca 211
Cellulose 41
Centromer 89
Chemotherapie 174
Chlorophyll 36, 37
Chloroplasten 10, 28, 69
Chromatiden 89
Chromatin 88, 89
Chromosomen 88, 89, 98, 108, 120
- homologe 165
Chromosomenanomalie 167
Chromosomenmodelle 104
Chromosomenmutation 152, 164
Chromosomenpaar 108
- homologes 89
Chromosomensatz 108, 152
Chromosomenstörung 182
Contergan 181
Correns, Carl Erich 113, 115
Cuvier, Georges Baron de 191

D

Darwin, Charles Robert 163, 190, 192, 193, 201
Darwin-Finken 201
Darwinismus 193, 205
Destruenten 77
Diagnostik
- pränatale 183
Dickenwachstum 67
Differenzierung der Zellen 21
Diffusion 60, 64, 65, 84, 180
dihybrider Erbgang 118
DNA 132
dominant 113, 114, 157
dominante 113
dominanter Erbgang 160
dominant-rezessiver Erbgang 115
Down, John Langdon 164
Down-Syndrom 165
Drogen 181, 182
drogensüchtig 181
Drosophila-Fliege 153
Düngung 62

E

einkeimblättrige 58, 63, 68
Einzeller 226
Eiweiß 41
Eizelle 176, 177
Elterngeneration 112
Embryo 177, 179
Endodermis 59
Energie 43
- chemische 37, 46, 47, 76
- für Lebensprozesse 46, 47, 76
- thermische 46
Energieumwandlung 50
Energieumwandlungen 46, 47
Entwicklung
- des Lebens 225
- Lebewesen 226
- Mensch 210, 220
- nachhaltige 220
- stammesgeschichtliche 210
- vorgeburtliche 178, 181
Entwicklungsländer 220
Enzyme 37
Epidermis 63, 68, 69
Erbanlagen 113, 134
Erbgang 115
Erbinformation 88, 89, 98, 108
- Organisation 98
Erbkrankheit 164, 167, 170, 172
Erbsubstanz
- fadenförmig 22
Erdmittelzeit 227
Erwachsenenalter 186
Evolution 199
- biologische 217, 222
- chemische 225
- der Lebewesen 232
- des Menschen 214, 220, 222
- kulturelle 216, 217, 222
Evolutionsfaktoren 199, 203, 205, 220
Evolutionstheorie 191, 192

F

Facharbeit 236
Familienstammbaum 162, 166, 170
Fetalbehaarung (Lanugo) 179
fetales Alkoholsyndrom 181
Fetus 177, 179
Feuchtpflanzen 72
Fortpflanzung 87
Fortpflanzungspartner 215
Fossilienfund 191, 207, 211
Fotosynthese 28, 35, 36, 37, 38, 44, 46, 50, 76
- Bedeutung 43
- Beeinflussung 48
- -leistung 48
Fruchtblase 179
Fruchtwasseruntersuchung 167, 170, 182

G

Gasaustausch 69, 70
Geburt 183, 185
Gelelektrophorese 138
Genaustausch 201

Gendrift 200, 201
Gene 89, 108, 113, 120, 134
– Kontrollgene 172
– künstliche Übertragung 133
genetische Defekte 166
genetischer Fingerabdruck 159
Genmutation 153, 164
Genommutation 164
Genorte 113
Genotyp 115, 157, 164, 199
Genpool 199, 201, 211
Gentechnik
– Grundlagen und Anwendung 132
– in der Medizin 138
– Pflanzenzüchtung 134
Gentherapie 138
Genüberträger 134
geschlechtliche Fortpflanzung 87
Geschlechtschromosomen 158
Geschlechtsverkehr 176
Gewürze 41
Giftstoffe 41
Glucose 37, 41, 46
Gonosomen 89, 158, 162
Gorilla 208, 209

H

Hautfarbe 157
Hebamme 183
Helmont, Johann Baptist van 34
heterotroph 20
Heterozygotentest 167
Holzpflanzen 67
Homo erectus 210, 211
homologes Chromosomenpaar 89
Homo neanderthalensis 250
Homo sapiens 210, 211
Hormone 180
Hoyle, Fred 225
Hydrophyten 72
Hygrophyten 72
Hypothese
– multiregionale 210, 211
– Out-of-Africa- 210, 211

I

Ingenhousz, Jan 35, 44
Insulin 133
Intelligenzquotient (IQ) 163
intermediär 113, 115, 157
Interzellularen 69, 70
Iodprobe 33
Isolation 201, 205, 220

J

Jahresringe 67
Jetztmenschen 211, 216, 217
Jugendalter 186

K

Kaiserschnitt 184
Kambium 64
Kapillare 64, 180
Katastrophentheorie 191, 205
Keimzellen
– Transformationen 138
Kernreaktionen 224
Kleinkindalter 186
Klinefelter-Syndrom 105
Klon 127, 148
Klonierung 127
Kohäsion 65, 84
Kohlenstoffdioxid 33, 35, 46, 50, 69, 70
– -aufnahme 232
Kohlenstoffkreislauf 77
kompartimentiert 10
Konstanz 147
Konsumenten 43
Konzentrationsausgleich 60
Körperbau
– Mensch und Gorilla 209
Kreationisten 189
Krebs 173, 175
Krebserreger 173
Kreuzungsexperimente 111, 112, 114, 118, 120, 123
Kreuzungsschema 114, 116, 119
Kutikula 68

L

Lamarckismus 191, 193, 205
Lamarck, Jean-Baptiste de 191, 193
Laubblatt
– Angepasstheit 73
– Bau 68
– Funktion 70
– Querschnitt 69, 73
Lebensabend 186
Lebensräume 7, 237
Leihmutter 137
Leitbündel 59, 63, 64, 68
– Querschnitt 64
Leittext-Methode 198
Leukämie 174
Lichtenergie 35, 37
Liebig, Justus von 62
Lignin 67
Lungenkrebs 175

M

Mark 63
Markstrahl 63
Materieteilchen 224
Maulbeerkeim (Morula) 178
Mayer, Julius Robert 44
Meiose 104, 108, 115
Melanin 203
Membran
– halbdurchlässige 60
– semipermeable 60
Mendel, Gregor 110, 112, 113, 118, 123
mendelsche Regeln 115, 118, 123, 159
– Erarbeitung 117
Mensch 207, 212
– Entwicklung 210, 220
– Evolution 220, 222
– geografische Gruppen 219
– Herkunft 207
– Körperbau und Verhalten 208
– Signale 215
– Ursprung 211
– Verwandtschaft 208
– Vorfahren 207
Menschenaffen 208, 209
Menschengruppen 218
Merkmale 112, 113
Merkmalsträger 161
Metastasen 173
Miller, Stanley L. 225
Mineralstoffe 64, 84
– Aufnahme 58
– Leitung 58
– Mangelerscheinungen 62
– -zufuhr 62
mischerbig 113
Mitochondrien 10, 16, 28, 46
Mitose 104, 108

Modelle 61, 210
Modifikation 148, 199
monohybrider Erbgang 118
multiregionale Hypothese 210
Mutagene 151
Mutante 151
Mutationen 152, 170, 199, 200, 202, 203, 205
Mutationsformen 151
Mutationsursachen 151
Mutterzelle 20
- pflanzliche 20
- tierische 20

N
Nabelschnur 179, 180, 184
Nahrungskette 43
natürliche Auslese 202
Neandertaler 216, 217
Nervenzellen 185
Neukombination 119
- des Erbmaterials 177
- der Gene 118
Nikotin 181
Nondisjunction 105
Nutzpflanzen 121
Nutztiere 121

O
organische Stoffe 41, 43
Osmose 60, 65, 70, 84
- Modellexperiment 61
Out-of-Africa-Hypothese 210, 211
Oxidation 47

P
Palisadengewebe 36, 69
Pflanzen
- Angepasstheit 72
- Atmung 44
- Beobachtungen 33, 35
- historische Betrachtungen 34
- Physiologie 44
- transgene 134
- zentrale Stellung 76
Pflanzenzelle 10, 15, 20
Pflanzenzüchtung 120, 134
Phänotyp 115, 157, 164, 199
Pharming 138
Phase, sensible 179
Phenylketonurie 164
Plasmawachstum 21
Plasmide 133, 134, 137
Plazenta 178, 180, 181, 184
Plazentaschranke 180, 181, 182
Polyploidie 151, 152
Populationen 199
Portfolio 236
PRIESTLEY, JOSEPH 34
Prinzip der Oberflächenvergrößerung 59
Produzenten 77
Pubertät 186

R
Rapsanbau 120
Rasse 218, 219
Reaktion
- endotherme 37
- exotherme 47
Reaktionsnorm 148
Reflexe 185
Regel von der Neukombination der Gene 118
reinerbig 113, 114
Rekombination 200, 205
Restriktionsenzyme 133
Retroviren 138
rezessiv 113, 114, 157, 162
Rhesusfaktor 160
Rhizodermis 59
Ribosomen 88
Rinde 59, 63
Röntgenstrahlung 183
Rot-Grün-Blindheit 162
rudimentäre Organe 197

S
SACHS, JULIUS 33, 35
Samenzelle 176, 177
Sauerstoff 35, 43, 46, 50, 70, 76
- aufnahme 232
- produktion 226
Säuglingsalter 185
Schließzellen 69, 70, 71
Schlüsselreize 215
Schöpfungsgeschichte 189
Schulalter 186
Schwammgewebe 36, 69
Schwangerschaft 166, 178, 182, 183
Schwerhörigkeit 186
Selektion 199, 200, 202
- Anpassungsselektion 200
- Zufallsselektion 200
Selektionstheorie 192
semipermeable Membran 60
Siebzelle 64
Sinnesorgane 185
Sonnensystem 225
Spaltöffnungen 69, 70
Spaltungsregel 115, 118, 123
Sprossachse
- Dickenwachstum 67
- Querschnitt 63
- Wasser- und Stofftransport 64, 65
Stammbaum 161, 212
- des Menschen 211
- genetischer 211
Stammesgeschichte 207
Stängelepidermis 63
Stärke 33, 35, 37, 41
Sternenexplosionen 225
Sternentwicklung 224
Stoffaustausch 180
Stoffumwandlung 37, 46, 50

T
Tierzelle 16, 20
Tierzucht 121
Tissue Engineering 127
Tochtergeneration 112, 113, 115
Tochterzellen 20
Tod 186
Transgene Lebensmittel 137
Transgene Tiere 137
Transpiration 69, 70, 71, 72, 84
Transpirationssog 64, 65, 84
Traubenzucker 50
Treibhauseffekt 77
Trisomie 21, 105, 164, 165
Trockenpflanzen 72
Trophoblast 178
Tropophyten 72
Tumor 175
Turner-Syndrom 105

U
Ultraschall 182
Ultraschalluntersuchung 176
Unabhängigkeitsregel 118, 119, 123

ungeschlechtliche Fortpflanzung 87
Uniformitätsregel 115, 118, 123
Uratmosphäre 225
UREY, HAROLD 225
Urknall 224

V
Vakuole 10, 60
Variabilität 150, 151
– der Menschen 222
Vaterschaftstest 138
Vererbung 87, 113
– beim Menschen 157
– des Rh-Faktors 160
– psychischer Merkmale und der Intelligenz 163
– zelluläre Grundlagen 87
Vererbungsregeln 110
Verhaltensweisen
– Säugetiere 209
Vermehrung
– ungeschlechtlich 23
Vielfalt 202, 203, 226
Viren 173
Vitamine 41
Vorfahren 207

W
WALLACE, ALFRED R. 192, 193
Wasser 50
– Abgabe 70, 71
– Aufnahme 60, 84
– -strom 64
– -transport 65, 84
– -verdunstung 70
Wasserpflanzen 72
Wechselwirkungen 202
Weltbevölkerung 220
Wurzel 58
– Längs- und Querschnitt 59
– Zonierung 59
Wurzeldruck 65, 84
Wurzelhaar 59, 61, 84
Wurzelhaarzelle 60
Wurzelhaube 59
Wurzelhaut 59
Wurzelsystem 58
– Hauptwurzeln 58
– Nebenwurzeln 58
– sprossbürtige 58

X
Xerophyten 72

Z
Zellatmung 50
Zelle 20, 87
– Bau 10
– eukaryotische 22
– Formenvielfalt 9
– Größe 9
– Grundbaupläne 26, 27
– pflanzliche 10, 26
– prokaryotische 22
– Struktur 9
– tierische 16, 26
Zellkern 10, 16, 88
Zellmembran 10, 16
Zellplasma 10, 16
Zellstreckungswachstum 21
Zellteilung 20
Zellwand 10
Zellzwischenräume 69, 70
Zentralzylinder 59
Zersetzer 62
Zonierung 58
Züchtung 120, 127, 217, 219
zweikeimblättrig 58, 63, 68
Zygote 176, 178

Gefahrstoffsymbole

T
giftig
giftige Stoffe (T, T+)
krebserzeugende Stoffe (T, Xn)
Erhebliche Gesundheitsschäden durch Einatmen, Verschlucken oder Aufnahme durch die Haut, keine Schülerexperimente

Xn
gesundheitsschädlich
gesundheitsschädliche Stoffe (Xn, Xi)
Gesundheitsschäden durch Einatmen, Verschlucken oder Aufnahme durch die Haut

Xi
reizend
reizende Stoffe (Xn, Xi)
Reizwirkung auf die Haut, die Atmungsorgane und die Augen

E
explosionsgefährlich
explosionsgefährliche Stoffe
Explosion unter bestimmten Bedingungen möglich, keine Schülerexperimente

C
ätzend
ätzende Stoffe
Hautgewebe und Geräte werden nach Kontakt zerstört.

F
entzündlich
leicht- u. hochentzündliche Stoffe (F bzw. F+)
Entzünden sich selbst an heißen Gegenständen, mit Wasser entstehen leichtentzündliche Gase

O
brandfördernd
brandfördernde Stoffe
Andere brennbare Stoffe werden entzündet, ausgebrochene Brände gefördert.

N
umweltgefährlich
umweltgefährliche Stoffe
Sind sehr giftig, giftig oder schädlich für Wasserorganismen, Pflanzen, Tiere und Bodenorganismen; schädliche Wirkung auf die Umwelt

Bildquellenverzeichnis

Abbott GmbH & Co.KG / Altana Pharma: 23/3; Bibliographisches Institut & F. A. Brockhaus, Mannheim: 195/2; akg-images: 188/1, 191/1, 192/1; Visum/Andreas Reeg: 170/1; Dr. D. Barnekow, Universität Flensburg: 196/1, 196/2, 196/3, 196/4, 196/5, 196/6, 196/7, 196/8, 196/9; BASF, Ludwigshafen: 241/1; Bayer AG: 24/2; Bibliographisches Institut & F. A. Brockhaus, Mannheim: 29/3, 34/3, 46/1, 140/2, 151/1, 192/2; Bildarchiv Pflanzen: 41/1d, 72/1, 75/3; Biopix, dk. N. Sloth: 73/2; blickwinkel / H. Pieper: 125/1; Brandt, Thomas, Bexbach: 154/1; Dr. S. Brezmann, Hamburg: 37/1, 48/2, 53/1, 56/4, 74/1b; Christiane Gottschlich, Berlin-Rahnsdorf: 144/1a, 144/1b; Corel Photos Inc.: 7/1, 56/1, 146/1, 149/1, 202/3, 215/2, 222/2, 222/5; Deutsches Museum, München: 44/3; Duales System Deutschland AG: 142/2; DUDEN PAETEC GmbH: 17/2, 29/2, 89/1, 203/2; eye of science/ Meckes,Ottawa, Reutlingen: 90/1; Firtzlaff, K.-H, Berlin: 56/2, 73/3, 75/1, 75/2a; Focus / DR. G. MOSCOSO/SPL: 179/2; Focus / CNRI / SCIENCE PHOTO LIBRARY: 180/2; Caro Fotoagentur / Andreas Teich: 124/2; Avenue Images/Index Stock/Chris Rogers: 144/2: Gottfried Stoppel, Waiblingen: 174/1; Comstock Images/Fotosearch: 85/1,157/1, 236/1, 237/1, 239/1; Dr. Tilo Geisel: 55/1; James Balog / Getty Images: 208/1, 245/1; 2001-2007 Globus Infografik GmbH: 78/1, 80/1; www.hessen-tourismus.de: 158/1; IMA, Hannover: 48/1; iStockphoto / Eric Delmar: 29/1, iStockphoto / J. Haart: 144/3, iStockphoto: 175/2; Gustav fischer Verlag Jena: 35/3, 44/2; Jahn, I./ Löther, R. /Senglaub, K. Geschichte der Biologie: 191/2; John Foxx Images: 79/1; Kleinig/Sitte: Zellbiologie, 4. Auflage, 1999 © Elsevier GmbH, Urban & Fischer Verlag München: 36/1; Bibliographisches Institut & F. A. Brockhaus, Mannheim: 95/1, 121/2; Lavendelfoto Pflanzenarchiv: 75/2b; Lichtwer Unternehmensgruppe: 41/1c; G. Liesenberg: 145/1; 176/1; B. Mahler, Fotograf, Berlin: 173/1; H. Mahler, Fotograf, Berlin: 49/2, 38/2, 173/2, 173/2; T. Martens, Großrettbach:194/1; 194/3; 206/2; mauritius images / A. Pöhlmann: 110/1; mauritius images / age: 143/1; mauritius images / Ausloo: 86/1; mauritius images / CuboImages: 109/2, 115/1; mauritius images / Cybrstock: 156/3, 165/1; mauritius images / JIRI: 215/1; mauritius images / K. Paysan: 107/1; mauritius images / Ley: 183/1; mauritius images / Merten: 198/1; mauritius images / Michael Jostmeier: 128/1; mauritius images / Peter Enzinger: 238/1; mauritius images / Peter Widmann: 147/1; mauritius images / Photononstop: 120/1; mauritius images / Phototake: 8/1, 168/1, 171/1; mauritius images / phovoir: Nachsatz/2; mauritius images / Stock4b: 130/1; mauritius images / SuperStock: 185/1; Meyer, L., Potsdam: 52/3; Meyers Neues Lexikon (VEB Bibliographisches Institut, Leipzig 1962): 34/2; Museum der Natur, Gotha:1 95/1; NASA: 224/1, 224/2; Naturfotografie Frank Hecker: 151/1; www.naturganznah.de: 118/1; Z. Neuls, Berlin: 104/3, 23/4, 41/1a,104/1, 104/2, 135/1, 135/2; LSF/OSF/OKAPIA KG, Germany: 88/1; panthermedia / Walter Fischer: 63/2b; Pews, H-U., Berlin: 73/1, 204/1; Photo Disc Inc.: 8/3, 94/1, 124/3, 142/1, 142/3, 155/1, 156/2, 166/1, 173/2, 175/1, 181/1, ,186/1, 187/1, 202/1, 207/2, 207/4, 222/1, 222/3; picture-alliance / akg-images: 90/1, 109/1, 111/1, 123/1; picture-alliance / akg-images / Erich Lessing: 189/1; picture-alliance / Carl-W. Röhrig / Okapia KG, Germany: 132/1; picture-alliance / dpa: 15/1, 16/2, 39/1, 93/1a, 124/1, 129/1, 150/2, 206/1, 207/3, 220/1; picture-alliance / dpa / dpaweb :218/2a; picture-alliance / dpa/ dpaweb/ Patrick Seeger: 49/1; picture-alliance / dpa / Lehtikuva Oy Vanska: 137/1; picture-alliance / Fotoreport / dpa: 195/3; picture-alliance / KPA/HIP /Jewis: 93/1b; picture-alliance / KPA/HIP / The British Library: 218/1; picture-alliance / OKAPIA: 17/1; picture-alliance / Okapia / Hans Reinhard: 41/1b; picture-alliance / OKAPIA KG, Germany: 30/1, 214/1; picture-alliance / OKAPIA KG / A.u.H.-F.Michler: 202/4; picture-alliance/Picture Press/Wartenberg, Frank P.:126/1, 156/1, 219/1; picture-alliance / ZB: 62/1, 74/1a, 217/1, 218/2b, 219/2a, 219/2b, 219/2c, 222/4, Nachsatz/1; Pitopia/Martina Raab, 2006: 56/3; Francisco Welter-Schultes/ Planetposter editions: 223/1, 226/1, 231/1; Prof. Dr. W. Probst: 11/1, 11/2, 11/3, 11/4, 11/5, 14/1, 52/2, 101/3, 101/2, 101/1, 101/4; Prof. Dr. E. Zabel, Güstrow: 17/4; Reinhard Antes, www.antes-web.de: 150/1; Römisch-Germanisches Zentralmuseum, Mainz: 207/1; S. Ruhmke, Berlin: Nachsatz/3; Ruppin, Ch., Berlin: 173/2; Schäfer, P.K. „Entdeckungsfahrt mit der Beagle (Der Kinderbuch Verlag, Berlin, 1964): 190/2; W. Schuchardt, Göttingen: 194/2, 194/oben, 195/oben; Schulte, P.J., University of Washington: 70/1; H. - C. Schuppe, Zentrum für Dermatologie, Gießen: 17/3; Paul von Sengbusch: 35/2; Siemens, Erlangen und Mannheim: 182/1; Siemens AG / München: 136/1; SMF Abteilung Messelforschung: 230/1; Dr. Jeremy Burgess/SPL/Agentur Focus: 28/1; SPL / Agentur Focus: 89/4, 168/2; StockFood/Orion Press: 242/2; H. Theuerkauf, Gotha: 8/2, 15/2, 20/3, 25/1b, 25/1a, 25/2, 59/3, 63/2a, 67/2, 67/3, 69/1, 108/1, 152/1, 154/2, 242/1; Thüringisches Landesamt für Archälogie und Denkmalpflege, Weimar: 216/1; Tierbildarchiv Angermayer, Holzkirchen: 202/2, 241/2; ullstein - Camera Press Ltd: 93/1c; Volker Höhfeld, Tübingen: 74/2; Bildagentur Waldhäusl/ Afripix: 17/5; M.Harvey/WILDLIFE: 214/2

Was bedeutet eigentlich ...

Sage voraus

Formuliere auf der Grundlage von Fakten, Erkenntnissen, Gesetzen und Modellen eine Aussage über ein wahrscheinlich auftretendes Ereignis, einen Zustand oder eine Entwicklung. Berücksichtige dabei die konkreten Bedingungen.

Experimentiere

Untersuche ein Phänomen der Natur unter ausgewählten, kontrollierten und veränderbaren Bedingungen und werte die Beobachtungsergebnisse aus. Dabei müssen sich die Bedingungen wiederholen lassen.

Beobachte

Ermittle mithilfe von Sinnesorganen oder Hilfsmitteln (z. B. Mikroskop) Eigenschaften und Merkmale, Beziehungen und Abfolgen von Objekten oder Prozessen.

Interpretiere

Finde grundlegende Zusammenhänge, um Aussagen, Beobachtungsergebnissen, Messwerten oder grafischen Darstellungen eine auf die Natur oder Gesellschaft bezogene inhaltliche Bedeutung zu geben. Lege diese Zusammenhänge sprachlich geordnet dar.

Vergleiche

Stelle gemeinsame und unterschiedliche Merkmale von zwei oder mehreren Vergleichsobjekten dar. Wähle die Merkmale nach dem beabsichtigten Zweck des Vergleichs aus und leite eine entsprechende Schlussfolgerung aus den Ergebnissen ab.